Étudier
des écologies futures

Un chantier ouvert
pour les recherches
prospectives environnementales

P.I.E.-Peter Lang

Bruxelles · Bern · Berlin · Frankfurt am Main · New York · Oxford · Wien

Laurent MERMET (dir.)

Étudier
des écologies futures

Un chantier ouvert
pour les recherches
prospectives environnementales

Ecopolis
n° 5

© P.I.E.-PETER LANG s.a.

Presses Interuniversitaires Européennes

Bruxelles, 2005

1 avenue Maurice, 1050 Bruxelles, Belgique

www.peterlang.net ; info@peterlang.com

Imprimé en Allemagne

ISSN 1377-7238
ISBN 90-5201-277-6
D/2005/5678/17

Information bibliographique publiée par « Die Deutsche Bibliothek »

« Die Deutsche Bibliothek » répertorie cette publication dans la « Deutsche National-bibliografie » ; les données bibliographiques détaillées sont disponibles sur le site <http://dnb.ddb.de>.

Table des matières

TROISIÈME PARTIE
RECHERCHES PROSPECTIVES ENVIRONNEMENTALES –
ÉLABORER DES CONJECTURES
POUR INTERVENIR DANS DES FORUMS

Remerciements

L'ouvrage proposé ici au lecteur est le résultat d'un travail d'équipe. De 1999 à 2003, Xavier Poux (AScA, chercheur associé à RGTE), Hubert Kieken, Sébastien Treyer, Ruud Van der Helm (doctorants RGTE) et moi-même avons fonctionné comme « pôle prospective » au sein du Groupe de recherche en gestion sur les territoires et l'environnement (RGTE) de l'ENGREF. Je remercie vivement mes quatre complices. Si l'ouvrage – je l'espère – rend justice à l'intérêt et à l'originalité du travail de chacun d'entre eux, ils sont pour beaucoup aussi dans la maturation, au fil de discussions passionnantes (et passionnées), de la logique d'ensemble défendue ici.

Celle-ci reflète le programme de l'école chercheur « Recherches Prospectives sur l'environnement, l'eau et les territoires : enjeux théoriques et méthodologiques » que nous avons organisée du 29 septembre au 5 octobre 2001 à La Londe les Maures. Je remercie le CNRS (Christian Lévêque pour le PEVS, Marie-Thérèse Rapiau pour la formation permanente), le CEMAGREF (René Urien), l'ENGREF (Claude Millier), le ministère chargé de l'Environnement (Bertrand Galtier) pour l'appui et le soutien financier qu'ils ont apportés à cette entreprise. Là encore, c'est l'implication énergique de mes quatre complices du « pôle prospective » qui a rendu possible l'organisation de l'école chercheur et je leur en suis très reconnaissant.

Je remercie aussi les intervenants et les participants de l'école thématique. Leurs apports et leur participation aux discussions ont été précieux pour faire avancer la réflexion présentée dans l'ouvrage.

Limités par l'espace d'un volume, nous n'avons pu intégrer les textes écrits par les intervenants étrangers de l'école thématique, qui fournissent des exemples intéressants de travaux prospectifs sur l'environnement. Ces textes doivent être publiés prochainement dans le cadre d'un autre ouvrage en préparation[1]. Nous souhaitons en tout cas remercier vivement ici ces personnes qui ont participé à l'exercice dont le présent ouvrage est l'un des produits, en particulier Ida Andersen, Bert de Vries, Gilberto Gallopin, Thomas Henrichs, Dale Rothman et Simon Shackley.

---

[1] Celui-ci sera cité ici sous la référence suivante : Van der Helm, R., Kieken, H., Mermet, L. (eds.), *Methods for the Future : Integrating Scenarios, Models, and People*, en préparation.

11

Pour la même raison, nous n'avons pu inclure ici trois textes qui font état d'expériences très intéressantes d'utilisation de méthodes prospectives pour une réflexion stratégique sur les orientations et la programmation de la recherche. Nous remercions Rémi Barré, Yves Michelin, Michel Sébillotte et Jacques Theys ainsi que Yann Laurans, Jean-Marc Salmon et Pierre Strosser, d'avoir joué le jeu de la discussion entre des approches qui s'inscrivent dans des relations diverses – souvent complexes – entre recherche et action publique.

Le projet dont cet ouvrage est l'aboutissement s'appuie sur le sous-bassement d'expériences plus anciennes mais qui ont joué ici un rôle capital. Je suis reconnaissant en particulier à Jacques Theys pour le soutien qu'il apporte depuis des années à mon travail sur la prospective, à Jean-Charles Hourcade, ainsi qu'à mes collègues de l'IIASA.

Enfin, je remercie toutes les personnes qui m'ont aidé dans la préparation du manuscrit : parents et amis relecteurs, équipe de P.I.E.-Peter Lang, ainsi que Martial Guisnet et Chinh Hoang, sans qui la vie professionnelle des auteurs de ce livre aurait été, au fil des années, à la fois moins agréable et moins productive.

Préface

Christian LÉVÊQUE[1] et René URIEN[2]

Qu'elles soient locales, régionales ou globales, les « questions d'environnement » concernent par essence la dynamique spatiale et temporelle des interactions entre les sociétés humaines et les composantes biologiques, chimiques et physiques de leur environnement. Mais que le chemin a été long pour parvenir à ce simple énoncé que certains qualifieront de trivial !

En effet, la cosmologie de la Bible nous parle d'un acte divin de création du monde et de ses lois éternelles qui gouvernent le cours de l'univers. Le monde créé par Dieu est immuable. La mécanique newtonienne, qui postule la réversibilité des phénomènes, ne remet pas ce dogme en cause. Pourtant, cette réversibilité des phénomènes est en contradiction totale avec notre expérience quotidienne. La réversibilité du temps n'est biologiquement pas possible parce qu'un être vivant est en perpétuel devenir et ne revient jamais à un état antérieur. Au XIXe siècle, les principes de la thermodynamique remettront en cause les théories de Newton. La « flèche du temps » est une métaphore qui postule qu'un système évolue nécessairement de l'ordre vers le désordre, et que le temps suit toujours une même trajectoire : du passé vers le futur. L'évolution biologique n'est donc pas réversible. C'est au cours du XIXe siècle que se développa l'idée d'un monde dynamique qui avait une histoire.

De nos jours, la relation des hommes à leur environnement ne se conçoit plus dans un contexte de stabilité, mais dans un contexte de changement. D'une part, les changements naturels spontanés du climat et des paysages, parfois ponctués par des évènements tels que des tempêtes ou des tremblements de terre. D'autre part les changements suscités par les sociétés en raison de leurs activités agricoles et industrielles, ou de l'urbanisation. Dans un long processus qui s'est poursuivi sur un très grand nombre de générations, « l'anthroposphère » a pris progressivement possession de la biosphère.

---

[1] IRD, responsable de 1998 à 2003 du programme multidisciplinaire « Environnement, vie et sociétés » du CNRS.

[2] *Cemagref*, Directeur délégué à l'Évaluation et à la Qualité.

La conception du « temps entropique » est une conception de type causaliste : le passé conditionne le présent, même s'il ne l'explique pas toujours. On pourrait schématiser en disant que le « présent est poussé par le passé »[3]. Le présent est un héritage du passé qui s'est réalisé parmi un petit nombre de possibles, par l'addition progressive, à une situation antérieure, de nouvelles structures, de nouveaux éléments dont on peut penser qu'ils n'ont pas vocation à disparaître dans un proche avenir. Ce sont par exemple les diverses formes d'habitats humains dont les villes, les infrastructures de communication routière ou ferroviaire, les terres agricoles. Ce sont également les espèces introduites sur tous les continents et qui modifient la structure et le fonctionnement des communautés végétales et animales. On ne peut oublier dans cet inventaire la transformation de la société elle-même. Le développement s'est accompagné d'une transformation des relations de l'homme à la nature, d'une modification profonde des pratiques et des techniques d'utilisation des ressources, du développement de nouvelles technologies. Si les regards sur le passé peuvent être parfois nostalgiques, personne n'envisage sérieusement de revenir au temps des voyages en diligence et de la lampe à huile. Le présent, héritage du passé, engage donc l'avenir qui ne peut être cependant un « retour sur image ».

En tant qu'humains, nos actions et nos décisions procèdent d'un regard temporel à la fois dirigé « vers l'amont » (d'un présent vers un passé) et « vers l'aval » (d'un présent vers un futur). Dans le cas d'un regard sur le passé, le présent est comparé au passé, tandis que dans le cas de la perception du futur, ce dernier est comparé au présent. Dans le premier cas on mettra l'accent sur les similitudes vécues entre passé et présent. Dans l'anticipation du futur, on aura tendance au contraire à souligner les différences potentielles avec le présent, qui sont le fait de l'opportunité, du hasard, des risques, et des choix.

Depuis longtemps les hommes sont préoccupés par l'avenir. Mais notre aptitude à connaître ce qui s'est produit hier et nos méthodes pour y parvenir sont de manière générale très différentes de notre aptitude et de nos méthodes lorsqu'il s'agit de savoir ce qui arrivera demain.

Pour tenter de percer les mystères du futur, les religions ou les méthodes divinatoires selon les cas, ont pu apporter des réponses circonstanciées en fonction des époques. La science, quant à elle, a bien du mal à répondre à cette question qui constitue un domaine de recherche encore mal exploré. Pourtant, les études de prospective ont suscité un

---

[3] Le Moigne, J.L., « Les trois Temps de la modélisation des écosystèmes : l'entropique, l'anthropique et le téléologique », in Barrué-Pastor, M. et Bertrand, G. (dir.), *Les temps de l'environnement*, Toulouse, Presses Universitaires du Mirail, 2000.

regain d'intérêt au cours de la dernière décennie, notamment dans le champ de la politique environnementale et de la politique technologique.

La prospective, selon le *Trésor de la langue française* est la « discipline qui se propose de concevoir et de représenter les mutations et les formes possibles d'organisation socio-économique d'une société ou d'un secteur d'activité dans un avenir éloigné, et de définir des choix et des objectifs à long terme pour les prévisions à court et moyen terme ». Le terme prospective désigne aujourd'hui une réflexion sur l'évolution future des systèmes naturels et sociaux qui constituent un enjeu pour le débat public.

Cette définition est moins anodine qu'il n'y paraît. En effet, on présente parfois la prospective comme une « a-discipline ». Et cela a pour corollaire que son enseignement, et la recherche qui est le support de tout enseignement supérieur, échappent très largement aux sphères académiques, au moins dans notre pays (aux États-Unis, il y a dans plusieurs universités des chaires de « *Future Studies* »). Un des intérêts de cet ouvrage, et de l'école d'été – conduite par des chercheurs, pour des chercheurs – qui en fut une étape, est de mettre en évidence la position particulière à cet égard du groupe de recherche animé par Laurent Mermet à l'ENGREF, groupe qui assure à la fois un enseignement supérieur et des recherches en prospective sur l'environnement.

Si le prospectiviste devait se garder de la discipline[4], ce serait de celle qui consiste à reproduire les idées reçues. La « pensée unique », dont on se plaint souvent, s'oppose à « l'art de la conjecture », introduit par Bertrand de Jouvenel auquel les auteurs se réfèrent souvent, et à la méthode des scénarios qui en est l'application pratique.

En effet, les études de prospective ne prétendent pas prédire le futur. Elles doivent plutôt offrir des visions du futur dans le cadre de politiques scientifiques et technologiques et inciter les acteurs à prendre part au développement du futur. Il s'agit d'élaborer des scénarios cohérents de la société à des horizons plus ou moins lointains et de les proposer à l'opinion publique afin de les discuter et de choisir les voies d'avenir souhaitables. C'est donc un moyen d'améliorer la concertation sociale entre les différents acteurs impliqués dans la mise en œuvre d'une politique. Dans ce contexte, le processus importe autant que les résultats.

Le discours sur le futur entretient également des relations privilégiées avec l'action car l'état futur d'un système, à un instant donné, dépend d'actions qui restent encore, pour certaines, à déterminer. Dans

---

[4] C'est d'ailleurs en ce sens que des praticiens de la prospective et certains auteurs d'ouvrages ou de manuels, tels Michel Godet, invitent d'ailleurs plus ou moins explicitement à une forme d'indiscipline.

ce dernier cas les décisions dépendent de nos capacités d'anticipation, et la prospective peut avoir pour objectif explicite d'éclairer les choix possibles et leurs conséquences. Comme l'expliquent les auteurs, qui en donnent divers exemples, ceci implique de développer une dialectique entre la modélisation (au sens large) et les « forums de débat ».

Faire de la prospective est un exercice difficile car une question se pose en permanence : quelle valeur accorder, du point de vue scientifique, à un discours sur le futur ? D'où la nécessité d'utiliser des méthodes rigoureuses et peu contestables. D'où le besoin de transparence dans les débats et dans les hypothèses concernant des états futurs de systèmes qui constituent souvent des enjeux majeurs pour certains acteurs sociaux.

Le lecteur trouvera dans cet ouvrage une discussion serrée de cette question. Il s'agit de clarifier les rapports entre les travaux prospectifs et le monde de la recherche. Des pistes très intéressantes sont proposées, notamment une rigueur dans la formulation des conjectures, une mobilisation des capacités d'analyse et de synthèse afin de soumettre ces conjectures aux discussions critiques, aux formes de controverses, aux dispositifs de publication et d'évaluation qui font progresser la science. Là aussi, le discours présenté est original et en avance par rapport à certaines conceptions trop exclusivement pratiques de la prospective.

On appréciera notamment les apports épistémologiques sur les fondements théoriques de la méthode des scénarios, ainsi que l'invitation insistante à relire le texte fondateur de Bertrand de Jouvenel cité plus haut. Par exemple, les remarques sur « les récits pour raisonner l'avenir » ouvrent un champ jusqu'à présent peu exploré de transfert de connaissances, à partir des « disciplines du récit » telles qu'elles sont mobilisées dans les travaux de Paul Ricoeur. Il est clair que ces réflexions vont bien au-delà de la prospective appliquée à l'environnement.

En matière d'environnement, qui par définition met en jeu des systèmes sociaux, des systèmes techniques, et des systèmes naturels, la prospective nécessite la mobilisation de nombreuses disciplines qui vont des sciences sociales aux sciences de la nature, de la chimie, de la physique, jusqu'aux sciences de l'ingénieur. De ce point de vue, la prospective peut être considérée comme une démarche qui interpelle et favorise l'interdisciplinarité. En outre, la prospective implique une approche systémique et la mise en jeu d'un réseau d'interactions entre différents acteurs ayant des intérêts et des stratégies différentes, qu'ils soient porteurs de connaissances ou demandeurs de services. Ce réseau est dynamique et évolue dans le temps. Cette dynamique est partiellement formalisée (lois, accords formels) mais il y a une part non négligeable d'événements aléatoires ou inattendus. L'objet de la prospective est donc aussi de mettre en place les instruments capables de gérer des réseaux d'acteurs, de fédérer les éléments quantitatifs et qualitatifs du réseau pour lui donner une cohérence et faire converger le comportement du réseau vers la résolution de problèmes actuels et futurs.

Dans un monde où l'objectivité de la science est souvent remise en cause, où les travaux de recherche sont de plus en plus en interaction avec la décision économique et politique, où les changements sont rapides et peu prévisibles, on perçoit le besoin de disposer d'instruments qui intègrent les différentes composantes des systèmes environnementaux et proposent plusieurs alternatives.

La *prospective* recouvre en réalité une grande variété d'approches et de méthodes. Il n'existe pas actuellement de synthèses sur les outils disponibles pour la prospective dans le domaine de l'environnement, malgré l'existence d'une littérature qui est loin d'être négligeable. Il n'y a pas non plus de méthode simple, « clé en main », qui puisse être mise en œuvre par tout un chacun. Pourtant des prospectives se mettent en place dans différents domaines exprimant ainsi un réel besoin de réfléchir sur l'avenir.

Cet ouvrage, qui reprend et prolonge une partie des exposés et des discussions qui ont eu lieu à l'occasion d'une École Thématique organisée conjointement par le Cemagref, le CNRS (Programme Environnement) et l'ENGREF, est probablement unique en son genre dans la littérature scientifique française. C'est une invitation à explorer le futur, un thème de recherche qui est le véritable enjeu des années à venir en matière d'environnement.

Introduction générale

Laurent MERMET

1. La dimension de long terme au cœur des problèmes d'environnement

La dimension de long terme est centrale dans les problèmes environnementaux que la société tente de prendre en charge, problèmes qui combinent des dynamiques et des enjeux s'étendant sur des décennies, sur des siècles voire des millénaires à venir. Ce poids du long terme vaut depuis l'échelle mondiale jusqu'à l'échelle régionale ou locale. Il se retrouve dans tous les types de dossiers d'environnement : des pollutions à la biodiversité, des paysages à la gestion des ressources naturelles. Il concerne les systèmes « naturels » avec par exemple le lent comblement d'un lac, l'extinction progressive d'une population animale, le boisement spontané de terrains abandonnés par l'élevage ou les cultures, etc. Mais le long terme est tout aussi important pour les systèmes « sociaux » et « techniques » déterminants pour l'environnement : que l'on pense à l'expansion de certains modèles de production agricole ou forestière, à l'évolution des représentations de la nature, des comportements et des attentes du public, à des recompositions institutionnelles et politiques qui s'effectuent sur des dizaines d'années (montée en puissance de la politique européenne, des administrations et des agences environnementales, des mouvements écologistes). Au total, il n'est pas abusif d'écrire que gérer l'environnement, c'est intervenir pour infléchir les dynamiques futures de systèmes socio-écologiques.

2. Des attentes sociales et institutionnelles en matière de prospective environnementale

Comment intervenir, cependant ? Et sur quelles dynamiques ? Quelles sont donc les évolutions possibles ? Et quels peuvent être les effets de long terme de telle ou telle action ? Par mille questions de ce type, le souci de l'environnement à long terme s'accompagne de grandes attentes en matière de prospective.

On peut déjà les mesurer en ouvrant son journal : la presse relaie et développe avec enthousiasme toutes sortes de conjectures sur l'avenir du climat, des forêts, des modes de vie en relation avec l'environnement en ville, etc. On les retrouve en allumant la télévision : autour de tables rondes, les émissions de débat convient des groupes savamment dosés d'experts, de responsables, d'acteurs, de témoins, à exposer et débattre leurs conjectures. Ces mêmes attentes sont présentes aussi dans les réunions professionnelles où, au moment de faire des plans pour les mois où les années à venir, il faut bien s'interroger sur les tendances, les enjeux et les stratégies à plus long terme.

Les interrogations prospectives ne prospèrent pas seulement dans ces cadres plus ou moins informels de débats d'idées. Elles se traduisent aussi par des commandes plus officielles de la part des institutions impliquées dans la gestion de l'environnement. L'exemple le plus connu, parce qu'il est mondial, est sans doute le GIEC (Groupe international d'experts sur le climat), une organisation mise en place en 1988, à la demande du G7, par l'Organisation météorologique mondiale et le Programme des Nations Unies pour l'environnement. Il s'agit d'un panel de scientifiques qui est appelé à fournir, sur les différents aspects des problèmes liés aux changements globaux, des prospectives utilisables dans les négociations internationales. Mais des commandes analogues se mettent aussi en place à d'autres échelles et sur d'autres types de dossiers environnementaux. Pour ne citer qu'un exemple, la mise en œuvre de la directive cadre européenne sur l'eau de décembre 2000, qui occupe aujourd'hui les acteurs du monde de l'eau, exige la mise en place, bassin versant par bassin versant, d'un cadre d'action pour planifier à l'horizon de quinze ans les actions publiques qui permettront d'atteindre « un bon niveau de qualité des eaux de surfaces et des eaux souterraines ». Et pour cela, les administrations et les agences concernées doivent élaborer des diagnostics prospectifs très complexes.

3. Prospectives environnementales : développer les études appliquées, mais aussi des travaux de recherche

Toutes ces attentes, ces commandes publiques, encouragent une offre croissante d'études prospectives sur l'environnement. Ces travaux sont très divers par leur ampleur, leur ambition, le type de méthodes utilisées. Ils varient aussi quant à leurs auteurs et à leur statut : exercices de réflexion collective avec l'aide d'animateurs, travaux de bureaux d'études en amont de la planification, études réalisées par des organismes officiels, etc. Très souvent, tous les travaux de prospective sont considérés en bloc comme relevant des études d'appui à l'action publique et comme extérieurs à (ou en marge de) la sphère de la recherche.

Le présent ouvrage part de l'idée que cette vision est caricaturale, qu'elle compromet gravement le développement des recherches sur les dynamiques et les états futurs de l'environnement, et qu'elle doit donc être remplacée par une conception plus large et plus construite du champ. À côté des études prospectives appliquées il faut favoriser le développement, à l'état d'ébauche aujourd'hui, de véritables recherches prospectives faisant partie intégrante de la production académique de chercheurs des disciplines impliquées dans la recherche environnementale, aussi bien en sciences de l'univers, en sciences de la vie, qu'en sciences de l'homme et de la société.

Où est l'enjeu ? Quelles sont les raisons qui rendent nécessaires de tels développements ? Résumons-les en quelques mots : elle reviendront ensuite tout au long de l'ouvrage. Pour nous – et nous suivons en cela l'analyse proposée par Bertrand de Jouvenel en 1964 dans *L'art de la conjecture* –, l'utilité, le caractère probant d'une prospective sont fondés sur deux piliers : la qualité du travail d'élaboration des conjectures et la qualité des forums de débat critique sur ces conjectures. Sur le premier pilier, si l'on considère la complexité des processus (qu'ils soient physiques, biologiques, sociaux) à l'œuvre dans l'évolution des problèmes environnementaux (que l'on s'intéresse au climat, à l'eau, à la biodiversité, etc.), une fois que l'on a passé le stade des réflexions exploratoires les plus simples, il n'est tout simplement pas possible de construire des conjectures intéressantes sans s'engager dans un travail dont les difficultés et l'ampleur ne peuvent être maîtrisées en dehors de l'engagement de communautés académiques, avec des moyens humains et scientifiques significatifs. Quant aux forums où ces conjectures souvent très complexes et controversées sont débattues, il y aurait pour nous une contradiction intenable à vouloir faire comme s'ils devaient être seulement politiques, les chercheurs n'intervenant que de manière plus ou moins seconde, dispersée, en tant qu'experts, conseillers, témoins ou « lanceurs d'alerte ». Tout politiques que soient les débats sur les prospectives environnementales, la majorité de leurs protagonistes ont tout à gagner à ce que les chercheurs et leurs conjectures s'opposent aussi entre eux (et entre elles) dans des enceintes de publication, de débat et d'évaluation académiques.

Cette double nécessité, à la fois substantielle et procédurale, de développer aussi des travaux de prospective environnementale au sein de la sphère académique n'est pas une simple vue de l'esprit. Dans des domaines comme l'économie de l'énergie, ou l'impact des changements climatiques sur l'environnement global, de véritables champs de recherche ont émergé dans les trente dernières années. Comment encourager encore leur développement ? Surtout, comment aider à ce que la dimension prospective des questions environnementales soit prise à bras le corps par les communautés scientifiques impliquées dans l'étude d'autres objets, comme la dynamique des bassins versants, des forêts, des aires protégées, ou comme le développement des technologies propres, l'évolution des représentations et des pratiques en matière d'environnement, pour ne donner que quelques exemples ?

4. Des recherches environnementales qui font toujours plus de place aux processus de long terme

En première analyse, ce développement de la dimension prospective des recherches environnementales semble être en train de s'engager spontanément. Depuis une quinzaine d'années, les chercheurs du champ de l'environnement (que ce soit en sciences de la nature ou de la société) ont suivi une évolution interne qui les conduit aujourd'hui à accorder de plus en plus d'attention au caractère très évolutif des systèmes sur lesquels ils travaillent. Sans cesse de nouvelles publications insistent sur le fait que tel écosystème, tel paysage, telles pratiques sociales vis-à-vis de l'environnement, que l'on considérait auparavant comme relativement stables dans le long terme, ont connu en réalité des changements considérables, des ruptures même, et que leur état actuel, même si nous tendons à le percevoir comme plus ou moins stable, n'est en fait qu'un moment d'un processus qui, vu à long terme, est très dynamique. Ce travail de réinscription des états de l'environnement dans des dynamiques temporelles a renouvelé par exemple notre vision des forêts françaises, des paysages ruraux, des rivières et des zones humides, des problèmes de pollution dus aux industries.

À mesure que les connaissances progressent, il devient de plus en plus clair que l'histoire des hommes et celle des systèmes écologiques sont conjointes. D'innombrables travaux à l'échelle locale, dans toutes les parties du monde, nous montrent paysages, forêts, sols, zones humides, co-évoluant avec les communautés humaines dont ils constituent le terroir. Et si l'on monte en échelle – jusqu'au plan mondial –, les travaux d'histoire de l'environnement montrent que c'est ainsi toute la biosphère que, depuis des millénaires, l'histoire humaine transforme et restructure en profondeur.

L'analyse de ces dynamiques est devenue, en quelques années, un chantier de recherche très actif. De nombreuses disciplines y participent : l'histoire, bien sûr, la géographie, mais aussi la plupart des disciplines impliquées dans les recherches environnementales, qu'elles se situent – ici encore – du côté des sciences de la nature ou des sciences de la société. Ce chantier est évidemment interdisciplinaire. Puisque sociétés et systèmes écologiques se transforment réciproquement, se transforment ensemble, leur dynamique exige, pour être comprise, des travaux où coopèrent les disciplines concernées. Dans ce contexte, les chercheurs eux-mêmes ont beaucoup à attendre, sur le plan scientifique, d'un engagement dans l'étude des dynamiques futures qui sont en jeu dans les problématiques environnementales.

5. Les difficultés d'une rencontre pourtant nécessaire

Des attentes sociales et institutionnelles fortes en matière de prospective environnementale, une communauté scientifique qui s'engage dans l'étude de la dynamique de long terme des socio-écosystèmes : tout semble annoncer une convergence par laquelle les travaux des chercheurs et les interrogations des acteurs se répondraient, fondant une réflexion conjointe sur l'avenir, sur la prise en charge à long terme des problèmes environnementaux. En France, la programmation de la recherche tire en ce sens. Ainsi le programme « Environnement, vie, et sociétés » (PIREVS) du CNRS a-t-il encouragé de manière volontariste le développement d'un axe de recherches « rétrospectives et prospectives » sur l'environnement. De nombreux signaux indiquent d'ailleurs que dans l'ensemble, les chercheurs considèrent que les travaux qu'ils conduisent sur le long terme se posent en réponse aux attentes sociales, institutionnelles, politiques du champ de l'environnement. Pourtant, lorsque l'on examine les travaux de recherche en cours sur les dynamiques à long terme de l'environnement, dont les actes des journées du PIREVS sur *Les temps de l'environnement*, à Toulouse en 1997, par exemple, donnent une bonne vue d'ensemble, force est de constater une prédominance écrasante des travaux sur le passé. Ceux qui portent sur l'avenir paraissent en comparaison peu nombreux, isolés, hétéroclites, marginalisés même (en dehors, on y reviendra, de quelques champs de recherche spécifiques).

Pour comprendre ce déficit des recherches sur les dynamiques environnementales futures, il faut remettre en question la continuité apparente entre étude des dynamiques de long terme passées et futures, que résume la formule « rétrospectives et prospectives ». Certes, coupler ces deux termes paraît naturel aux chercheurs concernés : si le passé nous raconte l'histoire des dynamiques croisées des systèmes naturels et sociaux, comment imaginer que le futur ne soit pas à aborder dans des termes similaires ? Et pourtant, le passage des dynamiques passées aux dynamiques futures, s'il paraît clair dans le principe, soulève des difficultés considérables.

Comment les analyser ? Comment les traiter ? C'est la problématique centrale du présent ouvrage.

Ces difficultés inhérentes à tout travail prospectif, un coup d'œil suffit à en mesurer l'ampleur et la diversité. D'abord, les ressources humaines ne sont pas comparables à celles mobilisables pour l'étude du passé : d'un côté on a pu s'appuyer sur l'importante communauté des historiens, de l'autre celle des spécialistes de la prospective, que ce soit en France ou au plan international, est incomparablement moins nombreuse et moins structurée. Ensuite, la grande majorité des chercheurs impliqués dans les travaux sur l'environnement est dans une ignorance à peu près totale des questionnements théoriques et des ressources méthodologiques des travaux spécialisés en prospective. Chacun se fait alors sa propre idée, sur la base d'expériences ponctuelles, en général peu représentatives du domaine de la prospective dans son ensemble. La confusion terminologique et conceptuelle qui règne souvent entre perspective, prospective, prévisions, *foresight*, etc., reflète et aggrave à la fois ce faible niveau de connaissances. Enfin, les travaux sur les dynamiques futures souffrent aux yeux des scientifiques d'un déficit de légitimité au regard de la pratique de la recherche. Sont-ils extérieurs à la production et au débat académiques et donc du seul ressort du « débat social » ? Sont-ils à l'interface entre les institutions de la recherche et celles de l'action – ils servent alors soit à programmer la recherche, soit à en valoriser les résultats ? Sont-ils dans certains cas partie intégrante de la production scientifique ? Dans quels cas, à quelles conditions, dans quelle mesure ? On comprend que toutes ces difficultés, qui s'accumulent et ne trouvent pas d'espace de débat où être discutées et traitées, opposent une résistance à la fois pratique, intellectuelle, organisationnelle, au développement de travaux sur les dynamiques et les états environnementaux futurs.

Encore n'a-t-on énuméré jusqu'ici que des obstacles liés à la méconnaissance, aux malentendus, au déficit de clarification. Ils en cachent d'autres qui relèvent de problèmes plus fondamentaux. Quelle valeur peut-on attribuer à des assertions sur le futur ? N'y a-t-il pas des différences profondes entre la manière dont on peut étudier les traces de dynamiques passées aujourd'hui accomplies et celle dont on peut appréhender les possibilités de dynamiques à venir, pour partie encore indéterminées ? La symétrie entre rétrospective et prospective, l'éclairage que la première jetterait sur la seconde, ne sont naturels qu'à première vue. Dès que l'on y regarde de plus près, on réalise qu'ils sont profondément problématiques.

Pour que se développent des travaux de recherche qui puissent consacrer aux dynamiques futures de l'environnement, donc à la prospective, une mobilisation des hommes et une pertinence de fond comparables à celles dont bénéficie maintenant la rétrospective, il faut identifier, discuter et commencer à traiter ces difficultés, des plus conjoncturelles aux plus fondamentales. C'est à cette entreprise que nous nous attaquons avec le présent ouvrage. Il nous semble que, pour réussir, elle doit s'appuyer sur un travail de fond qui peut s'organiser en trois chantiers.

6. Mobiliser les ressources de la prospective générale

Un premier chantier consiste à permettre aux communautés scientifiques impliquées dans les recherches sur l'environnement de s'approprier les ressources théoriques et méthodologiques de la prospective générale. Dans l'état actuel des choses, en effet, tout se passe un peu comme si les problèmes futurs que se pose la société étaient travaillés séparément par deux communautés tout à fait disjointes. D'un côté, les prospectivistes, avec leurs revues, leurs traditions, travaillent depuis plusieurs décennies – en se situant sur un plan assez général, le plus souvent – sur les problèmes que pose l'analyse des dynamiques à venir qui intéressent la société. De l'autre, des scientifiques divers, lorsqu'il se trouve que leur matière touche à des enjeux importants pour l'avenir, se lancent dans un travail sur des dynamiques futures. Ils mobilisent les outils de leur discipline, souvent très techniques et adaptés aux objets traités, mais qui n'ont pas toujours bénéficié des adaptations nécessaires pour répondre aux exigences spécifiques d'un travail de conjecture. Est-on alors condamné à choisir entre d'un côté des travaux de conjecture bien construits, mais relativement pauvres en contenu, et de l'autre des travaux scientifiques inégalement maîtrisés du point de vue de leur portée conjecturale ? Non, à condition que les deux communautés concernées, prospectivistes et chercheurs en environnement entreprennent un travail de (re)connaissance réciproque. Pour les chercheurs du champ de l'environnement, la priorité nous semble être à une initiation au domaine de la prospective générale, avec son histoire et son organisation, son corpus bibliographique, ses travaux fondateurs et ses jalons essentiels, ses enjeux théoriques structurants, ses ressources méthodologiques (les lecteurs concernés seront accompagnés dans ce travail essentiellement par les chapitres I, III, IV, VII)[1]. Du côté des prospectivistes, l'ouverture nécessaire est un peu différente : elle consiste à ne pas se cantonner à une batterie de méthodes de la prospective générale et à étendre leur sphère d'intérêt au potentiel conjectural de toutes sortes de méthodes utilisées ou proposées par des scientifiques de diverses disciplines (les lecteurs concernés devraient notamment trouver utiles les chapitres I, II, V, VI et la troisième partie).

---

[1] Le lecteur intéressé trouvera des ressources complémentaires à celles développées ici, en particulier des fiches de lecture sur les références essentielles dans Mermet, L. (dir.), *Prospectives pour l'environnement – Quelles recherches ? Quelles ressources ? Quelles méthodes ?*, Paris, La Documentation française, 2003

7. Discuter l'expérience acquise dans certains champs de recherche spécialisés

Pour introduire le second chantier, il faut noter que le constat général d'une coupure entre les spécialistes de la prospective et ceux de la plupart des disciplines impliquées dans la recherche environnementale comporte un certain nombre d'exceptions, très importantes au regard du projet poursuivi ici. En effet, certaines disciplines ont été conduites depuis longtemps à prendre en charge une dimension conjecturale, dont le développement fait partie intégrante de leurs travaux. C'est le cas, par exemple, de la démographie, déjà située à l'interface entre analyse de la biologie et des sociétés humaines, et qui déploie des efforts très importants de prospective. Il en va de même pour l'économie de l'énergie, pour l'économie des transports qui, accompagnant des domaines d'activité où la planification à long terme est un enjeu central, ont réalisé des efforts (et mené des débats) théoriques et méthodologiques notables pour asseoir leurs prévisions ou leurs scénarios. Enfin, on assiste depuis une trentaine d'années au développement de travaux de prospective environnementale à l'échelle mondiale, depuis les débuts fracassants du rapport du Club de Rome sur les limites de la croissance (voir chapitre VIII) jusqu'aux travaux scientifiques qui alimentent aujourd'hui les négociations internationales sur l'effet de serre. Il est d'ailleurs à noter que les économistes de l'énergie et les démographes, rejoints ici par les spécialistes des modélisations climatiques, fournissent l'armature de ces efforts. La plupart des disciplines impliquées dans l'étude de socio-écosystèmes, notamment à des échelles régionales ou locales, sont beaucoup moins avancées dans cette voie. Le second chantier à lancer est donc celui d'un double transfert de problématiques, de ressources scientifiques, de savoir-faire, (1) depuis les disciplines relativement avancées vers celles qui ne font aujourd'hui que commencer à aborder les dynamiques futures de leurs objets et (2) depuis les travaux prospectifs actuels de pointe à l'échelle mondiale vers d'autres échelles plus locales, où la dimension prospective des dynamiques naturelles et sociales a été moins travaillée. Ce deuxième chantier n'est abordé que de manière relativement indirecte dans le présent ouvrage (voir chapitre I, VIII, IX). Un autre ouvrage est en préparation, qui collationne des textes sur quelques-unes des expériences que nous jugeons les plus intéressantes à cet égard. En revanche – c'est le troisième chantier – le présent ouvrage insiste beaucoup sur les conditions de ces transferts et sur les cadres et la culture théoriques qui permettent de les effectuer dans de bonnes conditions.

8. Entreprendre un travail de fond sur les problématiques et les fondements théoriques des prospectives environnementales

En effet, ces transferts ne peuvent pas être entrepris directement, parce qu'on ne peut exporter telles quelles les méthodes de la démographie, de l'économie de l'énergie, des études sur l'environnement global. En effet, les travaux de prévision et de prospective se sont développés dans ces domaines en prenant appui sur des caractéristiques particulières de leurs objets qui permettent de lever certaines des difficultés de la conjecture. Pour la démographie, par exemple, ce sont l'inertie qui résulte d'un effort (relativement) général pour raccourcir le moins souvent possible la vie humaine, le fait que la reproduction humaine (mécanisme central de la démographie) soit (relativement) bien comprise, enfin la disponibilité de jeux de données en quantité et en qualité inaccessibles à la plupart des autres domaines de recherche. Pour l'énergie, on retrouve l'inertie (cette fois liée à la durée de vie des installations de production), associée aux simplifications qui résultent de l'équivalence relative entre différentes formes d'énergie et au fait qu'elles se transportent et s'échangent sur un marché mondial : à partir des parcs de production, de consommation et des prix, on peut déjà construire des conjectures élaborées et d'une certaine pertinence. Sur un autre plan, les prospectives à l'échelle mondiale bénéficient de la simplification que représente l'absence de forçages socio-économiques comme ceux qui, par exemple, rendent la prospective d'une économie ou d'une ressource naturelle régionales très dépendantes des évolutions possibles de facteurs nationaux ou internationaux qui peuvent peser de manière déterminante. Les méthodes ainsi assises – explicitement ou non – sur la spécificité d'un domaine ne peuvent pas être transférées telles quelles (ou seulement légèrement adaptées) vers d'autres. Pour croiser et comparer les apprentissages entre disciplines, entre échelles spatiales et organisationnelles, il faut disposer de cadres théoriques adaptés à cette entreprise, à la fois plus larges que ceux des différentes prospectives spécialisées du champ de l'environnement et plus proches des recherches environnementales que les cadres les plus répandus de la prospective générale. La construction et la discussion de tels cadres, des méthodes pour les appliquer, constituent le troisième chantier nécessaire au développement de la prospective environnementale, aussi bien dans le domaine de la recherche que dans celui des études prospectives appliquées. C'est une préoccupation centrale du présent ouvrage.

9. Mobilisation et rencontre de plusieurs communautés

En ouvrant ces trois chantiers, le présent ouvrage appelle donc à une mobilisation accrue – et pour cela, à une rencontre – entre plusieurs communautés : spécialistes de la prospective générale, chercheurs des différentes disciplines impliquées dans la recherche environnementale, experts et acteurs de la décision dans différents dossiers environnementaux où études et recherches prospectives occupent une place croissante.

Les premiers bénéficiaires de cette rencontre seront sans doute les chercheurs travaillant sur les systèmes écologiques et sociaux à des échelles où les travaux de prospective sont encore peu développés, puisque la réflexion entreprise ici doit favoriser à leur profit des transferts de méthodes et susciter des innovations spécifiques à leurs problèmes. Mais les autres communautés ont, elles aussi, beaucoup à y gagner.

Pour les chercheurs et les experts qui travaillent dans les domaines où les recherches prospectives commencent à bien se développer (scénarios d'environnement globaux, prospectives de l'énergie et des ressources, etc.), les bénéfices à attendre sont de deux ordres. D'une part, le travail de comparaison entre domaines, l'effort de théorisation, de recul critique, peuvent les aider à mieux comprendre certaines limites actuelles auxquelles se heurte le développement de leurs travaux et à ouvrir de nouvelles voies de recherche. D'autre part, à mesure qu'elles se développent, leurs recherches sont de plus en plus conduites à se pencher sur les couplages entre les processus qui les intéressent au départ, et d'autres qui se jouent sur d'autres plans, à d'autres échelles, où prévalent d'autres approches de la prospective. L'étude des impacts du changement climatique en fournit un bon exemple. Les modèles climatiques produisent des hypothèses sur les changements qui peuvent se produire, dans 30, 40 ou 50 ans, à l'échelle d'un territoire donné. Mais pour les traduire en impacts, on ne peut évidemment pas les plaquer sur la situation actuelle de ce territoire. Il faut envisager l'état et les enjeux du territoire aux mêmes horizons temporels et, ensuite, croiser ces conjectures territoriales et des conjectures climatiques. Dès lors, la rencontre entre modélisations climatiques et prospectives territoriales, aussi différentes que soient leurs méthodes, leurs assises disciplinaires, est indispensable. Plus généralement, à terme, les recherches prospectives environnementales doivent se développer à la fois dans des champs spécialisés et s'appuyer sur des échanges actifs entre ces champs.

Les spécialistes de la prospective générale, eux non plus, ne sont pas ici seulement pourvoyeurs de réflexions théoriques ou de suggestions de méthodes. Ils ont aussi beaucoup à gagner à participer à des travaux qui, comme ceux de la prospective environnementale, alimentent leur travail par de nouveaux contenus, de nouveaux types de constructions conjecturales, de nouveaux points de vue. C'est ainsi que dans le passé des travaux comme ceux du Club de Rome ont été un apport important pour la prospective générale. À nos yeux, cet enjeu est de nouveau d'actualité aujourd'hui, même s'il se pose évidemment en des termes renouvelés. La prospective générale, dans son développement actuel, a beaucoup à gagner à une collaboration approfondie avec de nouveaux domaines de prospective très spécialisés, en particulier dans le champ de l'environnement. C'est en ce sens que le présent ouvrage peut être utile.

Enfin, si nous nous sommes surtout adressé jusqu'ici aux chercheurs, c'est que l'un des objectifs de l'ouvrage est de rétablir un équilibre qui tend à défavoriser à l'excès la dimension académique de la prospective environnementale, au profit des seules études d'appui à la décision. Pour autant, tous les acteurs et les experts de la décision en matière d'environnement sont concernés par la prospective environnementale. Si celle-ci doit se développer à la hauteur des défis à venir en matière d'écologie et de développement durable, il est nécessaire de cultiver des types clairement distincts de réalisations, dans des contextes aussi différents qu'un exercice de prospective avec les habitants d'un village pendant un week-end, un programme de recherche mobilisant des équipes sur plusieurs années, une procédure officielle de planification, etc. Pour les experts et les acteurs du domaine, au-delà de l'extrême différence des genres, ces travaux participent d'une culture d'ensemble. Ils s'alimentent les uns les autres et les renvois entre eux donnent au domaine de la prospective environnementale une cohérence d'ensemble. C'est ce qui nous donne à penser que nombre d'experts et d'acteurs du champ de l'environnement trouveront leur compte à la lecture du présent livre.

10. Organisation de l'ouvrage

L'ouvrage met à disposition des lecteurs un ensemble de moyens, hétérogènes en apparence mais qui, regroupés, proposent un cadre et des bases pour faire émerger une culture commune favorable à de nouveaux échanges, à de nouveaux travaux. Il est organisé en trois parties.

La première est consacrée à approfondir l'effort de clarification et de cadrage que nous venons d'esquisser. D'une part (chapitre I), nous proposons une analyse des blocages qui hypothèquent aujourd'hui le développement de travaux de prospective au sein de la recherche environnementale en France. Cette analyse nous conduit à une vision organisée du champ de la prospective environnementale, en distinguant clairement différents types de travaux, en fonction de leurs relations à la sphère de la recherche, et à celle de l'action publique. D'autre part (chapitre II), nous proposons, à partir de l'examen et de la critique de plusieurs courants majeurs des deux dernières décennies en matière de prospective, un « cadre théorique ouvert » pour organiser sur le plan le plus général possible la mise en discussion de travaux de prospective environnementale – que ce soit au stade de leur conception, de leur analyse ou de leur évaluation. Ce qui nous a motivé et guidé dans cet exercice est la nécessité d'un cadre suffisamment général et d'une terminologie suffisamment stabilisable pour permettre de nouveaux échanges. Un guide de conversation et une boussole sont indispensables pour s'aventurer dans la tour de Babel où s'entrecroisent les terminologies et les approches spécifiques à telle ou telle école méthodologique, à tel ou tel domaine d'application de la prospective.

La deuxième partie est consacrée aux ressources offertes par le domaine de la prospective générale (*Future Studies*), aussi bien pour aborder les problèmes de principe que pose la conjecture sur le futur, que pour mettre à disposition des éléments de méthodologie pour conduire des travaux prospectifs. Nous nous sommes efforcés de donner à voir la richesse de ces ressources et l'intérêt que les chercheurs du champ de l'environnement peuvent trouver à les mobiliser. Mais nous montrons aussi qu'elles ne suffisent pas et que le développement de recherches prospectives environnementales appelle de nouveaux développements théoriques et méthodologiques, non seulement en matière de modélisation, mais aussi dans ce qui constitue le cœur des méthodes classiques de prospective : les approches par scénarios.

Nous commençons (chapitre III) par donner une vue d'ensemble du domaine de la prospective générale, de ses enjeux et des ressources qu'il peut offrir pour alimenter des recherches sur les dynamiques futures de l'environnement. Puis dans le chapitre IV, Xavier Poux propose une vue d'ensemble des méthodes de scénarios : historique, bases théoriques, construction et évaluation des scénarios. Nous montrons ensuite (chapitre V) que l'utilisation de ces méthodes ne soulève pas seulement des problèmes méthodologiques et pratiques, mais renvoie aussi à des enjeux théoriques encore très mal étudiés et sur lesquels de nouvelles recherches sont nécesssaires. Dans le chapitre VI, Hubert Kieken propose une approche des relations entre modélisation et prospective, en passant en revue les différentes perspectives théoriques sur lesquelles on peut s'appuyer pour aborder les jeux de renvoi entre conjecture et forums qui sont au cœur des modélisations prospectives. Enfin, pour compléter le tableau des grandes familles de méthodes de la prospective générale, Ruud Van der Helm brosse dans le chapitre VII un tableau d'ensemble du domaine de la prospective participative et de la batterie de méthodes très diverses qui y ont été expérimentées.

Dans la troisième partie, nous présentons quatre textes sur des travaux menés au sein de notre groupe de recherche en gestion sur les territoires et l'environnement (RGTE) et qui s'inscrivent dans les orientations que nous prônons dans les deux premières parties de l'ouvrage. Les deux premiers analysent des travaux prospectifs passés ou présents qui constituent des références intéressantes dans notre domaine. Ils mobilisent notamment pour cela le cadre théorique proposé dans la première partie de l'ouvrage. Les deux derniers décrivent des recherches consistant cette fois à réaliser et mettre en discussion des conjectures prospectives.

Dans le chapitre VIII, nous revenons avec Hubert Kieken sur un exemple archétypal de modélisation prospective : le rapport du Club de Rome sur les « limites de la croissance » de 1972. Puis Sébastien Treyer, dans le chapitre IX, résume le débat qui se déroule au niveau mondial, depuis une vingtaine d'années, sur la rareté de l'eau ; il analyse la dynamique par laquelle ce débat progresse, à mesure que sont proposées des conjectures nouvelles – dont chacune constitue d'ailleurs, aussi bien par ses méthodes que par ses résultats, une réaction à l'état antérieur du débat. Le chapitre X permet à Sébastien Treyer de changer d'échelle, sur le même sujet, en présentant un travail prospectif sur la gestion de la rareté de la ressource en eau dans la région de Sfax en Tunisie. Enfin, dans le chapitre XI, Xavier Poux plaide pour une prospective environnementale des territoires. Sur la base d'une recherche en Camargue et d'une analyse des enjeux spécifiques que soulève la dimension environnementale et territoriale de tels travaux, il fraye un chemin pour le développement de travaux prospectifs au sein de groupes de recherches interdisciplinaires sur des territoires ou des écosystèmes.

Un projet évidemment crucial pour étendre la prospective environnementale aux domaine des recherches sur l'eau, sur les forêts, sur les paysages, sur la biodiversité, etc. Or c'est bien ce type de développements dont l'ensemble de l'ouvrage essaie de montrer qu'ils sont nécessaires, qu'ils sont possibles, et pour lequel il met en avant des propositions aussi bien théoriques (partie I) que méthodologiques (partie II) et des exemples de réalisations (partie III).

L'ouvrage s'achève sur notre conclusion générale, présentée sous forme d'épilogue prospectif.

Première partie

Développer les prospectives environnementales, à la croisée entre prospective générale et sciences de l'environnement

Introduction de la première partie

Laurent MERMET

La gestion des écosystèmes et des ressources, le développement durable, se jouent à long terme. Ils doivent pouvoir s'appuyer sur des études construites, systématiques, des dynamiques futures des systèmes écologiques, sociaux, économiques. Le développement de ce domaine – la prospective environnementale – s'est bien amorcé dans les trois dernières décennies. Des travaux de référence – qu'ils soient admirés ou critiqués – témoignent par leur ampleur et leur impact de la fécondité de cette problématique. Par leur diversité, ils posent des jalons qui pointent des développements possibles dans de multiples directions. Dans certains domaines comme l'économie de l'énergie, le changement climatique, la démographie, ces travaux se sont multipliés au point de donner naissance à de véritables champs de recherches prospectives spécialisées. On peut également constater que les initiatives pour fonder des communautés de travail prospectif environnemental visant des champs d'application bien plus vastes suscitent aussi une importante mobilisation : nous pensons ici notamment à l'Évaluation intégrée (*Integrated Assessment*).

Pour intéressant que soit le chemin déjà parcouru par ces réalisations, il débouche cependant sur un ensemble de défis nouveaux dont l'enjeu est l'extension du domaine des recherches prospectives environnementales dans trois directions.

Extension d'abord dans le sens d'un plus grand approfondissement. Souvent, le travail prospectif reste cantonné à des études exploratoires ou très appliquées, à l'interface entre le monde de la recherche et celui de la décision. Dans un domaine donné, on ne peut se satisfaire longtemps de ce type de travaux seulement. Pour aller plus loin, le travail prospectif doit être pris en charge par le monde de la recherche dont les ressources sont irremplaçables aussi bien pour la construction de conjectures prospectives élaborées que pour leur discussion contradictoire approfondie. Cette extension vers une prise en charge croissante du travail prospectif par des communautés académiques suppose que soient résolus des problèmes importants concernant le statut de la prospective au regard de la recherche, ainsi que ses bases théoriques.

Extension à de nouveaux domaines d'applications ensuite. Comment étendre la dynamique de recherche prospective amorcée aujourd'hui dans les domaines spécialisés cités plus haut à d'autres domaines comme la gestion des bassins versants, la conservation de la biodiversité, etc. ? La tentation est forte de transposer directement dans un domaine les méthodes qui ont réussi dans un autre. Hélas, le plus souvent cette transposition ne fonctionne pas car les conditions (objets traités et contextes de travail, types de données, théories spécifiques sur certains processus de long terme, etc.) qui ont fondé cette réussite ne sont pas remplies dans le domaine nouveau que l'on cherche à explorer. D'où la nécessité de rechercher un cadre de réflexion plus général, où puissent se repérer les développements nouveaux et les efforts de transferts de théories ou de méthodologies.

Extension enfin au sens où les réalisations actuelles et à venir en matière de prospectives environnementales devraient constituer progressivement un espace partagé de travail – c'est-à-dire de production et de débat. Aujourd'hui les travaux prospectifs manquent de lisibilité. Tantôt ils souffrent d'un déficit de différenciation : on essaie d'embrasser dans des approches trop vite normalisées des réalisations dont les enjeux, les contenus, les méthodes, sont trop différents. C'est alors l'image de l'ensemble des travaux prospectifs qui se brouille et se dégrade. Tantôt ils sont handicapés par un excès de différenciation : pour se démarquer du « marais » de la prospective, on s'embarque dans des réalisations comme si elles étaient isolées. Mais alors, dans quels termes les discuter ? Avec qui ? Et pour quelles suites durables, que ce soit dans le champ de la recherche ou sur le plan du débat socio-politique ? Le défi est ici de poser les repères d'un espace de travail suffisamment vaste et structuré pour accueillir et situer toutes sortes de réalisations prospectives environnementales les unes par rapport aux autres, de façon que puissent se développer entre elles les emprunts, les contestations, les concurrences, bref les multiples relations qui fondent le type de champ de recherche et de débat vivant dont a besoin la gestion à long terme de l'environnement, par-delà les cloisonnements de ses multiples sous-domaines.

Pour relever le défi de l'extension du domaine de la prospective environnementale, nous adopterons dans cette première partie de l'ouvrage deux angles d'approche différents, qui font chacun l'objet d'un texte spécifique.

Le premier (chapitre I) vise une clarification des rapports qu'entretiennent des types très divers de travaux prospectifs avec le monde de la recherche d'un côté, avec celui du débat et de la décision politiques de l'autre. Il permet de mieux comprendre la confusion et l'incompréhension que le travail prospectif suscite souvent chez les chercheurs. Il montre que, dès lors que l'on cesse d'accepter (ou d'entretenir) la confusion entre les divers types de travaux, un espace très vaste et tout à fait praticable par des *Homo Academicus* normalement constitués et organisés s'ouvre pour de nouvelles recherches prospectives environnementales.

Le second (chapitre II), pierre angulaire de l'ensemble de l'ouvrage, porte sur le cadre théorique dans lequel de tels développements peuvent s'inscrire. Il montre que les tentatives récentes pour organiser et formaliser le domaine de la prospective sur l'environnement, les ressources, le développement durable, suivent une orientation qui consiste à tenter de concevoir et de promouvoir une démarche générique de prospective, applicable à une vaste gamme de problèmes et instrumentée par un répertoire plus ou moins fermé de méthodes : la « boîte à outils ». Or cette orientation, alors qu'elle a fondé des réalisations très intéressantes dans les domaines de la prospective les plus directement appliqués à la décision, conduit à une impasse lorsqu'il s'agit de relever les défis de l'extension du domaine de la prospective environnementale vers plus d'approfondissement scientifique, vers de nouveaux champs d'application, vers l'aménagement d'un espace à la fois assez ouvert et assez structuré. Elle doit être remplacée par une autre démarche, qui dépasse la seule codification, toujours trop étroite, des théories et méthodes que mobilisent spécifiquement les travaux prospectifs et qui concentre au contraire ses efforts sur les repères théoriques plus généraux qui peuvent guider la mise en discussion de ces travaux, c'est-à-dire leur analyse, leur évaluation, leur conception aussi. Ce texte propose pour cela un nouveau cadre théorique, que nous qualifions d'« ouvert ».

CHAPITRE I

Les prospectives environnementales et leurs places dans l'activité de recherche

Une typologie

Laurent MERMET

Gérer l'environnement, c'est intervenir sur des dynamiques sociales et naturelles de long terme. Pour mieux comprendre ces dynamiques, pour cerner les effets que l'on peut attendre de tel ou tel type d'intervention, il est nécessaire de développer des travaux de recherches spécifiques en prospective environnementale. De tels travaux sont déjà conduits dans des domaines spécifiques, mais leur développement n'est pas encore à la hauteur des enjeux. Parmi les difficultés à surmonter, l'une des plus immédiates et des plus multiformes est l'extrême diversité des travaux de prospective et le manque de lisibilité de leur statut académique. Celui-ci pose problème aussi bien pour les chercheurs en environnement qui souhaitent s'engager dans des travaux prospectifs (Mermet et Piveteau, 1997), que pour les spécialistes de la prospective eux-mêmes.

Les chercheurs des disciplines de l'environnement sont pour la plupart familiarisés avec des formes de prospectives qui se situent en dehors ou à la marge de l'activité scientifique, par exemple :

- la discussion informelle sur les perspectives d'évolution de leur champ scientifique,

- des exercices de valorisation qui essaient, par des techniques de prospective légères, de montrer la portée pour l'avenir de résultats de recherche,

- de vastes conjectures, qui ont essentiellement pour objet de replacer les diverses recherches sur l'environnement sur la toile de fond d'une réflexion sur les grandes évolutions du monde.

Le premier type d'exercice fait partie de l'activité de management de la recherche et de programmation scientifique, le deuxième de l'activité de valorisation, le troisième participe plutôt de la culture générale du chercheur. Sous ces diverses formes, la prospective est l'une des activités d'accompagnement de la recherche, mais ne fait pas partie de la production scientifique des chercheurs concernés.

Quant aux spécialistes de la prospective, ils ne sont pas d'accord entre eux sur le statut de la prospective. Comme l'écrit E. Barbieri Masini (1993), « la scientificité est la caractéristique la plus controversée de la prospective (*Future Studies*) et en fait, pour de nombreux chercheurs, elle ne fait pas partie des qualités de la prospective ». La cause essentielle de ce doute tient sans doute à la difficulté de valider des affirmations concernant des états futurs du monde, qui sont sûrement en partie indéterminés. C'est alors l'objet même de la prospective qui la disqualifierait comme pratique scientifique. Mais pour d'autres chercheurs, poursuit Barbieri Masini, « l'épistémologie de la prospective n'est pas liée à l'objet traité, mais plutôt aux approches et méthodes adoptées ». Dès lors, le souci de rigueur, d'innovation, de stabilisation et d'évaluation en matière de méthodes, la réflexivité sur leur travail et leur cadre de pensée que s'imposent ceux des prospectivistes dont l'activité se déroule dans un contexte académique, font de la prospective une matière académique aussi défendable que les sciences politiques ou l'économie, par exemple.

On pourrait argumenter que l'hétérogénéité des pratiques et les conceptions discordantes sur le statut académique de la prospective, n'empêchent pas le déroulement d'un grand nombre de travaux. Qu'entre les deux positions que nous venons de résumer, il n'est nul besoin de trancher, ni même de faire la part de leurs champs de pertinence respectifs. Et en effet, tout se passe comme si l'on avait atteint un *modus vivendi* où la prospective « fonctionne », où des initiatives se prennent, dans un entre-deux entre le monde de la recherche et celui de la décision.

Nous pensons cependant qu'une telle position n'est pas tenable dans la durée. Dans le domaine de l'environnement, de la gestion des ressources, du développement durable, les dynamiques futures à comprendre, les actions à envisager sont si complexes que leur étude ne peut plus être conduite seulement en marge de la recherche, en espérant que les « connaissances » que celle-ci produit seront suffisantes pour alimenter la réflexion. Le niveau d'exigence des conjectures prospectives nécessaires est tel qu'il faut – et qu'il faudra de plus en plus – mobiliser les capacités d'analyse, de synthèse et de discussion critique propres au monde de la recherche. C'est dans cette perspective qu'il devient impératif de clarifier le statut des différents types de travaux prospectifs existants ou à développer.

Nous verrons d'abord que les exercices de prospective qui se situent à l'interface entre recherche et décision sont déjà très divers par leurs statuts et leurs enjeux. Nous réexaminerons ensuite, à la lumière de l'évolution récente des idées sur les relations entre sciences et débat public et en nous appuyant sur des exemples de travaux de prospective environnementale, l'opposition souvent postulée entre « d'un côté la science, qui produit des connaissances » et de l'autre « la prospective, qui tire de ces connaissances des conjectures utiles pour éclairer la décision ». Nous verrons que cette opposition trop sommaire n'est plus tenable et doit faire place à une conception où l'on distingue différents types de travaux prospectifs, qui se situent chacun dans des rapports spécifiques avec le travail scientifique et avec l'action. Certains de ces travaux s'inscrivent clairement au sein même de l'activité de recherche : nous en esquisserons alors une typologie, dans la continuité de celle proposée pour les prospectives situées à l'interface de la recherche et de l'action. Enfin, au terme de ce travail de typologie centré sur la recherche de différenciations entre les multiples formes de travail prospectif, nous reviendrons sur les liens qui les unissent. Nous montrerons qu'ils sont tels que la prospective environnementale gagne aussi à être considérée dans son unité.

1. Une typologie des travaux prospectifs à l'interface entre recherche et décision

Pour entamer ce parcours, examinons de plus près les exercices de prospective auxquels les chercheurs du champ de l'environnement sont le plus souvent appelés à participer. Ils se regroupent schématiquement en trois types de situations.

a. La participation des chercheurs à des prospectives pour l'action publique

Dans le premier, les chercheurs participent à des exercices de prospective organisés pour éclairer l'action – s'agissant de l'environnement, il s'agit le plus souvent, mais pas exclusivement, de l'action publique. Ici, le travail prospectif s'appuie sur des groupes de travail, des séminaires, des ateliers, au sein desquels scientifiques, élus, fonctionnaires, experts indépendants, acteurs socioprofessionnels, travaillent ensemble. Il peut comporter aussi une part importante de participation du public. Chacun apporte ses connaissances, le point de vue qui est le sien, la légitimité spécifique de sa profession, aussi.

Un bon exemple de ce type de travail est fourni par l'ouvrage collectif *Héritiers du Futur* (Passet et Theys, 1995), qui présente le résultat des travaux d'un groupe d'experts réunis de 1993 à 1995 par la DATAR (Délégation à l'aménagement du territoire) sous la présidence de René Passet, pour assurer le volet de prospective environnementale au sein d'un ensemble plus large de travaux de prospective lancés par la DATAR à la même époque. Le livre se présente comme un ensemble de contributions par des membres du groupe, sur les mutations en cours de la société (mutations dans les rapports économiques, société de l'immatériel, etc.), sur trois secteurs économiques déterminants (agriculture, industrie et énergie, transports), sur les questions d'aménagement du territoire et d'environnement prises sous l'angle des espaces (point de vue du géographe, de la protection des espaces naturels, de la problématique des villes). Après une tentative de synthèse par l'un des éditeurs, le livre débouche sur dix propositions. S'il fallait résumer l'exercice, on pourrait dire que les échanges d'expertise et d'idées entre chercheurs, fonctionnaires, experts indépendants, tous familiers de la politique d'environnement et d'aménagement, ont permis de proposer une vision modérée et partagée des évolutions souhaitables à moyen terme dans l'action publique française d'environnement et d'aménagement du territoire.

Pour les chercheurs concernés, une telle activité relève de leur participation au débat public, d'une contribution à l'action publique, d'un travail d'expertise. Elle est essentiellement extérieure au champ scientifique. C'est seulement pour les spécialistes de la prospective que ce type d'activité peut représenter un enjeu académique, dans les cas où ils conduisent à mettre au point des méthodologies nouvelles. Mais d'autres types de prospectives concernent plus directement l'activité scientifique des chercheurs en environnement.

b. Prospectives « d'amont » et programmation de la recherche

Au sein des prospectives pratiquées dans le but d'orienter les politiques, il est utile de distinguer ici celles qui visent les politiques de la recherche, dans la mesure où elles rejaillissent beaucoup plus directement sur l'activité scientifique des chercheurs.

L'idée de base de la prospective d'amont est que la recherche scientifique ne doit pas tant répondre aux besoins de la société d'aujourd'hui qu'à ceux de demain. Étant donné les délais qui s'écoulent entre le lancement des recherches et les résultats concrètement exploitables, il faut réaliser un effort important d'anticipation pour s'assurer que les recherches soutenues aujourd'hui correspondront bien, lorsque les résultats finiront par arriver, à une stratégie pertinente au regard de besoins et d'opportunités qui auront peut-être évolué rapidement par rapport à la situation présente.

Ce type de réflexion fait partie intégrante des activités de programmation de la recherche. Elle se contente parfois de méthodes élémentaires : on réunit les scientifiques les plus compétents autour d'une table et on leur propose de discuter des évolutions possibles, probables, souhaitables, dans leur domaine. Ces réflexions sur les perspectives ne relèvent pas à proprement parler de la prospective. Elles sont limitées par l'absence de méthode, qui rend difficile de pousser loin la conjecture et risque de maintenir dans l'ornière des conceptions du moment – celles précisément que l'on souhaite relativiser. Elles ne proposent pas non plus d'organisation satisfaisante pour faire participer des parties prenantes comme les futurs utilisateurs de la recherche à ces réflexions sur l'avenir. Pour aller plus loin – on rentre alors à proprement parler dans le domaine de la prospective – il faut une organisation et des méthodes plus ambitieuses. Les expériences en ce domaine sont en pleine expansion aujourd'hui.

Certaines se situent à l'échelle d'un organisme de recherche, qui s'attache à cerner au plus près les évolutions envisageables et les enjeux futurs dans un secteur d'activité. Le dispositif mis en place à l'INRA (Institut national de la recherche agronomique) par Michel Sébillotte en constitue un exemple innovant et ambitieux. Il s'agit d'un dispositif qui combine dans une procédure de travail très précise un ensemble de méthodes inspirées de la prospective systémique de Pierre Gonod (1996). Dans ce cadre, des chercheurs et des experts sont invités à construire une analyse en profondeur des liens entre leurs activités de recherche et les dynamiques profondes qui sont en jeu dans l'avenir du secteur d'application où elles s'inscrivent. De tels exercices ont été conduits par exemple sur le secteur semencier, sur la forêt et la filière bois et sur l'eau (voir par exemple Sébillotte *et al.*, 2003).

D'autres travaux de prospective à l'amont de la recherche se situent à l'échelle bien plus large des liens entre stratégies économiques nationales et politiques nationales de recherche. Ce sont les *technology foresights*, dispositifs de grande ampleur, à la conception élaborée, qui ont été développés dans plusieurs pays européens. Le *foresight* a été mobilisé par exemple au Royaume-Uni depuis 1993 comme instrument organisateur de la politique scientifique et technologique, l'idée directrice étant que la connaissance devrait être la colonne vertébrale du pays vis-à-vis du futur (« l'innovation comme moteur de la richesse »). Cet exercice national de *foresight* a été à la fois prospectif et participatif, mobilisant l'administration, l'industrie et les universités pour débattre des tendances sociales, économiques et scientifiques, pour en déduire une politique de recherche cohérente et pertinente dans l'avenir. 10 000 personnes y ont été impliquées, et les résultats ont très nettement influencé la politique et l'organisation du réseau des acteurs de la programmation de la recherche (Barré, 2000).

Ce type de nouveaux dispositifs constitue un champ de recherche et d'expérimentation important pour les spécialistes de la prospective – au point que pour certains, la prospective se résume aujourd'hui aux *fore-sights* ! Quant aux chercheurs du champ de l'environnement, ils sont concernés bien sûr par les résultats de ce type de travaux – et ont donc intérêt à y participer. Plus que les prospectives pour orienter l'action publique environnementale, celles-ci se rapprochent du cœur de leur activité scientifique : discuter de l'évolution future des travaux de chaque discipline suppose une réflexion plus spécialisée, en prise sur le front de progression des recherches. Proche de la production scientifique, cette activité n'en fait cependant pas partie : on est bien dans le registre de la programmation, du management de la recherche.

c. Prospective d'aval et valorisation de la recherche

Dans la prospective d'amont, il s'agit donc de s'assurer que les recherches à venir répondent bien aux intérêts futurs de la société. Mais nombre de chercheurs sont tenaillés par une préoccupation inverse, ou du moins symétrique : comment faire pour que les résultats de leurs travaux achevés ou en cours, la compréhension nouvelle acquise à grand peine sur les problèmes écologiques, sur les solutions possibles, soient pris en compte dans la conduite de l'action publique ? Les chercheurs de la plupart des disciplines impliquées dans la recherche environnementale, de la chimie de l'atmosphère à la dynamique des populations, de la pédologie à l'éco-toxicologie, sont très souvent confrontés à un décalage majeur entre les préoccupations et les constats qui émergent de leurs travaux, et ce qu'ils peuvent observer de l'(in)action publique dans les domaines correspondants. Comment faire pour que l'action publique réagisse aux résultats, aujourd'hui disponibles, des recherches lancées il y a cinq ou dix ans ?

Une des voies possibles consiste à développer, à l'intention des acteurs de la décision, des prospectives qui montrent les conséquences possibles, à terme, des processus mis en évidence par la recherche. C'est ce type de préoccupation qui a conduit à développer des méthodes de *Policy Dialogues*. Elles consistent à organiser des ateliers au cours desquels des équipes de recherche présentent leurs résultats à des acteurs de la gestion de l'environnement, sous une forme telle que ceux-ci peuvent y réagir de manière très structurée et organisée. C'est par exemple le format qu'a retenu l'équipe du Stockhom Environmental Institute (Centre de York) qui travaille sur les pluies acides. Ayant passé plusieurs années à modéliser les évolutions possibles des précipitations acides en Asie, en Afrique, et en Amérique du Sud, cette équipe a organisé, sur chacun de ces continents un atelier avec des décideurs de haut niveau, pour mettre en discussion les conséquences futures possibles, pour les États concernés, de l'augmentation des précipitations acides prévue par les modèles. Chaque atelier a replacé les résultats des modèles dans le contexte plus large de scénarios sur le développement de ces régions et organisé des débats approfondis et structurés entre des personnalités choisies pour leur appartenance nationale, mais aussi parce qu'elles représentent différents types d'intérêts. Ces débats animés par des professionnels ont permis de déboucher sur des « plans d'actions », ou des « déclarations », qui posent des jalons pour un accroissement de l'action des pays concernés dans le domaine, encore très nouveau pour eux, de la pollution de l'air à l'échelle internationale. Cet exemple de réalisation illustre bien une démarche par laquelle des scientifiques, à l'aval de leur travail de recherche, utilisent des méthodes empruntées aux « boîtes à outils » classiques de la prospective (scénarios, ateliers participatifs) pour présenter leurs résultats de manière attractive et interactive aux acteurs des politiques publiques.

D'autres démarches tout à fait comparables dans leur principe, mais cette fois en direction du grand public, sont développées également dans le domaine de la prospective participative. Que les acteurs visés soient les « décideurs » ou le grand public, on parlera ici de « prospective d'aval », essentiellement centrée sur un but de valorisation du travail des chercheurs et de ses résultats.

d. *Quand le dialogue prospectif s'intensifie à l'interface entre recherche et décision*

Cependant, ces ateliers de « prospective d'aval » restent d'une ampleur limitée : ils ne durent que deux ou trois jours, ils ne donnent guère lieu à la construction de conjectures complexes et surtout, ils ne rejaillissent pas de manière significative sur le contenu des recherches conduites par les équipes. Or la complexité des problèmes environnementaux, à la fois du point de vue des sciences (naturelles et sociales) et du point de vue politique, impose d'aller plus loin. Ce défi a été bien analysé dans l'ouvrage pionnier de Clark et Munn (1986) sur le « Développement écologiquement durable de la biosphère ». Cet ouvrage reflète les efforts d'une coalition de chercheurs du champ de l'environnement pour construire un cadre de synthèse qui permette de traduire leurs résultats – mais aussi leurs travaux en cours – en des termes qui mènent à de nouvelles actions publiques, à des changements institutionnels. Comme le souligne le dernier chapitre de l'ouvrage (Brewer, 1986)[1] :

[Dès lors que l'on reconnaît la nécessité] de penser de façon créative des phénomènes sociaux et environnementaux extrêmement complexes qui

---

[1]   Dans l'ensemble de l'ouvrage, pour faciliter la lecture, les auteurs ont, autant que possible, traduit en français les citations tirées de textes rédigés en anglais, sans l'indiquer de façon spécifique à chaque fois.

interagissent entre eux et évoluent à grande échelle dans le temps et l'espace, les problèmes posés par l'analyse, l'interprétation, et finalement la synthèse des immenses quantités de connaissances scientifiques et humaines pertinentes pour le développement durable de la biosphère sont effrayants.

C'est à ce défi que s'attaquent les nombreuses expériences conduites dans les années 1980 et 1990 pour mettre au point de nouvelles méthodes prospectives, à l'interface entre recherche et action.

L'expérience du « processus de Delft », conduite de 1995 à 1998 dans le cadre d'un projet de recherche sur l'impact des changements climatiques, en donne un exemple intéressant pour notre propos. Elle s'inscrit dans les activités liées au modèle informatique IMAGE, conçu à la fin des années 1980 pour simuler à l'échelle mondiale les conséquences de l'effet de serre, et qui n'a cessé depuis de recevoir de nouveaux développements (Alcamo *et al.*, 1998). En 1995, avec la mise en place progressive des négociations internationales sur ce sujet, les responsables du développement du modèle prennent une nouvelle initiative pour accroître la visibilité du modèle et sa pertinence pour les acteurs de la négociation. Pour cela, ils s'appuient sur l'expérience qu'ils ont acquise dans la décennie précédente avec le modèle RAINS, qui simule les pluies acides en Europe et qui a réussi à s'imposer, face à des modèles concurrents, comme support des négociations européennes (Alcamo *et al.*, 1990 ; Mermet et Hordijk, 1989a).

L'une des leçons apprises par les responsables du projet RAINS était que les interactions entre modélisateurs informatiques et décideurs (*policy makers*) avaient été un élément déterminant pour conduire à l'utilisation de RAINS dans la négociation (Alcamo *et al.*, 1996).

Le projet IMAGE organise alors ce qu'il appellera le processus de Delft : une série de cinq séminaires de travail entre modélisateurs et « décideurs » (il s'agit essentiellement de conseillers techniques, membres des délégations de divers États dans les négociations internationales sur l'effet de serre), étalés sur trois ans. Lors du premier atelier, les modélisateurs présentent, sous forme de scénarios, les résultats de leur modèle (en développement depuis plus de cinq ans). Les décideurs sont invités à réagir et à demander des développements ultérieurs sur des questions qui les intéressent pour préparer la négociation. À la deuxième réunion, des résultats de ce type sont proposés. Ils déçoivent aussi bien les modélisateurs que les décideurs : la simulation à partir d'hypothèses « réalistes » sur le plan politique débouche sur un effet très limité des actions internationales. Une discussion approfondie s'engage, qui aboutit à une nouvelle manière de poser la problème : le « *safe landing* » (atterrissage en douceur), qui consiste à rechercher des trajectoires d'évolution de l'action publique reposant sur des efforts « réalistes » (c'est-à-dire limités) à court terme, mais suffisants pour laisser ouverte la possibilité d'une action efficace à long terme. Ce concept sera intégré par la suite dans le travail de modélisation et, lors du troisième séminaire, modélisateurs et décideurs réunis ont pu travailler à partir de simulations réalisées dans cette optique. Lors des derniers séminaires, ils ont également utilisé une version interactive du modèle, conçue pour l'occasion, et qui permet de réaliser des simulations en direct, accroissant encore l'interaction entre modélisateurs et décideurs.

Il est difficile d'illustrer plus clairement et plus concrètement l'intensification des échanges à l'interface entre le monde de la recherche et celui de la décision, lorsqu'il s'agit de travailler sur le futur des systèmes environnementaux. Dans ce processus de Delft, le premier séminaire a servi à la fois de prospectives d'aval – valoriser le travail déjà fait – et d'amont – contribuer à cadrer la suite du travail des scientifiques. Le troisième séminaire débouche, comme le soulignaient d'ailleurs déjà les auteurs du modèle RAINS sur une forme de « co-production » du modèle, à laquelle collaborent scientifiques et décideurs. Dans le quatrième atelier, avec les possibilités de simulation en direct, on aboutit aussi à des formes de co-utilisation du modèle, où les deux communautés interprètent ensemble les résultats de simulations, dans des conditions très proches des formules les plus ambitieuses d'Exercices de simulation de politique envisagées par Brewer (1986), puis Toth (1988).

e. Les prospectives d'interface : plusieurs chantiers distincts

Ce premier passage en revue montre déjà plusieurs formes très différentes de prospectives environnementales où sont impliqués des chercheurs, à l'interface entre leur activité scientifique et la sphère de la décision : expertise, programmation de la recherche, exercices de valorisation, formes de co-production de la recherche. Les différents cas de figure présentés suffisent à montrer la richesse et la diversité des productions prospectives et des situations de travail où elles mettent les chercheurs. L'ordre dans lequel nous les avons abordées pourrait suggérer l'idée d'une évolution, avec le temps, vers des formes de plus en plus avancées, à mesure que contributions des chercheurs et des acteurs s'« hybrident » de plus en plus, jusqu'à la « co-production » illustrée par le processus de Delft. Il n'en est rien : chacun de ces types de travail prospectif a sa propre utilité, ses propres exigences et appelle ses propres méthodes. Énormément de travail reste à faire pour développer ces différents types d'applications, particulièrement en France. Pour les chercheurs en environnement, il s'agit de découvrir ce vaste champ d'activités dans ses diverses formes et de s'engager dans des initiatives adaptées à leurs objectifs et à leurs moyens. Pour les spécialistes des méthodes prospectives, le chantier est vaste également car ces diverses situations d'interface entre recherche environnementale et politiques publiques appellent des développement méthodologiques spécifiques qui nécessiteront encore de nombreuses innovations.

2. Nécessité de travaux prospectifs faisant partie intégrante des travaux de recherche sur l'environnement

Les perspectives ouvertes par le développement de travaux à l'interface entre recherche et politique sont donc considérables. Elles constituent déjà à elles seules un véritable défi pour les chercheurs en environnement et les spécialistes de la prospective. La tentation est grande de porter l'attention et les efforts exclusivement dans cette direction. Ces travaux « à l'interface » ne constituent pourtant qu'un versant des prospectives environnementales. L'autre versant, celui des recherches environnementales prospectives au sein même de la production académique des sciences de l'environnement, nous paraît tout aussi essentiel, alors qu'il est en général moins clairement identifié et appréhendé.

a. Un retour sur la question de la « scientificité » de la prospective

Pour aborder cet autre versant des travaux prospectifs environnementaux, il nous faut d'abord revenir sur la question de la « scientificité » de la prospective. Dans son préambule à un dossier de l'université des Nations Unies qui fait le point des méthodes prospectives disponibles, Jerome C. Glenn résume de manière brutale le raisonnement qui rejette la prospective aux marges de la recherche.

> La prospective (*Future Studies*) n'est pas une science ; elle ne repose pas sur des expérimentations contrôlées, comme la physique ou la chimie. Elle n'est pas non plus reconnue universellement, sur le plan académique, comme un domaine établi de recherches doctorales [...] bien que d'innombrables thèses aient utilisé les méthodes de prospective [...] et les concepts proposés par les pionniers de la prospective (Glenn, 1999).

Deux conceptions de la « scientificité » sont ici juxtaposées dans un raccourci saisissant : ouvrons la discussion à partir de la première, nous viendrons à la deuxième dans un second temps.

La première conception affichée repose sur une vision d'« une science » comme un ensemble de lois établies une fois pour toutes, de manière irréfutable, par l'expérimentation. Une telle vision est évidemment trop étroite. D'une part, toutes les disciplines ne répondent pas au modèle de scientificité attribué ici à la physique-chimie – un bref tour d'horizon des disciplines impliquées dans les recherches environnementales, qu'elles soient « naturelles » ou « sociales », montre à quel point les modèles sont plus divers. D'autre part, même s'agissant des sciences dites expérimentales, il devient très difficile, depuis que se sont développés les travaux de sociologie des sciences, de s'en faire une idée aussi caricaturale. Pour reprendre une distinction proposée par Latour (1987), la question n'est pas tant ici de savoir si la prospective est « une science » (c'est-à-dire si les conjectures sont des acquis de la « science faite »), que de déterminer si la construction et la discussion de conjectures prospectives ont leur place dans le travail « des sciences » (c'est-à-dire dans le travail de recherche, dans les « sciences en action »). Or au sein de la recherche environnementale, le travail (souvent interdisciplinaire) pour analyser l'organisation et les dynamiques des socio-écosystèmes occupe une place croissante. Lorsque ce travail porte sur l'étude approfondie des dynamiques futures possibles de ces systèmes, ce travail est prospectif – il s'agit bien de recherches prospectives. Au fond, l'enjeu n'est pas la « scientificité » d'une discipline prospective unitaire, mais la place croissante que peuvent occuper des travaux prospectifs dans le travail même des sciences.

Ce travail doit-il, peut-il, dès lors n'occuper que des places à l'interface entre recherche et décision ? Pour aborder cette question, reformulons-là dans des termes un peu plus précis, toujours en nous appuyant sur les travaux de sociologie des sciences. Ceux-ci ont transformé peu à peu, au cours des deux dernières décennies, l'image que l'on peut se faire des sciences. Elles paraissent de moins en moins coupées du monde de l'action, de plus en plus étroitement impliquées dans des « réseaux socio-techniques » au sein desquels les scientifiques et les acteurs de la décision s'allient pour faire prévaloir des travaux dont les enjeux sont à la fois scientifiques et politiques. Quelle meilleure illustration de l'importance de ces réseaux que les alliances méthodiquement tissées avec les « décideurs » par les concepteurs des modèles RAINS et IMAGE ?

Mais si les sciences se font au sein de telles alliances, est-il encore pertinent de nous interroger ici pour savoir si des travaux de prospective ont leur place « à l'interface », ou « au sein » de la production scientifique ? Oui, car cet enjeu est crucial pour les équipes de chercheurs qui pourraient s'engager dans des travaux prospectifs. Menons donc un peu plus loin l'analyse. Récapitulant des acquis de travaux antérieurs de sociologie des sciences, Callon, Lascoumes et Barthe (2001) montrent que l'articulation entre « l'interface » et « le sein » de la recherche peut s'analyser en trois temps :

> Le premier est celui de la réduction du grand monde (le macrocosme) au petit monde (le microcosme) du laboratoire. Le deuxième temps est celui de la constitution et de la mise au travail d'un collectif de recherche restreint qui, s'appuyant sur une forte concentration d'instruments et de compé-

tences, imagine et explore des objets simplifiés. Le troisième temps est celui du retour, toujours périlleux, vers le grand monde : les connaissances [...] produites dans l'espace confiné du laboratoire seront-elles en mesure d'y vivre et d'y survivre ?

Ici encore, le processus de Delft se présente comme un cas d'école. On commence par le trajet retour des cinq années de recherche précédentes. On entame un nouveau travail de réduction, réorganisé autour du « *safe landing* ». Le collectif restreint, c'est-à-dire l'équipe du projet IMAGE œuvre dans le confinement de son ordinateur et de ses compétences. Et c'est un nouveau trajet de retour qui s'amorce, avec la mise en débat des résultats de simulation sur le « *safe landing* » et leur appropriation par les protagonistes de la négociation internationale. On aura reconnu l'amont, l'aval, bref, l'interface entre recherche et action évoqués plus haut.

L'accent mis sur le travail de prospective à l'interface laisse dans l'ombre celui qui s'effectue au sein même de la production scientifique, dans le confinement de l'institut de recherche. Pourtant, son importance est majeure, à la fois par le volume de travail qu'il représente et par son caractère déterminant pour alimenter toutes les formes de conjectures sur le phénomène concerné. Dans le cas d'IMAGE, la construction des conjectures par le moyen de la modélisation informatique, leur mise sous forme de scénarios, occupe bien plus de temps, d'efforts, de main d'œuvre, de volumes de publications et d'évaluation dans des enceintes académiques, que le processus de mise en discussion à l'interface avec les politiques. C'est l'importance et la qualité du travail prospectif « confiné » qui explique en grande partie l'intérêt du travail prospectif « à l'interface » mis en avant avec le processus de Delft.

Au fond, notre position est la suivante. La mise en évidence des liens qui existent toujours entre dynamiques scientifiques et politiques ne doit pas conduire à une conception qui mettrait toutes les pratiques scientifiques dans une seule catégorie : « hybride ». À la séparation caricaturale entre d'un côté les connaissances de la science, de l'autre les décisions pour l'action, succéderait une confusion affirmée, encore plus simpliste. Au contraire, l'omniprésence et la diversité des passages entre sciences et politiques nous invitent à percevoir et analyser un espace différencié au sein duquel se répondent les multiples formes de pratiques autant scientifiques que politiques. Dans ce cadre, réfléchir sur les pratiques prospectives, c'est dessiner (c'est-à-dire à la fois identifier et construire) une topologie ou chacune de ces pratiques (qui combine de façon spécifique dimensions scientifiques et politiques) peut trouver sa propre place, définie en particulier par les liens spécifiques qui la lient à d'autres pratiques, à d'autres productions, à d'autres enceintes de débat.

Cet espace, que nous tentons de schématiser dans le tableau 1, distingue clairement des types de productions prospectives différentes, dont certaines s'inscrivent au cœur du travail de production scientifique. C'est pourquoi nous insistons sur la nécessité de reconnaître et développer non seulement les travaux prospectifs qui se situent « à l'interface » entre science et politique, qui mettent en scène l'appel du politique aux sciences, ou des sciences au politique, mais aussi ceux qui correspondent aux moments « confinés », qui occupent des situations académiques et de production scientifique. Pour nous ils constituent une partie essentielle de l'espace de travail des prospectives environnementales. Au total, il n'y a plus aujourd'hui de raison *a priori* de considérer les travaux prospectifs comme étant tous situés « à l'interface » entre sciences et politique, pas plus que ne le sont tous les travaux sur l'état, le fonctionnement, les dynamiques des socio-écosystèmes. Le statut particulier qui était le plus souvent attribué jusqu'ici à la prospective tenait plutôt au fait que, par rapport à d'autres types de travaux, son caractère de conjecture sur l'avenir rendait beaucoup plus difficile de (se) dissimuler les liens complexes qui lient les pratiques et contenus de la recherche d'une part, les enjeux de l'action de l'autre. L'évolution des idées et de la pratique des recherches environnementales rendant aujourd'hui ces liens de plus en plus nettement perceptibles pour tous les types de recherche, l'attribution à la prospective d'un statut qui la mettrait à part des autres formes de travail sur la dynamique des systèmes sociaux et naturels se justifie de moins en moins.

b. Des travaux prospectifs dans un contexte académique

Au terme de cet examen, il ressort (1) qu'il n'y a plus de raison *a priori* d'attribuer aux travaux prospectifs un statut décalé par rapport aux autres types d'études et de recherches sur l'environnement, (2) que ces travaux s'inscrivent dans un espace qui s'étend depuis des dispositifs de discussion politique sur l'avenir de l'environnement, jusqu'à des travaux de recherche sur les dynamiques futures des socio-écosystèmes. Pour réfléchir au développement de ces derniers, il semble utile de clarifier leur(s) statut(s) académique(s), comme nous y provoque la seconde partie de la citation de Jerome C. Glenn proposée plus haut : « [la prospective] n'est pas reconnue non plus universellement, sur le plan académique, comme un domaine établi de recherches doctorales […] bien que… ». Ce n'est pas que les travaux prospectifs soient absents du monde académique[2], mais qu'ils y occupent un statut plus ou moins précaire qu'ils semblent peiner à dépasser.

---

[2]   On peut le constater dans le passage en revue du domaine de la prospective générale, proposé au chapitre III.

Pourtant, certaines communautés y ont réussi. Le réseau mondial des spécialistes de la modélisation des changements globaux, les économistes de l'énergie, les démographes, nous donnent des exemples de telles communautés, dont le fonctionnement est reflété par la richesse de méthode, de contenu, de résultats, de leurs travaux. Comment ces communautés peuvent-elles évoluer pour pousser plus loin leurs travaux ? Quelles communautés nouvelles peuvent se construire (ou évoluer à partir de communautés existantes), comment peuvent-elles fonctionner, autour de travaux sur l'avenir des paysages et des communautés humaines de montagne, sur la dynamique à long terme des hydrosystèmes, ou des aires protégées, ou de la biodiversité, ou des forêts, ou de tout cela combiné, ou sur bien d'autres thèmes encore ? C'est posée en ces termes que la question des recherches prospectives environnementales se tourne vers ses développements futurs. Plutôt que de ressasser sans fin les obstacles fascinants qui en détournent, il vaut mieux faire un effort d'imagination pour voir au sein de quels types de communautés académiques (en partie existantes, en partie à constituer) des conjectures sur les socio-écosystèmes pourront être construites, débattues, évaluées, dans un contexte compétitif.

3. Typologie et perspectives des recherches prospectives au sein des sciences de l'environnement

Ces perspectives soulèvent nombre de questions. S'agit-il de lancer un champ de recherche unique – ou même une discipline – prospective, ou prospective environnementale ? S'agit-il d'un champ d'activité interdisciplinaire à développer ? Est-ce à diverses disciplines comme l'économie, l'hydrologie, l'écologie, etc., de développer les travaux prospectifs en leur sein ? Ces questions renvoient à la problématique formulée plus haut : établir une topologie de l'espace de la prospective environnementale. Pour cela, poursuivons, au sujet des travaux qui s'inscrivent au sein de la recherche, le travail de typologie commencé plus haut avec l'examen des prospectives qui s'affichent « à l'interface » entre science et politique. Nous sommes conduits là encore à passer en revue plusieurs types de situations, ou de chantiers, très différents les uns des autres.

a. *Un défi important pour le domaine de la prospective générale*

Commençons par le premier, qui consiste à étendre le champ de la prospective générale en y développant les travaux de prospective portant sur des thèmes environnementaux. Une telle perspective est indéniablement légitime : on connaît la place qu'occupent depuis longtemps les thèmes écologiques et environnementaux dans la prospective générale, ainsi que la richesse des ressources théoriques et méthodologiques que celle-ci peut apporter aux prospectives environnementales[3]. Tout pousse la communauté des spécialistes de la prospective à poursuivre de tels travaux et, surtout, à en entreprendre de nouveaux.

En effet, les méthodes les plus développées aujourd'hui dans le domaine de la prospective générale sont pour l'essentiel conçues dans l'optique de l'aide à la décision : elles visent avant tout à construire et débattre des conjectures qui éclairent les acteurs du processus décisionnel. Elles correspondent alors surtout au premier type de « prospectives d'interface » que nous avons défini plus haut : celui où les chercheurs participent à titre d'experts à des exercices prospectifs essentiellement conçus pour les acteurs. Dès lors, elles sont peu adaptées à des contextes dans lesquels la part de la recherche serait plus importante. D'où l'intérêt de développer de nouvelles méthodologies, plus adaptées à la construction et à la discussion de conjectures sur la base de connaissances et d'analyses de systèmes très diverses, très élaborées, comme celles qui foisonnent aujourd'hui sur les problèmes d'environnement et de développement durable. Il y a là pour les spécialistes de la prospective générale un défi d'une grande ampleur et d'un grand intérêt scientifique. Certainement cette direction est à poursuivre et la contribution de chercheurs du domaine de la prospective générale est déterminante pour le bon développement de prospectives plus spécialisées sur les socio-écosystèmes.

Cependant, elle ne pourra suffire à elle seule. La construction des conjectures sur les socio-écosystèmes peut devenir, dans bien des cas, d'une complexité et d'une technicité telles que seules des communautés de chercheurs spécialisés pourront avancer au-delà d'un certain point.

Nous voici donc ramenés aux chercheurs du domaine de l'environnement. Et les voici replacés devant un problème familier : comment s'organiser pour étudier des socio-écosystèmes, quelles disciplines mobiliser, comment organiser leur travail en commun, peut-on, doit-on, faire émerger de nouveaux champs disciplinaires ? Depuis trois décennies, cette question occupe la communauté des chercheurs en environnement ; elle trouve des solutions sur certains points, des arrangements sur d'autres, s'enlise ailleurs (Jollivet, 1992). Tout le monde mesure les enjeux et les difficultés, déjà considérables lorsqu'il s'agit d'étudier le passé et le présent. Vouloir y rajouter l'étude du futur, n'est-ce pas se fixer une mission impossible ? En réalité, cette extension vers l'examen des dynamiques futures joue en deux sens opposés. D'un côté, elle complique encore la tâche car la complexité, la combinatoire des possibles, s'en trouvent encore augmentées. De l'autre, l'identification d'enjeux ou

---

[3]   Voir chapitre III.

de grandes dynamiques d'évolution, peut fournir des points d'appuis nouveaux pour mettre de l'ordre dans cette complexité : l'expérience de la prospective générale montre que cela est souvent possible, à condition bien sûr d'adopter des méthodes adéquates. Quels sont donc les chantiers de recherche qui s'ouvrent ainsi au sein des sciences de l'environnement ? Laissons de côté les « prospectives d'interface », déjà discutées plus haut, pour examiner seulement des travaux où les chercheurs travaillent essentiellement entre eux (de manière « confinée »). Là encore, plusieurs cas de figure permettent de compléter la typologie.

b. Travaux prospectifs au sein des disciplines

Le premier correspond aux situations où le chercheur centre le travail sur sa discipline. Il en mobilise les cadres théoriques, les outils, les méthodes. Il les adapte, il innove, pour apporter à l'appréhension des dynamiques futures des socio-écosystèmes une contribution approfondie et spécifique, nourrie des ressources de sa discipline. Un spécialiste de l'écologie forestière, interpellé par les perspectives de changement climatique, va remettre sur le métier les concepts et les modèles dont il dispose pour construire des conjectures aussi rigoureuses que possible sur le futur des peuplements, des écosystèmes forestiers. Il va tenter de les rendre capables de répondre à de nouveaux défis. Un sociologue, sensible au poids déterminant de la manière dont les écosystèmes seront perçus, pourra ré-interroger la littérature théorique de la sociologie, ou son matériau de terrain, pour nourrir son interrogation sur les tendances lourdes dans l'évolution des relations entre sociétés et systèmes écologiques. Il essaiera peut-être même d'imaginer la possibilité de relations sociales très différentes de celles d'aujourd'hui, au sujet des systèmes écologiques. On pourrait multiplier les exemples, les perspectives qui peuvent s'ouvrir. Le principe reste le même : le questionnement prospectif peut inspirer aux disciplines de la recherche environnementale des problématiques nouvelles. Il peut conduire à des développements qui, en continuité avec les débats, les traditions, les ressources de la discipline, en étendent le champ à l'appréhension de dynamiques ou d'états futurs. Certaines disciplines sont très engagées dans cette voie, comme la démographie, ou depuis moins longtemps, la climatologie. Mais pour la plupart des disciplines de la recherche sur l'environnement, presque tout est à construire. Ce type de chantier joue un rôle fondamental pour le développement de travaux prospectifs intégrés dans la production académique. Il commence par une prise de conscience, une réflexion approfondie, de la part de chaque discipline, sur les enjeux scientifiques que soulèvent pour elle de tels développements, sur les ressources théoriques et méthodologiques dont elle dispose (Mermet et Poux, 2002), travail qui ne fait aujourd'hui que commencer.

Mais il existe aussi d'autres positionnements à développer, comme vont maintenant le montrer les rubriques suivantes de notre typologie.

c. Exercices de dialogue interdisciplinaire

Les exercices fondés sur le dialogue interdisciplinaire constituent eux aussi un volet indispensable de la prospective environnementale. De nombreux entretiens et projets menés avec des chercheurs du champ de l'environnement nous ont permis de constater que s'agissant du futur, ils ont souvent le sentiment d'avoir « bien en main » la dimension propre à leur discipline, que leurs objets, leurs méthodes d'étude fonctionnent et fonctionneront à l'avenir. Ce qu'ils perçoivent comme indéterminé, c'est l'évolution des facteurs qui relèvent d'autres disciplines. Dans cette perspective, ils attendent qu'on leur indique comment le monde va évoluer en dehors de leur objet d'étude.

Pour illustrer ce dialogue des disciplines, prenons un exemple dans le domaine de l'étude des impacts du changement climatique sur les hydro-systèmes dans un grand bassin versant (Kieken, 2002). « Donnez-moi la géographie humaine, économique, agricole du bassin versant en 2050, l'état du climat et je vous dirai comment fonctionneront les cycles bio-géochimiques ! », semble dire le modélisateur de l'hydrosystème. À quoi économistes et géographes peuvent répondre, par exemple : « dites-nous s'il existe des seuils critiques (d'émission de polluants, par exemple, ou de pluviométrie) pour les cycles bio-géo-chimiques de l'hydrosystème : nous pourrons alors envisager dans leurs grands lignes des cas de figure possibles à l'avenir pour l'évolution de l'interaction entre évolution de la géographie du bassin et qualité de l'eau et de l'hydrosystème ».

Posé de la sorte, le problème ne peut pas être traité directement. Il se présente plutôt comme un appel au dialogue interdisciplinaire : comment aller au-delà de visions juxtaposées, où chaque discipline perçoit les dynamiques qui lui échappent comme un extérieur qui pourrait être traité de manière globale, comme un préalable, au mieux un écrin, pour ses propres travaux ? L'expérience et la réflexion accumulées par les chercheurs en environnement dans ce domaine[4] montrent que cela passe par un travail prolongé de dialogue et de réflexion commune.

S'agissant de prospective environnementale, ce travail de dialogue est très souvent une condition préalable à d'autres formes de recherches prospectives plus approfondies. Mais il constitue déjà en lui-même un exercice délicat, très différent selon les situations de recherche. Il peut s'agir d'ateliers de réflexion en commun sur les travaux en cours ou à

---

[4] Nous pensons ici aux travaux que reflète l'ouvrage dirigé par Marcel Jollivet (1992) et au travail effectué depuis par la revue *Natures, Sciences, Sociétés*.

venir[5], d'exercices de prospective légers où des méthodes empruntées à la prospective générale (scénarios, jeux de simulation, etc.) servent à l'animation des relations au sein d'un programme interdisciplinaire[6], ou bien encore de dispositifs où les ressources d'une discipline sont mobilisées pour éclairer la dimension prospective du travail d'une autre[7].

Il y a là tout un ensemble d'exercices déjà expérimentés çà ou là, très divers et qui ne demandent qu'à être développés. Ils permettent déjà de construire des synthèses et des vues d'ensemble, ils débouchent sur des questions inédites, esquissent des synthèses, ouvrent de nouvelles portes, transforment nos manières d'envisager le futur de tel ou tel système.

d. Conduite de projets interdisciplinaires ad hoc

Cependant, dans nombre de cas, on souhaite aller plus loin que le dialogue interdisciplinaire où l'on recoupe simplement, par la discussion et l'échange, les points de vue et travaux d'équipes qui travaillent indépendamment. On peut alors concevoir des projets interdisciplinaires au sein desquels plusieurs équipes collaborent pendant plusieurs années, sur la base d'une problématique, d'un cadre théorique, d'outils méthodologiques élaborés en commun. C'est le cas par exemple lorsque l'on réalise des modèles informatiques qui couplent des phénomènes d'ordre différent, comme dans l'expérience pionnière du modèle RAINS, ou dans les recherches actuelles qui couplent des modèles économiques mondiaux avec des modèles d'évolution à long terme du climat.

Entre le type de prospective évoqué précédemment, où des exercices de prospective peuvent servir d'appui à un dialogue interdisciplinaire, et de tels projets de prospective réalisés en commun, la différence est (1) dans l'ampleur du travail prospectif réalisé en commun (quelques jours ou quelques semaines dans le premier cas, des années dans le second), (2) dans la mise en œuvre de méthodes conçues pour un projet donné et qui combinent de manière solide des apports et des perspectives des disciplines concernées et qui (3) débouchent sur un produit (une conjecture) qui revendique en elle-même une valeur significative.

---

[5] Voir par exemple le travail conduit depuis 1997 dans le cadre du projet « prospective » du Programme national de recherche sur les zones humides (Poux *et al.*, 2001), le séminaire du programme « Environnement, vie et sociétés » du CNRS sur le traitement du long terme dans les zones ateliers, à Meudon en mars 2001, et l'école d'été sur les méthodes prospectives à La Londe les Maures en octobre 2001.

[6] Voir par exemple l'exercice sur le bassin du Pô conduit à l'IIASA en 1989 (Mermet, 1993).

[7] Voir par exemple au chapitre V l'appel lancé aux « disciplines du récit » pour étudier les méthodes de scénarios.

e. Construction de champs de recherche spécialisés durables

Dans certains cas, le succès d'un projet particulier de prospective (réalisé de manière interdisciplinaire) se prolonge par l'émergence d'un champ de recherches prospectives spécialisé. C'est par exemple le cas des travaux de modélisation du changement global, qui depuis plusieurs années constituent un champ de recherche très dynamique. Ou encore du domaine de l'*Integrated Assessment*, qui trouve son origine dans l'expérience du modèle RAINS. Par rapport aux types de projets précédemment évoqués, un pas supplémentaire est franchi dans la mesure où une conception théorique et méthodologique largement partagée du projet prospectif et/ou un objet de recherche précisément défini débouchent sur un cadre de mise en compétition et d'évaluation des travaux dans des arènes spécialisées, sur la mise en place d'équipes durables, sur la formation de nouveaux chercheurs. On conçoit que dans ce contexte, les conditions du travail des chercheurs sont à de nombreux égards très différentes de ce qu'elles sont pour les autres types de réalisations évoquées précédemment.

À partir de l'exemple de l'économie de l'énergie ou une telle évolution s'est produite très tôt, Jean-Charles Hourcade[8] montre que le développement de tels champs de recherche spécialisés s'appuie sur trois conditions : (1) l'existence d'une attente et de financements importants, dans la durée, de la part des acteurs de la décision, (2) la possibilité de rallier des chercheurs autour d'un cadre théorique (comme la macroéconomie) ou d'un programme méthodologique (comme la modélisation globale) et (3) la construction d'un objet qui manifeste des dynamiques lourdes autour desquelles les recherches diverses peuvent organiser leurs approches et leurs débats.

Une évolution du même ordre est souhaitable pour d'autres champs de recherche[9], par exemple l'étude des hydrosystèmes, des zones humides, des aires protégées, des forêts, etc. Leur conception, leur géométrie, dépendra à la fois de conditions institutionnelles et financières, des ralliements autour de certaines pistes de recherches scientifiques ; la définition du périmètre des objets autour desquels ils s'organiseront (les forêts ou les écosystèmes, les zones humides ou les bassins versants ?) ne peut pas se décréter au départ : elle fait elle même partie du travail (et des controverses) des recherches prospectives à entreprendre.

---

[8] Dans sa présentation à l'école-chercheurs de La Londe les Maures d'octobre 2001.

[9] Repérer les conditions de telles évolutions et favoriser leur réalisation est un objectif majeur du travail présenté ici.

Types de prospectives	Utilité	Rôle des chercheurs en environnement	Exemple de réalisation	Exemple de méthodes utilisées	Contexte d'évaluation
Prospectives pour l'action publique	Contribuer directement au débat sur les politiques publiques	Interviennent en tant que citoyens ou à titre d'experts	Prospectives pour l'aménagement du territoire (Passet et Theys, 1995)	Méthode « Prospective et planification stratégique » (Godet, 1985)	Commanditaires, communauté professionnelle des prospectivistes
Prospectives à l'amont de la recherche	Contribuer à la programmation de la recherche	Interviennent dans le cadre de leur activité de gestion des institutions scientifiques	Le *foresight* britannique (Barré, 2000)	Approches spécifiques, combinant des outils de la prospective générale (scénarios, Delphi,…)	Commanditaires, communauté professionnelle des prospectivistes, institutions de recherche
Prospectives d'aval et de valorisation de la recherche	Contribuer à la valorisation de résultats de recherche	Interviennent dans le cadre de la diffusion et de la valorisation des résultats de leurs équipes	Le *Policy Dialogue* autour des résultats sur les pluies acides en Afrique australe (Stockholm Environmental Institute)	*Policy Exercises* (Toth, 1988)	Acteurs participants, équipes de recherches concernées, communauté professionnelle des prospectivistes
Prospectives de dialogue chercheurs-acteurs	Organiser des échanges réguliers entre un projet de recherche et des acteurs de la décision concernés	Ce type de prospective s'intègre à la conduite de leur projet de recherche ; ils y participent activement	Le processus de Delft (Alcamo *et al.*, 1996)	*Policy Exercises*, *Policy Dialogues*	Communauté de recherche spécialisée (sur la plus value apportée au contenu de la recherche)
Travaux de prospective générale sur des thèmes environnementaux	Faire bénéficier des thèmes environnementaux de la largeur de vue et de l'assise méthodologique de la prospective générale	Peuvent intervenir comme experts, ou comme collaborateurs à l'occasion d'un projet	Le *Global Scenario Group* (G.C. Gallopin *et al.*, 1998)	Méthodes de la prospective générale	Évaluation académique, *Future Studies*, communauté interdisciplinaire des sciences de l'environnement

Travaux prospectifs dans des disciplines de sciences de l'environnement	Étendre vers le futur le champ de travail de différentes disciplines	Rôle central : ces travaux font partie de leur activité de production scientifique disciplinaire	Modèles économiques sur l'environnement	Les outils de la discipline concernée	Évaluation académique, comités et revues de la discipline concernée
Exercices de dialogues prospectifs interdisciplinaires	Construire ou enrichir la problématique de recherche sur les dynamiques futures, tenter des synthèses	Participants à des échanges interdisciplinaires	Le projet PROZH-Typhon (Mermet et Poux, 2002)	Méthodes d'entretiens, d'animation de réunion, applications légères de méthodes de prospective (scénarios, par exemple)	Communauté élargie des sciences de l'environnement, essentiellement sur la base de l'utilité pour la vie de cette communauté
Projets interdisciplinaires sur des problématiques prospectives	Mobiliser diverses disciplines pour étudier la dynamique future d'un socio-écosystème	Participants à un projet de recherche interdisciplinaire	Le modèle RAINS (Kieken, 2004)	Outils des disciplines concernés, complétés par des cadres de coordination inspirés par les acquis de la prospective générale	Évaluation académique mixte, instances des disciplines participantes et de communautés interdisciplinaires larges
Travaux intégrés dans un champ de recherche spécialisé sur un thème de prospective environnementale	Conduire des travaux approfondis sur des thèmes où plusieurs approches doivent être couplées	Rôle central : ce sont eux qui conduisent ces travaux très spécialisés	Le projet IMAGE (Alcamo, 1994)	Outils très spécialisés, par exemple, les méthodes de modélisation globale	Évaluation académique, par les comités et revues propres au champ de recherche spécialisée

Tableau 1. Places et rôles de travaux prospectifs au regard de la recherche environnementale, une typologie

Pour reprendre les catégories du texte, la première ligne est extérieure à la recherche, les trois suivantes sont des « prospectives d'interface », et les cinq dernières sont des prospectives « au sein de la recherche ».

4. Les travaux de prospective environnementale : des places, des rôles, des conceptions à différencier clairement

À ce stade de la réflexion, il apparaît qu'en analysant les places et rôles de différentes formes de prospectives vis-à-vis de la recherche et des politiques environnementales, on a pu en dessiner une typologie : nous la résumons dans le tableau 1[10]. On y retrouve des prospectives extérieures à la recherche, où les chercheurs peuvent cependant jouer des rôles importants à titre d'experts, ou de participants à la décision. On y distingue des prospectives à l'interface entre recherche et action – à l'amont de la recherche, à l'aval, ou en dialogue suivi entre chercheurs et acteurs. On y pointe aussi des types très différents de travaux prospectifs au sein même de la production académique – travaux de prospective générale, recherches disciplinaires, exercices de dialogue interdisciplinaire, projets de recherche prospectifs *ad hoc*, émergence de champs de recherche durables très spécialisés. La diversité des exemples de réalisation parle d'elle-même. Chacun de ces types de travaux joue un rôle différent, aussi bien dans les sciences que vis-à-vis du monde de la décision. Les rôles que jouent les chercheurs des sciences de l'environnement ne sont pas les mêmes, selon le type d'exercice dans lequel il s'engagent et il en va de même pour les chercheurs spécialistes de la prospective. Les théories et les méthodes mobilisées sont en général très différentes, même si certaines peuvent se retrouver dans plusieurs types de travaux. Les contextes de réalisation, d'évaluation, le statut académique des travaux ne sont pas comparables.

Par ailleurs, cette typologie peut guider la réflexion sur les orientations du développement de la prospective environnementale. Contrairement à une tentation – et à des tentatives – très répandues[11], celui-ci ne peut pas s'appuyer durablement sur la promotion d'un type donné de travail, d'une méthode ou d'une démarche, qui serait supérieure aux autres, ou qui les engloberait et les articulerait. Il passe au contraire par le développement sur des pistes parallèles des différents types de tra-

---

[10] Deux remarques sur ce tableau. (a) Pour ce qui concerne les chercheurs du domaine de la prospective générale, nous n'avons pas détaillé leur rôle. Dans tous les types de pratiques ils peuvent intervenir comme conseillers méthodologiques, ou réaliser un travail de recherche théorique et/ou d'innovation méthodologique. Quant aux travaux de prospective générale sur des thèmes environnementaux, ils jouent évidemment le rôle principal. (b) La première ligne (prospectives pour l'action publique) regroupe en une seule catégorie des travaux très divers mais sans lien, ou lointain avec la recherche ; puisque le but de notre typologie est bien d'éclairer les relations des différentes pratiques prospectives avec la recherche nous avons beaucoup plus détaillé les pratiques qui lui sont plus directement liées.

[11] Ce thème est développé dans le chapitre II.

vaux. Chacun a son utilité propre. Chacun a ses exigences spécifiques, dont les efforts pour développer la prospective environnementale doivent tenir compte.

Après ce travail de clarification, l'auteur de ces lignes ne peut retenir un frisson rétrospectif au souvenir des nombreuses discussions où l'on a pu entendre la prospective dans son ensemble exclue du champ académique sur la base d'un exemple de prospective d'aide à la décision ; où il a été soutenu que la prospective ne pouvait pas se développer sur des objets à forte composante bio-géo-chimique (comme les socio-écosystèmes), au motif que les méthodes de scénarios sont adaptées à l'étude de systèmes essentiellement sociaux ; où l'ambition attribuable à une recherche prospective était plafonnée sans hésiter au format limité d'un dialogue interdisciplinaire reposant sur deux ateliers de deux jours ; où tel spécialiste d'un domaine pointu où les travaux de prévision et de prospective sont très approfondis techniquement, déclarait sans ambages qu'« il n'y a qu'à » transposer les mêmes méthodes dans d'autres domaines. On comprend mieux la perplexité que l'idée de développer des travaux scientifiques prospectifs suscite souvent aux yeux des chercheurs ! Chacun tend à se forger une image de la prospective à partir d'expériences parcellaires, à raisonner comme si telle réalisation ponctuelle épuisait les problématiques et le potentiel de tout le domaine, à croire que les limites d'un travail particulier s'appliquent à tous les types de travaux prospectifs, ou bien à l'inverse que les solutions trouvées dans un domaine vaudront partout. Nous espérons avoir montré ici qu'il était possible de limiter cette confusion à condition d'entreprendre un travail de clarification dont nous avons tenté de poser les bases.

De quel type de travail prospectif parle-t-on ? Quelle est sa situation précise dans le champ académique, dans celui de la gestion environnementale et des politiques publiques ? Quels enjeux spécifiques, liés à l'objet, liés à la situation, doivent être pris en charge par un tel travail ? C'est par de telles questions que commence tout travail de prospective environnementale. La typologie que nous proposons est destinée à servir de guide pour les formuler, pour ébaucher à grands traits les réponses. Celles-ci sont alors à développer de manière bien plus précise dans chaque situation : un travail que l'on peut illustrer par des études de cas sur des exercices prospectifs. En effet, à l'intérieur même des catégories que nous proposons, les situations, les méthodes, les réalisations restent très diverses. De plus, à l'intérieur d'un même projet de prospective, des réalisations différentes, des registres différents sont souvent combinés, ou se succèdent dans le temps. Préciser des positions-type est alors un préalable à l'analyse – et à la conception – de dispositifs qui organisent des déplacements au sein de l'espace à la fois scientifique et politique de la prospective environnementale.

5. Quelle unité, quelle cohérence de la prospective environnementale ?

Une fois que l'on devient ainsi attentif aux différences profondes de statut, de méthode, de contenu, de perspectives de développement entre divers travaux à visée prospective, on évite bien des amalgames et des confusions. Mais du même coup, les interrogations sur l'unité, sur la cohérence du domaine resurgissent avec une force nouvelle. Peut-on encore parler de « la » prospective ? Quel intérêt y a-t-il (au-delà de la clarification proposée ici) à construire une réflexion d'ensemble sur les recherches prospectives environnementales ? Ne serait-il pas plus simple de couper court à tout mélange des genres et que chaque type de travail prospectif se développe sous sa propre appellation et à part des autres ?

Si la différenciation des efforts est, comme nous l'avons montré, une nécessité, on perdrait beaucoup à passer de la confusion à une fragmentation et à une dispersion complètes des travaux prospectifs environnementaux. Aussi hétérogènes qu'ils puissent être, ils sont en effet liés entre eux :

- par les objets qu'ils partagent,
- par un corpus commun de questionnements théoriques ou de ressources méthodologiques,
- par les jeux de coopérations, de passages, d'articulations qui s'établissent entre des exercices d'ordre différent.

a. Des liens tenant à l'objet, aux enjeux

Le premier de ces liens, de nature très générale, concerne le contenu des travaux. Qu'y a-t-il de commun, par exemple, entre (1) des recherches théoriques en économie sur la prise en compte du long terme par l'application de taux d'actualisation, (2) des études techniques sur la prévision de la croissance des peuplements forestiers en Lorraine, (3) des prospectives technologiques sur l'industrie de l'ameublement conduites par un consortium américain d'industriels de ce secteur, (4) des travaux de sociologie sur les tendances lourdes dans l'évolution des modes de vie et (5) des modèles de fonctionnement de l'atmosphère et de ses interfaces avec les milieux terrestres et aquatiques ? Pas grand chose *a priori* : il est difficile d'imaginer des types de travaux plus différents. Du moins, jusqu'au jour où l'on entreprendra d'expliciter de manière plus rationnelle et construite des choix d'aménagement forestiers qui engagent des investissements dont les résultats ne pourront être recueillis que dans plus de cinquante ans. Pour construire une prospective de la forêt Lorraine, par exemple, que ce soit dans un contexte académique ou pour l'aide à la décision, on ira alors rechercher des éléments appropriés sur les méthodes économiques utilisables, sur les dynamiques de peuplement végétal, sur l'évolution des marchés, sur les risques que peut faire courir à tel ou tel type de forêt un éventuel changement climatique.

De façon plus générale, même diffus, même hétérogène, voire conflictuel, le domaine des sciences de l'environnement existe bien. Qu'elles soient cultivées ou déniées, les relations entre travaux liées à une communauté d'objet ou de contenu sont très importantes pour la conduite des différentes stratégies de recherche concernées. La rareté des travaux qui abordent explicitement les dynamiques futures ne fait que concentrer et renforcer les convocations – ou les contestations – réciproques qui unissent, au moins virtuellement, des travaux très hétérogènes à bien des égards.

b. Les transversalités théoriques et méthodologiques

Le second type de lien correspond au partage (même controversé !) de certains fondements théoriques et à l'utilisation de ressources méthodologiques dont le champ de pertinence ne se réduit pas à tel ou tel type d'exercice. Ces points seront approfondis ailleurs[12]. Qu'il suffise ici de rappeler à titre d'exemple le caractère très transversal :

- de la notion de scénario, des méthodes de scénarios, avec leur fonds commun et leur très grande diversité[13],
- des questions que soulève l'usage des modèles dans des contextes de travail prospectif[14],
- des interrogations sur les difficultés fondamentales que soulève la visée même de prévoir ou de conjecturer[15].

c. Échanges, collaborations, transformations

Enfin, au-delà des relations plus ou moins indirectes liées au partage d'un objet ou d'un corpus théorique et méthodologique, des formes de prospective différentes sont souvent reliées entre elles par des liens actifs d'échange qui font passer d'un type de travail à un autre. Ces liens[16] sont en particulier de deux ordres.

D'une part des exercices très différents sont régulièrement amenés à échanger des matériaux et des résultats. C'est notamment le cas lorsque

---

[12]   Voir chapitre II.
[13]   Voir chapitres IV et V.
[14]   Voir chapitres VI et VIII.
[15]   Voir chapitre II et III.
[16]   Dont on trouvera plusieurs exemples dans la suite de l'ouvrage.

l'on souhaite réaliser une prospective sur un thème précis ou un territoire délimité. Cela suppose d'emprunter à d'autres travaux, même de nature assez différente, des éléments sur le contexte ou sur des points particuliers. Par exemple, une recherche prospective sur un écosystème peut mobiliser, pour cerner l'évolution de sa fréquentation par le public, des études de prospective administrative sur le secteur tourisme (Poux *et al.*, 2001). Le partage d'un objet prend ici une forme concrète et opérationnelle.

D'autre part – nous l'avons déjà évoqué plus haut – certaines opérations complexes enchaînent ou combinent plusieurs types d'exercices. C'est par exemple le cas, comme on l'a vu plus haut, du « processus de Delft », où des exercices de valorisation du travail déjà fait s'articulent avec un dispositif de cadrage en amont de la recherche encore à faire et un travail de modélisation prospective qui suit aussi des logiques tout à fait académiques. Modèle qui a été également repris et adapté pour organiser des exercices de prospective participative où ce sont des membres du public qui sont cette fois invités à simuler l'avenir de la planète, sous les yeux de chercheurs (Guimaraes Pereira *et al.*, 2002) !

Loin d'aboutir à figer un état de l'art actuel, ces relations, ces passages, ces transformations observées dans les recherches prospectives passées et actuelles ont toutes chances de se poursuivre et de s'intensifier si ce domaine de recherche s'engage dans un développement plus important. Pour comprendre, accompagner et impulser ces processus dans la durée, il faut pouvoir replacer les positions successives dans une vision d'ensemble du domaine de la prospective environnementale.

De cet examen rapide de ce qui relie entre elles des réalisations diverses, il ressort que le domaine de la prospective environnementale n'est donc pas simplement semé de pratiques prospectives hétérogènes et dispersées. À travers les objets d'études communs, les échanges de résultats, les combinaisons d'exercices différents, le partage d'un fonds théorique et méthodologique commun, ces pratiques sont liées entre elles de manières diverses et évolutives. Elles sont parties prenantes du développement d'ensemble du domaine dont elles représentent chacune un aspect.

Conclusion

Au total, il apparaît que le développement des travaux de prospective environnementale passe bien par une plus grande lisibilité de ce domaine d'étude et de recherche. Cela suppose de travailler simultanément dans deux directions complémentaires.

La première est celle d'une différenciation plus nette entre les différentes formes de travail prospectif, qui n'ont ni les mêmes rôles, ni les mêmes conditions de réussite, ni le même statut professionnel ou académique et dont le développement ne relève ni des mêmes acteurs, ni des mêmes stratégies. La typologie que nous proposons entend contribuer à cette différenciation.

La seconde est celle d'une vue d'ensemble plus claire et structurée du domaine de la prospective environnementale, pour mieux percevoir (ou construire) les relations entre différentes formes de travail prospectif. L'analyse proposée sur les relations entre prospective, activité scientifique et politique, qui montre le statut académique légitime, mais inabouti, de diverses formes de prospective, en constitue une première étape. La typologie, en aidant à positionner les pratiques les unes par rapport aux autres, en réalise une seconde. L'évocation des liens (partage d'objets, coopérations, méthodes communes, etc.) qui sous-tendent l'unité du domaine esquissent les suivantes.

Si nous voulons renforcer notre capacité collective à raisonner la prise en charge à long terme de nos responsabilités écologiques, il nous faut à la fois construire cette vue d'ensemble plus nette des pratiques prospectives existantes et construire les conceptions plus larges et plus ambitieuses qui permettront de guider de nouveaux développements dans ce domaine.

Références

Alcamo, J. (ed.), *IMAGE 2.0 – Integrated Modeling of Global Climate Change*, Kluwer Academic Publishers, 1994.

Alcamo, J., Kreileman, E., et Leemans, R., « Global Models Meet Global Policy – How Can Global and Regional Modellers Connect with Environmental Policy Makers ? What Has Hindered Them ? What Has Helped Them ? », *Global Environmental Change*, 6(4), 1996, pp. 255-259.

Alcamo, J., Leemans, R., et Kreileman, E. (eds.), *Global Change Scenarios of the 21st Century – Results from the IMAGE 2.1 Model*, Pergamon, 1998.

Alcamo, J., Shaw, R., et Hordijk, L., *The Rains Model of Acidification. Science and Strategies in Europe*, Kluwer Academic Publishers, 1990.

Barbieri Masini, E., *Why Future Studies ?*, Grey Seal, 1993.

Barré, R., « Le 'foresight' britannique : un nouvel instrument de gouvernance ? », *Futuribles* (249), 2000, pp. 5-24.

Brewer, G. D., « Methods for Synthesis : Policy Exercises », in Clark, W. & Munn, R.E. (eds.), *Sustainable Development of the Biosphere*, Cambridge University Press, 1986.

Callon, M., Lascoumes, P., et Barthe, Y., *Agir dans un monde incertain – essai sur la démocratie technique*, Seuil, 2001.

Clark, W., et Munn, R. E. (eds.), *Sustainable Development of the Biosphere*, IIASA – Cambridge University Press, 1986.

Gallopin, G. C., Hammond, A., Raskin, P. Swart, R.J., « Global Environmental Scenarios and Human Choices : the Branch Points », in J. Theys (dir.), *L'environnement au XXIe siècle*, GERMES, 1998, pp. 109-150.

Glenn, J. C., « Introduction to the Futures Methodology Series », in J. C. Glenn (ed.), *Futures Research Methodology*, American Council for the United Nations University, 1999.

Godet, M., *Prospective et planification stratégique*, Economica, 1985.

Gonod, P., *Dynamique des systèmes et méthodes prospectives*, Futuribles international – LIPS – DATAR, 1996.

Guimaraes Pereira, A., Gough, C., Darier, E., De Marchi, B. « Computers, Citizens and Climate Change – The Art of Communicating Technical Issues », *International Journal of Environment and Pollution*, vol. 11, n° 3, 1999, pp. 266-289.

Jollivet, M. (dir.), *Sciences de la Nature, sciences de la société – les passeurs de frontières*, Éditions du CNRS, 1992.

Kieken, H., « Integrating Structural Changes in the Future Research and Modelling on the Seine River Basin », *International Environmental Modelling and Software society*, Lugano (CH), 24-27 juin 2002.

Kieken, H., « Le modèle RAINS : Des pluies acides aux pollutions atmosphériques : construction, histoire et utilisation d'un modèle », *Revue d'Histoire des Sciences*, 57(2), 2004.

Latour, B., *La science en action*, La Découverte, 1987.

Matarasso, P., « Décision, démocratie et figures de la temporalité : rôle et influence des modèles formels », in J. Theys (dir.), *L'environnement au XXIe siècle – Visions du futur*, GERMES, 2000.

Mermet, L., « Une méthode de prospective : les exercices de simulation de politiques », *Natures, Sciences, Société*, 1(1), 1993, pp. 34-46.

Mermet, L., et Hordijk, L., « On Getting Simulation Models used in International Negotiation – a Debriefing Exercise », in F. Mautner-Markof (ed.), *Processes of International Negotiations*, Westview Press, 1989, pp. 427-445.

Mermet, L., et Piveteau, V., « Pratiques et méthodes prospectives : quelle place dans les recherches sur l'environnement ? », in *Les temps de l'environnement – Journées du Programme Environnement, vie et sociétés, sessions 1 et 2*, vol. 1, Toulouse, 5-7 novembre 1997, Géode-CNRS, 1997, pp. 327-336.

Mermet, L., et Poux, X., « Pour une recherche prospective en environnement – repères théoriques et méthodologiques », *Natures, Sciences, Sociétés*, 10(3), 2002, pp. 7-15.

Passet, R., et Theys, J. (dir.), *Héritiers du futur – aménagement du territoire, environnement et développement durable*, Éditions de l'Aube, 1995.

Poux, X., Mermet, L., Bouni, C. Dubien, I., Narcy, J.B., *Méthodologie de prospective des zones humides à l'échelle micro-régionale – problématique de mise en œuvre et d'agrégation des résultats*, AScA/Programme national de recherche sur les zones humides, 2001.

Sébillotte, M. Hoflack, P., Leclerc, L.A., et Sébillotte, C., *Prospective de l'eau et des milieux aquatiques – enjeux de société et défis pour la recherche*, INRA éditions, Cemagref éditions, 2003.

Toth, F., « Policy Exercises », *Simulations and Games*, 19(3), 1988, pp. 235-276.

CHAPITRE II

Un cadre théorique ouvert pour l'extension des recherches prospectives

Laurent MERMET

Connaissant un regain de faveur depuis le milieu des années 1990, les études et recherches prospectives se multiplient aujourd'hui et affichent des ambitions croissantes. Elles répondent au souci de plus en plus nettement affirmé d'une gestion des affaires publiques et privées qui s'inscrive dans le long terme et prenne en compte les interdépendances entre les multiples dimensions du développement (économique, sociale, environnementale, culturelle, etc.). Cette évolution correspond à la montée en puissance, à la fois au niveau national et au niveau mondial, de thèmes comme le développement durable, le changement climatique, le vieillissement dans les pays développés, les évolutions géopolitiques. Pour nous, l'un de ses enjeux majeurs est le développement de travaux prospectifs de plus en plus intégrés dans le travail de production et de controverse des sciences. Cette évolution, déjà amorcée mais qui demande à être poussée plus avant, est justifiée sur deux plans. Elle est nécessaire pour prendre en charge la complexité et la technicité croissantes des conjectures prospectives, que ce soit sur l'environnement, la population, l'économie, etc. Elle doit permettre de porter les discussions prospectives au sein même des instances de débat propres au monde scientifique, qui peuvent contribuer de manière déterminante à leur approfondissement, à leur pluralisme, à leur réflexivité critique. Une telle perspective suppose notamment d'initier – ou d'intensifier quand elles existent – les collaborations entre chercheurs spécialistes des domaines étudiés et spécialistes de la prospective[1].

Elle passe aussi par une clarification de la diversité des types de travaux prospectifs et de leurs statuts vis-à-vis de la pratique scientifique et des processus de décision politiques[2]. Il s'agit, d'une certaine façon, de permettre des développements plus spécialisés et plus différenciés. Mais

---

[1] Voir le chapitre III sur les spécialistes de la prospective et le chapitre I sur les différents types de collaboration qu'impliquent les prospectives environnementales.

[2] Voir plus haut chapitre I.

si un effort soutenu dans ce sens est indispensable pour construire des prospectives plus approfondies, il porte aussi en lui le risque d'un éclatement du champ des études et recherches prospectives. Or la qualité d'un travail de prospective ne dépend pas seulement d'une plus grande adéquation à son contexte spécifique et aux contenus traités, mais aussi de la possibilité de pratiquer des emprunts, des comparaisons, des recoupements, des combinaisons, avec d'autres travaux de prospective.

Cela suppose que des prospectives tout à fait différentes puissent se situer les unes par rapport aux autres – au regard de leurs contenus, de leurs méthodes, de leurs fondements théoriques – au sein du champ de la prospective pris dans son ensemble, c'est-à-dire, dans la perspective qui est la nôtre, en prenant en compte aussi bien le domaine de la prospective générale que les travaux à visée prospective menés dans d'autres cadres disciplinaires comme ceux des recherches environnementales. Notre but, dans la présente contribution, est de proposer pour cela un cadre théorique ouvert qui embrasse dans son champ de vision – et permette de mettre en discussion les unes par rapport aux autres – les prospectives les plus diverses par leurs présupposés théoriques, par leur conception méthodologique, par leur contexte de réalisation et d'utilisation.

Cette approche s'inscrit en rupture avec celle généralement retenue – y compris dans nos propres travaux antérieurs sur les Exercices de simulation de politiques (*Policy Exercises*) (Mermet, 1993) – qui vise à concevoir, à standardiser, à diffuser une procédure normalisée de conduite du travail de prospective et un ensemble associé (une « boîte à outils ») de méthodes adaptées au plus large éventail de situations possible. Si cette orientation de recherche a pu donner naissance à des travaux et à des mouvements de pensée intéressants, comme l'Évaluation intégrée (*Integrated Assessment*) (Rotmans, 1998) ou le *technology foresight* (Barré, 2000), elle s'avère peu adaptée à la réalisation de travaux de prospective élaborés et discutés de façon approfondie dans un contexte de recherche scientifique. En effet, comme on le montrera plus loin, dans son effort pour concilier la normalisation des méthodes et l'application possible à des objets très divers, ce type d'approche ne favorise ni l'utilisation de méthodes très spécifiques (à un objet, à un contexte), ni la poursuite d'une réflexion théorique approfondie. Or ces deux limites constituent selon nous des handicaps majeurs pour fonder des développements prospectifs nouveaux, capables de mobiliser le potentiel de travail et de débat de la recherche – pour ce qui nous concerne ici, des sciences de l'environnement. Nous explorons donc ici une voie tout à fait différente qui consiste (1) à renoncer à la standardisation des méthodes pour s'en remettre aux ressources théoriques et méthodologiques extraordinairement diverses des auteurs (actuels ou potentiels) de travaux prospectifs, à leur capacité d'innovation, à la spécialisation et à la différenciation de travaux de plus en plus approfondis et (2) à insister plutôt sur les conditions de mise en discussion des choix de méthode, de leurs fondements théoriques, de leur adéquation à des contenus et des contextes donnés. C'est dans cette perspective que la construction d'un cadre théorique ouvert prend tout son intérêt, pour fournir des repères, un langage, qui permettent de réfléchir à chaque travail prospectif, que ce soit au stade de sa conception (*ex ante*), pour guider dans l'aventure de sa réalisation (*in itinere*) ou pour l'évaluer (*ex post*).

Nous procéderons ici en trois temps.

Nous commencerons, anticipant sur la construction du cadre théorique lui-même, par proposer un ensemble de repères pour les chercheurs et les praticiens qui se lancent dans l'aventure de nouvelles recherches prospectives.

Dans un deuxième temps, nous poserons les éléments principaux du cadre théorique. Pour construire celui-ci, nous avons cherché à dégager les éléments constitutifs les plus généraux, les plus fondamentaux, du travail prospectif, quel qu'en soit le cadre et le contenu. Nous les avons trouvés pour partie dans la littérature prospective générale (et en particulier dans l'ouvrage de Bertrand de Jouvenel (1964) sur *L'Art de la conjecture*) et pour partie dans l'évolution récente des idées sur les relations entre science et politique. Nous les avons recoupés – pour peser la généralité et la pertinence des concepts – avec le corpus très diversifié des exercices prospectifs que nous connaissons directement (par la conception, la mise en œuvre ou l'évaluation) ou par la littérature, ainsi qu'avec les tentatives de généralisation effectuées par d'autres (dans l'optique que nous avons résumée et critiquée ci-dessus).

Dans un troisième temps, nous nous efforcerons donc de montrer la teneur et la portée du cadre théorique proposé en l'utilisant pour réexaminer trois ensembles théoriques et méthodologiques de référence : (1) la prospective stratégique, (2) les méthodes de *Policy Exercises* développées dans le champ de l'environnement depuis les années 1980 et (3) le domaine de l'*Integrated Assessment*, dont le développement rapide occupe aujourd'hui le devant de la scène prospective environnementale au plan international. On verra comment chacun, tout en essayant d'offrir un cadre de travail le plus large possible, est en fait construit sur une conception particulière de la prospective, adaptée à des situations de travail spécifiques, mais pas à d'autres. Le fait de placer ces approches dans un cadre théorique plus large permet de mieux cerner à la fois leur potentiel et leurs limites. Cette mise en perspective devrait inciter et contribuer à des usages plus approfondis, plus assurés et plus rigoureux de ces approches et dégager de manière plus nette le terrain pour en développer de nouvelles.

1. Un guide de questionnement pour la conception d'opérations prospectives

Pour amorcer la réflexion, plaçons nous dans la situation d'un collectif de recherche qui entreprend d'innover en réalisant un travail prospectif inédit – c'est-à-dire en n'appliquant pas simplement une démarche type. L'essentiel des théories qui seront mobilisées, des méthodes utilisées, des dispositifs mis en place, relèvent de l'initiative et du domaine spécifique de recherche où l'équipe s'engage. Et si certains éléments sont empruntés à des précédents en matière de prospective, ils font partie du fonds ouvert de la culture du prospectiviste, plutôt que du répertoire fermé et codifié d'une « boîte à outils ».

L'exigence première est de situer ces ressources dans une réflexion plus large. La conception de démarches de prospective nouvelles suppose un travail important de problématisation et la construction de conjectures doit être précédée et accompagnée d'une réflexion particulièrement active (1) sur leur insertion dans le champ des recherches et expertises sur l'environnement et (2) sur les forums où ces conjectures pourront être débattues.

Dans ce contexte, le rôle d'un cadre théorique posé à un niveau très général est « d'orienter les questions que se pose l'analyste » (Ostrom *et al.*, 1993). Ainsi le cadre « ouvert » que l'on va proposer ici débouchera sur un ensemble de questions essentielles pour guider tout travail de prospective (voir encadré 1). Le lecteur pourra faire remarquer que la plupart de ces questions sont simplement celles que l'on devrait se poser pour conduire n'importe quel projet de recherche bien réfléchi ! C'est qu'alors il est pratiquement convaincu de la thèse que nous avons défendue dans le chapitre précédent de l'ouvrage[3] : une prospective n'est pas une entreprise intellectuelle « à part », mais une étude ou une recherche *presque* comme une autre. Et la différence suggérée par le mot *presque* ne porte ni sur le statut académique de ces travaux, ni sur les types de méthodes utilisées. Elle correspond à la spécificité du travail conjectural : la quasi-impossibilité de clore le débat, dès lors qu'il porte sur un avenir toujours en partie indéterminé. C'est elle qui imprime cette acuité particulière à l'exigence de réflexivité à la fois sur les contenus et sur les enceintes de débat, exigence qui accompagne le travail prospectif dès le départ et perdure plus que dans d'autres domaines même une fois la recherche terminée.

---

[3] Voir chapitre I.

Encadré 1. Un guide de réflexion pour l'analyse, l'évaluation, la conception d'une opération de recherche prospective

Sur la dialectique entre forum et conjecture

♦ Quelles questions scientifiques le collectif de recherche considère-t-il importantes pour comprendre les dynamiques futures des socio-systèmes ? Avec quelle pertinence pour qui ?

♦ Quelles questions d'action font sens à ses yeux ?

♦ Quelle est la place du travail envisagé dans l'économie d'ensemble de l'avancement des sciences de l'environnement ?

♦ Si le travail envisagé n'est pas en lui-même synthétique, quels apports spécifiques vise-t-on à de futures synthèses prospectives ?

♦ Dans quels forums futurs, déjà existants ou à modifier, ou non encore ouverts, les résultats espérés par le collectif de recherche pourront-ils se mettre en débat ? Quels forums futurs leurs travaux pourront-ils alimenter ou (comme on en trouvera des exemples plus loin dans l'ouvrage) conduire à se former ?

Sur la consistance et la réalité du travail proposé

♦ Par rapport aux travaux existants ou en cours qui éclairent les dynamiques futures des socio-écosystèmes, quels apports spécifiques sont visés par le projet du collectif de recherche ?

♦ De quel type de production prospective s'agit-il, par son insertion disciplinaire ou interdisciplinaire, par ses relations à la sphère de la recherche et à celle de la décision (voir ici la typologie proposée au chapitre I) ?

♦ Quels sont les « travaux de construction » qui, étant donné ce positionnement, peuvent conférer une valeur à ce projet ? un effort accru de formalisation théorique ? l'exploitation de jeux de données non encore travaillés ? de nouveaux dialogues entre disciplines ? ou entre chercheurs et décideurs ? ou entre chercheurs et citoyens ?

Sur l'insertion dans un réseau plus large d'opérations prospectives

♦ Le travail prospectif entrepris peut-il trouver à s'appuyer sur des prospectives déjà existantes qui pourraient fournir des jeux de données ou des conjectures légitimes et utilisables sur d'autres dimensions du problème étudié, ou à d'autres échelles ?

♦ Dans quelle filiation ce travail s'inscrit-il ? Peut-il déboucher sur de nouvelles pistes de recherche ?

♦ Si l'on conçoit l'émission d'une conjecture prospective (même très élaborée) comme une prise de parole dans un forum étendu, quelles sont les autres conjectures avec lesquelles le collectif souhaite entrer en débat ? avec quels enjeux ?

Sur les positionnements théoriques et méthodologiques

♦ Quels outils, quelles méthodes, quelles données dans les domaines de recherche du collectif, peuvent potentiellement apporter un éclairage prospectif spécifique ?

♦ Faut-il les adapter, les faire évoluer, les compléter par d'autres outils, essayer des combinaisons nouvelles de méthodes ?

♦ Dans quel cadre de discussion, dans quelles procédures de travail, les méthodes dont l'utilisation est envisagée peuvent-elles donner toute la mesure de leur pertinence pour élaborer des conjectures et nourrir des forums de discussion et d'évaluation ?

♦ Quelles conceptions générales de la connaissance possible des dynamiques futures des socio-écosystèmes sont portées, implicitement ou explicitement, par les méthodes et travaux que le collectif de recherche envisage de mobiliser ?

♦ Quelles compatibilités, complémentarités, ou au contraire, contradictions, peuvent exister entre les outils théoriques et méthodologiques que le collectif peut mobiliser et la problématique générale de prospective où s'inscrit le travail ?

♦ Est-ce que les contraintes pratiques liées aux outils et à leur mise en œuvre sont susceptibles de remettre en cause les choix principaux sur lesquels reposerait le travail envisagé ?

---

2. Un cadre théorique ouvert pour concevoir, analyser et évaluer les travaux prospectifs

a. Les « fondamentaux » de toute entreprise prospective

Le cadre théorique ainsi résumé sous forme d'un jeu de questions pour concevoir, analyser et évaluer les travaux prospectifs, revenons un peu en arrière pour en présenter les éléments constitutifs et les discuter de façon plus approfondie.

S'il fallait résumer en quelques lignes le projet fondamental de la prospective, on pourrait proposer la citation suivante de B. de Jouvenel (1964) :

> Il s'en faut bien que les futurs possibles nous soient [...] « donnés ». Au contraire, ils doivent être construits par notre imagination, se livrant à un travail de « proférence » qui les tire comme descendants possibles d'états présents plus ou moins connus. La construction intellectuelle d'un futur vraisemblable est, dans la pleine force du terme, un ouvrage d'art. [...] Ce qui importe essentiellement pour le progrès de cet art de la conjecture, c'est que l'assertion sur l'avenir soit bien accompagnée du dispositif intellectuel

dont elle procède, c'est que ce « bâti » soit énoncé, transparent, livré à la critique (p. 31).

De Jouvenel précise ailleurs le cadre de cette critique :

La prévision servant aux décisions « publiques » [...] doit être « publique » [...]. Il faut donc un « forum prévisionnel » où se produiront les opinions « avancées » (au sens temporel) sur ce qui peut advenir et ce qui peut être fait (p. 345).

Sur ces bases, nous définissons ici la prospective comme (1) l'élaboration fondée sur des méthodes réfléchies de conjectures sur l'évolution et les états futurs de systèmes dont l'avenir est perçu comme un enjeu et (2) leur mise en discussion structurée. Le terme de prospective est utilisé ici dans son sens le plus large, comme équivalent de l'anglais *Future Studies* et désigne non pas une approche particulière de conjecture, mais l'ensemble des activités d'étude et de recherche qui prennent pour objet l'étude de dynamiques futures, d'états du monde situés dans l'avenir. Dans la même optique, l'expression « méthodes réfléchies » exclut seulement les conjectures fondées sur des moyens qui entendent échapper entièrement à la discussion de leur bien-fondé et de leur pertinence, mais inclut tous les types de méthodologies, depuis celles qui visent à une entière rationalité, jusqu'à celles qui laissent la part la plus large à l'imagination. De manière similaire, les termes de « discussion structurée » sont à prendre de manière très ouverte, comme désignant tout dispositif de débat possédant une certaine systématicité et une certaine réflexivité.

À partir de ce noyau central partagé par toute entreprise prospective, nous proposons un cadre théorique organisé en quatre volets.

b. Premier volet : un jeu de renvoi à instaurer entre traitement des contenus et fonctionnement des forums prospectifs

L'effort de systématicité, de réflexivité, qui caractérise toute construction prospective doit pouvoir se lire simultanément sur deux plans :

- celui des qualités de contenu dans les conjectures produites (par exemple, leur originalité, leur cohérence, leur impact, la force de leurs liens avec d'autres approches, scientifiques ou politiques, etc.) ;

- celui des qualités procédurales de l'exercice prospectif, puisque les conjectures tirent une part essentielle de leur valeur du ou des « forums prospectifs » au sein desquels elles ont été élaborées et/ou soumises à une discussion critique.

Pourquoi souligner ce double enracinement ? Toute tentative de rationalisation, ou plus largement de réflexivité – et au premier chef, le travail de recherche des sciences – ne repose-t-elle pas sur un jeu de renvoi entre la dynamique d'un forum de discussion et les caractéristiques d'un contenu ? Les deux dimensions ne sont-elles pas liées au point que, comme l'écrit Latour dans *La science en action* (1987), « au moment de l'épreuve, le contexte et le contenu ne se distinguent pas » ? Deux raisons nous poussent cependant à souligner cette double dimension, de contenu et de procédure, des travaux prospectifs.

S'agissant des dynamiques futures des systèmes où se joue notre environnement futur, « l'épreuve » qui permettrait de « classer » une conjecture comme étant soit un fait, soit une erreur dépassée, cette épreuve tend à rester ouverte, en suspens. Le forum de discussion a besoin pour prospérer de pouvoir s'appuyer sur des contenus de plus en plus élaborés ; et réciproquement, ces contenus ne valent que parce que portés par des forums de discussion de plus en plus construits. Parce que le suspens[4] dure, la dynamique, le travail, par lesquels le forum et la conjecture se produisent réciproquement restent lisibles, manifestes même ; ils constituent le moteur fondamental du développement de toute prospective réellement élaborée. Celle-ci, par rapport à d'autres formes d'études ou de recherches, n'a pas autant pour but de parvenir à une clôture du débat, de « mettre tout le monde d'accord », que de structurer et meubler de repères l'espace d'un suspens partagé. On rejoint ici la notion d'univers controversé, proposée par Olivier Godard *et al.* (2002) par opposition aux univers « stabilisés », où par une forme ou une autre de clôture, les protagonistes du débat ont convergé pour accepter une vision convenue commune du système qui les intéresse.

Par ailleurs, l'analyse critique de nombreux travaux de prospective nous a permis de constater que le développement des travaux prospectifs était menacé par deux impasses symétriques.

La première, classique, résulte d'une attaque indifférenciée de toute conjecture : méthodes toujours discutables, incertitudes omniprésentes, etc. Les travaux de prospective prêtent toujours le flanc à de telles attaques, par la fragilité intrinsèque de toute conjecture sur l'avenir. Ces attaques systématiques de toute conjecture se présentent souvent comme de vertueuses défenses de la raison. Mais leur principe est en général tout autre : rhétorique et polémique, il consiste à juger une conjecture dans un contexte qui n'est pas le sien, sur des critères de rationalité

---

[4] Ce substantif rare, calqué sur « en suspens », nous semble le mieux à même de désigner la situation où sont mis les protagonistes d'un dossier dont la clôture est reportée, alors qu'ils sont fortement intéressés à connaître les termes de cette clôture encore indéfinie. Il échappe en effet aux connotations parasites de mots comme suspense (trop littéraire et centré sur l'émotion), attente (trop passif), incertitude (auquel adhère la notion de certitude, déplacée dans le champ de la prospective).

choisis *ad hoc* pour la discréditer. Pour sortir de cette impasse, il faut replacer les conjectures dans leur contexte de discussion et d'action, autrement dit, dans le forum prospectif où elles ont – ou prétendent à – une pertinence. Pour paraphraser Forrester et Meadows, les auteurs respectifs des modèles informatiques *World 2* et *World 3* sur lesquels s'appuie le rapport du Club de Rome sur les limites de la croissance[5] (Donella H. Meadows *et al.*, 1972b), la question posée à ceux qui critiquent une conjecture donnée n'est pas de savoir si elle est inattaquable, mais s'ils peuvent à leur tour en proposer une plus rigoureuse, plus riche, plus défendable dans le cadre du même forum de discussion.

La seconde impasse, symétrique et dont le développement est plus récent, consiste à considérer que, puisque les contenus conjecturaux sont toujours fragiles, toute l'attention doit être portée sur les procédures. Qu'importeraient alors le contenu des constructions prospectives, pourvu qu'elles aient été le fruit d'un processus participatif, d'une procédure innovante, pourvu qu'elles aient fourni l'occasion d'un échange stimulant entre chercheurs de plusieurs disciplines, ou encore entre chercheurs et acteurs de la décision ! Certes, cette dimension dialogique est importante, mais l'absence d'exigence sur le contenu des conjectures produites conduit à une impasse. Au moment même où elle met tout le poids de la prospective sur les procédures, elle les dévalorise indirectement. En effet, quelle peut être la légitimité de procédures lourdes à mettre en œuvre, si elles ne manipulent que des contenus sans importance et ne produisent que des résultats qui n'ont pas de valeur en eux-mêmes ? Une telle posture empêche que s'instaure une dynamique de renforcement progressif des contenus ; elle décourage les chercheurs, peu enclins à investir leur temps dans l'élaboration de produits d'avance dévalorisés. Elle nous semble incompatible avec les perspectives du développement des travaux prospectifs en général et des prospectives environnementales dans un contexte de recherche en particulier.

Au total, les travaux prospectifs ne peuvent trouver un ancrage solide ni dans la seule logique de traitement des contenus conjecturaux, ni dans la seule logique de procédures délibératives. Seule la prise en charge conjointe, dialectique, de ces deux dimensions – pour les désigner, nous reprendrons ici les termes proposés par de Jouvenel en parlant respectivement de *conjecture* (*prospective*) et de *forum* (*prospectif*) – est de nature à fonder un travail de prospective.

Tout travail prospectif est à concevoir, à conduire, à évaluer, selon trois entrées complémentaires :

---

[5]   Voir chapitre VIII.

- la conjecture, c'est-à-dire la logique et les moyens d'acquisition et de traitement des contenus conjecturaux,
- le forum, c'est-à-dire l'ensemble des dispositifs et processus où se déroule la mise en discussion de ces contenus conjecturaux,
- l'articulation conjecture/forum, c'est-à-dire les liens qui, dans une prospective donnée, rendent le forum approprié à la conjecture, et la conjecture au forum.

Cette dernière entrée est déterminante. En effet, la valeur d'une prospective ne dépend pas seulement du soin mis au travail de conjecture, ni de procédures de débat riches et maîtrisées. Elle repose également de façon essentielle sur l'adéquation réciproque, sur la synergie, entre un mode spécifique de traitement des conjectures et les conditions particulières du forum où elles sont élaborées et discutées[6].

L'aller-retour, la dialectique à instaurer entre logique de la conjecture et logique du forum constitue le premier axe – et l'axe principal – de notre cadre conceptuel.

c. Deuxième volet : un travail de construction et de discussion méthodiques de futurs possibles

Le deuxième axe repose sur la notion de travail prospectif. Toutes les formes de prospective se distinguent de la simple émission d'opinions sur l'avenir par un travail de construction, qui débouche sur des conjectures élaborées. La construction des questions, l'effort fait pour expliciter les hypothèses, pour rechercher et choisir les données, le caractère méthodique de la construction de la conjecture à partir de ces choix initiaux, ou bien encore la qualité de mise en forme (visuelle ou textuelle) des images du futur proposées, la richesse de l'imaginaire déployé : c'est parce qu'une conjecture possède une ou plusieurs de ces caractéristiques qu'elle apporte une « valeur ajoutée » dans la discussion d'un forum prospectif.

Qu'il s'agisse d'analyser une prospective existante ou d'en concevoir une nouvelle, il faut donc (1) s'interroger sur la réalité, la nature, l'ampleur, du travail de construction qui a été réalisé (ou que l'on se propose de réaliser) et (2) situer l'apport de ce travail au débat prospectif, à la fois sur le plan du contenu et sur le plan du processus de discussion – de la conjecture et du forum, pour reprendre les termes retenus plus haut.

---

[6] Ce point central sera approfondi et illustré dans les chapitres de la troisième partie de l'ouvrage.

Conduire une étude ou une recherche prospective, c'est s'engager dans un processus destiné à effectuer des transformations spécifiques dans l'état d'un débat. Ce processus peut se décomposer de façon très générale en trois grandes phases.

La première, que nous appellerons « mise en tension », est celle au cours de laquelle s'explicitent et s'élaborent les questions (de quel système parle-t-on, à la lumière de quels enjeux ?), se font les principaux choix théoriques et méthodologiques, s'organise le travail (calendrier, moyens, procédures, etc.), se rassemblent les données et les connaissances pertinentes.

Le seconde est celle de « construction » proprement dite, au cours de laquelle on construira les modèles informatiques, on rédigera les scénarios, ou toute autre forme de conjecture que l'on aura prévue, souvent en impliquant les participants du forum prospectif de diverses façons.

Le troisième est celle « d'interprétation de la conjecture », au cours de laquelle on débattra des résultats : quelle valeur ajoutée apportent-ils par rapport aux hypothèses de départ ? Quelle est leur portée pour la réflexion et l'action quant à l'avenir du système étudié ? En quoi les choix méthodologiques adoptés renforcent-ils (ou affaiblissent-ils) la signification et la portée des résultats ? Dans quelle mesure laissent-ils des zones d'ombres, ou renouvellent-ils les termes dans lesquels les questions traitées peuvent être posées ?

Cette dynamique propre à chaque opération de prospective, qui fait passer d'un état de la conjecture et du forum à un autre état, constitue donc le second axe de notre cadre théorique.

Il se croise bien sûr avec le premier (voir figure 1). Tout au long de l'évolution d'une opération prospective, on retrouve les logiques de la conjecture et les logiques du forum, ainsi que le jeu de renvoi entre les deux. Cette dialectique fondamentale va à la fois conditionner la poursuite du processus (en lui servant de moteur et de gouvernail) et être conditionnée en retour par l'évolution, au fil du processus, des conditions d'étude et de discussion. Chaque opération de prospective est à lire (et à concevoir) comme un travail – c'est-à-dire une intervention inscrite dans la durée, avec un début, un milieu, une fin – sur une conjecture, sur un forum, sur leur intime articulation.

Le modèle théorique qui reflète cette conception nous semble offrir un cadre de portée très générale pour fonder l'analyse, l'évaluation ou la conception d'une opération donnée de prospective, quels qu'en soient les enjeux de contenu et de contexte, le statut scientifique ou politique, les attendus méthodologiques. Mais à ce stade de réflexion l'opération d'étude ou de recherche prospective reste conçue comme isolée. Or nous

nous situons, comme nous l'avons affiché d'entrée[7], dans une perspective où la réflexion théorique est guidée précisément par le souci de saisir l'unité et les structures d'un espace de conjecture et de débat au sein duquel chaque opération prospective est liée à d'autres, d'une part par des liens de contenus ou de forums (emprunts de représentations, de données ou de résultats, ou bien au contraire tentative de réfuter des conjectures proposées par d'autres opérations), d'autre part par des liens théoriques et/ou méthodologiques (emprunts de méthodes, inscription dans des conceptions partagées, ou au contraire contrastées, du travail prospectif). Il est donc nécessaire de compléter les deux premiers axes de notre cadre théorique par deux autres, qui reflètent ces deux types de liens.

**Figure 1. Premier et deuxième volets du cadre :
une opération de prospective entre travail
d'élaboration et dialectique conjecture/forum**

	Mise en tension	Construction	Interprétation
Conjecture	Quelle est la problématique que doit traiter la nouvelle conjecture à élaborer ?	Quelles données sont traitées, par quelles méthodes, sur la base de quelles théories, pour l'élaboration de la conjecture ?	À quelles interprétations peut donner lieu la conjecture construite à la phase précédente ?
Articulation conjecture/forum	Comment s'articulent la problématique conjecturale et les enjeux liés à l'état initial du forum ?	Procédures et dynamiques du forum d'une part, méthodologies de la construction conjecturale d'autre part sont-elles en adéquation réciproque ?	L'opération conduit-elle à des modifications du forum (structure, dynamique, enjeux), enrichit-elle les conjectures disponibles et leurs interprétations ?
Forum	Quel forum organise-t-on au départ pour lancer l'opération de prospective ?	Quels débats sont organisés au sein du forum (éventuellement modifié) lors de la construction de la conjecture ?	Comment conduire (ou comment se déroule) le débat d'interprétation de la conjecture ?

---

[7] Voir chapitre I.

d. Troisième volet : situer chaque opération prospective dans un champ plus large de conjectures et de forums

Il est bien rare qu'une opération de prospective ne renvoie pas à d'autres. D'abord, parmi les questions posées lors de la phase de « mise en tension », il en est presque toujours qui sont inspirées par les résultats ou les approches de prospectives antérieures. Ensuite, dans la phase de construction de la conjecture, on est souvent amené à utiliser des hypothèses, des données, des éléments d'images, etc., empruntés à d'autres travaux prospectifs. Enfin, la phase finale d'interprétation ouvre généralement la porte à un nouveau cycle de prospective : remise en tension par des questions renouvelées, nouvelle construction (modèle modifié, autre approche de scénario), nouvelles discussions, etc. Ces enchaînements ne s'inscrivent pas seulement dans la logique des conjectures (qui reprennent, transforment, retournent, bref, reconfigurent des contenus), mais aussi dans celle des forums prospectifs. Une opération de prospective peut répondre à une autre, pour la concurrencer, la renforcer ou la contredire. Le forum élaboré par une opération peut s'autonomiser pour en lancer une autre.

C'est à travers de telles relations[8] que se lisent et se construisent les positions et les opérateurs d'un espace prospectif qui se construit et s'étend, opération de prospective après opération de prospective. Ces liens sont essentiels à considérer aussi bien pour concevoir que pour analyser et évaluer une opération donnée de prospective. On peut visualiser cette analyse par un schéma où le « modèle » général d'une opération de prospective est relié de manière différenciée, à celles qui l'ont préparé, qu'elle contredit, sur lesquelles elle s'appuie, qu'elle prépare, qu'elle suscite.

Dans le cas le plus simple, une telle analyse porte sur les relations externes entre une opération prospective et d'autres, conduites plus ou moins indépendamment d'elle. Cependant, on rencontre fréquemment le cas d'opérations prospectives complexes. Elles reposent par exemple sur plusieurs cycles de travail dont chacun pourrait tout à fait, dans un autre cadre, constituer par lui-même un exercice prospectif complet. Ou bien elles combinent en parallèle des exercices contrastés, ou encore, des exercices similaires mais portant sur des régions différentes. Ou bien encore, elles se présentent comme un ensemble construit à partir de plusieurs exercices de prospective très différents dans leur conception (par exemple, une étude de modélisation informatique, et un atelier de rédaction de scénarios, croisés ensuite dans le cadre d'un atelier de

---

[8] Dont on trouvera de nombreux exemples dans la troisième partie de l'ouvrage.

prospective participative). De telles opérations[9] sont, selon nous, à analyser (ou à concevoir) comme des assemblages de sous-opérations, articulées ou emboîtées entre elles. Chacune de ses sous-opérations est à analyser (à concevoir, à évaluer) à la fois (1) en ses termes propres, (2) sous l'angle du fonctionnement d'ensemble de l'opération complexe dont elle est une composante, (3) au regard des relations externes qui inscrivent cette opération complexe dans un espace encore plus large.

Le troisième volet de notre cadre conceptuel oriente donc l'attention vers un effort de lecture (ou de conception) structurée des liens multiformes, dynamiques, évolutifs dans le temps, qui renvoient d'une opération prospective à une autre (voir figure 2).

Figure 2. Troisième volet du cadre : des opérations prospectives au sein d'un champ large de conjectures et de forums

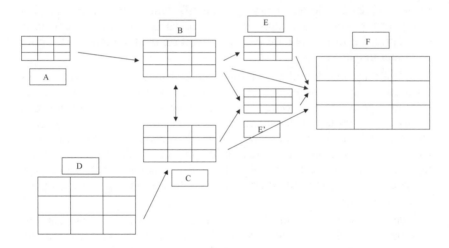

Commentaire : Une première opération exploratoire (A) conduit à une autre (B), plus ambitieuse, et suscite une concurrence (C), qui s'alimente à une opération majeure pré-existante (D) dans un autre champ. Après deux opérations plus spécialisées (E, E'), une nouvelle opération (F) essaie de tirer le meilleur parti des éléments accumulés jusque là.

---

[9] La *World Water Vision* constitue un très bon exemple de ce type d'opération composite et complexe.

e. *Quatrième volet : situer une opération de prospective au regard des choix théoriques et méthodologiques qui la guident*

Tout travail prospectif, aussi bien sur le plan de la construction des conjectures que de la conduite des forums, repose sur un ensemble de choix théoriques et méthodologiques qu'il est souhaitable d'analyser (ou d'effectuer si l'on se situe au stade de la conception) en ayant une vue claire de l'espace de travail (théorique et méthodologique) au sein duquel ils s'inscrivent. Pour cela, le quatrième volet de notre cadre théorique propose de distinguer des choix qui se situent à des degrés de généralité différents (voir figure 3).

**Figure 3. Quatrième volet du cadre :
situer une opération de prospective au regard
des choix théoriques et méthodologiques qui la guident**

Des choix...	... à différents niveaux de généralité
Se rattache-t-on à une démarche normalisée de prospective ? Sinon, dans quelle conception relativement générale de la prospective, de son rôle, de ce qui fait sa valeur, s'inscrit l'opération envisagée ?	*Une conception générale de la prospective*
Quel type de procédure envisage-t-on ? Comment sera construite la démarche ? Quels grands types de produits et de débats prévoit-on ?	*Une architecture de l'opération de prospective ; des grands choix théoriques et méthodologiques*
Quelles méthodes plus précisément seront mobilisées ? S'il s'agit de scénarios, quel type de scénarios ? S'il s'agit de modèles informatiques, de quel genre de modèle s'agit-il ? Si l'on conduit des ateliers participatifs, quelle formule sera retenue ?	*Des ressources méthodologiques, des outils*
Quels choix précis au niveau de la mise en œuvre ? Quel style d'animation ? Quelles données sont retenues ou exclues ? À quel niveau de détail rentre-t-on sur les différents thèmes abordés ?	*Des « détails » de mise en oeuvre*

Le premier niveau de choix concerne la conception générale de la prospective défendue par la famille de travaux dont se revendique une opération de prospective donnée (ou bien, où elle s'inscrit implicitement). Comme on le montrera plus loin, des mouvement de pensée qui se présentent (ou sont perçus) comme ayant de « la prospective » une conception universelle, reposent en réalité sur une conception spécifique des objectifs généraux de la prospective, du statut que l'on peut lui accorder, de ce qui fait ou non sa valeur. Ces conceptions déterminent à la fois le champ de pertinence des méthodes qui relèvent de chacun de ces mouvements, mais aussi – c'est moins fréquemment souligné – leurs limites. On verra plus loin par des exemples que l'on ne peut pas discuter des choix méthodologiques ou théoriques d'un exercice de prospective sans le replacer dans le cadrage général qui le fonde, même s'il n'est pas toujours très explicite au départ.

Le second niveau d'organisation des choix théoriques et méthodologiques est celui de l'architecture d'ensemble de l'opération de prospective considérée. Comment propose-t-on de conduire le travail de conjecture ? Quelles en sont les étapes, aussi bien dans l'élaboration des contenus que dans la procédure de discussion ? Quel sera l'élément central de l'architecture de son contenu (un modèle de simulation informatique, des textes de scénarios, un document de planification) ? Si c'est un modèle de simulation, reposant sur quelle théorie, sur quelle conception de l'utilisation des modèles informatiques ? Très souvent, le travail de prospective est un travail lourd qui peut durer des mois, voire des années et mobilise des moyens humains et logistiques considérables. Les choix de méthodes faits à ce niveau, les considérations théoriques et pratiques sur lesquelles ils s'appuient, peuvent évidemment être déterminants. Mais ils sont loin de garantir à eux seuls le résultat, les options prises aux deux niveaux suivants étant elles aussi très importantes.

Le troisième niveau est celui des ressources méthodologiques, des « outils », que l'on entend mobiliser pour mettre en œuvre les différentes composantes de l'architecture d'ensemble du projet. Si la procédure prévoit des étapes associant le public : quelles méthodes participatives choisir ? Si l'on veut utiliser des modèles venus de l'hydrologie pour construire des conjectures sur un bassin versant : quels modèles choisira-t-on ? Quelles sont les caractéristiques qui les rendent pertinents dans le cadre de cette conjecture ? Comment s'articuleront-ils avec d'autres méthodologies mobilisées sur d'autres thèmes au sein de cette même conjecture ? Rien n'indique, par exemple, que le modèle le plus avancé pour expliquer en détail des évolutions passées d'un cours d'eau soit aussi le plus utile pour fonder une conjecture sur ses évolutions possibles à long terme. Il suffit qu'un paramètre nouveau, non pris en compte par ce modèle, prenne de l'importance à l'avenir pour qu'un autre modèle plus grossier, mais qui intègre ce paramètre, puisse lui être supérieur. Il suffit aussi que la mise en œuvre de ce modèle s'accompagne de contraintes incompatibles avec l'architecture d'ensemble de l'exercice prospectif – des contraintes de durée ou de phasage, par exemple – pour qu'il soit préférable d'en choisir un autre. La discussion de tels arbitrages est au cœur de tout travail prospectif, quel que soit le contexte où il se déroule. Elle est un élément important aussi bien pour la discussion des méthodes existantes, que pour la conception de nouveaux travaux, ou pour leur évaluation *ex post*.

Enfin, la mise en œuvre détaillée des méthodologies choisies constitue un quatrième niveau d'organisation de la prospective. Jusqu'à quel point l'animateur de tel atelier doit-il intervenir dans la discussion, et dans quel sens ? Quel est le poids de tel ou tel choix de données dans les résultats d'un modèle de simulation ? En incluant tel détail dans la rédaction d'un scénario va-t-on mettre en évidence le rôle de variables difficiles à cerner, ou va-t-on au contraire noyer les structures essentielles de la conjecture dans un bruit inutile ? On peut montrer par de nombreux exemples que de tels choix de détail ont souvent une portée décisive sur la valeur d'une opération de prospective, sur la signification que l'on peut accorder – ou non – à une conjecture donnée.

Les quatre niveaux d'analyse (ou de conception) théorique et méthodologique que nous proposons ici de considérer ont donc chacun une importance capitale et sont à considérer avec une égale attention. Bien entendu, ils ne sont pas à prendre de manière trop rigide. Peut-être dans tel ou tel cas, serait-il plus éclairant de prendre en compte trois, ou cinq niveaux d'organisation ? Sans doute aussi les frontières entre les différents niveaux ne sont-elles pas dénuées de flou ? Mais ces imprécisions, le côté discutable de certaines distinctions, ne doivent pas remettre en cause l'intérêt majeur de conduire la discussion sur les choix théoriques et méthodologiques d'un travail prospectif en discutant sur différents plans son inscription dans l'espace théorique et méthodologique de la prospective et en articulant entre eux d'une manière clairement explicitée les choix faits sur chacun de ces plans (ils sont en effet interdépendants).

Avec les analyses d'opérations prospectives passées ou en cours, se multiplient les exemples qui plaident en ce sens[10]. On constate de manière répétée que des scénarios tirent leur valeur à la fois de grands choix structurants et de détails d'écriture et de réalisation, dès lors que les choix faits aux différents niveaux sont cohérents entre eux. On voit aussi que la discussion critique d'un modèle de simulation informatique conduit à traiter de niveaux d'analyse complètement différents, depuis les conceptions philosophiques sous-jacentes à l'architecture du modèle proposé, jusqu'à des choix concernant les données retenues, ou l'écri-

---

[10] On en trouve plusieurs illustrations notamment dans les chapitres IV, VIII et IX.

ture de certains équations du modèle qui, pour sembler concerner des détails, peuvent avoir une influence déterminante sur le résultat.

Ces discussions sur les choix de cadrage ou de méthode faits à différents niveaux d'organisation sont d'autant plus fondamentales qu'elles ne constituent pas seulement un enjeu technique ou académique, du ressort des seuls spécialistes de tel ou tel domaine de conjecture. Elles font partie intégrante du travail d'interprétation des conjectures, et donc du fonctionnement de tout forum prospectif, y compris le plus ouvert aux « profanes », pour reprendre le terme de Callon, Lascoumes *et al.* (2001). La « recherche de plein air » prônée par ces auteurs rejoint ici le plein air suggéré par la notion de forum et le souci profond d'un débat public et ouvert qui a poussé de Jouvenel (1964) à la promouvoir.

3. Un réexamen d'approches de référence en prospective

Au total, nous proposons donc, pour fonder l'analyse, l'évaluation ou la conception d'opérations prospectives, un cadre théorique ouvert qui focalise l'attention sur quatre dimensions :

- la dialectique conjecture/forum,
- la recherche d'une valeur ajoutée par un cycle de travail prospectif (mise en tension, construction, interprétation),
- la culture des liens entre opérations prospectives,
- l'explicitation des choix théoriques et méthodologiques à différents niveaux.

Le rôle d'un cadre théorique situé à ce niveau de généralité n'est évidemment pas de proposer une théorie ou une méthodologie pour faire la prospective d'un problème donné mais, pour reprendre la formule d'Ostrom, Gardner *et al.* (1993), « d'offrir un langage méta-théorique qui permette de réfléchir aux diverses théories disponibles et à leur utilité potentielle pour traiter des questions que l'analyste juge importantes ». C'est bien le problème qui se pose aujourd'hui, selon nous, aux auteurs de prospectives. Ils peuvent s'appuyer sur de multiples théories, mobiliser des méthodes très diverses, mais ils sont souvent empêtrés dans des conceptions de la prospective trop étroitement cadrées, qui entravent leur liberté de choix théorique et méthodologique et ne fournissent que des bases instables et peu cohérentes pour un débat critique sur les méthodes et les résultats.

Ce problème reste modéré tant que l'on se limite à des prospectives tournées plus ou moins directement vers l'action, le caractère pragmatique des méthodes les plus répandues leur permettant de s'adapter à une vaste gamme de situations. Mais il devient criant lorsqu'il s'agit de conduire des travaux prospectifs plus approfondis, en particulier dans un cadre de recherche. Le grand chantier de développement de telles prospectives, en particulier dans le domaine de l'environnement et du développement durable, suppose que l'on s'ouvre un espace de travail quadrillé plus nettement et plus largement que les approches prospectives existantes, espace qui permette de mobiliser les ressources théoriques et méthodologiques de celles-ci, d'en convoquer ou d'en imaginer d'autres, et de mettre en débat de manière lisible les différents travaux.

Pour aller dans ce sens, nous proposons ici de réexaminer trois approches de la prospective qui constituent des références intéressantes pour la prospective en général, et la prospective environnementale en particulier. Nous nous pencherons successivement sur :

- la prospective stratégique telle qu'elle est défendue par Michel Godet,
- les Exercices de simulation de politiques (*Policy Exercises*),
- l'Évaluation intégrée (*Integrated Assessment*).

Nous allons ainsi constater qu'en nous situant dans l'espace dont le cadre théorique que nous avons proposé fournit les repères[11], on voit mieux les fondements, donc les forces, mais aussi les limites, de chacune de ces approches. À ce réexamen, elles gagnent en utilité et en lisibilité ce qu'elles perdent en prétention à l'universalité. En retour, l'exercice donne consistance au cadre théorique. Il devrait permettre au lecteur une première « prise en main » pour en essayer le potentiel opératoire. Comme la grille de questions proposée en tête du texte, il concrétise le point de vue dont le cadre théorique est une traduction conceptuelle, mais cette fois pour des applications d'analyse et d'évaluation. Il montre aussi – et ce point mérite encore d'être souligné – que ce potentiel opératoire ne peut en rien prétendre se substituer aux conceptions et aux instrumentations théoriques et méthodologiques apportées par les différentes approches de la prospective, mais seulement leur ouvrir une nouvelle dimension de réflexivité et d'inter-communicabilité.

a. La prospective stratégique de Michel Godet : retour sur une référence

Depuis le début des années 1980, comme le note Gonod (1996), la prospective stratégique telle qu'elle est prônée par Michel Godet constitue la démarche de référence en France – sans compter son rayonnement à l'étranger. Cette démarche repose sur une conception générale de la prospective comme « une réflexion pour l'action » et plus précisément, un « panorama des futurs possibles d'un système, destiné à éclairer les

---

[11] Même si nous éviterons de les répéter systématiquement de façon rigide et lassante.

conséquences des stratégies d'action envisageables ». Dans plusieurs ouvrages Michel Godet (1977 ; 1985 ; 1997) présente la démarche d'ensemble qu'il préconise et la « boîte à outils » méthodologique sur laquelle elle s'appuie.

Dans ses grandes lignes, son approche s'articule autour de la construction de scénarios et se déroule en trois temps. Le premier est consacré à la délimitation du système à étudier (au regard des problèmes d'action posés), à l'analyse de sa situation présente et des évolutions passées (rétrospective). Le second est consacré à la construction des scénarios proprement dits, à partir des analyses précédentes complétées par celle des stratégies d'acteurs et le choix de jeux d'hypothèses. Le troisième temps est celui de la réflexion stratégique pour l'action, à partir des scénarios et plus largement, de l'ensemble des éclairages que l'ensemble du travail a apportés aux participants à l'exercice de prospective. Comment situer cette démarche dans les trois dimensions de notre cadre d'analyse ?

La construction : une procédure stabilisée,
une « boîte à outils » standardisée

La démarche préconisée par Godet accorde une grande attention au travail de construction de la conjecture. Comment garantir la valeur de ce travail ? D'une part, en adoptant pour la conduite de l'ensemble de l'exercice prospectif une procédure clairement définie, stabilisée, normalisée. Les étapes à réaliser, leur enchaînement, sont définis à l'avance selon « un cheminement dont la logique (délimitation du système, analyse rétrospective, stratégie des acteurs, élaboration de scénarios) s'est imposée à l'occasion de plusieurs dizaines d'études prospectives ». Mais d'autre part, « cette logique toute littéraire est une arme insuffisante pour aborder l'analyse, la compréhension et l'explication de systèmes de plus en plus complexes, d'où la nécessité de faire appel aux outils plus formalisés de l'analyse de systèmes » (Godet, 1985). Dans le cadre de la procédure d'ensemble définie plus haut, Godet propose donc d'utiliser des outils formalisés comme l'analyse structurelle et la méthode MICMAC (un système de hiérarchisation des variables du système), les méthodes Delphi ou SMIC (des méthodes de traitement des opinions d'experts), des méthodes d'analyse multicritère, etc.

Ainsi, dans l'approche de Godet, le travail de construction de la conjecture est rendu tangible, fiable, (1) par une procédure d'ensemble stabilisée et (2) par le fait que certaines opérations de traitement de l'information sont confiées à des outils standardisés qui assurent un traitement (souvent informatique) léger mais formalisé et systématique.

Le forum

La prospective telle que la conçoit Godet est tournée vers l'action de manière assez directe.

[Elle se présente comme contribuant essentiellement] à :

- stimuler la réflexion stratégique collective et la communication au sein des entreprises,
- améliorer la souplesse interne face à l'incertitude de l'environnement et à mieux se préparer à certaines ruptures possibles,
- réorienter des choix en fonction du contexte futur dans lequel leurs conséquences doivent s'insérer (*id.*, p. 49).

Quel type de forum mettre en place pour atteindre ces trois objectifs ? La solution préconisée, sous le terme d'« ateliers de prospective », est la constitution d'un groupe de réflexion, dont le rôle sera central pour l'ensemble de la procédure d'élaboration et de discussion de la prospective, depuis la formulation du problème jusqu'aux conclusions stratégiques.

Il s'agit d'un groupe mixte au sein duquel des experts, des acteurs de l'entreprise (ou de la vie publique dans le cas d'applications pour des décisions publiques), vont pouvoir participer ensemble, pendant un ou deux ans, à un processus d'apprentissage. Ils vont produire une conjecture et à travers ce travail leur réflexion sera stimulée, leur souplesse face à l'incertitude améliorée, leurs choix réorientés. La constitution et l'animation de ce groupe de travail sont absolument centrales pour la réussite d'un tel exercice de prospective. C'est ce groupe qui donne un sens à la démarche, et l'on pourrait peut-être résumer celle-ci en écrivant qu'elle consiste à proposer à un collectif de réflexion, constitué en groupe de travail, de mettre en œuvre une procédure de réflexion prospective, s'appuyant en partie sur des outils d'analyse normalisés.

Les qualités du contenu : entre réveil de la vigilance et constat partagé sur les tendances lourdes

Dans ce contexte, les qualités de contenu des conjectures produites ne sont pas essentielles. Elles valent plutôt de manière indirecte par les apprentissages, les prises de consciences qu'elles reflètent. Godet reprend cependant un certain nombre de concepts qui sont autant de repères sur ce que l'on attend des contenus de la prospective. On recherchera en particulier à identifier et à intégrer dans la construction des scénarios :

- des invariants c'est-à-dire des constantes à l'horizon temporel étudié[12],

- des tendances lourdes (évolutions aux conséquences importantes, dont on fait l'hypothèse qu'elles se poursuivront sur la période considérée),

- des germes porteurs d'avenir, c'est-à-dire, reprenant une définition de Pierre Massé, des « signes infimes par leur dimensions présentes, mais immenses par leur conséquences virtuelles »,

- une analyse des jeux d'acteurs et des stratégies d'action envisagées,

- des événements (ruptures dans les évolutions tendancielles, éclatement de crises ou de conflits),

- des phénomènes aléatoires, des notions de probabilités subjectives (*id.*, pp. 51-52).

Ces différentes composantes des scénarios, issues de la réflexion des pionniers de la prospective des années 1960, sont particulièrement adaptées au travail d'un collectif d'experts et d'acteurs. Ils essaient de concilier (1) une réflexion ancrée dans la réalité « lourde » (invariants, tendances lourdes, macroéconomie, inerties techniques, sociales, politiques de toutes sortes), (2) une attention aiguisée aux marges de manœuvres et aux surprises (germes, événements, phénomènes aléatoires), qui peuvent à la fois préparer aux incertitudes et indiquer des voies d'action, des passages ouverts dans le massif des tendances lourdes, (3) une prise en compte très en amont, dans la réflexion, des conditions de l'action elles-mêmes (jeux d'acteurs, stratégies d'action).

Cohérence des choix méthodologiques et champ d'application

L'utilité essentielle des méthodes et techniques d'analyse mobilisées dans la démarche de prospective préconisée par Godet est double. Il s'agit d'une part de ne pas laisser de côté des données ou des idées qui pourraient être importantes. Elles servent d'autre part à créer dans la réflexion du collectif un décalage par rapport à des vues devenues trop routinières, en introduisant des résultats inattendus, stimulants pour la réflexion. En revanche, ces méthodes et techniques n'ont pas grand chose à revendiquer du point de leur apport pour la connaissance, la compréhension, l'interprétation des phénomènes. On se situe bien dans

---

[12] Il est amusant de noter que l'exemple retenu par Godet est celui des caractéristiques climatiques d'une région : le dossier du changement climatique n'était encore qu'entrouvert, au début des années 1980 – un rappel de plus, s'il en fallait, de la fragilité intrinsèque de toute conjecture.

une pratique de la prospective comme un exercice de réflexion synthétique pour l'action.

C'est dans le cadre de cette conception générale que doivent être discutés les outils d'analyse, les méthodes de construction de scénarios proposés par Godet. Pour illustrer ce point, prenons l'exemple de l'analyse structurelle, l'un des outils analytiques les plus régulièrement mobilisés parmi ceux proposés dans la « boîte à outils ». Cette technique passe par plusieurs étapes : (1) le groupe de travail établit une liste des variables à prendre en compte pour comprendre les évolutions du système considéré, (2) il discute les relations entre toutes ces variables et remplit une matrice qui indique, pour chaque variable, sur quelles autres variables elle a une influence et par quelles autres variables elle est influencée, (3) sur cette base, on peut faire ressortir quatre types de variables :

– des variables motrices, qui influencent de nombreux aspects du fonctionnement et de l'état du système tout en étant elles-mêmes peu influencées et sont donc déterminantes pour l'évolution de la situation,

– des variables dépendantes, qui subissent de nombreuses influences, tout en ayant elles-mêmes peu d'effets sur d'autres variables,

– des variables relais, à la fois très « influençantes » et influencées, variables à la fois instables et importantes sur le plan stratégique et donc particulièrement cruciales pour une prospective orientée vers l'action,

– des variables autonomes, à la fois peu motrices et peu dépendantes, que l'analyse structurelle révèle comme relativement extérieures au champ de préoccupation de la prospective à construire.

Les promoteurs de l'analyse structurelle en reconnaissent eux-mêmes volontiers les limites, notamment (1) le caractère subjectif de la liste des variables, (2) le caractère fruste des relations entre elles, réduites à l'existence ou non d'un effet, sans prendre en compte sa nature ni son intensité, (3) un résultat qui n'offre pas une véritable représentation du fonctionnement du système, mais seulement des propositions de réhiérarchisation des variables, confirmant pour beaucoup des relations évidentes et faisant cependant ressortir quelques variables dont on n'avait pas perçu, intuitivement, la position possible.

Du point de vue de la logique des contenus et en particulier dans la perspective de prospectives conduites dans le cadre de recherches environnementales, l'utilité de ce type de modélisation est réduite : elle est trop fruste par rapports aux modèles de fonctionnement (même conceptuels) dont les chercheurs peuvent disposer, ou qu'ils peuvent construire, sur les systèmes sociaux, techniques, écologiques. En revanche, cette technique d'analyse structurelle trouve sa justification si on la replace dans les choix de la démarche de prospective proposée par Godet. Lui-même la présente comme

> un outil de structuration des idées et de réflexion systématique sur un problème. L'obligation de se poser plusieurs milliers de questions amène certaines interrogations [...]. La matrice d'analyse structurelle joue donc le rôle d'une matrice de découverte et permet de créer un langage commun au sein d'un groupe de réflexion prospective (Godet, 1985).

On peut ajouter que l'établissement de la liste des variables, discutée, voire négociée, entre les participants, est à elle seule un outil d'animation pour construire une vision et une problématique commune au sein d'un groupe de travail dont les membres arrivent chacun en étant centré sur un aspect spécifique du système. En d'autres termes, la pertinence de l'analyse structurelle comme outil dans une démarche de prospective donnée ne peut être évaluée qu'en fonction des objectifs, du contexte, de la conception spécifiques de cette démarche et en examinant en même temps et l'utilité de cette technique pour le traitement des contenus de la conjecture et son apport au fonctionnement du forum prospectif.

Forces et limites de la prospective stratégique

Au regard des deux premiers volets du cadre théorique, il ressort que la prospective stratégique apporte des solutions spécifiques particulièrement claires pour faire fonctionner la dialectique entre forum et conjecture et pour assurer un travail progressif de réflexion prospective qui garantisse une valeur ajoutée pour la réflexion stratégique du groupe des participants. Pour les deux derniers volets, la prospective stratégique ne propose pas de ressources théoriques et méthodologiques particulièrement développées. Chaque opération prospective est conçue de manière relativement isolée : les contenus et débats d'autres prospectives ne sont mobilisés que de façon implicite ou indirecte, à travers la connaissance que les participants en ont et celle que les animateurs réinjectent dans la discussion. Quant aux choix théoriques et méthodologiques, ils sont tout à fait explicites, mais se présentent essentiellement comme une codification et une justification d'une méthodologie peu évolutive, au large spectre d'application. Même si des travaux intéressants ont été tentés pour les approfondir (Gonod, 1996), les choix fondateurs de la prospective stratégique ne sont pas propices à l'innovation théorique et méthodologique, ni au débat critique.

Reste que si la démarche préconisée par Godet est considérée comme une référence, c'est notamment parce qu'elle a montré son utilité et sa robustesse à l'épreuve de multiples mises en œuvre. Ces qualités reflètent la cohérence entre les différents choix théoriques et méthodo-logiques au sein de la démarche. En retour, en explicitant ici ce que les termes de cette cohérence ont de spécifique au regard d'un cadre d'ana-lyse plus général, on rend le champ d'application de la méthode et ses limites plus lisibles et d'une certaine façon plus impératives. Parmi l'ensemble des types de travaux prospectifs en relation avec la recherche environnementale[13], seules les prospectives d'aide à la décision, où les chercheurs ne participent qu'à la marge de leur activité, rentrent réelle-ment dans le champ d'application de cette démarche.

b. Les Exercices de simulation de politiques (Policy Exercises) : bilan critique d'une recherche méthodologique collective

Si l'on se met en quête, en revanche, d'une méthode de prospective centrée sur les préoccupations et le travail des chercheurs du domaine de l'environnement, les Exercices de simulation de politiques (ESP) offrent une expérience très différente, également utile à méditer. Les recherches méthodologiques conduites pendant une dizaine d'années pour dévelop-per ce type de démarche, même si elles n'ont pas permis, au final, de mettre au point une méthode stabilisée et diffusée, sont en effet riches d'enseignements. Pour les mettre en évidence, nous nous appuierons ici sur le cadre théorique ouvert proposé plus haut. Nous procéderons en deux temps : d'abord en analysant les propositions méthodologiques des concepteurs des ESP, ensuite en proposant un bilan des expériences de mise en œuvre de ces méthodes.

Un bref historique des ESP

L'idée de rechercher, pour traiter des problèmes d'environnement, des méthodes nouvelles fondées sur des Exercices de simulation de politiques date des années 1983-1985. Elle est à porter au crédit du projet « Développement durable de la biosphère », à l'IIASA (W. Clark et Munn, 1986). Le collectif de chercheurs réuni dans ce projet se sent porteur d'une préoccupation bien lourde. Plus leurs travaux avancent, plus ils recoupent les perspectives des différentes disciplines des sciences de l'environnement, plus ces chercheurs sont impressionnés par la complexité et l'ampleur des transformations qui se jouent à l'échelle mondiale, à l'interface entre biosphère et sociétés. Comment traiter ces questions, comment synthétiser les connaissances, à la fois pour fournir à la recherche environnementale une vue d'ensemble de sa marche et de ses enjeux et pour permettre aux « décideurs » politiques de s'appuyer

---

[13] Voir chapitre I.

utilement sur un corpus de travaux dont l'évolution est pourtant permanente ? Pour Brewer (1986)

La complexité des systèmes concernés, le poids des perceptions humaines et des valeurs, les limites des théories et la faiblesse des outils méthodologiques, des incertitudes profondes sur le futur, tous ces facteurs jouent un rôle central. Ces vastes sujets sont importants et méritent d'être pris en considération de façon sérieuse, ouverte, et inlassable.

Clark et Brewer constatent alors qu'au début des années 1980, les principales méthodes utilisées pour traiter de telles questions sont les grands modèles informatiques (tels que ceux développés dans le cadre du débat des années 1970 sur les limites de la croissance, ou le modèle « énergie » de l'IIASA) et les comités d'experts. Les premiers sont handicapés par leur rigidité dès qu'il s'agit de traiter de connaissances lacunaires, d'intégrer des perceptions fluctuantes, des analyses qualitatives et l'élément d'incertitude et de surprise inhérent à toute réflexion sur le futur. Les seconds, par leur fonctionnement trop peu structuré, ne permettent pas le traitement rigoureux des quantités déjà énormes de données et de connaissances mobilisables sur les problèmes globaux. Pour échapper à ces impasses, dont nous soulignons au passage qu'elles sont symétriques, Brewer (1986) propose de rechercher de nouvelles méthodes, en s'appuyant sur l'expérience méthodologique acquise par les planificateurs militaires américains.

La complexité, l'incertitude et les enjeux majeurs de la guerre sont comparables à ceux que nous rencontrons en essayant d'apprendre à gérer la biosphère. Dans le domaine militaire, la difficulté des problèmes à traiter a poussé les analystes à découvrir des techniques profondément réfléchies, à la hauteur des défis posés. L'un de ceux-ci était de rendre compte correctement de certains facteurs non quantifiables, mais lourds de conséquences, comme ceux de la politique, qui devaient, d'une façon ou d'une autre, être intégrés dans la réflexion et dans les travaux quantitatifs. Historiquement, c'est bien pour cette raison qu'ont été créés les exercices politico-militaires.

Ce constat posé, le programme initialement assigné aux ESP a été de transférer dans le domaine de l'environnement les méthodes de simulation interactives empruntées au domaine militaire (et aux exemples civils, eux-mêmes précédemment inspirés par les travaux antérieurs du domaine de la défense). Plus précisément, les méthodes jugées les plus utiles pour ce qui nous intéresse sont celles des « jeux de simulation manuels libres » (par opposition aux simulations entièrement informatisées et aux simulations manuelles à règles rigides) (Shubik, 1975 ; Stahl, 1983).

La construction : une procédure souple mais structurée

Une fois l'orientation d'ensemble ainsi fixée, il fallait mettre au point une méthode applicable. Des chercheurs intéressés ont donc travaillé d'abord, en 1985 et 1986, à rendre plus précise et plus opérationnelle la notion d'ESP (Toth, 1986). Voici comment F. Toth résume l'essentiel de leurs propositions :

> un ESP est une procédure souple mais structurée conçue pour servir d'interface entre chercheurs et décideurs. Sa fonction est de synthétiser et d'évaluer des connaissances produites par plusieurs champs de recherche scientifique, pour aider à définir des politiques face à des problèmes de gestion complexes. L'exercice se déroule en une ou plusieurs périodes où chercheurs, décideurs et organisateurs de l'exercice travaillent en commun. Une période consiste en trois phases (préparation, atelier, évaluation) [...]. La procédure repose essentiellement sur l'écriture de scénarios (ou « histoires futures »), puis sur l'analyse de ceux-ci par la formulation et la mise à l'épreuve, par le moyen de multiples interactions entre les participants, de politiques possibles pour répondre aux défis que contiennent ces scénarios. Ces activités [...] se déroulent dans un contexte organisé pour refléter les caractéristiques institutionnelles du problème posé [...].

À partir de cette rapide description, on peut constater que, comme pour la démarche prospective de Godet, ces auteurs ont cherché à asseoir la lisibilité et la valeur de la construction prospective sur la définition *a priori* d'un cadre de procédure pour la conduite du forum et d'un répertoire de ressources méthodologiques mobilisables pour la construction des conjectures. Il faut cependant souligner que l'un et l'autre restent, comparativement, plus ouverts et plus souples. Pour ce qui est des procédures, F. Toth prend grand soin de montrer la diversité des formules possibles pour organiser l'interaction entre l'équipe qui prépare et adapte les scénarios d'une part, et les participants d'autre part. Quant au répertoire de méthodes, il insiste sur le fait que l'Exercice de simulation de politiques « est une méthodologie "ouverte" : elle peut et elle doit intégrer des méthodes, des modèles, des techniques et en fait, tout ce qui peut être utile et que l'on peut prendre dans le champ [de recherche et de politique] auquel la méthode est appliquée » (Toth, 1988).

Le(s) forum(s) : entre sphère de la recherche et sphère de l'action

Les concepteurs des ESP se réfèrent à des objectifs de plusieurs ordres. Chacun d'entre eux renvoie à un forum différent d'élaboration et de discussion des conjectures.

L'objectif le plus saillant est de favoriser et d'organiser les échanges entre chercheurs d'un côté et acteurs de la décision de l'autre. Pour cela, chaque ESP propose d'organiser un forum *ad hoc*, comprenant une vingtaine de participants : chercheurs et acteurs de haut niveau. Par sa composition, ce forum est proche de celui des *Policy Dialogues* conduits dans le cadre du modèle IMAGE, au cours desquels modélisateurs et acteurs de la décision ont pu mener des dialogues approfondis (Alcamo *et al.*, 1996). En revanche, les ESP proposent d'organiser le fonctionnement du forum autour d'un principe de simulation : le fonctionnement même du forum doit « refléter [au sens de simuler] les structures institutionnelles du problème étudié » et les méthodes de construction de scénarios sont fondées sur la simulation de réactions des décideurs à des situations hypothétiques présentées par les chercheurs.

Mais les ESP reposent aussi sur une longue préparation, sur un important travail de synthèse, qui ne peut être effectué que par des chercheurs, vu la nouveauté et la technicité des connaissances à mobiliser et la complexité des méthodes utilisées pour le traitement des données. Un tel travail n'est valorisable que s'il donne lieu à des publications académiques. Celles-ci seraient d'autant plus légitimes que la tenue d'un exercice de simulation est de nature à motiver et à induire (par les exigences particulières de la préparation de la simulation) des synthèses nouvelles, ayant en elles-mêmes un grand intérêt potentiel pour la communauté scientifique. L'ESP repose donc aussi sur des forums de travail académiques, en général interdisciplinaires, qu'il s'agisse du groupement de chercheurs mobilisés dans l'élaboration des conjectures, ou des instances d'évaluation qui jugeront les projets de publications correspondants.

Cependant, un troisième type de forum est impliqué dans la tenue d'un ESP. En effet, selon les concepteurs, celui-ci constitue « une activité préparatoire à la participation réelle aux processus de décision officiels » (Toth, 1988). Il doit aussi produire des notes de recommandations à l'usage des décideurs (*cabinet briefings*). Le forum où ces productions prennent sens : les cabinets où se préparent les décisions politiques de haut niveau sur l'environnement et le développement durable.

Au total, les propositions méthodologiques des premiers promoteurs des ESP reposent sur une conception composite, complexe, des forums prospectifs concernés, de leur organisation, de leur mobilisation. Avec le recul du temps, cette conception paraît floue, peu stabilisée, hésitant entre des options qu'ils est très difficile de concilier au sein d'une même méthode, d'une même opération. Il faut cependant noter que ces options et ces propositions reflètent un contexte scientifique et politique où n'existaient pas encore les différents forums (comme le panel sur le changement climatique) au sein desquels scientifiques et décideurs travaillent aujourd'hui de concert sur les problèmes d'environnement à grande échelle. À cette époque – vers 1986 – la recherche « obstinée » d'un traitement de ces problèmes, prônée par Brewer, cherchait toute voie possible pour susciter la création de ce type d'instances, qui se sont tant développées depuis – mais pas sous la forme prévue par les concepteurs des ESP.

Les qualités de contenu : des prospectives clairement enracinées dans l'activité scientifique

L'utilité des résultats des ESP pour la décision suppose bien sûr une pertinence dans la manière de poser et de traiter les questions. Cette pertinence est recherchée dans une co-construction de l'exercice, à toutes ses étapes, par les décideurs et les chercheurs impliqués ensemble. Il ne s'agit pas seulement de pertinence pour la décision : contrairement à d'autres formes de prospective, les ESP ne sont pas concevables sans une revendication de qualité scientifique des contenus. Les conjectures sont préparées et modifiées, mises en forme, par des groupes de chercheurs dont l'investissement est justifié par l'ambition de déboucher sur des produits académiques ; aux yeux des acteurs de la décision, ces conjectures doivent d'ailleurs une part de leur crédibilité à la reconnaissance académique dont elles bénéficient. Aussi bien les connaissances mobilisées que les méthodologies utilisées pour les articuler entre elles, doivent donc se situer à la pointe de « l'état de l'art ». Cette qualité scientifique des contenus à apprécier par des forums académiques – doit découler de façon lisible des sources disciplinaires des différentes connaissances mobilisées et trouver sa place dans le champ interdisciplinaire des recherches environnementales.

Bases théoriques et conceptions méthodologiques : cohérences, contradictions et limites

Au terme de deux ou trois ans de recherches méthodologiques qui ont permis de préciser ainsi des procédures et des répertoires d'outils pour la conduite des ESP, restait à mettre la méthode en application. Une quinzaine d'expériences ont été tentées entre 1987 et 1991. Les sujets abordés et les contextes ont été très divers. De nombreuses variantes, parfois très différentes entre elles, du schéma méthodologique général proposé par les concepteurs des ESP ont également été testées. Réunis au sein d'un réseau informel, les chercheurs qui ont conduit ces expériences se sont réunis à plusieurs reprises pour discuter de leurs conditions et de leurs résultats.

Le bilan de ces expériences (Mermet, 1991) s'avère mitigé. D'un côté, les ESP ont suscité un certain enthousiasme, parce qu'ils posaient de bonnes questions, qu'ils stimulaient les échanges entre chercheurs de discipline différentes et fournissaient des occasions de dialogue à la fois structuré et créatif entre chercheurs et « décideurs ». Mais dans le même temps, des difficultés de fond subsistaient manifestement, comme la très grande lourdeur de ces exercices, les essais peu probants d'utilisation de modèles informatiques sophistiqués dans le cadre de simulations interactives sur une courte durée, la difficulté récurrente de conduire un *debriefing* efficace pour analyser le déroulement des séances de simulation, et dans de nombreux cas, le caractère décevant des produits écrits, surtout au regard des moyens mobilisés. Ces difficultés ne renvoient pas seulement à des problèmes de méthode ou de technique de mise en œuvre qui seraient encore mal résolus. Leur source est en partie à rechercher aussi dans certaines insuffisances des fondements théoriques et méthodologiques des ESP.

Le cadre théorique ouvert proposé plus haut peut nous servir à guider le réexamen qui s'impose donc[14]. Relisons donc les propositions des concepteurs des ESP au regard des différents niveaux d'organisation et de conception du quatrième volet (on se contentera ici des trois premiers niveaux : conception générale, architecture, types de méthodes mobilisées).

Conception générale de la prospective

Les écrits de Clark, de Brewer proposent une vision extrêmement large des problèmes que les ESP doivent résoudre : les difficultés de collaboration et de synthèse entre les disciplines qui participent à l'étude de la biosphère et des problèmes de développement, les déficits de communication entre la sphère de la recherche et celle de la décision, l'inconscience ou l'impuissance de la communauté internationale vis-à-vis des enjeux du développement durable. D'une certaine façon – et cette situation se rencontre aussi ailleurs dans les attentes des chercheurs en environnement vis-à-vis de la prospective – c'est l'ensemble des défis auxquels sont confrontées dans leur ensemble les sciences de l'environnement, à l'exception de la technicité propre à la discipline de chacun, qui se traduisent en une demande de prospective ou, pour reprendre le terme plus large de Brewer, de « méthodes de synthèse ».

Dès lors, il n'est pas surprenant que, même une fois ramenés par Toth et les expérimentateurs des ESP à un niveau plus opérationnel, les objectifs généraux assignés aux ESP restent à la fois trop larges et trop divers. Ils veulent être à la fois méthode de recherche interdisciplinaire,

---

[14] Il peut être intéressant de rappeler ici que c'est ce demi-échec des ESP qui a conduit l'auteur de ces lignes, en 1995, à ouvrir le chantier beaucoup plus large de réflexion sur la prospective au sein de la recherche environnementale, qui conduit à proposer ici un cadre théorique qui soutienne l'analyse des difficultés passées, et évite de se ré-engouffrer inutilement dans certaines impasses.

interface entre chercheurs et acteurs de la décision, démarche de préparation à la décision publique. Certes, dans le principe, les besoins sont bien réels dans ces trois domaines et ils ne sont pas sans rapport l'un avec l'autre, au contraire. Mais il faut mesurer à quel point ces trois types d'objectifs se traduisent par des exigences différentes dans la conception et la mise en œuvre de travaux de prospective[15]. Et ces difficultés se sont traduites concrètement par des échecs dans la mise en œuvre de ceux des ESP expérimentaux qui n'avaient pas fait un choix très clair entre les trois types d'objectifs.

Architecture de la prospective

Si l'on se penche ensuite sur l'architecture générale proposée pour les ESP, elle est construite en trois phases : préparation, atelier de simulation, debriefing-exploitation. Or au fil des expériences de mise en œuvre des ESP, on s'est heurté à des difficultés profondes dans la recherche d'un équilibre viable entre ces phases. Avec le recul du temps et en recoupant avec d'autres expériences de prospective liées à la recherche environnementale, il apparaît qu'elles sont inscrites dans le principe même des ESP.

La deuxième phase de ceux-ci, l'« atelier », constitue comme le constate Toth la « phase culminante » de l'ESP. Rien d'étonnant à cela. On a invité des décideurs et des chercheurs de haut niveau que l'on redoute de décevoir. On prépare le matériau et la procédure depuis des mois. L'intensité, l'excitation même, du travail interactif de prospective en temps limité, tendent à monopoliser l'attention de l'équipe qui conduit l'ESP et à laisser dans l'ombre les deux autres phases – quelles que soient par ailleurs les intentions affichées sur l'équilibre entre elles. Pourtant, il ne faut pas se cacher qu'en deux ou trois jours d'ateliers, même tout à fait réussis, même riches de débats passionnés et très stimulants, on ne peut quand même accomplir que deux ou trois jours de travail ! Que peut-on en espérer ? Des intuitions utiles, un enrichissement ou un recadrage de travaux en cours avec des questions nouvelles qu'il faudra ensuite des mois ou des années de recherche pour organiser et approfondir, une synthèse exploratoire sur un domaine nouveau[16], un nouveau programme de travail sur un domaine déjà mieux connu.

---

[15] C'est ce que montre bien l'analyse proposée au chapitre I sur les différents rôles et places de la prospective dans la recherche environnementale et la gestion de l'environnement.

[16] Ici, un exemple particulièrement intéressant doit être cité : celui de l'ESP conduit par Jäger, Sonntag *et al.* (1991) sur les problèmes de changement global au début des années 1990.

En revanche, on ne peut en attendre ni un travail scientifique réellement construit, ni des documents de préparation réellement utilisables
dans les processus de négociation ou de décision sur les problèmes
complexes d'environnement ou de développement durable. Si un ESP
doit déboucher sur de tels « produits » valorisables, ceux-ci doivent être
élaborés lors de la préparation et longuement traités par les organisateurs
de l'exercice. Mais toute personne ayant participé à l'élaboration de
modèles ou de scénarios un tant soit peu ambitieux sur des problèmes de
développement durable, ou à des études d'aide à la décision publique,
réalise aisément que cet effort est sans commune mesure avec l'apport
spécifique d'un atelier de deux jours. Le concept des ESP souffre donc
d'un déséquilibre fondamental dans son architecture entre d'une part des
phases de préparation et d'exploitation dont la lourdeur est à la mesure
de l'ambition élevée affichée et d'autre part le facteur limitant que
constitue une phase interactive enfermée dans les limites étroites d'un
atelier de très courte durée. La manifestation la plus typique de ce
déséquilibre est celle qui se produit lorsque après un an de travail de
préparation, l'équipe de recherche vit deux jours très stimulants avec les
participants de l'atelier, pour se retrouver ensuite seule, face à un matériau qui a été optimisé pour l'atelier (c'était le point focal du travail de
préparation), mais dont la refonte est une entreprise décourageante,
disproportionnée au regard de la valeur ajoutée propre de l'atelier.

Les expériences d'ESP, ou d'autres initiatives apparentées, montrent
que pour retrouver un équilibre, plusieurs solutions sont possibles. La
première consiste à alléger beaucoup la préparation et l'exploitation de
l'atelier, pour les rendre proportionnées à l'apport que l'on peut utilement espérer d'un, deux, ou trois jours de séance interactive. On obtient
alors une formule viable et praticable d'exercice prospectif, qui a surtout
un intérêt exploratoire. Mais il faut alors renoncer à une bonne part des
ambitions initialement affichées par les concepteurs (en particulier sur la
valorisation académique des produits). Le seconde solution consiste à
donner un statut plus directement opérationnel à la phase d'exploitation,
par exemple en la situant dans l'optique de la prospective d'aide à la
décision – y compris s'il s'agit de décision de programmation de la
recherche. Dans ce cas, le travail de préparation visera de façon plus
directe une utilisation finale qui constitue dès le départ un point de mire
saillant. L'atelier lui-même acquiert alors un statut plus précis et moins
central : une réunion de décideurs ou d'experts en appui d'un exercice
de prospective finalisé. Mais on tendra alors presque inévitablement à
l'éloigner d'une animation centrée sur un jeu de simulation de politiques, méthode qui n'est pas (on y reviendra plus loin) particulièrement
adaptée à ce type d'application. La troisième solution est celle qui a été

mise en œuvre dans le cadre du projet RAINS, par exemple[17], puis du modèle IMAGE (Alcamo *et al.*, 1996). Elle consiste à considérer que la synthèse des recherches sur les grands socio-écosystèmes constitue une activité scientifique en elle-même. On peut la faire bénéficier d'ateliers de discussion avec des décideurs : on a donné plus haut l'exemple de la réussite que constituent à cet égard les *Policy Dialogues* conduits dans le cadre du projet IMAGE. Mais dans ce cas, l'architecture est différente. La préparation et l'exploitation ne sont autres que l'avancement du projet de recherche lui-même, qui existe avant l'atelier et continuera après. L'atelier pour sa part constitue alors une activité satellite (relativement) légère, un adjuvant au projet, alimenté par lui et conduit en complément avec lui. Pour reprendre les termes du troisième volet du cadre théorique, il s'agit bien de deux opérations de prospective distinctes et articulées entre elles de manière étroite.

Au final, il ressort que l'architecture prévue pour les ESP n'apporte pas une réponse adaptée au cahier des charges qu'annonce leur conception générale. Soit elle doit renoncer à une bonne partie des ambitions affichées et se ramener à un exercice exploratoire relativement léger. Soit elle doit être profondément modifiée pour prendre d'autres places dans la recherche environnementale que celles envisagées au départ.

Les grands types de méthodes mobilisées

Les méthodes mobilisées par les ESP sont pour partie des « classiques » de la recherche environnementale ou de la prospective : modèles informatiques, rédaction de scénarios, méthodes diverses d'entretiens pour la préparation et le *debriefing*. La spécificité la plus importante, en revanche, concerne les méthodes de jeux de simulation (*gaming*[18]).

À l'examen des mises en œuvre expérimentales des ESP, c'est sans doute la méthode des scénarios qui s'est avérée la plus adaptée à un travail en atelier entre chercheurs et décideurs. La forme du récit se prête à des usages très variés de co-écriture ; elle est tolérante à des situations où les connaissances sont très mal réparties, ou très lacunaires ; elle ne nécessite pas – sauf à être d'une grande ambition – une grande technicité, ni des délais de mise en œuvre très longs[19]. Il en va autrement pour les modèles, dont les temps de réalisation, de transformation, sont en général disproportionnés au regard du temps passé en atelier.

---

[17] Nous renvoyons sur ce point au chapitre VI.

[18] C'est-à-dire de simulation d'états ou de dynamiques futures par des jeux de rôles auxquels se prêtent les participants à l'exercice prospectif.

[19] Nous renvoyons ici au chapitre V.

Mais ce sont les méthodes de *gaming* qui conduisent à la déception la plus notable. Le problème rencontré est pour partie méthodologique. Par exemple, ces méthodes demandent une préparation très lourde, en particulier pour aboutir à une mise en forme et à une mise au point qui permette un bon déroulement des séances de jeu. Ces exigences sont contradictoires avec des situations où l'on ne jouera qu'une seule fois, surtout si l'on veut – et c'est ici le cas – simuler des systèmes complexes sur lesquels on dispose de connaissances lacunaires, dont la synthèse elle-même pose un problème redoutable. De fait, les mises en œuvre expérimentales, surtout celles qui ont bien fonctionné, se sont finalement peu appuyées sur des simulations – ou alors à la mise en œuvre très légère. Cette difficulté de conception et de mise en œuvre renvoie selon nous à un problème plus profond : elle met en cause la justification théorique du recours à des jeux de simulation – qui constitue rappelons-le le concept initial des ESP. Dans la sphère militaire, plusieurs considérations justifient ce recours. D'abord, l'entraînement à la décision par des mises en situation est une nécessité à tous les niveaux d'organisation, puisque dans l'action réelle de l'affrontement armé, la rapidité de choix est déterminante. Ensuite, la situation d'action des décideurs peut être assez bien cernée : les problèmes organisationnels sont quelque peu simplifiés par l'organisation hiérarchique propre aux armées ; la polarisation du conflit simplifie aussi le jeu d'acteurs. Enfin, sur un plan plus théorique, il existe une tradition de pensée longue, diversifiée et approfondie, qui traite des jeux de stratégie comme modèles théoriques des situations d'affrontement militaires, ou politico-militaires (Schelling, 1980). Or aucun de ces trois facteurs n'est présent dans le cas des problèmes d'environnement à long terme, de développement durable. Les travaux sur les ESP n'ont pas conduit – et n'ont d'ailleurs guère cherché – à développer des fondements théoriques adéquats pour l'usage de jeux de simulation dans le cadre de l'environnement global et du développement durable. On peut considérer qu'au-delà des difficultés de mise en œuvre, la faiblesse des fondements théoriques sur lesquels repose le concept d'Exercice de simulation de politiques est à la base du relatif échec, jusqu'ici, de leur développement.

Un « grand écart » entre l'ambition des objectifs
et la recherche d'une solution procédurale

Au terme de cet examen, on peut être frappé par l'écart entre l'ampleur des problèmes soulevés initialement par les initiateurs des ESP et la relative inadéquation des propositions sur lesquelles les travaux pour mettre au point des méthodes d'ESP ont débouché. À la réflexion, ce résultat traduit une confusion de niveaux d'analyse. En

1986 Clark et Brewer avaient appelé à développer de nouvelles méthodes pour traiter des difficultés qui se posaient à une très vaste échelle et concernaient d'une certaine façon l'ensemble du développement du champ des recherches sur les problèmes globaux d'environnement et de développement durable. Il y avait là à la fois un défi d'ordre programmatique et un défi théorique. Or les chercheurs qui se sont efforcés de relever ces défis l'ont fait essentiellement sous l'angle de la recherche de méthodologies, de mise au point de procédures de travail. Cette manière de traiter la question est répandue dans le champ de la prospective où, comme le montre l'exemple de la démarche préconisée par Godet, les travaux se concentrent souvent sur la définition et la standardisation de procédures et de méthodes d'élaboration et de discussion de conjectures. Or si une telle approche peut être bien adaptée pour fonder un collectif de réflexion stratégique d'une vingtaine de personnes concernées par la direction d'une entreprise ou par une politique publique locale, elle n'est pas à l'échelle pour fonder le travail à la fois scientifique et politique qui consiste, pour reprendre encore une fois les termes de Brewer, à « apprendre à gérer la biosphère ».

Depuis l'initiative de Clark, Brewer et Toth, plus de quinze années d'activités intenses se sont accumulées à l'interface entre recherche et politique sur le thème de l'environnement global. Un immense forum y est en voie d'émergence, avec ses panels, ses conférences, ses délégations à la fois diplomatiques et expertes, ses innombrables publications. Et un certain nombre de méthodes de prospective proches des ESP ont trouvé leur place : *Policy Dialogues*, ateliers de prospective participative, exercices de scénarios, etc. Mais le développement des ESP tel qu'il était envisagé au départ est resté bloqué dans une alternative insoluble. D'un côté la logique collective du projet poussait à mettre au point une méthode – ou une famille de méthodes – dont l'unité soit lisible et spécifique – un projet qui s'est révélé toujours trop étroit au regard de la diversité des situations de recherche et des problèmes posés. De l'autre côté la découverte progressive de l'ampleur du questionnement théorique et méthodologique ouvert par le problème de la gestion à long terme de la biosphère incitait à ouvrir un champ d'investigation plus large. Mais les bases de travail sur lesquelles reposait le développement des ESP, celles de travaux de prospective centrés sur la mise au point de méthodes standardisées, étaient trop étroites pour servir de cadre à de tels développements.

C'est ce qui confère à cet exemple des ESP un intérêt particulier pour illustrer le « cadre théorique ouvert » : on voit que ce dernier fournit une base qui manquait jusqu'ici pour mener à bien le bilan de l'expérience des ESP ; et la conclusion de ce bilan renvoie à la nécessité de nouvelles fondations, plus générales, pour de nouveaux types de travaux de prospective.

c. *L'*Integrated Assessment

Depuis le milieu des années 1990, sous le terme d'Évaluation intégrée (*Integrated Assessment*, ou IA), se développe très rapidement un large ensemble de propositions méthodologiques pour réaliser des travaux interdisciplinaires, à l'interface entre recherche et décision, sur les questions d'environnement global. En nous appuyant en particulier sur un article où Jan Rotmans (1998) propose un bilan et des perspectives pour l'IA, et en suivant pas à pas les repères de notre cadre conceptuel, nous verrons que l'Évaluation intégrée apporte finalement aux défis lancés par Clark et Brewer une réponse fondée sur une base plus large que les ESP mais qui révélera à son tour ses limites.

La conception générale de la prospective

Des nombreuses définitions de l'IA, Rotmans fait ressortir deux points communs fondamentaux : l'interdisciplinarité et l'aide à la décision (*decision support*). La visée fondatrice de l'IA est de construire, en intégrant les travaux en cours de diverses disciplines, la meilleure réponse possible en l'état de la recherche à des questions posées par les décideurs sur les problèmes d'environnement et de développement. Son positionnement, à l'interface recherche-décision et cependant en prise sur l'état de l'art scientifique est donc à peu près le même que celui proposé par les concepteurs des *Policy Exercises*.

La construction de la conjecture

Pour Jan Rotmans (1998),

L'Évaluation Intégrée (IA) peut être décrite comme un processus structuré pour traiter des enjeux complexes, en utilisant les connaissances fournies par diverses disciplines scientifiques et/ou divers acteurs sociaux, de manière à fournir aux décideurs des aperçus nouveaux et intégrés sur ces enjeux.

Comme dans la méthode de prospective stratégique de Godet, comme dans les ESP, la pertinence de la construction de la conjecture va être recherchée :

- dans la conduite d'une procédure à suivre pour élaborer les questions et les méthodes (Rotmans préconisc par exemple que soit adopté un « code de bonnes pratiques » sur la procédure d'IA),

- dans un répertoire de méthodes reconnues pour traiter les informations et les connaissances sur le fonctionnement des systèmes naturels et sociaux concernés (Rotmans utilise d'ailleurs, comme Godet, le terme de « boîte à outils » (*tool kit*) ; pour lui, la recherche sur l'IA doit se donner pour but d'améliorer les outils disponibles et d'enrichir le répertoire d'outils).

Même si la procédure et le répertoire d'outils sont larges, souples, et restent ouverts, le fait de rechercher ainsi la crédibilité de la construction prospective dans une normalisation des procédures et des outils doit attirer l'attention : nous y reviendrons plus bas.

Les forums prospectifs

Les méthodes d'Évaluation intégrée s'appuient sur des évolutions récentes dans les pratiques et la culture commune partagées par les acteurs de la décision, les experts, les chercheurs travaillant sur les problèmes internationaux d'environnement[20]. Cette conception peut se résumer par la notion de science post-normale (Ravetz, 1999) selon laquelle des instances mixtes, composées de chercheurs et de décideurs, évaluent de façon compétitive les synthèses proposées par diverses équipes de recherche, pour retenir celle (ou celles) qui résisteront le mieux à l'épreuve à la fois scientifique et politique. Dans cette « évaluation par les pairs étendue » (*Extended Peer Review*), les réseaux sociotechniques impliqués dans la recherche environnementale fonctionnent finalement comme des instances disciplinaires (comités de lecture, commissions de recrutement ou d'attribution de crédits) élargies au-delà de la seule sphère académique. Cette notion conceptualise des pratiques qui se sont beaucoup développées dans le domaine de l'environnement global, par exemple avec la création d'une instance mondiale d'expertise sur le changement climatique. Mais ces pratiques et les conceptions sur lesquelles elles s'appuient se diffusent aujourd'hui dans l'ensemble du domaine environnemental. Pour ne citer qu'un seul exemple, en 2001, l'Agence de l'eau Seine-Normandie a organisé un séminaire destiné à mettre en concurrence deux modèles d'hydrosystèmes utilisables pour la Seine, défendus par deux équipes de recherche concurrentes, pour déterminer leurs capacités respectives à traiter utilement des questions scientifiques et techniques que soulève la gestion du bassin de la Seine (Kieken, 1998).

Cette conception et ces pratiques reviennent finalement à une sorte de contrat, tantôt tacite, tantôt explicite, entre les décideurs-financeurs et les équipes de recherche. Pour les décideurs, cette manière de procéder permet de s'assurer qu'ils disposent, sur un thème donné, de la « meilleure expertise possible », légitimée par l'ampleur des connaissances mobilisées, l'implication des scientifiques et un mode de construction de la synthèse reconnu. Pour les équipes de recherche engagées dans la réalisation d'ambitieuses synthèses, le fait de construire la conjecture à

---

[20] Voir chapitre VI.

partir d'une commande plus ou moins explicite des « décideurs » est source de légitimité pour l'exercice de synthèse, à la fois vis-à-vis de la communauté scientifique (en particulier des diverses disciplines dont il faudra mobiliser les acquis) et vis-à-vis des décideurs eux-mêmes, pour garantir un financement durable et une éventuelle utilisation des résultats, qui contribue beaucoup à leur légitimation. Il est d'ailleurs frappant de noter que la recherche d'un équilibre entre un pilotage par la demande (des décideurs) ou par l'offre (des chercheurs) est actuellement un thème central des débats au sein de la communauté des « évaluateurs intégrés »[21].

Le développement de l'Évaluation intégrée repose sur la mise en place de plusieurs types de forums : des forums de dialogue chercheurs-décideurs (dont le processus de Delft est un exemple de réussite spectaculaire), des forums de modélisateurs (l'élaboration de chaque évaluation repose sur le travail de tout un réseau de chercheurs et d'experts dont les rôles sont très nettement différenciés), des forums plus académiques où se débattent aussi résultats et méthodes (comme en témoigne le développement très rapide, au plan international, d'une véritable communauté académique autour de l'Évaluation intégrée).

Les qualités de contenu de la conjecture

Comme dans tout travail prospectif, Rotmans constate que « la qualité des produits dépend de l'objectif et du contexte de l'étude » d'Évaluation intégrée dont il s'agit. Il propose cependant quelques repères, par exemple :

– Les méthodes, outils et approches choisies sont-ils solides, adaptés et crédibles ?
– Le cadre d'analyse est-il explicite ? Jusqu'à quel point est-il intégré ?
– Combien de disciplines sont impliquées ? Jusqu'où leur collaboration a-t-elle été poussée ?
– Est-ce que des processus essentiels pour comprendre le système sont laissés de côté ou traités de façon sommaire ?
– Comment l'incertitude est-elle traitée ?
– Est-ce que les jugements de valeurs et les présupposés des auteurs sont explicités ?

Comme on le voit, ces critères de qualité sont tous liés, de manière plus ou moins directe, aux deux priorités de l'IA : interdisciplinarité et aide à la décision. Une méthode reconnue, le soutien d'une communauté

---

[21] Selon une formule de Simon Shackley.

scientifique aussi large que possible, l'exhaustivité autant que faire se peut, une certaine transparence sur l'incertitude et les valeurs sont autant d'« atouts » que les évaluateurs doivent s'efforcer de mettre de leur côté pour espérer une utilisation effective de leur « produit » dans une négociation ou une décision.

L'architecture, les méthodes et les outils

Maintenant, quelles méthodes sont mobilisées pour faire fonctionner les procédures de l'IA et leur donner contenu ? Si l'on ouvre la « boîte à outils » avec Jan Rotmans, on y trouve, sans grande surprise, trois grands compartiments : les modèles (informatiques) d'Évaluation intégrée, les méthodes de scénarios et les méthodes participatives (on peut d'ailleurs noter qu'ici les ESP sont rangés comme une méthode participative parmi d'autres). Mais tous ces outils n'ont pas, et de loin, le même poids (Kieken, 2003). Les modèles informatiques occupent la place centrale. Les grands exemples de mise en œuvre de l'Évaluation intégrée (comme les projets RAINS ou IMAGE) sont de grands projets de réalisation de modèles informatiques, complétés par des ateliers participatifs qui s'appuient à leur tour, éventuellement, sur des scénarios. L'essentiel de l'effort des évaluateurs est investi dans la modélisation ; celle-ci est au centre du traitement des contenus ; elle est la source essentielle de légitimité scientifique, y compris sans doute aux yeux des décideurs. La modélisation constitue ainsi la poutre maîtresse de l'architecture des procédures d'Évaluation intégrée, au point que l'on observe souvent un certain flottement dans le vocabulaire des évaluateurs eux-mêmes, qui tantôt parlent d'Évaluation intégrée, tantôt de modèles d'Évaluation intégrée.

Au fond, le développement rapide de l'IA s'alimente aux deux courants de travaux qui ont connu le plus grand succès à partir de la fin des années 1980 dans le domaine de la prospective environnementale : d'un côté les modèles de simulation informatique appliqués à l'environnement et au développement, de l'autre les travaux sur la prospective participative[22]. Leur alliance s'appuie sur la complémentarité suivante : d'un côté la nécessité absolue, pour les modélisateurs, de disposer de lieux de dialogue avec le public et les décideurs pour assurer une certaine pertinence et un certain soutien à leurs immenses chantiers, de l'autre le souhait pour les partisans d'une conduite plus participative des affaires publiques, de disposer d'une mise en forme des connaissances qui soit à la fois légitime et utilisable par des non-scientifiques – ce que les modélisateurs peuvent promettre, jusqu'à un certain point. La force de cette alliance peut se mesurer à la domination qu'exerce depuis

---

[22] Voir chapitre VII.

quelques années la bannière de l'IA dans le domaine de la prospective sur l'environnement, domination qui se reflète dans le nombre de chercheurs impliqués au plan international, l'abondance des publications, séminaires et colloques affichés sur ce thème.

Nous n'entrerons pas ici – comme le voudrait le quatrième volet de notre cadre théorique – dans une analyse plus détaillée des choix méthodologiques et de mise en œuvre, très variés selon les projets d'Évaluation intégrée, analyse qui dépasserait le cadre de la réflexion générale proposée ici mais serait tout à fait à sa place si nous entreprenions une analyse critique plus approfondie de tel ou tel exercice d'Évaluation intégrée.

Concluons simplement sur le constat que le développement de l'Évaluation intégrée repose sur un ensemble de choix – de conception générale, d'architecture, de procédures et de contenus, de méthodes et d'outils – cohérents entre eux et qui reflètent les équilibres actuels dans le fonctionnement des réseaux et des instances où se rencontrent les chercheurs et les décideurs les plus impliqués dans le traitement des problèmes d'environnement, en particulier au plan international. Ces arènes à la fois scientifiques et politiques sont si complexes et mouvantes que les équipes engagées dans l'Évaluation intégrée sont amenées à réaliser des efforts de réflexivité critique sur leur travail, notamment en intégrant dans leurs communautés de recherches des chercheurs en sciences sociales qui ont fait de cette critique mi-externe, mi-interne, leur spécialité. Le cadre théorique ouvert proposé ici devrait se montrer éclairant dans ce contexte d'utilisation.

Mais il montre aussi que les principales limites de l'IA tiennent à des éléments centraux de son projet fondateur : une conception restreinte du but de la prospective (synthétiser des connaissances pour éclairer la décision) et plus largement, une difficulté d'explicitation des choix théoriques et méthodologiques, notamment à cause de la tentation de codifier une « boîte à outils ». Il pointe ainsi vers d'autres directions : celles de l'extension des recherches prospectives environnementales, débordant de plus en plus le domaine défini par les commandes (ou les attentes) des arènes de décision internationales.

4. Des orientations pour de nouvelles recherches prospectives sur les socio-écosystèmes

Ainsi s'achève notre réexamen, à la lumière du cadre théorique ouvert, de la démarche prospective de Godet, puis des Exercices de simulation de politiques et enfin du mouvement de l'Évaluation intégrée. Essayons d'en tirer les enseignements sur trois plans : (1) l'utilité du cadre théorique pour la mise en discussion des opérations de prospective environnementale, (2) les perspectives qu'il ouvre pour de nouveaux développements dans ce domaine et (3) la manière dont il peut guider concrètement le travail d'équipes de recherche qui s'aventurent dans le champ de la prospective environnementale.

a. Un cadre et un langage pour mettre en discussion les opérations de prospective environnementale

Le cadre théorique proposé, avec ses quatre volets[23], constitue bien, pour reprendre la formule d'Ostrom *et al.* évoquée plus haut, « un langage méta-théorique qui permet de réfléchir aux diverses théories disponibles et à leur utilité potentielle ». Les concepts qu'il offre et leur organisation aident en effet à expliciter les raisonnements et les choix qui fondent les approches que nous avons discutées, tout en évitant de s'enferrer dans leur discours et leur terminologie propres. On mesure d'ailleurs ainsi *a posteriori* l'emprise que chacune de ces approches exerce sur la réflexion, en tendant à lui donner pour horizon le plus large son périmètre propre. On a pu constater également que le système de questionnement généré par le cadre théorique possédait une capacité réelle à saisir ce qui fonde les forces et les faiblesses, le potentiel et les limites, des approches que nous avons mises en discussion.

Les trois démarches examinées confirment notre observation sur la tendance des chercheurs qui travaillent sur les méthodes de prospective à concentrer leur effort sur la mise au point de méthodes intégrées qui reposent sur une batterie donnée d'outils méthodologiques et sur la revendication d'un champ d'application aussi large que possible. On a vu la force de telles démarches, mais aussi leurs limites. Quelle est cependant l'alternative ?

La plus radicale est de conduire chaque opération de prospective selon une conception unique, de choisir et d'agencer les méthodes utilisées en fonction du forum *ad hoc* (unique lui aussi) où l'on souhaite débattre les conjectures. De tels exemples sont en fait nombreux, même si leur visibilité est moindre que celle des démarches standardisées (qui bénéficient d'une promotion groupée !). Le plus connu dans le champ de l'environnement est sans doute le rapport du Club de Rome sur les limites de la croissance, qui a induit la mise en place d'un forum mondial de débat prospectif, à partir d'une méthodologie de conjecture à l'époque tout à fait nouvelle. Dans le chapitre VIII consacré à ce sujet, le lecteur pourra constater que le cadre théorique ouvert permet également une remise en discussion éclairante de cette expérience maintenant

---

[23] Rappelons-les brièvement : (1) jeu de renvoi entre conjecture et forum, (2) progression par étapes du travail prospectif, (3) situation de chaque opération prospective dans un champ prospectif plus large, (4) situation de chaque opération au regard de plusieurs niveaux de choix théoriques et méthodologiques.

historique. Il renouvelle en partie le débat critique en insistant notamment pour que les contenus de la conjecture soient examinés au regard du fonctionnement et des enjeux du forum prospectif concerné et non pas en projetant sur elle des critères d'exhaustivité illusoires ou des exigences théoriques étrangères aux termes du débat.

Il pointe aussi vers les renvois, les rebonds, les généalogies, par lesquels une prospective répond à la précédente, mène à la suivante, vaut aussi par sa capacité à dépasser des conjectures concurrentes. Le chapitre IX de l'ouvrage, où Sébastien Treyer montre la genèse et l'évolution du forum prospectif sur la rareté de l'eau, à partir des conjectures de Malin Falkenmark sur le « stress hydrique » (Falkenmark, 1990), illustre bien cet aspect du développement de nouvelles prospectives environnementales. Un exercice nouveau, dans sa forme et/ou dans son contenu impulse un nouveau champ de conjecture et de débat, durable, évolutif. Peu à peu, les participants à ce champ d'étude et de discussion viennent à codifier certains aspects de leur travail, parfois jusqu'à devenir les promoteurs d'une nouvelle démarche standardisée : c'est dans ces termes qu'Hubert Kieken[24] analyse notamment la genèse de l'Évaluation intégrée présentée plus haut.

L'extension du domaine de la prospective environnementale suppose ainsi plusieurs mouvements : « invention » de conjectures et de débats nouveaux, tentatives pour généraliser en codifiant les formules qui ont réussi, puis « débordement » de ces approches standardisées lorsque leur cadre devient trop étroit, pour déboucher finalement sur un débat critique à la fois plus ouvert et plus pérenne, permettant d'accumuler et de faire vivre une culture théorique et méthodologique dans le cadre d'un champ de discussion académique étendu (dans ses thématiques et dans l'étendue des conceptions différentes qu'il peut embrasser) et durable : celui des recherches prospectives environnementales.

b. Un cadre pour décloisonner « exercice de prospective » et analyse des débats prospectifs

Cette perspective revient à mettre fin à la ségrégation trop souvent entretenue entre d'un côté le monde de la conception d'opérations prospectives et de l'autre le monde de l'analyse des dynamiques scientifiques et décisionnelles.

D'un côté, le « petit bain » de « l'exercice de prospective », dont les organisateurs conçoivent et contrôlent (ou s'efforcent de contrôler) tous les aspects, aussi bien en ce qui concerne les méthodes de conjecture

---

[24] Voir Kieken, H., « Genèse et limites des modèles d'évaluation intégrée », *Annales des Ponts et Chaussées* (107-108), 2003, pp. 84-91.

que les procédures de discussion. D'une certaine façon, un moment à part, un îlot de maîtrise dans la mer fluctuante des dynamiques scientifiques et décisionnelles.

De l'autre côté, le « grand bain », celui des dynamiques scientifiques et décisionnelles elles-mêmes, où les enceintes et les enjeux du débat évoluent de manière complexe, poussés par l'entrecroisement des controverses, par les luttes de pouvoir, par le surgissement des innovations. Dans cette optique conjecture et forum, loin d'être l'objet d'une quelconque maîtrise de la part du chercheur, ne peuvent faire l'objet que d'un suivi ou d'une lecture *ex post*.

Or aucune de ces deux optiques n'est plus viable indépendamment de l'autre. Petit et grand bain ne sont que deux zones d'un même bassin. Le premier n'est tout simplement pas à l'échelle des problèmes prospectifs complexes que posent des problèmes comme l'environnement et le développement durable. L'ampleur des moyens de recherche à mettre en œuvre aussi bien que des débats à conduire excède celle d'un exercice, d'un projet maîtrisé de bout en bout. D'ailleurs l'exemple de cas-limites comme la Vision mondiale de l'eau, où un exercice essaie d'embrasser une si vaste question dans toutes ses dimensions, permet de relativiser fortement la notion de maîtrise par les organisateurs… Quant à la seconde optique (celle du « grand bain »), elle ne peut davantage se suffire à elle-même. Les dynamiques scientifiques et décisionnelles ne sont pas simplement constatées : elles font l'objet d'initiatives actives de la part de chercheurs et de décideurs qui interviennent pour que les conjectures et les forums de discussion, même s'ils ne peuvent être contrôlés, viennent quand même à répondre à leurs attentes en approfondissant tel ou tel enjeu de prospective environnementale, telle ou telle piste d'action possible. Subjectivement, ces interventions sont vécues par les protagonistes comme une participation souvent passionnée à des débats de très grande ampleur, dont l'intensité tient en partie à la part d'imprévisibilité dans leur évolution.

Mais d'un point de vue théorique et méthodologique, ces interventions ne sont pas fondamentalement différentes des actes de conception d'exercices « maîtrisés ». Entre le méthodologue qui lutte pour ne pas être dépassé par l'échelle et les dynamiques de ses exercices de prospective et le participant au débat scientifique et politique « ouvert » qui parvient, en intervenant *dans* le débat, à exercer une influence *sur* le débat (aussi bien sur ses contenus que sur son déroulement), la différence n'est pas, à nos yeux, fondamentale. Les deux combinent une activité d'analyse et une activité de conception, dès lors que l'on accepte que ce terme s'applique à des situations seulement partiellement maîtrisées.

De nombreux exemples, au cours des quinze dernières années, montrent dans la pratique de la recherche environnementale l'hybridation entre ces deux optiques. Nous avons déjà évoqué à plusieurs reprises le « processus de Delft », où des exercices de prospective interviennent comme une étape d'un projet scientifique bien plus vaste par sa dimension et plus étroit par sa conception. On peut citer aussi l'exemple du panel international sur le changement climatique, en même temps institution scientifico-politique régulatrice et atelier de prospective à l'échelle mondiale. Dans le proche avenir les exemples devraient aussi se multiplier avec les études prospectives conduites à l'appui de la gestion à long terme des bassins versants, où études prospectives, exercices participatifs *ad hoc* et débat scientifique et politique général se mêleront, conduiront l'un à l'autre faisant rebondir et évoluer, d'opération en opération, la conjecture et le forum.

L'enjeu central de l'appui théorique et méthodologique au développement des recherches prospectives est selon nous d'expliciter, de critiquer de telles innovations, d'analyser leurs fondements et leurs limites, pour en susciter et en guider de nouvelles. La standardisation des méthodes n'est pas la bonne voie pour garantir la valeur et la diffusion des travaux prospectifs. Celles-ci sont bien à rechercher au contraire, comme nous l'avons évoqué dans l'introduction de ce chapitre, dans le couplage entre (1) la liberté de choix ou de conception des théories mobilisées et des méthodes mises en œuvre, aussi bien pour construire les conjectures que pour conduire les forums de discussion, et (2) l'instauration d'enceintes et de concepts appropriés pour la mise en discussion critique de l'adéquation des travaux prospectifs ainsi conçus à leurs enjeux de contenu et de contexte.

Dans cette perspective, deux figures du spécialiste des prospectives environnementales sont donc amenées à se rapprocher : le chef de projet méthodologue et l'observateur critique (qu'il soit philosophe, sociologue des sciences, chercheur en gestion ou anthropologue). Le cadre théorique ouvert que nous proposons ici, parce qu'il est conçu pour fournir des repères et un langage utiles aussi bien pour l'analyse de débats prospectifs scientifiques et politiques « du grand bain » que pour la conception et l'évaluation des démarches prospectives plus circonscrites du « petit bain », offre une fondation pour les développements nouveaux que permettra la généralisation du décloisonnement entre ces deux aspects des travaux prospectifs. Ceux-ci – et certaines des réalisations les plus intéressantes des dernières années montrent la voie sur ce point – seront amenés à engager des collectifs de plus en plus nombreux et diversifiés, pour des processus de recherche de plus en plus longs, complexes et multiformes. C'est dans ces conditions de travail que le rôle du concepteur méthodologique et celui de l'analyste critique se rapprochent : ils mobilisent leur culture des enjeux et méthodes de la prospective (1) pour analyser le contexte et débriefer les phases de travail précédentes et (2) pour envisager et mettre en discussion les possibilités de conception de la recherche pour les phases suivantes. Il ne s'agit plus cependant d'une maîtrise complète des opérations de la prospective, mais d'une contribution à leur pilotage par des équipes pluridisciplinaires.

Conclusion

En conclusion, l'analyse critique de méthodes prospectives de référence, le retour sur l'expérience relativement infructueuse des Exercices de simulation de politiques, l'examen de réalisations prospectives originales, uniques en leurs temps par leurs méthodes[25], nous confirment dans notre choix de rompre avec une orientation des travaux sur la prospective qui vise à standardiser les procédures et méthodes. Le cadre théorique ouvert que nous proposons pour remplacer (ou compléter) cette standardisation dirige l'attention non pas vers des solutions méthodologiques, mais vers les questions qui doivent être traitées dans toute prospective (la dialectique entre conjecture et forum, la réalité du travail de construction prospectif), notamment si elle est conduite dans un contexte de recherche (les relations avec les autres travaux de conjecture pertinents, l'explicitation des positionnements théoriques et méthodologiques). Avec des expériences diverses d'applications, ce cadre commence aujourd'hui à montrer son utilité aussi bien pour analyser et évaluer des opérations prospectives que pour les concevoir. En rendant aux auteurs de prospectives à venir la latitude totale qui est la leur en matière de théories et de méthodes, en les incitant en retour à expliciter et discuter leurs choix de façon plus approfondie, il devrait contribuer au développement de nouvelles prospectives environnementales.

Références

Alcamo, J., Kreileman, E., et Leemans, R., « Global Models Meet Global Policy – How Can Global and Regional Modellers Connect with Environmental Policy Makers ? What Has Hindered Them ? What Has Helped Them ? », *Global Environmental Change*, 6(4), 1996, pp. 255-259.

Barré, R., « Le 'foresight' britannique : un nouvel instrument de gouvernance ? » *Futuribles* (249), 2000, pp. 5-24.

Brewer, G. D., « Methods for Synthesis : Policy Exercises », in Clark, W. & Munn, R.E. (eds.), *Sustainable Development of the Biosphere*, Cambridge University Press, 1986.

---

[25] Voir chapitres VI, VIII, IX.

Callon, M., Lascoumes, P., et Barthe, Y., *Agir dans un monde incertain – essai sur la démocratie technique*, Seuil, 2001.

Clark, W., et Munn, R. E. (eds.), *Sustainable Development of the Biosphere*, IIASA – Cambridge University Press, 1986.

De Jouvenel, B., *L'art de la conjecture*, Éditions du Rocher, 1964.

Falkenmark, M., « Global Water Issues confronting Humanity », *Journal of Peace Research*, 27(2), 1990, pp. 177-190.

Godard, O., Henry, C., Lagadec, P., *Traité des nouveaux risques*, Gallimard, 2002.

Godet, M., *Crise de la prévision, essor de la prospective – exemples et méthodes*, PUF, 1977.

Godet, M., *Prospective et planification stratégique*, Economica, 1985.

Godet, M., « La boîte à outils de la prospective stratégique », *Cahiers du LIPS* (5), 1997.

Gonod, P., *Dynamique des systèmes et méthodes prospectives*, Futuribles international – LIPS – DATAR, 1996.

Jäger, J., Sonntag, N., Bernard, D., *The Challenge of Sustainable Development in a Greenhouse World : Some Visions of the Future*, Stockholm Environmental Institute, 1991.

Kieken, H., *Prospective des déterminants socio-économiques du fonctionnement du bassin versant de la Seine*, Mémoire de DEA, ENGREF, 1998.

Kieken, H., « Genèses et limites des modèles d'évaluation intégrée », *Annales des Ponts et Chaussées* (107-108), 2003, pp. 84-91.

Latour, B., *La science en action*, La Découverte, 1987.

Meadows, D. H., Meadows, D. L., Randers, J., « Rapport sur les limites de la croissance », in Delaunay, J. (dir.), *Halte à la croissance ?*, Fayard, 1972, p. 310.

Mermet, L., *Les exercices de simulation de politiques face aux prévisions de changements climatiques : analyse des expériences effectuées de 1987 à 1990*, Paris, AScA/Secrétariat d'État à l'Environnement, Groupe de Prospective, 1991.

Mermet, L., « Une méthode de prospective : les exercices de simulation de politiques », *Natures, Sciences, Société*, 1(1), 1993, pp. 34-46.

Ostrom, E., Gardner, R., et Walker, J., *Rules, Games and Common-Pool Resources*, The University of Michigan Press, 1993.

Ravetz, J. R., « What is Post-Normal Science », *Futures*, 31, 1999, pp. 647-653.

Rotmans, J., « Methods for IA : The Challenges and Opportunities Ahead », *Environmental Modeling and Assessment*, 3, 1998, pp. 155-179.

Schelling, T. C., *The Strategy of Conflict*, Harvard University Press, 1980.

Shubik, M., *Games for Society, Business and War – Toward a Theory of Gaming*, Elsevier, 1975.

Stahl, I., *Operational Gaming – An International Approach*, IIASA-Pergamon Press, 1983.

Toth, F., *Practicing the Future*, IIASA, 1986.

Toth, F., « Policy Exercises », *Simulations and Games*, 19(3), 1988, pp. 235-276.

Conclusion de la première partie

Laurent MERMET

Pour répondre aux attentes institutionnelles et sociales très fortes en matière de prospectives environnementales, on tend à préconiser : (1) une intensification du dialogue à l'interface entre le monde de la recherche environnementale et les acteurs de la décision (ou le public) et (2) l'application de méthodes de prospective plus ou moins normalisées et à large champ d'application. Nombre de travaux fondés sur ces prémisses sont indiscutablement intéressants et beaucoup reste à faire pour leur développement, en particulier en France, en particulier dans le domaine de l'environnement.

Toutefois il ressort avec force des analyses proposées ici que l'on ne peut pas limiter à ce domaine le développement des travaux de prospective environnementale. La construction de conjectures adéquates sur les dynamiques futures de l'environnement est un véritable défi scientifique, qui (1) remet en question la conception de la prospective comme étant seulement une activité d'interface entre recherche et décision et qui (2) nécessite de dépasser une pratique de la recherche méthodologique prospective comme mise au point de méthodes à large spectre d'application.

Sur le premier point, le texte consacré aux places de la prospective dans le monde de la recherche environnementale (chapitre I) a bien montré que les prospectives « d'interface » (en amont de la recherche pour la programmation, en aval pour la valorisation, en dialogue avec la recherche pour des enrichissements et des recadrages) ne constituaient qu'une partie du domaine des recherches prospectives environnementales. D'autres types de travaux plus directement inscrits dans le cadre d'une production académique sont à développer : recherches à forte portée prospective au sein d'une discipline donnée, projets de recherches prospectives interdisciplinaires, ou encore recherches s'inscrivant dans des champs scientifiques très spécialisés en voie d'émergence, comme celui où s'élaborent et se discutent des modèles d'Évaluation intégrée des impacts de changements climatiques – et demain ceux où se discuteront des approches complexes sur la dynamique future des écosystèmes, ou des hydrosystèmes. À chacun de ces types de travaux correspondent des contextes de réalisation et d'évaluation, des cahiers des charges profondément différents. D'une discipline à l'autre, d'un type de contenu à l'autre, d'une problématique interdisciplinaire à l'autre, la conception de travaux prospectifs appropriés appelle des réponses théoriques et méthodologiques spécifiques.

Sur le second point – la recherche de méthodes à large spectre d'applications – le chapitre II a bien mis en évidence l'intérêt, mais aussi les limites de telles recherches. Pour les dépasser – et cela est nécessaire pour que les recherches prospectives environnementales puissent jouer les rôles que l'on attend d'elles – on propose ici un double mouvement.

D'un côté, nous proposons de retenir et de construire une conception de la prospective plus large et plus générale, en amont des choix de conception plus spécifiques – plus opérationnels, mais aussi plus étroits – sur lesquelles s'appuient les différentes réalisations prospectives, les méthodes existantes. Le cadre théorique ouvert présenté plus haut, par les repères et le langage qu'il offre pour l'analyse, l'évaluation et la conception de recherches prospectives environnementales, permet précisément la prise de recul et les échanges nécessaires. On a vu, par exemple, que la notion très générale de forum prospectif pouvait s'appliquer à des dispositifs extrêmement variés. On a vu encore que le répertoire des méthodes mobilisables pour la construction de conjectures ne s'arrêtait pas – loin de là – au contenu des « boîtes à outils » prospectives : dans un contexte académique en particulier, la diversité des outils intellectuels mobilisables pour élaborer des conjectures sur les dynamiques futures est immense.

De l'autre côté, cette largeur de vue et cette richesse des ressources potentiellement mobilisables ne peuvent se contenter de méthodologies génériques à large spectre d'application. Il faut envisager de développer des travaux reposant sur des méthodes très spécifiques, adaptées à un objet, au contexte précis d'un terrain, d'une discipline, ou encore de la rencontre entre deux disciplines spécifiques. Après tout, c'est ce qu'ont fait, chacun dans son domaine, les spécialistes de la démographie, du climat, ou de l'économie de l'énergie. Pour les spécialistes d'autres questions, l'enjeu est de développer le type de travaux prospectifs spécifiquement adapté à leurs objets, à leurs ressources disciplinaires, à leur rapport propre à l'action, etc.

C'est ce double mouvement de généralisation de la réflexion théorique sur la prospective environnementale d'un côté, de diversification, de spécialisation et d'approfondissement des méthodes de l'autre, qui doit permettre l'extension des recherches prospectives environnementales dont nous avons affirmé en introduction la nécessité. C'est elle qui permettra de répondre (à terme) aux attentes sociales et aux demandes institutionnelles pour la gestion à long terme de l'environnement. En même temps qu'il préconise une plus grande diversité d'approches et de méthodes, ce mouvement doit aussi permettre de conserver une vue d'ensemble sur ce qui peut faire l'unité de ce domaine en émergence.

Cette unité n'est pas à rechercher dans une standardisation des méthodes (peu compatible avec l'extension visée), mais plus fondamentalement dans les trois points suivants.

Elle tient d'abord à l'objet traité dans les dynamiques des socio-écosystèmes, qui sont à la base des problèmes d'environnement et de développement durable, où se nouent des processus d'ordres très différents. D'une manière ou d'une autre, les travaux qui portent sur tel processus, ou tel groupe de processus, sont appelés à s'articuler avec d'autres et les travaux prospectifs divers par leurs contenus finissent par renvoyer les uns aux autres.

Elle tient ensuite à la dynamique de la production scientifique et de ses liens avec le débat social sur l'environnement. Entre les prospectives d'aide à la décision, les prospectives d'interface, les recherches prospectives au sein du travail des sciences, les interrogations, les résultats, les représentations (explicites ou non) des enjeux et des processus circulent largement. Il suffit de se pencher sur des comptes-rendus d'exercices de prospective pour mesurer à quel point les « décideurs » relaient les idées de chercheurs, et les « chercheurs » sont eux-mêmes porteurs d'enjeux de politique. À lui seul, le constat de l'avidité avec laquelle la sphère des « décideurs » et de leurs conseillers se nourrit des idées et résultats (en tout cas, de certaines idées, et de certains résultats…) issus de la sphère académique, de l'entrain avec lequel les chercheurs se saisissent en retour de leurs interrogations (au moins, de certaines de leurs interrogations…), devrait suffire à montrer qu'en général l'enjeu principal de la prospective n'est pas (ou plus) d'insuffler de l'animation à l'interface entre recherche et décision. Cultiver des travaux riches, approfondis, provocants, dans le cadre de la recherche environnementale elle-même est la voie principale à emprunter pour rendre plus actifs et féconds les débats prospectifs en lien avec les politiques de l'environnement et du développement durable.

Pour finir, l'unité du domaine de la prospective environnementale tient aux enjeux spécifiques de l'activité de conjecture, enjeux que l'on retrouve dans tous types de travaux à portée prospective, au-delà de l'objet sur lequel ils portent, des méthodes utilisées, de leur caractère plus ou moins (ou pas du tout) académique. Sur ce plan, nous espérons que les éléments de culture prospective que nous avons proposés dans cette première partie de l'ouvrage auront donné au lecteur les éléments nécessaires pour saisir que ces difficultés ne font pas de la prospective une activité ésotérique, à part, mais qu'elles peuvent être prises en charge de manière appropriée et fructueuses dans les recherches, les études et les débats sur l'environnement et le développement durable.

DEUXIÈME PARTIE

MOBILISER, « AMPLIFIER », « HYBRIDER » LES RESSOURCES THÉORIQUES ET MÉTHODOLOGIQUES DE LA PROSPECTIVE GÉNÉRALE

Introduction
de la deuxième partie

Laurent MERMET

Les réflexions et l'expérience accumulées dans le domaine de la prospective générale peuvent être – comme nous l'avons souligné dans l'introduction de l'ouvrage – d'un grand intérêt pour la recherche environnementale. Nous appelons à la rencontre entre deux communautés : les spécialistes de la prospective d'une part, les chercheurs des sciences de l'environnement de l'autre. Le premier chapitre de cette seconde partie (chapitre III) s'adresse essentiellement aux seconds, pour leur fournir une vue d'ensemble et des clés d'accès à la littérature et aux enjeux du domaine de la prospective générale. Il montre que les chercheurs en environnement peuvent y chercher notamment une inspiration théorique et méthodologique et une culture des enjeux spécifiques qui marquent les travaux portant sur des dynamiques futures par rapport à ceux qui traitent de dynamiques passées ou présentes.

Ils peuvent aussi trouver, dans le corpus très vaste des travaux de prospective, d'importantes ressources méthodologiques, c'est-à-dire des répertoires (en évolution permanente) de méthodes explicitées, formalisées, théorisées à des degrés divers, mais également de réalisations qui sont utilisées comme références sur le plan méthodologique. Les méthodes, les techniques ainsi mobilisées, ne sont pas toutes, loin de là, spécifiques à la prospective. Comme on le verra pour les modélisations informatiques (chapitre VI) ou pour les méthodes participatives (chapitre VII), il serait même plus exact de parler d'une utilisation prospective de méthodes de modélisation ou de méthodes participatives qui possèdent souvent (mais pas toujours) un champ d'application bien plus large. En outre, plus on s'oriente vers des travaux de prospective spécialisés, qui intègrent les avancées des domaines académiques où ils s'inscrivent, qui se donnent les moyens de saisir les dynamiques spécifiques des objets écologiques ou sociaux qu'ils étudient, plus on s'éloigne de l'idée d'un répertoire limité et stabilisé de méthodes. Si l'idée d'une « boîte à outils » prospective peut convenir dans le contexte de certaines études finalisées, elle n'est pas adaptée pour accompagner le développement de travaux plus approfondis. Dans la perspective qui est ici la nôtre, le problème des méthodes doit plutôt être posé comme celui de l'identification et du choix de méthodes à utiliser dans le contexte de telle ou telle démarche prospective, comme le problème de l'adaptation et de la mise en œuvre de ces méthodes aux difficultés spécifiques que pose leur utilisation dans le contexte particulier de travaux scientifiques à visée prospective. C'est bien ainsi que nous aborderons, dans différents chapitres, l'identification et la mobilisation de ressources méthodologiques pour la prospective.

La prospective mobilise de façon très éclectique toutes sortes de moyens méthodologiques qu'elle adapte selon les auteurs, selon les circonstances. Cependant, il est un groupe de méthodes qui sont davantage que d'autres propres à la prospective : les scénarios, qui reposent sur la rédaction de récits décrivant des états et des dynamiques futures possibles des systèmes – naturels et sociaux – que l'on veut étudier. Nous y consacrons ici deux textes.

Dans le premier (chapitre IV), Xavier Poux propose une vue d'ensemble des méthodes de scénarios. Il présente leur histoire et leur évolution, les domaines divers où elles ont été utilisées. En s'appuyant sur deux exemples pris dans le domaine de l'environnement, il analyse à la fois la diversité des méthodes de scénarios et les bases qui leur sont communes. Finalement, il montre qu'au-delà – ou à cause – de leur diversité, les scénarios prospectifs peuvent et doivent faire l'objet d'une véritable culture méthodologique, d'où ressortent des principes sur lesquels on peut s'appuyer pour différencier et évaluer les travaux de prospective faisant usage de scénarios.

Dans un second texte sur les scénarios (chapitre V), nous partons du constat que le domaine des méthodes de scénarios s'est construit sur des bases très pragmatiques. Même s'ils ont bénéficié dès leur origine d'un appel au systématisme et à la rigueur dans leur construction, même s'ils ont fait l'objet de réflexions importantes sur les méthodes, ils restent largement du domaine de l'art, comme le rappelle le titre de l'ouvrage de P. Schwartz, *The Art of the Long View*. Ces savoir-faire sont extrêmement utiles, voire incontournables, pour tous types de prospectives. Mais si l'on s'engage vers de nouveaux types de travaux, avec des conjectures qui soient débattues dans des instances plus académiques et qui intègrent de manière plus approfondie des conceptions diverses sur les processus naturels ou sociaux à venir, alors il faudra en complément de ces savoir-faire conduire de nouveaux travaux théoriques et méthodologiques sur les scénarios prospectifs. D'après nous, les disciplines spécialisées dans l'étude des récits (qu'elles relèvent du domaine littéraire ou des sciences de la communication) possèdent d'importantes ressources qui devraient être mobilisées en ce sens.

Si les scénarios tiennent la place centrale dans les travaux de prospective générale, c'est la modélisation qui semble s'imposer d'emblée comme support des prospectives dans les recherches et les études environnementales. Celles-ci traitent en effet de la dynamique de systèmes socio-écologiques d'une très grande complexité. Des processus multiples y sont en interactions, les données nécessaires pour les appréhender sont innombrables : l'assistance d'outils informatiques apparaît comme une aide providentielle pour élaborer des conjectures à l'échelle de cette complexité. Quand la prospective environnementale, de plus, est construite dans un contexte de recherche – et nous appelons dans cet ouvrage à développer ce type de travaux – la modélisation s'impose presque sans discussion. En effet, les outils qu'elle mobilise, le type de technicité auquel elle fait appel, la forme des rendus sur lesquels elle débouche sont autant de formes de travail familières aux scientifiques de nombreuses disciplines impliquées dans les sciences de l'environnement. Du coup, ils les adoptent souvent comme si le fait que les outils de « la modélisation » soient largement reconnus par ailleurs, suffisait à légitimer leur utilisation pour l'étude des dynamiques futures. Le développement récent du domaine de l'*ecological forecasting* illustre cette tendance de façon spectaculaire.

C'est là faire peu de cas des difficultés spécifiques, fondamentales, que soulève toute prospective, telles que nous les avons analysées dans la première partie de l'ouvrage. Ces difficultés, liées d'une part au caractère conjectural de toute étude du futur et d'autre part aux enjeux d'action qui lui sont inévitablement attachés, se traduisent dans le cas des exercices de modélisation prospective par de vives controverses. Pour certains, la modélisation serait, par la puissance de computation incomparable qu'elle offre, « le » moyen de la prospective environnementale. Pour d'autres, le caractère forcément réducteur des modélisations, leur propension à transformer des hypothèses de travail et des jeux de données imparfaits en affirmations péremptoires sur le futur, les rendent suspectes de vouloir jouer les « oracles électroniques ». Quant aux modélisateurs les plus impliqués dans la prospective environnementale, ils s'efforcent, comme on le verra, de développer des démarches de modélisation qui permettent de contribuer au mieux aux forums prospectifs où se discute la gestion de l'environnement à long terme.

Dans le chapitre VI, Hubert Kieken propose d'analyser les enjeux de l'utilisation de méthodes de modélisation pour la construction et la discussion de conjectures sur les dynamiques environnementales à long terme. Pour lui, la diversité des pratiques que recouvre « la » modélisation est telle – diversité des bases conceptuelles, des techniques de mise en œuvre, des contextes de production et d'utilisation – que plutôt que de tenter d'analyser « la » contribution de « la » modélisation aux recherches prospectives, il faut porter l'attention sur les contributions spécifiques que chaque exercice de modélisation peut revendiquer, dans les démarches de prospective particulière où il est mis en œuvre. Cet apport se situe toujours dans le cadre de la rencontre d'un modèle (une conjecture) et d'un débat (dans un forum). Hubert Kieken met en discussion plusieurs conceptions de cette rencontre. Est-elle de l'ordre de la confrontation judiciaire, comme le propose la notion d'« études-plaidoyers » introduit par le GRETU ? Est-elle au contraire de l'ordre d'un apprentissage en commun, comme l'indique le concept de « communauté épistémique » ? Doit-elle s'inscrire, comme le souhaitent Ravetz et Funtowicz dans la perspective d'une « science post-normale » ? Ou au contraire préférer à ces avancées conceptuelles des progrès pragmatiques, en construisant des outils qui répondent aux demandes concrètes de décideurs bien réels ? Les complémentarités, les contradictions, les convergences entre ces différentes approches permettent de montrer que la rencontre entre modèle et débat se produit dans un espace structuré, qu'il est important de rendre lisible et d'aménager.

Enfin, nous terminerons ce passage en revue de grands types de méthodes par un texte de Ruud Van der Helm sur la prospective participative. Dès les premiers travaux de prospective générale, les principaux auteurs ont insisté sur le fait que toute discussion du futur possède un impact potentiellement important sur le débat social et politique et sur la formulation des politiques publiques. En conséquence, il importe que les parties prenantes qui influencent ces débats ou qui en subissent les conséquences soient associées à la formulation et à la discussion des conjectures. Et comme ces parties prenantes peuvent être littéralement à peu près n'importe qui, depuis le grand public jusqu'aux administrations, depuis des groupes d'intérêts spécialisés jusqu'aux élus politiques, la quête de méthodes participatives adaptées a été un domaine majeur de recherche et d'expérimentation méthodologique en matière de prospective. Cette quête rejoint d'ailleurs l'intérêt toujours croissant pour les méthodes participatives dans le champ de l'environnement (voir par exemple le programme de recherche « Concertation, décision et environnement » du ministère de l'Écologie et du Développement durable). La rencontre entre ces deux domaines est à la fois souhaitable et inéluctable. Même si elle dépasse le cadre du présent ouvrage – et sera traitée moins longuement que les problèmes de modèles et de scénarios – il nous a cependant paru important d'aborder cette dimension de la prospective. Ainsi le chapitre VII propose-t-il une introduction au domaine de la prospective participative. Il montre d'abord les principaux éléments à prendre en compte pour traiter de la dimension participative d'un exercice de prospective. Il passe ensuite en revue un certain nombre de ressources méthodologiques, de conceptions et d'expériences tirées du vaste corpus de littérature qui existe sur la participation et les exercices de prospective. Il insiste enfin sur la place centrale de la participation dans les développements encore largement à venir des travaux de prospective environnementale.

CHAPITRE III

La prospective générale

Des ressources à mobiliser pour les recherches environnementales

Laurent MERMET

Les chercheurs du domaine de l'environnement étendent peu à peu leurs investigations aux dynamiques futures des systèmes socio-écologiques. Ils sont tirés dans cette direction par des demandes diverses d'acteurs sociaux préoccupés du devenir de l'environnement. Mais la logique interne de l'offre scientifique dont ils sont porteurs les y pousse aussi. L'écologie, la climatologie, l'économie, la géographie, les sciences sociales, etc. : chaque discipline a vocation à étendre vers l'avenir l'empire de ses problématiques, de ses outils, de ses théories. Les chercheurs concernés s'aventurent alors dans le domaine mouvant de la conjecture. Certains repères familiers et fondamentaux de leurs pratiques viennent à se dérober sous leurs pas et les difficultés spécifiques des recherches prospectives apparaissent (Mermet et Piveteau, 1997).

Pourtant, des guides existent : loin d'être un *no man's land*, le champ de la conjecture est peuplé et cultivé, en particulier par les spécialistes de la prospective, qui constituent une communauté très active[1]. Les personnes et les travaux de ce domaine de la prospective générale sont autant de ressources utiles pour les chercheurs du domaine de l'environnement. Dans le présent chapitre notre but est de fournir quelques clés pour ceux qui abordent pour la première fois ce domaine, en venant d'un autre champ scientifique. Nous tenterons d'abord d'en donner une vue d'ensemble (son histoire, ses institutions et réseaux, ses revues, ses thématiques). Nous identifierons ensuite rapidement ses principales ressources : panoplies méthodologiques et culture théorique. Enfin, nous discuterons trois thématiques classiques de la prospective qui nous

---

[1] Que nous appellerons ici « prospective générale », à la fois pour souligner l'importance des travaux globaux – ou transversaux – qui tentent d'embrasser l'ensemble des forces qui modèlent l'avenir et pour bien distinguer ces travaux spécialisés en prospective des travaux prospectifs spécialisés entrepris dans d'autres champs de recherche.

paraissent des préalables pour aborder tout travail de recherche à visée prospective.

1. Définition et genèse de la prospective

Débattre de l'avenir des problèmes qui intéressent la société, émettre des conjectures sur ce qui peut advenir, sur les conséquences possibles de telle ou telle décision : ces activités n'ont en elles-mêmes rien de très spécialisé, ni de très nouveau. Comme l'écrit Bertrand de Jouvenel (1964, p. 346) :

> On prévoit toujours, sans richesse de données, sans conscience de méthodes, sans critique et sans coopération. Il devient urgent de donner à cette activité naturelle et individuelle un caractère coopératif, organique, et soumis à de croissantes exigences de rigueur intellectuelle.

C'est lorsque ces exigences – de rigueur de contenus et d'organisation commune des débats – se rajoutent à la simple émission spontanée de conjectures sur l'avenir que commence la prospective[2].

Dans son ouvrage sur l'*Histoire des Futurs*, Bernard Cazes (1986) montre que le caractère organisé et la quête de rationalité de la prospective telle que nous la concevons aujourd'hui s'inscrivent au terme d'une histoire complexe. Des devins et augures de l'antiquité aux utopistes de la Renaissance, les manières dont les hommes se sont efforcés de sonder l'avenir n'ont jamais cessé d'évoluer, avec des transformations profondes dans la manière dont les civilisations successives ont conçu le temps, ont donné sens à l'histoire. Cependant, la construction de conjectures complexes destinées à cerner des évolutions possibles des techniques et de la société commence vraiment avec la littérature d'anticipation qui se développe à partir de la seconde moitié du XIXe siècle. Dans les meilleurs de ces écrits, on trouve à la fois l'attention des auteurs aux évolutions de leur temps, l'imagination pour en supputer les effets à long terme, la recherche de cohérence entre les tendances envisagées, autant d'éléments qui constituent la base d'un travail de conjecture systématique. Ces expériences de pensée, en revanche, restent encore solitaires : elle ne s'inscrivent pas dans un débat organisé, ni ne rejaillissent sur les sciences.

Pour que cela devienne le cas et que l'on puisse alors vraiment parler de prospective il faut attendre les années 1930. Toujours selon Cazes, c'est avec le lancement par le président américain Hoover, en 1929,

---

2   Rappelons que c'est l'ensemble du domaine des études et recherches sur les états et dynamiques futures des systèmes sociaux, écologiques, techniques – et non pas une méthode particulière d'étude ou de recherche – que nous désignons ici par le mot prospective (en anglais, nous traduirions : *Future Studies & Research*).

d'une étude sur les *Recent social trends* qu'entre en pratique « l'idée fondamentale [selon laquelle] l'action de planification doit pouvoir s'appuyer sur un savoir adéquat en matière de faits sociaux ». Cette étude, pilotée et discutée par une « commission présidentielle de Recherche sur les tendances sociales », marque dès lors « un tournant dans l'histoire de la prospective ». Celle-ci se développera surtout après le deuxième conflit mondial. Aux États-Unis, des instituts comme la Rand Corporation, ou le Hudson Institute, vont se lancer dans un travail pionnier et important de recherche méthodologique (sur la méthode Delphi, les méthodes de scénarios), en lien avec les développements de la même époque sur les méthodes d'aide à la décision (recherche opérationnelle, analyse coûts-avantages, méthodes multi-critères).

En France, les années 1950 voient la naissance d'un mouvement de pensée très actif. On en retiendra ici simplement les noms de Bertrand de Jouvenel[3] et Gaston Berger (l'inventeur du mot « prospective »), auteurs dont les écrits font aujourd'hui encore partie du bagage nécessaire d'un travail prospectif. On remarquera aussi que cette innovation dans la manière de poser les problèmes d'avenir s'est produite à la confluence entre trois mondes différents, engagés de concert dans le grand défi de la reconstruction d'un pays appauvri par la guerre et vécu par ses élites comme archaïque. Le monde économique, l'administration engagée dans la planification nationale, et des intellectuels, ont ainsi posé ensemble les fondations de méthodes, d'institutions, de publications de prospective qu'ils jugeaient nécessaires dans un monde en rapide évolution. Cette genèse de l'école française de prospective fait penser aux rencontres et alliances entre acteurs économiques, politico-administratifs et scientifiques qui ont lancé les grands exercices de scénarios ou de modélisation globaux sur l'environnement, comme le Club de Rome, le *Global Scenario Group*, la *World Water Vision*, qui seront présentés et analysés dans la suite de l'ouvrage. En 1957, Gaston Berger (1967, p. 26) conclut dans les termes suivants un texte fondateur.

> Si l'humanité d'aujourd'hui avait de son avenir cette vision relativement claire que la prospective voudrait lui donner, elle serait invitée à la prudence. Elle apprendrait à surveiller sa marche, à bien calculer ses mouvements et à prendre à temps les précautions nécessaires.

Dans la préoccupation centrale de voir se construire l'exercice d'une responsabilité mondiale, dans le choix des mots, même, on a l'impression qu'un fil conducteur relie ces premiers travaux de l'école française de prospective et les réflexions prospectives conduites aujourd'hui dans les enceintes où se discute le « développement durable ».

---

3   Déjà abondamment cité plus haut (chapitre II).

2. Une vue d'ensemble de la communauté des prospectivistes

Que ce soit aux États-Unis ou en France, les pionniers de la prospective dans les années 1950 et 1960 ont fondé des institutions et des revues, et lancé le débat en proposant des travaux théoriques et méthodologiques, ainsi que des travaux « pilotes », voulus exemplaires. C'est à partir de ces bases que le domaine de la prospective n'a cessé depuis de se développer et d'évoluer. On trouvera par exemple dans le manuel sur la prospective de Fabrice Hatem (1993) une vue d'ensemble de l'évolution de la prospective en France comme au niveau international. Contentons-nous ici d'un rapide état des lieux des ressources que propose la prospective générale telle qu'elle existe aujourd'hui.

a. Les institutions

L'insistance mise par les spécialistes de la prospective sur les institutions spécifiques découle de leur souci d'assurer que le débat sur les futurs soit organisé, structuré, durable. L'« institution vigie » est proposée comme une rupture avec la pratique des conjectures spontanées, discutées sans méthode, dont le caractère fugace est antinomique de l'effort de rationalisation prôné par les prospectivistes. Nous n'en proposerons pas ici une vue d'ensemble. On pourra en trouver une, par exemple, dans Battle (1986) ou dans Homann et Moll (1993) et, pour la période actuelle, se faire rapidement une idée du nombre, de la diversité, de l'instabilité même des organisations prospectives en parcourant le web. Nous essaierons plutôt de montrer les différents types d'organisation qui cohabitent au sein de la discipline, en nous appuyant sur des exemples du champ de l'environnement.

Dans la pensée des premiers prospectivistes, le modèle de l'institution prospective est l'institut indépendant où chercheurs, intellectuels, fonctionnaires, chefs d'entreprise, se retrouvent pour réfléchir ensemble à un avenir qui, évidemment, déborde largement les domaines sectoriels d'activité de chacun. Certaines des institutions de ce type, fondées par les pionniers, sont toujours en place comme en France l'association Futuribles, qui fonctionne sans interruption depuis sa création au début des années 1960. Au plan international, des groupes comme le *World Resources Institute*, le *Worldwatch*, illustrent une logique de ce type dans le domaine de l'environnement et des ressources naturelles.

Mais les besoins d'études et de planification des administrations ne peuvent pas, semble-t-il, se satisfaire des réflexions de ces *think-tanks* indépendants. Pour y répondre les organismes étatiques ou internationaux se sont souvent dotés de services spécialisés qui assument des fonctions d'études prospectives. Ainsi nombre de ministères en France sont-ils pourvus d'un service chargé de la prospective, par exemple une « cellule de prospective » ou un « bureau des études et de la prospective ». Le statut de ces services est d'ailleurs variable, comme l'illustre le cas du ministère français de l'Environnement. De 1978 à 1996 la fonction prospective a été exercée par un « groupe de prospective », commun avec le ministère de l'Équipement et rattaché au service chargé des études et de la recherche. Dans cette configuration, la prospective est pratiquée avant tout comme une activité de veille et d'études de synthèse : on finance des enquêtes, des études, des recherches, on organise des colloques, séminaires, réunions d'experts. À partir de 1993, le groupe de prospective a été complété puis remplacé par une « cellule de prospective », placée directement auprès du cabinet du ministre. Dans cette position, le travail prospectif se rapproche du conseil stratégique. En l'occurrence, la cellule de prospective a appuyé ses avis sur la réalisation de rapports portant sur les besoins et les possibilités de changement dans un certain nombre de domaines (agriculture, transports, etc.) fondamentaux pour le ministère chargé de l'Environnement. En 2000, la « cellule de prospective » a disparu à son tour et la fonction prospective a été attribuée à la direction du ministère chargée de la recherche et des études économiques. Elle devrait s'appuyer cette fois sur l'activité de plus en plus structurée de programmation de la recherche conduite par ce ministère et peut-être sur l'activité prospective des organismes de recherche eux-mêmes. À noter que pendant les deux dernière décennies, la réflexion prospective sur l'environnement a été alimentée aussi par une association indépendante mais où l'on retrouve des fonctionnaires du ministère et des chercheurs engagés dans ses opérations de prospective : GERMES (Groupe d'exploration et de recherches multidisciplinaires sur l'environnement et la société), qui a organisé de nombreux séminaires et colloques où administration, chercheurs, experts, ont pu échanger leurs analyses sur la prospective du champ de l'environnement (voir par exemple Theys, 2000). Cette diversité des positions institutionnelles des services où se pratique la prospective entraîne de grandes différences dans la conception, dans les pratiques, dans les utilisations de la prospective.

Ces besoins des administrations, mais aussi ceux des entreprises, d'alimenter leurs planifications et leurs choix stratégiques par des études prospectives, fondent l'existence d'un marché des études prospectives et donc de bureaux d'études et de conseil, spécialisés à des degrés divers. On rencontre ainsi deux cas de figure : tantôt des spécialistes d'un secteur d'activité étendent leur champ d'études aux conjectures sur l'avenir de ce secteur, tantôt des spécialistes des méthodes de prospective proposent de les appliquer à un domaine spécifique, à la demande d'un commanditaire.

Une autre base organisationnelle de la prospective réside dans les enseignements universitaires. En France, le plus développé est celui du Conservatoire national des arts et métiers, où la recherche et l'enseignement sur la prospective existent depuis les années 1970, appuyés sur un laboratoire de recherche où se préparent et se défendent régulièrement des thèses sur la prospective. Dans le champ de l'environnement, l'ENGREF (École nationale du génie rural, des eaux et des forêts) délivre à ses élèves-ingénieurs, depuis 1994, un enseignement de méthodes de la prospective accompagné d'activités de recherche et de formation doctorale.

La prospective possède aussi ses sociétés savantes. Les deux plus importantes au niveau international sont la *World Futures Society* et la *World Futures Studies Federation*, la première centrée aux États-Unis, la seconde, en Europe (Homann et Moll, 1993). En France, il faut noter l'activité de l'OIPR (Office international de prospective régionale) qui réunit depuis bientôt deux décennies un important réseau de spécialistes de la prospective des territoires, français et européens.

Pour finir ce passage en revue, soulignons l'apparition depuis quelques années de projets liés à des centres de ressources sur Internet. Ainsi le lecteur trouvera-t-il de véritables plaques tournantes pour s'orienter dans le monde de la prospective sur des sites comme celui du *Millenium Project – Global Future Studies & Research* de l'Université des Nations Unies (http://www.acunu.org/).

b. Les revues

Mais ces réseaux, ces organisations, quel est le contenu de leur travail ? Quels types de questions soulèvent-ils et essaient-ils de traiter ? Pour s'en faire une idée, le plus simple est d'abord de consulter les revues spécialisées du domaine de la prospective. Les trois principales sont :

- *Futuribles*, revue française publiée par l'association Futuribles depuis les années 1960,
- *Futures*, revue anglaise mensuelle,
- *Technological forecasting and social change*, revue américaine.

On peut aussi mentionner *Futures Research Quarterly*, la revue de la *World Futures Society* et une revue plus récemment fondée : *Foresight*.

Dans ces publications cohabitent quatre types de contributions assez différentes les unes des autres :

- des articles sur des questions théoriques ou de méthode,

- des comptes-rendus de travaux de prospective (scénarios, modèles, exercices participatifs) sur des thèmes très divers (on y reviendra plus loin),

- des essais, réflexions plus libres sur les grandes tendances d'évolution des problèmes de la société ou de la planète,

- et très souvent, une rubrique « rétroprospective », qui reprend les écrits d'auteurs qui se sont aventurés il y a très longtemps à conjecturer sur l'époque actuelle !

Ces différents types de contenus reflètent la volonté de la part de la communauté des prospectivistes de mener de pair un travail académique et méthodique de recherche, et l'animation d'un forum de discussion large et ouvert, tous deux également nécessaires à l'effort de veille et de rationalité qui fonde les activités de prospective.

c. Des travaux pionniers et leur thématique

On retrouve la même variété de genres dans le corpus d'ouvrages de référence qui posent les fondations et les repères du champ de la prospective. Celui-ci comprend en particulier un ensemble de travaux qui ouvrent la voie par des réalisations voulues exemplaires.

Quelques-uns méritent d'être cités ici, même s'ils n'ont pas tous de rapport avec l'environnement. Les scénarios sur l'an 2000 de Kahn et Wiener (1968), très construits et d'esprit résolument volontariste et optimiste, constituent une référence de la méthode des scénarios aux États-Unis. Le document sur la France de 1985, réalisé au début des années 1960 par le Commissariat au Plan (1964), illustre bien la tentative d'élargir le champ d'intérêt des études au-delà de la simple prévision économique – tout en y restant profondément enracinée. Le « Scénario de l'inacceptable » réalisé par l'OTAM[4] pour la DATAR en 1974 (DATAR, 1974) constitue de son côté une référence fondatrice pour la méthode des scénarios en France, surtout si on l'accompagne du document de réflexion et d'évaluation méthodologique *ex post* qu'ont produit ses auteurs (DATAR, 1977). Le rapport du Club de Rome en 1972 (Donella H. Meadows *et al.*, 1972) ouvre le débat sur les enjeux et méthodes de la prospective à l'échelle planétaire, bientôt suivi par les exercices de la fondation Barriloche (Herrera, 1976) et de Mesarovic et Pestel (1974) qui défendent des thèses différentes sur le même thème. En 1978, un important projet de prospective de l'OCDE (1979) résume par son titre seul – *Interfuturs : pour une maîtrise du vraisemblable, et*

---

4   Omnium technique d'aménagement, un bureau d'études.

une gestion de l'imprévisible – toute la problématique de la prospective générale. Il s'agit là encore d'un travail de référence en matière de prospective du développement économique et social des pays, à l'échelle mondiale.

Si nous insistons ici sur des jalons déjà anciens de la littérature prospective, c'est pour partie parce que le recul du temps nous permet de mieux apprécier aujourd'hui les forces et limites de ces travaux. C'est surtout parce qu'ils portent la trace du grand effort d'innovation et d'approfondissement théorique et méthodologique qui a marqué la période du milieu des années 1960 à celui des années 1970, dans le domaine de la prospective et parce qu'ils servent encore de référence – plus ou moins implicite il est vrai – à nombre de travaux actuels. Par comparaison, la fin des années 1970 et les années 1980 ont été plus pauvres en travaux importants de prospective. Pour aller plus loin dans le domaine de l'environnement et des ressources, il faudra attendre les nouveaux types de recherches et d'études qui se développent à partir de la fin des années 1980, produisant des références comme le modèle IMAGE, le *Global Scenario Group*, la *World Water Vision*, que nous discuterons en détail dans la suite de l'ouvrage. Depuis la fin des années 1990, on assiste à une véritable explosion quantitative des travaux de prospective dans de nombreux domaines – au premier rang desquels l'environnement et le développement durable.

Les quelques travaux que nous avons cités ne peuvent évidemment pas à eux seuls résumer une immense littérature. Comme le note Hatem (1993), au moment où il écrit son ouvrage la base de données de l'OCDE sur les travaux prospectifs comporte déjà plus de 2000 références... Pour donner une idée de leur contenu, il distingue trois grandes problématiques récurrentes dans les travaux prospectifs : la mondialisation, les déséquilibres écologiques et l'émergence d'un nouveau système socio-technique. Essayant lui aussi de donner une vue d'ensemble des contenus traités par la littérature prospective, Bernard Cazes (1986) distingue :

Un archipel de huit thèmes [...] ainsi composé :
–   Environnement naturel ou écosphère,
–   Contexte géopolitique
–   Croissance économique mondiale
–   Comportements démographiques
–   Évolution des valeurs
–   Changements technologiques
–   Emploi, travail
–   État protecteur.

Ces grands thèmes traduisent d'abord une dynamique centrale des travaux de prospective : en recherchant les tendances de fond, les facteurs les plus lourds qui orientent l'évolution des systèmes sociaux, naturels, techniques, la réflexion est conduite vers les grands champs de forces de la géopolitique, de la macroéconomie, des mutations technologiques et des évolutions culturelles. Inutile de préciser que la place respective à accorder à ces facteurs – ou à ces dimensions – fait l'objet de débats vifs et approfondis. Par exemple, aux nombreux auteurs pour qui l'évolution des techniques disponibles est la force centrale qui entraîne derrière elle l'ensemble des autres mutations (économiques, culturelles, politiques), s'opposent ceux qui insistent au contraire sur le fait que les sociétés peuvent en partie disposer de leur avenir politique, économique, social. Le rôle même de la prospective est en jeu dans de tels débats : dans quelle mesure, et par quels moyens, les travaux sur le futur peuvent-ils entraîner des conséquences réelles sur les dynamiques de la société ?

Ces thèmes reflètent aussi certaines préoccupations du débat politique, relayées auprès des prospectivistes à la fois par la commande publique et par les préoccupations citoyennes – voire militantes – dont ils sont eux-mêmes porteurs. Les questionnements sur l'emploi et le travail, sur l'État protecteur, sur l'environnement, s'inscrivent dans ce double jeu d'influence.

Enfin, s'agissant de l'environnement, deux points sont à souligner. D'une part, on constate que les problèmes écologiques constituent un thème récurrent et important dans les écrits de la prospective générale depuis le début des années 1970. Sur la base d'une revue de la bibliographie sur l'environnement à l'échelle mondiale, Michael Marien (1992) plaide d'ailleurs en faveur de l'évolution qui s'observe aujourd'hui, et qui voit la part de l'environnement dans les travaux de prospective générale se renforcer encore. D'autre part, à mesure que les travaux de recherche environnementale sur le changement climatique et ses impacts, sur le développement durable, etc. s'attaquent de plus en plus nettement à des enjeux globaux et de long terme, ils se mettent en position de devoir intégrer des thématiques qui sont jusqu'ici investies par la prospective générale : la prospective géopolitique, démographique, celle du développement économique, celle des technologies. C'est l'enjeu de la rencontre, à laquelle appelle le présent texte, entre chercheurs en environnement et prospectivistes. C'est un immense chantier qui est ainsi ouvert. Pour en mesurer l'ampleur, la diversité et la complexité, il suffit de parcourir les trois gros volumes des actes du colloque de Fontevraud sur *L'environnement au XXIe siècle, entre continuités et ruptures* (Theys, 2000). Les auteurs, très nombreux, cherchent notamment à répondre à la question :

Comment faire évoluer le débat environnemental en anticipant sur les conséquences des changements majeurs qui nous font basculer dans un autre siècle, le XXIe : la mondialisation, l'urbanisation massive des pays du Sud, l'éclatement urbain, l'essor prodigieux des technologies du vivant et de celles de la communication, les transformations du travail et l'exclusion qui en résulte, l'instabilité d'économies de plus en plus financiarisées, etc. ?

D'un chapitre à l'autre, on passe des liens entre démocratie et mondialisation au problème de l'appropriation des technologies, des perspectives de développement des mégalopoles au futur industriel des pays en développement, de l'évolution des valeurs à la dématérialisation de la société, etc. Tous ces domaines peuvent connaître, en quelques décennies, des évolutions qui seront déterminantes pour la gestion de l'environnement.

On touche là une des caractéristiques fondamentales qui peuvent rendre le travail prospectif très déroutant. Lorsque l'on réfléchit sur l'évolution à court ou moyen terme (quelques années) d'un problème d'environnement, d'un territoire, d'un écosystème, on considère comme « égaux par ailleurs » – sans toujours s'en rendre compte – d'innombrables éléments de contexte (politiques, économiques, techniques, climatiques, culturels). Mais dès lors que l'on s'interroge sur le long terme, c'est une véritable boîte de Pandore de futurs contextes, de futures influences possibles que l'on ré-ouvre. Même à partir de l'objet ou du problème le plus concret, le mieux cerné au départ, on se trouve entraîné dans des conjectures qui peuvent s'élargir très vite bien au-delà du champ que l'on pensait avoir prudemment balisé. On se sent alors guetté à chaque pas par le risque de sombrer dans la conjecture sans fondements, dans une stérile spéculation intellectuelle de comptoir. Un laisser-aller que l'homme d'action comme le chercheur ne peuvent s'autoriser qu'à petites doses ! C'est pour partie cette crainte justifiée de l'élucubration qui inspire aux prospectivistes un goût prononcé pour les questions de méthodes, balises salvatrices dans le brouillard de complexité et d'indétermination qui recouvre la dynamique future des systèmes qui intéressent les êtres humains.

C'est à ce goût que nous devons, au-delà des travaux pionniers, un autre pan du corpus de la littérature de prospective générale, riche de nombreux écrits théoriques et méthodologiques.

3. La prospective générale comme ressource : « conjectures-cadres », panoplies méthodologiques, culture théorique

Au total, pour le chercheur venu d'un autre champ scientifique, le domaine de la prospective générale, même s'il est déroutant, peut être riche en ressources. Pour les identifier et les mobiliser, il ne manque heureusement pas d'ouvrages de synthèse sur les méthodes de prospective. Devant l'abondance des ressources, les efforts les plus récents pour en présenter une vue d'ensemble ont d'ailleurs recours au CD-Rom plutôt qu'au livre ! *The Knowledge Base of Future Studies*[5], et le *Millenium Project – Global Future Studies and Research* cité plus haut proposent ainsi sous forme électronique des ensembles de travaux prospectifs, de textes méthodologiques et théoriques, y compris une recension d'ouvrages, avec des fiches de lecture. Outre les nombreuses prospectives qu'elles proposent, des revues spécialisées ont aussi consacré des numéros spéciaux au passage en revue des méthodes et ressources : *Futuribles* en 1983, *Futures* en 1993. On trouve aussi des recensions plus spécialisées comme celle du ministère des Affaires étrangères sur la prospective en Afrique (CERED-CERNEA, 2000), ou celle du Plan d'Action pour la Méditerranée.

De ces ouvrages on peut retirer trois types de ressources qui doivent être clairement distinguées.

a. Un répertoire de « conjectures-cadres »

D'abord, les travaux de prospective générale peuvent être utiles par leurs résultats. Dans de nombreuses situations en effet, une recherche environnementale à visée prospective va consister à construire des conjectures de haute qualité sur des thèmes ciblés, ou sur des territoires particuliers, ou encore sur une dimension spécifique de l'évolution des systèmes sociaux et naturels. Or les dynamiques à étudier de la sorte sont nécessairement à replacer dans des cadres plus larges. Par exemple, si l'on entreprend une prospective de l'impact des changements climatiques sur la gestion de l'eau dans le bassin de la Seine, il faudra la situer dans des perspectives plus larges sur l'avenir de la socio-économie du bassin de la Seine, sur les technologies et les modes de vie, sur des territoires plus vastes (la France, l'Europe), etc. Plutôt que de reconstruire les jeux d'hypothèses correspondants sur un coin de table, il paraît préférable de rechercher des sources plus construites dans des travaux de prospective déjà réalisés, qui ont bénéficié d'un travail

---

[5]   The Futures Study Centre, PO Box 793, Indooroopilly, Queensland 4068, Australia. Adresse Internet : http://www.futures.austbus.com.

conséquent et souvent d'une certaine légitimité : appelons-les des « conjectures-cadres ».

Certes, pour pouvoir exploiter dans un domaine de prospective spécialisé des travaux issus d'un autre domaine, un travail important de traduction est nécessaire (Kieken, 2002 ; Poux *et al.*, 2001). Le développement de méthodes nouvelles pour cela est d'ailleurs l'un des enjeux du chantier scientifique qui s'ouvre à l'interface entre la prospective générale et les travaux de plus en plus nombreux de prospective spécialisée. De manière moins technique et plus large, les travaux de prospective générale peuvent aussi alimenter une réflexion large sur les enjeux à venir à grande échelle, assez utile pour cadrer les travaux de recherche.

b. Une vaste panoplie méthodologique

Les outils méthodologiques constituent un second type de ressources de la prospective générale. De nombreux ouvrages recensent les multiples outils existants et en proposent (parfois) de nouveaux. Ils discutent des forces et faiblesses de tel ou tel outil, dans tel ou tel contexte. Ils relatent des exemples où des outils sont utilisés, seuls ou combinés en des procédures plus ou moins complexes. On a souvent le sentiment que la spécialité du prospectiviste consiste essentiellement à connaître et utiliser en situation les instruments de ce que Godet (1991) ou Rotmans (1998) appellent la « boîte à outils » prospective.

Il n'entre pas dans notre propos de présenter ici ces instruments de la prospective. Retenons pour l'instant qu'ils peuvent se regrouper pour l'essentiel en trois grandes familles[6] :

- les méthodes de scénarios, fondées sur la construction de récits hypothétiques mais cohérents d'états et de dynamiques futures possibles,
- l'utilisation d'outils informatiques d'analyse, de synthèse ou de simulation à des fins prospectives,
- les méthodes de consultation, d'animation d'un processus participatif, où la conjecture est portée par l'expression des personnes et le débat entre elles.

La littérature de la prospective insiste aussi sur le fait que le plus souvent une démarche prospective suppose que l'on combine différents outils – par exemple la rédaction de scénarios et la réalisation de simulations informatiques. Une très grande attention est portée, dans la plupart des ouvrages sur la prospective, aux choix méthodologiques sur lesquels

---

[6] Dans la suite de cette seconde partie, on trouvera des chapitres (IV à VII) consacrés chacun à l'une de ces grandes familles d'outils.

reposent ces combinaisons, pour former des démarches d'ensemble de traitement de questions prospectives.

Si ces ressources méthodologiques sont potentiellement très utiles, il n'est pas forcément aisé, ni même recommandable, de les mobiliser telles quelles pour des recherches prospectives environnementales. En effet, la plupart des méthodes se présentent dans le cadre d'approches développées dans des contextes applicatifs très différents, de conseil aux entreprises, ou de planification publique, par exemple. Mobiliser les ressources méthodologiques de la littérature de prospective générale pour des recherches prospectives environnementales passe donc par un travail de re-problématisation, de re-contextualisation, d'adaptation. À cette reprise des méthodes génériques de la prospective générale, il faudra en outre ajouter des méthodes spécifiques nouvelles pour des prospectives spécialisées, dont le développement est un enjeu central des recherches prospectives environnementales – pour ne citer qu'un exemple, la prospective sur les changements globaux s'appuie nécessairement et de manière centrale sur les modèles climatiques.

c. *Une culture des enjeux théoriques que soulève la prospective*

Le troisième type de ressources enfin, est d'ordre plus conceptuel et théorique. Comme le rappelle Vincent Piveteau (1995), la prospective comporte – outre la recherche de la rigueur intellectuelle et de la démocratie dans l'élaboration et la discussion des conjectures – une part irréductible d'aventure. Les balises fournies par les outils et méthodes sont indispensables pour tracer un chemin. Mais la tentation est grande, parfois, d'instaurer un certain culte de l'outil pour se préserver des vertiges que suscitent légitimement les difficultés profondes de la conjecture. Découflé (1980) nous met ainsi en garde contre le désir de « brûler les étapes du cheminement long et difficile vers une scientificité encore hypothétique de la prévision conjecturale en affichant une complaisance déplacée pour les problèmes de méthode ». « La luxuriance méthodologique n'est au reste jamais garante de la qualité de ses produits ». « La fascination de la méthode », insiste-t-il alors, « dispense d'interrogations autrement importantes qui se situent sur le terrain de l'épistémologie de la prévision ». Ce type de dérive n'est évidemment pas l'apanage de la prospective : il guette peu ou prou toute recherche – qu'elle soit ou pas interdisciplinaire – qui s'attaque à l'analyse de systèmes très complexes. Mais il est particulièrement tentant d'y céder dans un domaine où la construction intellectuelle est privée de l'immédiateté (relative) du présent et des traces tangibles du passé. Pour s'en garder, il faut approfondir la réflexion théorique.

Toute la littérature de la prospective est ainsi marquée par l'interrogation sur la nature même de la construction de conjectures, sur les conditions de sa légitimité, de son utilité, sur le statut épistémologique des méthodes, de leurs résultats. Ces questions courent d'un ouvrage à l'autre, depuis ceux dont l'ambition est la plus profondément théorique – comme *L'art de la conjecture* de Bertrand de Jouvenel – jusqu'aux manuels qui affichent sans ambages des buts très pragmatiques. Leur discussion structure et nourrit, au sein de la communauté mondiale des prospectivistes – toute éparpillée, divisée, lacunaire qu'elle soit – une culture des problèmes fondamentaux de la réflexion sur le futur.

Dans le grand chantier « d'exploration des futurs » qu'entreprennent les disciplines engagées dans les sciences de l'environnement, les apports de cette culture nous semblent au moins aussi importante, sinon plus, que des « boîtes à outils » qui sont généralement mal adaptées à l'utilisation dans un contexte de recherche scientifique. C'est aux chercheurs du domaine de l'environnement de se rapprocher de cette culture de la prospective générale, de s'en approprier les éléments essentiels, puis de leur faire poursuivre de nouvelles trajectoires intellectuelles. C'est sans doute là l'enjeu central de la mobilisation des ressources de la prospective générale pour les sciences de l'environnement.

Pour saisir la nature et l'importance de cet enjeu, il suffit d'évoquer telle ou telle occasion où l'on met en discussion un travail prospectif avec des chercheurs en environnement, comme nous l'avons fait à de nombreuses reprises au cours de nos travaux ces dernières années (Mermet et Poux, 2002). Les questions fusent, marquées de perplexité, d'incompréhension, de malentendus. « Comment pouvez prévoir ce qui va se passer ? Les prévisions du passé se sont toutes trompées – les rares qui sont tombées juste, l'ont sans doute fait par hasard ! Comment prouvez-vous que le scénario proposé est bien le bon ? Comment pouvez-vous le défendre, alors que toutes sortes d'aspects disciplinaires n'y sont pas présents ? On peut émettre n'importe quelle conjecture sur l'avenir : la combinatoire des possibles est si riche – alors à quoi bon un tel exercice ? Comment donner une valeur à des conjectures à la fois fragiles et "arbitraires" ? Ne sont-elles pas marquées d'idéologie ? Et dans ce cas, comment un chercheur pourrait-il s'y aventurer ? »

Ces interrogations profondément ressenties – et bien d'autres – renvoient à des problématiques qui exigent une réflexion en profondeur. Elles conduisent directement aux enjeux épistémologiques de la prospective. La présentation systématique et la discussion de ces enjeux dépassent le cadre de la vue d'ensemble introductive que nous nous apprêtons ici à conclure[7]. Cependant, trois questions récurrentes doivent être mises en discussion dès maintenant, tant elles constituent des préalables nécessaires à la poursuite même de toute discussion sur la prospective – y compris dans la suite de l'ouvrage.

4. Trois interrogations préalables au travail prospectif

a. La prospective : un travail discipliné d'extension des conjectures « spontanées »

La première nous ramène à l'interpellation de Bertrand de Jouvenel citée plus haut : « On prévoit toujours... ». La question posée est celle de la prospective – c'est-à-dire des études et recherches à portée prospective – par rapport aux spéculations sur l'avenir qui émaillent les conversations et les écrits de tous, depuis les sphères les plus personnelles, jusqu'au débat qui anime les institutions politiques. S'engager dans un travail conjectural, c'est s'exposer à la crainte de l'inutilité. Pour mesurer l'enjeu, feuilletons le numéro spécial publié par *Environnement Magazine*, une revue professionnelle du domaine de l'environnement, à l'occasion de son 150e anniversaire (numéro de décembre 1995). On y trouve un dossier sur les prospectives (pp. 76-158). Dans un premier volet, les éditeurs présentent une synthèse des scénarios tendanciels actuels sur de grandes dynamiques déterminantes pour l'environnement (population, « transition urbaine », extension de l'énergie nucléaire, changement climatique et ses impacts, déséquilibres sociaux et politiques, etc.) Ensuite, ils invitent soixante « grands témoins » (politiques, savants, industriels, etc.) à « se mettre dans la peau d'un homme du XXIIe siècle qui nous regarde, ou qui décrit un jour sa vie ». Ce dossier impressionne souvent par l'inventivité et la variété des préoccupations, des expériences et des visions du monde que traduisent ces soixante contributions. Surtout, ces conjectures libres n'ont rien à envier, dans la richesse de leurs contenus, dans la reprise des travaux de prévisions disponibles, dans le niveau d'information qu'elles reflètent, à bien des écrits d'auteurs qui relatent une pratique professionnelle de la prospective environnementale.

Où est alors la plus value des travaux de prospective construits d'une façon professionnelle, par rapport aux vues de l'amateur ? C'est celle qui sépare, selon Hatem (1993), la prospective de la littérature d'antici-

---

[7] Le lecteur en retrouvera un certain nombre développés plus loin, dans différentes sections de l'ouvrage, qui cherche à la fois à faciliter la mobilisation pour l'environnement des ressources existantes, et à les compléter par de nouveaux repères théoriques et méthodologiques adaptés au développement des travaux prospectifs dans le cadre des recherches environnementales.

pation : « ce qui manque […] ce sont à la fois un fondement institutionnel et une volonté de théoriser ou de systématiser l'exploration de l'avenir […] ». En termes de résultats, cela se traduit en particulier par « l'absence de vision systémique » : on envisage bien des évolutions importantes, étayées par des arguments de toutes sortes, mais l'on ne va pas bien loin dans la tentative de mettre en cohérence les évolutions que l'on imagine, de les expliciter en détail et de les chiffrer pour les rendre susceptibles de développements, d'identifier quelles mutations elles pourraient entraîner à leur tour.

Que l'on imagine, par exemple, une nouvelle technique ou une réforme de politique. Le monde de demain ne sera pas celui d'aujourd'hui, simplement marqué par les impacts directs de ce facteur nouveau particulier. Il sera transformé en profondeur par les modifications en chaîne que ce changement aura entraînées ; par les tentatives pour y résister, également, par les effets pervers des efforts pour les contourner, et aussi par de nombreux autres changements qui, venant d'autres horizons, n'auront pas manqué de se produire entre temps. Pour appréhender ces liens et ces croisements complexes, l'institutionnalisation, la réflexion théorique, la systématicité du travail prospectif, sa discussion critique – en un mot, son caractère discipliné – sont nécessaires.

b. *Prévision et prospectives : il ne s'agit pas de connaître mais d'envisager l'avenir*

Peut-on cependant asseoir des constructions conjecturales exigeantes et complexes sur le sable d'hypothèses très fragiles ? Trop souvent, la discussion sérieuse sur l'étude des dynamiques futures des systèmes achoppe d'emblée sur le malentendu premier qui fait imaginer la prospective comme une intervention – ou plus caricaturalement encore un outil – qui permet de « savoir » ce qui va se passer dans le futur – de le savoir comme on « sait » ce qui s'est passé hier ou ce qui se passe aujourd'hui. Lui attribuer cette prétention exorbitante, c'est déconsidérer la prospective d'emblée. Tant que ce (vrai ou faux ?) malentendu n'est pas levé, il fait régner une pression psychologique permanente. S'engager dans la conjecture, c'est s'exposer au ridicule. Ainsi, pour le passage de l'an 2000, le magazine populaire *Réponse à tout* de décembre 1999 titre-t-il : « À mourir de rire – ils ont imaginé l'an 2000 – et ils se sont plantés ! » Peut-on résumer plus crûment le risque pris par la conjecture ? Il est facile de voir les limites d'une telle attaque caricaturale, mais le principe s'en retrouve dans des interpellations d'apparence plus académique, comme ces questions souvent posées : « comment prouvez-vous que tel scénario prospectif est le bon ? Comment validez vous le modèle que vous utilisez ? ».

Le « bon » scénario, au sens de celui qui se réalisera, le modèle « valide », dont les résultats décriraient notre futur tel qu'il sera, personne ne les connaît. Sur ce point, tous les auteurs qui se sont penchés sur la prospective sont unanimes. Ils sont d'ailleurs les premiers à souligner la fragilité des conjectures, comme Ayres, dont l'ouvrage classique sur la prospective technologique (1972) donne des exemples très amusants. C'est bien pour lever d'emblée tout malentendu que B. de Jouvenel insiste sur le fait que « c'est précisément comme s'opposant au terme "connaissance" [qu'il a retenu pour son ouvrage] le mot "conjecture" ».

Soit, une conjecture prospective n'est pas une prédiction. Alors, ce n'est plus le fait qu'elle soit vraie ou fausse qui fait sa qualité, son intérêt. Il faudra rechercher d'autres repères, par exemple le degré de réflexion théorique et méthodologique qui appuie la conjecture, la cohérence des jeux d'hypothèses et des résultats, leur plausibilité et leur valeur heuristique, enfin leur pertinence dans les forums de débat prospectif où se construisent nos visions du futur – et par là nos futurs eux-mêmes[8]. Pour de nombreux chercheurs, ce changement de repères n'est ni facile ni naturel, il demande un véritable travail (Mermet et Piveteau, 1997 ; Mermet et Poux, 2002) ; les repères appropriés ne sont d'ailleurs encore qu'en partie disponibles ; les enrichir, les compléter, les adapter aux différents contextes de production et d'utilisation de conjectures, cela fait partie intégrante du chantier qui s'ouvre sur la prospective des socio-écosystèmes.

Entendu, la prospective n'est pas la prédiction : elle ne peut dire à l'avance ce qui va arriver. Mais elle cherche le plus plausible, le plus vraisemblable et même, pour certains auteurs, le plus probable ? Si elle ne prédit pas, elle essaie bien de prévoir ? La différence entre prévision et conjecture est une question récurrente des chercheurs qui découvrent la prospective. Elle est aussi l'un des débats ouverts en continu au sein de la communauté des prospectivistes. Par exemple, la série des ouvrages de Michel Godet s'ouvre par un livre intitulé *Crise de la Prévision, Essor de la Prospective* (1977). Faut-il comprendre que la prospective se construit sur les ruines de travaux de prévision discrédités ? Non sans doute. Après avoir opposé vigoureusement prévision et prospective, l'auteur lui-même conclut :

> Critiquer ne signifie pas rejeter, [...] si vouloir quantifier à tout prix nous semble dangereux, en revanche, les résultats chiffrés des modèles de prévision classiques (mathématiques, économétriques) sont des indicateurs stimulants et des repères précieux pour la réflexion sur l'avenir. [...] nous restons

---

[8] Ce thème central dans notre analyse sera approfondi dans la suite de l'ouvrage sous plusieurs angles.

convaincus d'une certaine complémentarité entre prospective et prévision classique.

Aujourd'hui, comme le constate Hatem (1993), l'opposition entre prévision et prospective fait place à une symbiose croissante entre les méthodes de prévision et celles issues de la prospective. Avec le recul du temps, il ressort que ce qui était reproché à la prévision « classique », c'était essentiellement de véhiculer l'idée que les outils « formalisés » (modèles mathématiques, simulations informatiques) des prévisions économiques ou démographiques étaient garants d'une rigueur de prévision dont les approches « qualitatives » (groupes de discussion, méthodes de scénarios) auraient été intrinsèquement incapables. Or les concepteurs d'outils formalisés ont dû (pour quelques-uns peut-être, doivent encore) apprendre à reconnaître que, mathématisée ou pas, informatisée ou pas, toute conjecture est touchée par les mêmes limites : l'obligation de s'appuyer sur des hypothèses fragiles, l'impossibilité d'embrasser tous les facteurs qui influencent le futur. La prévision ne prévoit pas l'avenir plus que la prospective : l'une et l'autre proposent des réflexions systématiques, méthodiques, structurées sur le futur. L'une et l'autre – et peu à peu elles se fondent en un champ unique – consistent en un « effort-pour-prévoir », qui fonde le débat scientifique et social sur les futurs que nous voulons et ceux que nous pouvons construire.

c. La pertinence de la prospective, entre connaissance et action

Il ne s'agit donc pas de prédire, ni de prévoir, le futur au sens où l'on entendrait savoir d'avance ce qui va se produire. D'où vient alors la portée, l'utilité d'un travail pour construire des prévisions dont on ne sait laquelle se réalisera et que l'on ne peut pas, ou guère, « probabiliser » ? D'ouvrage en ouvrage, cette question fondatrice relance les interrogations théoriques des prospectivistes. Leurs réponses se déclinent sur deux plans.

1) L'effort-pour-prévoir est précieux parce qu'il éclaire le présent. En nous imposant de rechercher des « signaux faibles », d'identifier de grandes tendances, de nous lancer dans un exercice d'imagination, les travaux de prospective enrichissent notre compréhension du monde. Comme le suggère la belle formule de Pierre Wack : « *the gentle art of repercieving* », ils nous aident à mettre au jour un présent caché, à lire des dynamiques latentes, à remettre en cause des hiérarchies que l'on croyait acquises. Selon les auteurs, on trouve d'ailleurs des conceptions tout à fait différentes de la manière dont la prospective peut enrichir nos connaissances. En ce sens, l'effort-pour-prévoir, la prospective, n'est pas une méthode d'étude d'un objet particulier qui serait le futur, mais plutôt une entrée par les

futuribles[9], une forme particulière de l'effort pour comprendre des systèmes complexes – comme par exemple les systèmes socio-écologiques de la problématique environnementale.

2) L'effort-pour-prévoir est précieux car il fait partie intégrante de l'action. La relation avec l'action est en effet au cœur de la dissymétrie perçue entre le futur et le passé – et donc de la dissymétrie entre les travaux prospectifs et les autres approches des dynamiques des systèmes. B. de Jouvenel formule cette relation dans des termes abrupts.

> Comme le passé est le lieu des faits sur lesquels je ne puis rien, il est aussi, et du même coup, le lieu des faits connaissables. [...] ; l'avenir est pour l'homme, en tant que sujet agissant, domaine de liberté et de puissance, et pour l'homme, en tant que sujet connaissant, domaine d'incertitude.

C'est la même notion que l'on retrouve dans des définitions classiques de la prospective, comme celle de Michel Godet (1985), pour qui elle est un « panorama des futurs possibles d'un système destiné à éclairer les conséquences des stratégies d'actions envisageables ». Comme y insiste encore Peter Schwartz sur la base des expériences pionnières d'utilisation des scénarios chez le pétrolier Shell (1998), l'intérêt principal d'envisager de façon précise des futurs particuliers est de nous aider à nous préparer à l'avenir, quel qu'il soit.

Ce n'est pas seulement pour justifier sur un plan pratique l'utilité des travaux prospectifs qu'il est nécessaire d'analyser leur relation avec l'action. C'est aussi parce que toute conjecture sur l'avenir tend à peser sur l'action, à être reprise dans les anticipations des acteurs et dans le débat politique. Cette relation inévitable de la prospective avec l'action a des conséquences sur tous les types de travaux à visée prospective. Dès lors que leurs résultats ont du poids, toutes les conjectures peuvent être appelées à expliciter et soumettre à discussion la manière dont leurs méthodes, leurs contenus, leurs résultats, s'articulent aux enjeux d'actions inséparables des objets dont elles traitent.

Conclusion

Pour le développement de travaux spécialisés de recherche prospective environnementale, que retenir de cette prise de contact avec la prospective générale ?

D'abord, que depuis longtemps l'environnement fait partie des thèmes principaux de la prospective générale. Ce n'est pas l'environne-

---

[9] Le terme a été créé par B. de Jouvenel. Un futurible est un futur possible ; la prospective, l'étude des futuribles.

ment qui est nouveau pour les prospectivistes, mais la prospective qui est nouvelle pour de nombreux chercheurs – et acteurs – du champ de l'environnement. C'est bien dans ce sens que la rencontre est à promouvoir : l'intégration par la recherche environnementale de problématiques prospectives.

Ensuite, la prospective générale (sa littérature, ses personnes, ses réseaux) est riche en ressources mobilisables :

 – de multiples travaux qui peuvent être utilisés comme « conjectures-cadres » à l'appui de recherches plus spécifiques,
 – une large panoplie méthodologique,
 – une culture et une littérature sur les enjeux théoriques de tout travail prospectif.

Cependant, cette mobilisation ne peut pas être envisagée comme une pure et simple reprise de résultats et de méthodes qui ont été développés, pour l'essentiel, dans des contextes très différents de ceux de la recherche environnementale. Pour rendre les ressources de la prospective générale utiles dans ce cadre, une rupture, un travail d'inventaire sont nécessaires. Rupture avec des conceptions et des méthodes trop fortement enracinées dans les pratiques de conseil et de planification. Inventaire qui retienne et adapte certains éléments de contenu, de méthodes, de théorie, en fonction des exigences propres de la recherche prospective que l'on veut entreprendre. Cela n'est possible que si l'on peut poser de nouveaux types de recherches prospectives en environnement, en préciser le statut, le cadre, et mobiliser pour elles à la fois des ressources venues de la prospective générale, et des disciplines de la recherche environnementale. C'est l'orientation que nous avons développée au chapitre II, et c'est tout l'enjeu du présent ouvrage.

Références

Ayres, R. U., *Prévision technologique et planification à long terme*, Hommes et techniques, 1972.

Battle, A., *Les travailleurs du futur*, Seghers, 1986.

Berger, G. (dir.), *Étapes de la prospective*, PUF, 1967.

Cazes, B., *Histoire des futurs*, Seghers, 1986.

CERED-CERNEA, *Un bilan de la prospective africaine*, Paris, Ministère des Affaires étrangères, 2000.

Commissariat Général au Plan, *Réflexions pour 1985*, La Documentation française, 1964.

DATAR, *Une image de la France en l'an 2000 – scénario de l'inacceptable*, Paris, DATAR, 1974.

DATAR, *Bilan d'une expérience prospective*, Paris, DATAR, 1977.

De Jouvenel, B., *L'art de la conjecture*, Éditions du Rocher, 1964.

Découflé, A. C., *La prospective*, PUF, 1980.

Godet, M., *Crise de la prévision, essor de la prospective – exemples et méthodes*, PUF, 1977.

Godet, M., *Prospective et planification stratégique*, Economica, 1985.

Godet, M., *Future Studies : a Tool-Box for Problem Solving*, Paris, GERPA, 1991.

Hatem, F., *La prospective : pratiques et méthodes*, Economica, 1993.

Herrera, A., *Catastrophe or New Society ? A Latin American World Model*, Ottawa, International Development Research Centre, 1976.

Homann, R., et Moll, P. H., « An Overview of Western Futures Organisations », *Futures*, 25(3), 1993, pp. 339-347.

Kahn, H., et Wiener, A. J., *L'an 2000*, Robert Laffont, 1968.

Kieken, H., « Integrating Structural Changes in the Future Research and Modelling on the Seine River Basin », *International Environmental Modelling and Software society*, Lugano (CH), 24-27 juin 2002.

Marien, M., « Environmental Problems and Sustainable Futures – Major Literature from WCED to UNCED », *Futures*, 24(8), 1992, pp. 731-757.

Meadows, D. H., Meadows, D. L., Randers, J. *et al.*, « Rapport sur les limites de la croissance », in Delaunay, J. (dir.), *Halte à la croissance ?*, Fayard, 1972.

Mermet, L., et Piveteau, V., « Pratiques et méthodes prospectives : quelle place dans les recherches sur l'environnement ? », in *Les temps de l'environnement – Journées du Programme Environnement, vie et sociétés, Toulouse, session 1 et 2*, vol. 1, 5-7 novembre 1997, Toulouse, Géode-CNRS, 1997, pp. 327-336.

Mermet, L., et Poux, X., « Pour une recherche prospective en environnement – repères théoriques et méthodologiques », *Natures, Sciences, Sociétés*, 10(3), 2002, pp. 7-15.

Mesarovic, M., et Pestel, E., *Stratégie pour demain – 2ᵉ Rapport du Club de Rome*, Seuil, 1974.

OCDE, *Interfuturs : pour une maîtrise du vraisemblable et une gestion de l'imprévisible*, OCDE, 1979.

Piveteau, V., *Prospective et territoire : apports d'une réflexion sur le jeu*, Cemagref éditions, 1995.

Poux, X., Mermet, L., Bouni, C. Dubien, I. Narcy, J.B., *Méthodologie de prospective des zones humides à l'échelle micro-régionale – problématique de mise en œuvre et d'agrégation des résultats*, AScA/Programme national de recherche sur les zones humides, 2001.

Rotmans, J., « Methods for IA : The Challenges and Opportunities ahead », *Environmental Modeling and Assessment*, 3, 1998, pp. 155-179.

Schwartz, P., *The Art of the Long View – Planning for the Future in an Uncertain World*, John Wiley & sons, 1998.

Theys, J. (dir.), *L'environnement au 21ᵉ siècle*, Germes, 2000.

CHAPITRE IV

Fonctions, construction
et évaluation des scénarios prospectifs

Xavier POUX

Les scénarios sont une des méthodes les plus anciennes et les plus caractéristiques de la prospective. En termes généraux, ils peuvent être définis comme des récits cohérents construits sur des principes méthodiques. Ces récits décrivent une ou plusieurs anticipations plausibles du futur, relativement à un sujet donné (l'environnement, l'économie, les représentations sociales, etc.).

Si l'on parle parfois de *la* méthode des scénarios, en se référant aux structures fondamentales et aux principes de base mobilisés dans la construction de scénarios, dans les faits on peut observer une grande diversité dans les méthodes mises en œuvre et les produits obtenus (Hatem, 1993 ; van Asselt *et al.*, 1998). Cette diversité amène certains auteurs à considérer que les bases méthodologiques ne sont pas stabilisées (Chermak *et al.*, 2001) et qu'il convient alors de considérer le développement des scénarios comme relevant davantage du domaine de l'art que celui d'une approche scientifique (Schwartz, 1998 ; Mack, 2001).

À cette vision considérant que l'hétérogénéité méthodologique des scénarios est la marque de l'absence de bases fiables dans les démarches mises en œuvre (il s'agirait alors de normaliser le paysage méthodologique), nous préférons celle qui envisage cette diversité comme adaptée à la diversité des « cahiers des charges » et des contextes d'utilisation des méthodes de scénarios. La priorité est alors d'améliorer la transparence des démarches mises en œuvre et de fournir des critères d'évaluation *ex ante* et *ex post* de ces méthodes.

Cela nous conduit à considérer les différentes dimensions qui caractérisent les scénarios. Si l'on considère le « pourquoi » et le « pour qui » des scénarios, ils sont à interpréter comme outils finalisés. Si l'on s'intéresse au « comment » on est renvoyé à des enjeux de méthode. Quant au « quoi », il met l'accent sur la forme du produit au sein duquel le récit est au service d'une vision sur le futur. C'est *in fine* l'adéquation entre ces trois termes qui permet de juger de la qualité d'une démarche de scénarios, et en particulier dans une optique scientifique. On peut alors proposer comme formulation générale de la problématique envisagée ici : dans un contexte d'utilisation donné, en quoi les méthodes de scénarios mobilisées contribuent-elles à enrichir le contenu des images futures construites et leur valorisation par les acteurs impliqués dans une démarche prospective ?

Notre propos dans ce texte est alors double. Il s'agit d'une part de faire ressortir la diversité des trois dimensions introduites plus haut – finalités, méthodes, produits – en proposant un panorama, amorce d'une nécessaire « culture générale » des approches prospectives par scénarios. D'autre part, nous nous attachons à fournir des critères d'analyse utiles pour évaluer la qualité et la portée d'une démarche prospective fondée sur des scénarios.

Pour ce faire, le texte est organisé comme suit. La première partie propose un aperçu des contextes d'utilisation variés qui, au cours du temps, ont façonné le paysage méthodologique des prospectives à base de scénarios et ont fait évoluer leurs définitions. La deuxième partie traite des principes communs qui sont à la base des méthodes de scénarios, en s'appuyant sur la littérature classique dans le domaine. Elle débouche sur une caractérisation des différents types de méthodes de scénarios au regard de leur structure fondamentale, selon la terminologie consacrée (scénarios tendanciels, contrastés, etc.). La troisième section décrit et analyse deux scénarios que l'on peut considérer comme particulièrement pédagogiques pour la prospective environnementale : les « scénarios d'écologie urbaine » de Morten Elle et les Scénarios globaux du *Global Scenario Group*. La quatrième partie propose une série de questions qui contribuent à qualifier et évaluer une démarche prospective à base de scénarios, en illustrant les axes d'analyse à l'aide des deux scénarios décrits dans la partie précédente. La conclusion traite de la question plus spécifique de l'intégration d'approches prospectives à base de scénarios dans le cadre de programmes et de projets de recherche sur l'environnement.

1. Un aperçu de la diversité des usages et des principes de construction des scénarios

Au cours d'une histoire qui s'étend maintenant sur plus d'un demi-siècle, la diversité des contextes d'utilisation et des attendus des scénarios a concouru à définir des principes méthodologiques variés dans leurs fonctions comme dans leur conception générale. Un aperçu d'ensemble des grands courants qui ont contribué, et contribuent encore, à façonner le paysage méthodologique des scénarios aide ainsi à mieux définir ce champ.

a. Les origines : les récits d'anticipation et les scénarios militaires comme outil stratégique

C'est Herman Khan, l'une des figures historiques de la prospective aux États-Unis, qui le premier utilisa le mot de « scénario » en 1960 en référence à une démarche normalisée. Certes, avant cette date, certaines démarches littéraires présentent, dès le XIXe siècle et au début du XXe, des traits caractéristiques des scénarios. Bernard Cazes, dans le chapitre qu'il consacre à l'histoire de la prospective dans Hatem (1993), recense ainsi les auteurs qui, sous forme de récits, se proposent d'anticiper des futurs plausibles. Jules Vernes et Georges Orwell constituent deux exemples particulièrement connus dans ce champ des récits d'anticipation. Il note également qu'en marge des thèmes traités par ces figures-phares (les mutations technologiques, sociales, politiques, etc.), l'environnement possède également ses auteurs qui, dès la fin du XIXe siècle traitent de sujets comme la pollution, la concentration urbaine, le réchauffement climatique et les parcs naturels. Le ressort de ces récits est d'ordre littéraire, en référence au premier sens du mot scénario : « décor », avec une idée de mise en scène pour frapper les esprits. L'intérêt et la qualité de ces récits d'anticipation reposent avant tout sur les talents d'imagination ou de plume de leurs auteurs et ils restent à cet égard difficilement valorisables au-delà de leur capacité à stimuler l'imagination. On retiendra néanmoins de ces récits une dimension que l'on retrouve dans les scénarios prospectifs actuels. En explicitant certaines images, ils favorisent leur réalisation. Ainsi, Jules Vernes a sans doute fait rêver des ingénieurs qui se sont attachés à rendre possible ses « inventions ». Dans un autre registre, la guerre de 1914-1918 fut annoncée dans nombre de récits d'anticipation qui exacerbaient la rivalité entre la France et l'Allemagne et/ou qui spéculaient sur des formes de guerre « moderne », résultant des bouleversements technologiques du XIXe siècle.

C'est néanmoins après la Seconde Guerre mondiale, dans le cadre de la RAND corporation[1], que les scénarios se définissent progressivement comme des outils systématiques d'exploration du futur. Les approches reposent sur des bases méthodiques et théoriques explicites et sur des mises en condition intellectuelles (« *future-now thinking* » qui consiste à se mettre dans la peau d'une personne vivant dans le futur), dans des

---

[1]   RAND est l'acronyme de *Research and Development*. La RAND Corporation peut être définie comme un bureau d'étude au service de l'État américain, dont la fonction est de servir de *think tank* stratégique dans le contexte de l'après-guerre.

buts d'aide à la décision ou de connaissance qui les apparentent de plus en plus à des démarches scientifiques.

Les méthodes de scénarios furent ainsi initialement développées dans le domaine militaire dès les années 1944-1948, afin d'identifier les facteurs-clés (progrès technologique, guerre froide, etc.) susceptibles d'éclairer les orientations stratégiques des États-Unis (Schwartz, 1998). L'enjeu de ces approches est d'examiner toutes les conditions et les conséquences – technologiques, organisationnelles, politiques, psychologiques – qui découlent d'une stratégie et de proposer des stratégies alternatives en cas d'imprévu (« *what if* » : « que faire si... »). Un des travaux les plus significatifs dans le domaine fut probablement celui de Kahn qui, en décrivant les conséquences d'une guerre nucléaire entre les États-Unis et l'URSS en 1963, contribua incontestablement à orienter la stratégie américaine dans le domaine (Chermak *et al.*, 2001).

Au cours des années 1960 et 1970, les scénarios vont connaître leur essor en sortant du champ militaire et se développer dans deux domaines différents que nous allons maintenant décrire : les scénarios pour les grandes entreprises et les scénarios pour les grandes institutions publiques.

b. Les scénarios pour les grandes entreprises : ouvrir l'esprit des dirigeants, éclairer des stratégies de développement des entreprises

Aux États-Unis, la création dans les années 1960 du Hudson Institute par H. Kahn (dont l'objectif est de « penser l'impensable ») et celle du *Stanford Research Institute* vont contribuer à développer les dimensions politiques et sociales dans la prospective à destination des entreprises. Toute une activité de construction de scénarios à destination des grands groupes industriels (comme la Shell, IBM, General Motors) contribue à développer une école d'experts de haut niveau, dont les travaux s'appuient autant sur une certaine philosophie des scénarios que sur l'explicitation, partielle, des bases méthodologiques mobilisées. Les grands noms dans ce domaine sont Pierre Wack, Peter Schwartz ainsi qu'Herman Kahn. En France, on peut citer les noms de Jacques Lesourne, Hugues de Jouvenel et Michel Godet. Ce dernier, en particulier, développera une approche davantage fondée sur un appareillage méthodologique et technique qui laisse une moindre place à l'expertise individuelle des prospectivistes. Cette approche formalisée, intégrant les scénarios comme des outils de réflexion stratégique, peut être considérée comme une référence méthodologique internationalement connue[2].

Ces travaux contribuent à finaliser les scénarios dans ce que l'on appelle la planification à base de scénarios (*Scenario Planning*) (Georgantas et Acar, 1995). Les attendus de ces scénarios « managériaux » sont essentiellement de faire ressortir les marges de manœuvre dans la gestion à long terme des entreprises et d'ouvrir l'esprit des participants, de les amener à sortir des sentiers battus. Les principes méthodologiques sont alors essentiellement développés dans cette optique. Ils visent à identifier les variables stratégiques et à favoriser une perception accrue des facteurs de changement dans le contexte des entreprises. Les dimensions de gestion d'équipe sont particulièrement développées dans ces approches ainsi que celles qui contribuent à expliciter les facteurs de positionnement stratégique des entreprises à long terme (Chermak *et al.*, 2001). Les scénarios sont ici développés dans l'optique de contribuer à une culture d'entreprise.

On trouvera des exemples de cette pensée riche en intuitions et en perceptions très personnelles dans l'ouvrage phare de P. Schwartz, *The Art of the Long View*, régulièrement réédité depuis sa sortie au début des années 1990.

c. Les scénarios dans le cadre des institutions à vocation planificatrice : connaître, sensibiliser, prescrire, planifier

La construction de scénarios dans le cadre d'institutions gouvernementales ou d'organisations non-gouvernementales constitue une deuxième branche dans laquelle les scénarios se sont développés. Historiquement, les besoins de planification à long terme de gouvernements ou d'organisations internationales (organismes des Nations Unies, Union européenne, OCDE, etc.) conduisent à une demande de scénarios. Des intervenants, souvent les mêmes que ceux déjà cités à propos des entreprises (Hudson Institute, SRI aux États-Unis), sont ainsi chargés de construire des scénarios sur l'éducation ou l'environnement par exemple. En France, ce sont la DATAR et le Commissariat Général du Plan qui assureront, dès les années 1960, les fonctions de laboratoires pour les scénarios, que ce soit sur le plan des réflexions méthodologiques ou de réalisations pilotes. Au cours des années 1980, la planification mobilisant des scénarios s'étendra à des institutions régionales ou locales, comme en témoigne tout un champ de prospective régionale particulièrement actif.

---

[2] Pour une analyse des travaux de Godet, on peut se reporter notamment au chapitre II du présent ouvrage.

Très tôt, des travaux significatifs traitent de l'environnement (Ward et Dubos, 1964 ; Carson, 1964), essentiellement sous l'angle des pressions accrues sur les ressources naturelles, préfigurant les travaux du Club de Rome. Dans la période récente, l'intégration de scénarios dans la prospective environnementale va connaître un nouvel essor, notamment dans les domaines de l'énergie, des transports et du réchauffement climatique (van Asselt *et al.*, 1998). Fait marquant, ces scénarios ne raisonnent plus seulement en termes de pressions sur des ressources naturelles, mais intègrent des stratégies environnementales explicites, qu'elles visent à conforter ou à évaluer.

Les fonctions et le statut assignés aux scénarios développés dans ce cadre institutionnel diffèrent significativement de ce qu'elles sont dans le cadre des entreprises. En s'inscrivant dans un débat public, dont la vocation est de fonder des politiques, les démarches prospectives institutionnelles ont intégré deux dimensions supplémentaires.

En premier lieu, il leur faut légitimer les résultats des conjectures sur le plan des contenus scientifiques et des techniques mises en œuvre. Les compétences scientifiques sont alors systématiquement mobilisées pour fonder l'analyse des thèmes traités dans le cadre des scénarios, qu'il s'agisse d'éclairer des relations de causalité, de fournir des données ou d'organiser la complexité. L'importance d'un diagnostic initial de la situation et de la définition de l'objet traité devient centrale. Autant que le contenu même des scénarios, les procédures d'obtention des conjectures, la lisibilité des méthodes mises en œuvre aux yeux des différentes parties concernées, la fiabilité des données mobilisées participent à l'intérêt de la démarche.

En second lieu, les valeurs sociales et morales, les préférences qui fondent nécessairement les images[3] doivent être clarifiées et discutées. Davantage que dans le cadre d'une entreprise, il devient central d'expliciter et d'analyser les relations entre les valeurs portées par différentes catégories d'acteurs et la construction des conjectures dans un débat contradictoire. Quelles sont les valeurs, implicites ou explicites, qui fondent tel scénario ? Chaque valeur est-elle correctement traitée dans les conjectures construites ? Cette mise en débat débouche sur le fait que la pluralité des futurs envisagés dans les scénarios devient également un critère d'évaluation des démarches (van Asselt *et al.*, 1998), appuyant l'idée qu'il ne s'agit pas de procéder à des prévisions qui « enfermeraient » le débat, mais à des explorations de futurs possibles dont il s'agit de discuter à la fois la plausibilité – on retrouve ici l'importance des bases scientifiques – et la désirabilité.

---

[3] Sur la place centrale des valeurs dans toute démarche prospective, voir Julien *et al.*, 1975 ; van Asselt *et al.*, 1998.

d. En conclusion : une diversité de dimensions dans la définition des scénarios

Ce rapide examen des différents contextes dans lesquels les méthodes de scénarios se sont inscrites au cours des dernières décennies permet de mieux identifier les différentes facettes de leurs définitions.

Dès leur origine, les scénarios sont essentiellement des formes littéraires permettant d'illustrer une idée du futur (ou d'un futur), formes où la dimension de persuasion et plus globalement la fonction normative sont prédominantes. Dans cette lignée qui insiste sur une certaine appréhension du futur fondée sur la forme narrative, Peter Schwartz propose la définition suivante : « les scénarios sont des histoires et des mythes sur le futur » (Schwartz, 1998), qui insiste sur la dimension interprétative des scénarios.

Les approches développées dans la lignée de la RAND Corporation apportent un autre regard et insistent sur l'idée d'enchaînement logique d'événements à portée décisionnelle, comme en témoigne la définition proposée par Kahn et Wiener (1967) : « Les scénarios sont des séquences d'événements hypothétiques construites pour mettre en évidence les processus causaux et les enjeux de décision ».

Avec un élargissement des thèmes traités et des lieux de production des scénarios, c'est au cours des années 1970 et 1980 que se sont développées les idées d'exploration systématique et de recherche de cohérence formelle et logique dans les scénarios, en lien plus ou moins explicite avec une approche systémique (Julien *et al.*, 1975). Dans une optique cognitive, les scénarios affirment alors leur double statut : d'un côté la rigueur dans l'analyse des systèmes sociaux et des dynamiques complexes et de l'autre la capacité à révéler les préférences – les valeurs – quant au futur.

Dans la lignée des réflexions sur les « futuribles », une autre définition proposée par van Asselt *et al.* (1998) insiste sur la mise en évidence d'alternatives, de bifurcations résultant de l'indétermination du futur : « les scénarios sont des descriptions archétypales d'images alternatives du futur, issues de représentations mentales ou de modèles qui reflètent des appréhensions différentes du passé, du présent et du futur ».

Au total, les méthodes à la base de l'élaboration des scénarios se sont développées dans divers contextes, conduisant à des définitions variées, reflétant l'étendue du champ des scénarios. Plus qu'une hypothétique définition commune de la méthode des scénarios qu'il s'agirait de décliner en fonction de la diversité des contextes d'utilisation, il faut considérer un ensemble d'approches qui, par échanges croisés entre contextes de mises en œuvre (entreprises, institutions, scientifiques), ont progressivement contribué à enrichir le domaine. C'est la raison pour laquelle il nous a semblé que commencer notre exposé par la diversité des approches était plus proche de la manière dont le paysage des méthodes de scénarios se présente dans les faits.

Mais au-delà de cette diversité, il est néanmoins possible de situer les méthodes les unes par rapport aux autres selon des repères communs. Autrement dit, si chaque auteur est amené à proposer sa propre définition des scénarios, en fonction de son contexte de mise en œuvre et de son parcours propre, il le fait couramment en se situant vis-à-vis de ce que l'on peut appeler les principes fondamentaux des approches prospectives à base de scénarios, ce qui constitue d'une certaine manière la « culture commune », que nous nous proposons d'aborder maintenant.

2. Les principes de la méthode des scénarios : appréhender des systèmes complexes, organiser cette complexité

a. L'appréhension de systèmes complexes, la diversité des variables en jeu

Dans l'aperçu qui précède, que l'on considère le système militaire de la guerre froide, l'équilibre entre les ressources naturelles et le développement humain, le positionnement stratégique d'une entreprise ou la gestion d'un bassin versant, tous ces objets ont d'abord en commun de former autant de systèmes complexes[4] dont on peut préciser les caractères.

1) La complexité des systèmes considérés est telle qu'elle limite l'intérêt de leur appréhension à l'aide d'un modèle formalisé (mathématique par exemple). La diversité des variables qui décrivent les systèmes (ces variables peuvent être : un système politique, une organisation sociale, une quantité de ressources, le coût d'un équipement, le comportement d'un groupe d'agents, etc.) est telle que l'explicitation de toutes les relations existant entre elles apparaît difficile, voire peu pertinente. De plus, la connaissance des différentes composantes des systèmes peut être hétérogène en qualité (on ne connaît pas nécessairement tout de la même manière sur le système dont se propose d'appréhender le futur) et en nature (faits démographiques et faits culturels, par exemple, s'appréhendent différemment).

---

[4] Le lien entre l'analyse systémique (et plus particulièrement la dynamique des systèmes) et la prospective est relativement ancien. On le retrouve ainsi dans les travaux théoriques de la DATAR en 1975 et, plus récemment, dans l'ouvrage de P. Gonod, *Dynamique des systèmes et méthodes prospectives*, Paris, Futuribles, 1996.

2) Si l'on considère en outre la dimension temporelle d'un scénario, la mise en relation à la fois systémique et dynamique de multiples composantes est particulièrement problématique. Pour emprunter à F. Braudel l'image du « voyage » (les objets appréhendés par l'histoire en tant que discipline ayant des formes de complexité de même nature que ceux qui nous intéressent ici) : les scénarios sont des constructions qui permettent des « voyages » dans le futur plus riches que ceux qui découleraient de modèles[5]. Autrement dit, la forme du récit, commune à l'histoire et à la prospective, apparaît plus à même de rendre compte des évolutions complexes, en partie indéterminées, des systèmes considérés.

3) Ces systèmes ont comme caractéristique d'être influencés, au moins en partie, en fonction de comportements et/ou de décisions humaines qui jouent dans le sens d'une régulation ou d'une dérégulation[6]. Cette place de la sphère humaine dans les scénarios explique leur lien « naturel » avec la décision privée ou publique, même si, là encore, ils peuvent s'appliquer à des questions qui dépassent l'aide à la décision. Elle explique également une certaine forme d'indétermination dans l'évolution des systèmes considérés, dans le sens où les agents humains sont considérés comme des acteurs jouant avec un certain degré de liberté par rapport au système.

4) Les variables et les processus en jeu dans le fonctionnement et surtout dans l'évolution du système considéré sont extrêmement divers quant à leur nature et leur mode d'action sur l'objet du scénario. Les conjectures sur le futur renvoient alors à des dynamiques que l'on peut classiquement classer en trois grandes catégories : (i) des tendances lourdes, qui renvoient à des variables d'évolution « certaines »[7], (ii) des variables dont on sait qu'elles vont jouer dans

---

[5] « Réintroduisons en effet la durée. J'ai dit que les modèles étaient de durée variable : ils valent le temps que vaut la réalité qu'ils enregistrent. [...] J'ai comparé parfois les modèles à des navires. [...] Le naufrage est toujours le moment le plus significatif... Ai-je tort de penser que les modèles des mathématiques qualitatives [...] se prêteraient mal à de tels voyages, avant tout parce qu'ils circulent sur une seule des innombrables routes du temps, celle de la longue, *très longue*, durée, à l'abri des accidents, des conjonctures, des ruptures ? » (Braudel, 1969, cité dans Wallerstein, 2001).

[6] Selon l'objet considéré, il sera possible de construire des scénarios intégrant des variables physiques au sens le plus large du terme (les ressources naturelles, le retombées radio-actives, l'évolution de la durée de vie de l'homme avec les progrès de la médecine, etc.) qui viendront interagir avec les « variables » humaines.

[7] Dans le sens où l'on sait (i) qu'elles vont jouer sur le système et (ii) que leur évolution à venir peut raisonnablement être tenue comme connue, du fait notamment d'une forte inertie de ces variables. Par exemple, à l'échelle mondiale, la démographie est l'un des déterminants de la consommation d'eau et il est possible de faire des projections démographiques plausibles à moyen et long terme.

le principe, mais dont l'occurrence reste ouverte (par exemple, le progrès technologique) et (iii) des aléas, surprises imprévisibles dans leur nature et leur forme, qui introduisent un degré d'indétermination particulier (Russo, 1968). Ces dernières ont été plus particulièrement étudiées par Petersen (1997) sous le concept éloquent des *wild cards* (« cartes surprises ») (cité par Gonod, 2001).

Au total, les scénarios sont des outils développés pour appréhender les dynamiques futures d'objets complexes, par nature indéterminés, conduisant à une pluralité des futurs possibles (des futuribles pour reprendre l'expression de B. de Jouvenel) et interdisant une approche prédictive[8].

Face à cette complexité et à cette indétermination, l'entreprise de construction systématique et rigoureuse qui caractérise les méthodes de scénarios se trouve d'emblée confrontée à deux difficultés : il s'agit d'une part d'organiser cette complexité, et d'autre part de sélectionner les conjectures pertinentes. Pour ce faire, outre le recours au récit qui peut être considéré comme un élément théorique fondamental des méthodes de scénarios[9], ces dernières appréhendent la dynamique des systèmes en respectant des règles formelles et de structuration des données que nous allons maintenant décrire.

b. Structure formelle et classification des méthodes de scénarios

Des récits pour rendre compte de dynamiques futures sur des bases organisées

La présente section constitue un exposé de ce que l'on peut considérer comme la culture de base à laquelle se réfère l'ensemble des concepteurs de méthodes de scénarios[10].

Un des points essentiels dans la forme d'un scénario, permettant d'organiser la complexité caractérisée ci-dessus, est la distinction entre les descriptions synchroniques – à un moment donné – et les analyses diachroniques – en dynamique – du système considéré. On parlera dans le premier cas d'« *images* » et dans le second de « *cheminements* » reliant entre elles deux images. Les deux bornes temporelles, l'une dans le présent et l'autre dans le futur, définissent ce qu'on appelle l'« *horizon temporel* ». Ce dernier définit le degré d'ouverture potentiel des

---

[8]   Cf. à cet égard le titre éloquent d'un ouvrage de Godet, *Crise de la prévision, essor de la prospective*, Paris, PUF, 1977.

[9]   Voir chapitre V.

[10]   Dans la suite de cette section, les termes entre guillemets et en italique font partie d'un vocabulaire reçu, plus ou moins normalisé, au sein du domaine. Les termes en italique seulement soulignent des points cruciaux des scénarios.

images, mais aussi la nature des variables temporelles considérées (ce qui est considéré comme constant à un horizon temporel relativement court peut devenir variable si l'on « allonge » ce terme)[11].

Les variables mobilisées dans la description des images décrivent à la fois l'état et les modes de régulation du système renvoyant plus ou moins à des *états d'équilibre cohérents*. Le cheminement décrit, lui, des *relations causales plausibles* entre des variables d'évolution et certaines variables du système. Dans cette optique, les conjectures, d'ordres variés, qui constituent la substance même des scénarios peuvent être de deux ordres : les conjectures relatives aux cheminements (« sous l'hypothèse qu'il se passe cela, alors les conséquences sont... ») et celles relatives aux images, qui décrivent de nouveaux modes de fonctionnement (« dans ce nouvel état du système, la régulation passe dorénavant par... »).

L'image initiale[12] constitue la « *base* » du (ou des) scénario(s). Formellement, la base consiste en un récit du présent et du passé du système, étayé sur des données variées (statistiques, cartes, simulations, etc.). La base a plusieurs fonctions : elle fournit un *état de référence synthétique* qui permet de mesurer le chemin que décrira le scénario. Elle joue également le rôle d'un *diagnostic* à la fois sur le fonctionnement du système et sur les forces qui s'exercent sur lui en dynamique, d'où l'importance de l'analyse rétrospective et de la mise en évidence des « patterns *temporels* » dans la description de la base. La dimension interprétative de ce diagnostic est soulignée par de nombreux auteurs (Julien *et al.*, 1975). En définissant les scénarios comme des « descriptions archétypales d'images alternatives du futur, issues de représentations mentales ou de modèles qui reflètent des appréhensions différentes du passé, du présent et du futur », van Asselt *et al.* (1998) insistent clairement sur cette dimension de la base, qui permet d'identifier et de sélectionner des jeux d'hypothèses à tester dans les conjectures.

Sur cette base, les scénarios sont construits en s'appuyant sur des méthodes et des procédures visant à assurer une cohérence tout au long

---

[11] Le choix de cet horizon est fonction de plusieurs considérants : la nature de l'objet considéré et de la question traitée (la prospective des forêts appelle un horizon temporel plus long que celle des représentations sociales), le degré d'inertie de cet objet mais aussi des considérants décisionnels (par exemple, la directive cadre sur l'eau fixe une échéance future à 2015) ou symboliques (l'importance des comptes ronds : 2000, 2050, est connue en prospective). Il n'y a à notre connaissance que peu de réflexion théorique sur les considérants et les conséquences du choix de l'horizon temporel, qui reste le plus souvent défini de manière empirique.

[12] Dont la date est le plus souvent celle à laquelle on réalise le scénario ou celle pour laquelle on dispose de données complètes : on partira ainsi de la consommation d'eau en 2000 pour construire des scénarios sur ce thème à 25 ou 50 ans.

de leur élaboration, au sein des images et le long des cheminements. Ces méthodes reposent le plus souvent (i) sur une identification systématique des variables en jeu, (ii) sur leur classification et (iii) sur l'analyse de leurs interactions réciproques dans le fonctionnement du système et sa dynamique. Comme nous le verrons en particulier dans la partie consacrée à l'anatomie de deux scénarios, ces méthodes sont variées, mais leur caractère explicite et systématique distingue les scénarios prospectifs de démarches littéraires ou cinématographiques, aussi inventives soient-elles.

Classification des scénarios : exploratoires, normatifs

Sur ce fond commun (base, horizon temporel, images projetées, cheminement), on distingue classiquement plusieurs types de scénarios, qui consistent à organiser les conjectures sur des modes différents (Julien *et al.*, 1975).

Une première famille, dite « *scénarios exploratoires* »[13] ou « *forecasting* », consiste à partir du présent, de la base, pour envisager des projections de cette dernière en fonction d'hypothèses sur les variables d'évolution en jeu. On peut ainsi considérer des « *scénarios tendanciels* » (ou « *au fil de l'eau* »), qui envisagent les conséquences de la continuation des tendances mises en évidence dans la base, par une démarche conservative des dynamiques en cours. L'intérêt des scénarios tendanciels est de faire ressortir en quoi le présent n'est pas figé et de révéler les ruptures en germe dans celui-ci. Une deuxième sous-famille des scénarios exploratoires est celle de « *scénarios contrastés exploratoires* », qui envisagent des hypothèses contrastées sur une ou plusieurs variables-clés de cheminement (par exemple : « la population continue de croître de manière exponentielle » *vs.* « elle amorce une décroissance nette ») et examinent les images, également contrastées selon toute probabilité, qui en résultent. Dans ces scénarios exploratoires, les cheminements sont conçus avant les images, qui apparaissent comme des résultantes cohérentes des cheminements.

Reposant sur une démarche symétrique, la deuxième famille de scénarios est celle des « *scénarios normatifs* », ou « *backcasting* », qui consistent à partir des images du futur pour « remonter » jusqu'au présent, en concevant des cheminements plausibles qui permettent de relier ces images projetées à la situation présente. Des « *scénarios contrastés normatifs* », sont couramment construits selon cette démarche. Leur statut est variable : il peut s'agir de scénarios construits sur des images souhaitées ou craintes (scénarios « roses » ou « noirs », c'est

---

[13]   À l'instar de la partie précédente, les termes en italique entre guillemets renvoient au vocabulaire reçu dans le champ des scénarios.

là le sens plein du terme « normatif »), et/ou sur des images choisies pour leur capacité à mettre en évidence les variantes des futurs envisageables. Un « *scénario de rupture* » sera par exemple un scénario dans lequel, en partant d'une image future *a priori* en dehors de l'épure des images spontanément envisageables, il s'agira de concevoir pourtant un cheminement plausible conduisant du présent à l'état de chose décrit dans cette image.

Les frontières entre ces grandes familles de scénarios doivent être considérées comme perméables, compte tenu du fait que, dans la réalité, l'écriture des scénarios est plus ou moins itérative entre images et cheminements. Les tests de cohérence font que l'on peut être amené à retoucher une image vers davantage de plausibilité ; réciproquement, les tests de conditions pour qu'une image se réalise amèneront à envisager telle variable dynamique que l'on n'avait pas envisagée au départ. Malgré cette part de flou, cette classification est opérante car elle permet de donner des repère méthodologiques pour aider à aborder la complexité et à organiser le travail de construction des scénarios (« par où commencer : par les images ou par le cheminement ? »).

3. Anatomie de deux scénarios environnementaux

À ce stade de notre exposé, nous avons d'un côté un aperçu de la diversité des contextes d'utilisation des méthodes de scénarios, et de l'autre, les principes de base qui fondent ces méthodes. L'anatomie de deux cas concrets de scénarios environnementaux nous permettra maintenant de montrer comment les grands principes méthodologiques sont amenés à se traduire dans la pratique. Elle illustre la variété des composantes et des dimensions qui caractérisent une démarche de construction de scénarios.

Le premier ensemble de scénarios décrit est celui des *Branch Points* (que nous traduisons par : « les bifurcations du futur »), élaboré par le *Global Scenario Group* ; le second ensemble compose l'ouvrage intitulé *L'écologie urbaine du futur*, conçu par Morten Elle.

Le choix de ces deux travaux est motivé par plusieurs considérants : outre l'intérêt propre de leur contenu, il s'agit de travaux dans lesquels l'approche par scénario est poussée à son terme, tant dans la restitution des résultats que dans leur utilisation[14]. En outre, les deux approches par

---

[14] Paradoxalement, les traces écrites des approches par scénarios insistent couramment davantage sur les phases amont (la méthode, le cadre institutionnel, etc.) et aval (les enseignements et l'exploitation des scénarios) de la démarche que sur les scénarios eux-mêmes, qui acquièrent le statut de produits temporaires et ne méritent pas une restitution exhaustive au-delà du cercle des personnes qui ont participé à leur cons-

scénarios décrites ici peuvent être considérées à plusieurs égards comme archétypales et illustratives d'approches différentes et complémentaires des méthodes de scénarios.

Les scénarios du *Global Scenario Group*, en fournissant notamment des jeux d'hypothèses contextuelles au niveau mondial, peuvent de plus servir de scénarios de référence pour la construction d'autres scénarios qui reprendraient leurs hypothèses pour décliner ensuite l'analyse dans un domaine plus spécifique.

Enfin, on fera valoir que ces scénarios sont accessibles sur internet, ce qui permettra aux lecteurs qui le désirent de se les procurer dans leur intégralité[15].

Bien entendu, ces deux ensembles de scénarios ne décrivent qu'une petite partie du champ des scénarios environnementaux. On trouvera dans le reste de l'ouvrage d'autres analyses de scénarios environnementaux qui permettront au lecteur d'enrichir sa connaissance du champ[16].

a. Les scénarios du Global Scenario Group (les Branch Points)

Le *Global Scenario Group* (GSG dans la suite du texte) est un groupement indépendant de scientifiques et d'experts d'horizons géographiques et disciplinaires variés, constitué à la fin des années 1980 autour de la problématique des enjeux futurs du développement global de la planète. Ce groupe a recouru à la méthode des scénarios pour proposer six récits sur le futur, révélateurs de choix contrastés en matière d'orientation du développement et d'organisation politique au niveau international. Ces scénarios ont pour but « de révéler les facteurs-clés du système global actuel, les dynamiques qui s'exercent sur lui et le champ des futurs possibles et des chemins qui y mènent ». Les hypothèses fondatrices sont que « des choix humains informés, se traduisant dans des politiques gouvernementales, des initiatives de la société civile et des décisions individuelles, conditionnent de manière essentielle les formes que prendra le futur ».

---

truction. Comme il est difficile de résumer un scénario sans l'appauvrir, rares sont les publications qui rendent compte des textes même des scénarios.

[15] Les adresses des sites correspondants sont : http://www.seib.org/polestar/Publications. html (*Branch Points*) et http://www.cordis.lu/easw/src/scenarii.htm (Écologie urbaine du futur).

[16] Pour un aperçu d'ensemble des scénarios environnementaux, on pourra aussi se référer à van Asselt *et al.* (1998).

La construction de la base

Les membres du *Global Scenario Group* appréhendent comme système le monde dans sa globalité, tel qu'il se présente dans les années 1990. Conformément à la problématique du développement durable à laquelle ils s'attèlent, ils distinguent ainsi dans le principe trois grandes composantes dans le « système socio-écologique global » :

- *la société* (dont les rubriques sont : la population, les modes de vie, la culture, l'organisation sociale),
- *l'économie* (agriculture, industrie, transports, services auxquels est adjoint l'urbanisme),
- *l'environnement* (atmosphère, hydrosphère, utilisation des terres, ressources biologiques et minérales).

Au total, six variables cruciales sont retenues pour l'analyse du système et, nous le verrons, pour la construction des scénarios. Ce sont : (1) la population, (2) l'économie, (3) l'environnement, (4) l'équité, (5) la technologie et (6) les conflits. Ces variables sont manipulées sous forme d'agrégats synthétiques qui ont des statuts extrêmement variables : alors que la population est estimée en nombre d'individus, l'environnement ou les conflits sont caractérisés de manière qualitative (« l'environnement se dégrade »). L'équité socio-économique est décrite à l'aide de la comparaison du PIB par personne entre les pays riches et pauvres (en milliers de $ par habitant), mais dans les scénarios, cet indicateur renvoie à des rapports socio-politiques beaucoup plus complexes.

Ces variables étant explicitées, les auteurs s'attachent à rappeler les principaux enjeux qui permettent d'en saisir brièvement les aspects essentiels : la croissance de la population et ses composantes ; l'évolution du PIB dans les différentes zones du globe ; le développement technologique (plus particulièrement les technologies de l'information et les biotechnologies) ; le développement des formes de pouvoirs non gouvernementaux et décentralisés ; la répartition des revenus ; la pression sur les ressources naturelles ; les pollutions et le changement global. Un des points forts de l'analyse du système est de faire la synthèse entre plusieurs thèmes qui ont fait par ailleurs l'objet de réflexions poussées en termes de prospective à l'échelle mondiale : la démographie, l'économie, les technologies et, ce qui apparaît plus original, la géopolitique et les conflits.

Le choix des hypothèses fondatrices des scénarios

Les six scénarios du GSG sont construits selon deux approches méthodologiques différentes. Alors que les deux premiers scénarios (cf. tableau infra) sont construits selon une approche de scénarios au fil de l'eau, les quatre autres scénarios rentrent dans la catégorie des scénarios normatifs, construits selon la méthode du *backcasting*. Les auteurs assument cette position normative en rappelant que les images reflètent la vision du monde de leurs concepteurs et que, plus précisément, il s'agit de révéler les tenants et aboutissants des « espoirs et des craintes » que l'on peut nourrir à l'encontre de l'avenir. Autrement dit, les images proposées dans les scénarios le sont au regard d'un jugement de valeur global que l'on peut porter sur le monde : il se développe « bien » ou « mal ». L'on est ainsi en présence de scénarios qui vont du « noir » au « rose » avec une série de variantes. Nous laisserons le lecteur apprécier si cette manière de poser le problème est *in fine* pertinente au regard de la question posée, ou s'il s'agit d'une simplification trop radicale. Nous ferons seulement valoir que cette explicitation du parti normatif des auteurs permet précisément de se positionner par rapport à cette question.

Sur cette base, les auteurs ont envisagés trois grandes familles de futurs possibles à 100 ans, comportant chacune une version de base et une variante, que le tableau 1 résume :

Tableau 1. Les scénarios *Branch Points* du GSG

Familles de scénarios	Variante 1	Variante 2
Les mondes conventionnels Scénarios conservatifs des tendances actuelles : les valeurs humaines, la forme de la croissance de population, les modes de production et de consommation sont ceux des pays développés et l'intégration de l'économie mondiale s'affirme.	*Scénario de référence* Le développement est dominé par une logique de marchés économiques, qui régulent les relations entre hommes à différents niveaux. Les valeurs dominantes sont celles du consumérisme et de l'individualisme des pays industrialisés. Internet contribue à réduire la diversité culturelle.	*Les réformes politiques* Face aux risques du scénario de référence, celui-ci envisage une réponse politique collective, au niveau international. Cette réponse porte sur la dégradation de l'environnement et la pauvreté, que l'on combat essentiellement par le développement de technologies adaptées.
Barbarisation Les forces de rappel (économie et technologie), qui permettent aux mondes conventionnels de perdurer, ne suffisent pas dans ce cas à contrer les problèmes sociaux, politiques et économiques. Est ici envisagé un cercle vicieux où la carence des forces sociales interdit les réponses économiques et politiques adaptées : le système mondial est finalement dérégulé.	*L'effondrement* L'écart de revenu, entre les pays pauvres et riches et au sein des pays, est la principale tendance observée. Les gouvernements ne peuvent contrer cette tendance et opèrent un repli sur eux-mêmes. Des conflits entre États et des guerres civiles en résultent qui conduisent à une dégradation de l'environnement et des forces sociales.	*Le monde-forteresse* Ce scénario est une variante du précédent (l'effondrement), dans lequel les pays développés instaurent un ordre « local » (à l'échelle des pays développés) fondé sur la domination militaire mondiale.
Les grandes transitions Ces scénarios sont à la fois « idéalistes […] et possibles, voire indispensables pour un monde durable ». Ils renvoient à des utopies positives qui pourraient être renforcées par la prise de conscience des problèmes suscités par les scénarios précédents fondés sur la permanence des valeurs de la société industrielle.	*L'éco-communautarisme* Consiste en l'émergence de sociétés autonomes, relativement isolées les unes des autres au niveau mondial. Ces sociétés mettent en œuvre des programmes d'éducation humanistes visant à réguler l'agressivité envers autrui. Les auteurs constatent que le cheminement reste peu probable aujourd'hui mais qu'il pourrait être une conséquence du scénario d'effondrement.	*Le nouveau paradigme de durabilité* Repose sur une évolution des valeurs sociales vers moins de consommation matérielle et davantage de bien être culturel et personnel dans lequel l'environnement et les relations sociales sont au cœur des préoccupations à différents niveaux. Le concept-clé est « small is beautiful », ce qui n'empêche pas une coordination au niveau mondial.

Les intitulés sont ceux du GSG ; la traduction et le résumé des hypothèses sont de l'auteur.

La construction et la forme des scénarios

Les six scénarios sont avant tout construits en contrastant entre elles des images à fort contenu normatif, conduisant à des trajectoires d'évolution également contrastées en ce qui concerne la co-évolution des six variables qui jouent sur le système – (1) population, (2) économie, (3) environnement, etc. (cf. *supra*) – et les forces de rappel (les *feedbacks*) qui s'exercent entre elles sur les 100 ans considérés. Ces images sont définies les unes par rapport aux autres et leur appréhension suit un ordre logique. Les scénarios conventionnels fournissent la référence du futur, tout à la fois plausible et fragile, susceptible de basculer (d'où le concept de *Branch Point*) en fonction d'une série de régulations et dérégulations du système. Les autres scénarios sont des réactions contrastées qui renvoient l'une à l'autre. Ainsi, le scénario d'éco-communautarisme est conçu comme un rebond possible de l'effondrement.

Pour construire les récits constituant les six scénarios du GSG, les auteurs ont recouru à deux modes de représentation des hypothèses et des dynamiques en présence :

– une série de tableaux et diagrammes synthétiques qui permettent de saisir les différents *patterns* temporels envisagés pour chaque variable (croissance régulière, ou bien, par exemple, croissance puis décroissance) et leur combinaison dans les scénarios ;

– une série de diagrammes « boîtes/flèches » indiquant les relations causales qui, au cours du temps, conduisent à l'occurrence de tel ou tel scénario.

Sur cette base, chaque scénario se présente fondamentalement comme un commentaire de ces schémas « boîtes/flèches »[17]. La forme narrative est ici essentiellement un moyen de reprendre et de paraphraser les variables, qui sont décrites et mises en relation dans les schémas d'analyse systémique. Autrement, l'intégralité du scénario découle de l'analyse initiale des variables et la forme littéraire ne possède pas de fonction méthodologique, heuristique, propre. Elle est ici requise comme moyen de faire ressortir d'une autre manière, plus lisible pour certains, la cohérence propre de chaque scénario.

Par contre, il est important de noter que des points-clés font l'objet d'approfondissements spécifiques dans certains scénarios. Les scénarios

---

[17] Par exemple, pour le scénario de « barbarisation », la phrase : « les priorités de politiques sociales sont radicalement affaiblies à mesure que les gouvernements perdent du pouvoir face aux entreprises multinationales et aux forces du marché mondial… » (p. 29) est équivalente à la boîte « le capitalisme s'impose » mise en relation causale par une flèche avec la boîte « les systèmes de politiques sociales nationales faiblissent » (p. 21).

des « mondes conventionnels », notamment, comprennent des estimations des rejets en CO_2, de la consommation d'eau et d'énergie permettant de comparer les deux variantes. Cette comparaison illustre le fait que la variante des « réformes politiques », qui constitue actuellement l'ambition des organismes internationaux, ne change pas fondamentalement la nature des évolutions par rapport au scénario « de référence », même si elle constitue un progrès par rapport aux rythmes d'évolution des processus dommageables pour l'environnement.

L'exploitation et la valorisation des scénarios

Il est difficile de résumer en quelques lignes la nature et la portée du travail entrepris dans les *Branch Points*.

Le premier registre de valorisation est d'ordre politique et décisionnel. Ce travail s'adresse avant tout aux organismes qui traitent de la question du développement à l'échelle internationale et globale, dans la lignée des accords de Rio en particulier. Dans ce registre, les scénarios ont une fonction de prise de conscience et d'explicitation des enjeux futurs. En proposant des jeux d'hypothèses cohérents, ils contribuent à mettre à plat les craintes et les espoirs en matière de développement durable. Plus fondamentalement, ils mettent en perspective la portée et les conséquences à long terme des décisions – et plus encore des « non-décisions » – qui seraient prises aujourd'hui. La critique implicite de la portée des « réformes politiques » prises dans le cadre des « mondes conventionnels » constitue sans doute un message fort. À cette aune, les scénarios des *Branch Points* jouent un rôle d'affichage et de communication sur la scène politique internationale. Ils contribuent aussi à interpréter les dynamiques en cours en fixant des repères normatifs (« attention : les décisions géostratégiques prises aujourd'hui risquent de conduire à un scénario du monde forteresse... »).

Le deuxième registre de valorisation est d'ordre cognitif. Le concept de point critique (*Branch Point*) contribue à proposer une interprétation de la dynamique du développement mondial. À cet égard, les scénarios peuvent être perçus comme des illustrations de ce concept et de la complexité des choix qui se posent à différents niveaux. Ils contribuent ainsi à éclairer sous un angle particulier les enjeux de ce que l'on convient d'appeler la gouvernance au niveau mondial en faisant ressortir la multiplicité des niveaux en jeu, la place des conflits dans la régulation du système (variable rarement prise en compte en tant que telle malgré son rôle évident dans le passé) et le rôle des représentations sociales. Ainsi, si les scénarios alternatifs des « grandes transitions » comportent une part d'utopie, assumée par leurs auteurs, ils proposent une théorie d'action fondée sur l'éducation et, plus fondamentalement, sur la dématérialisation de l'économie. C'est ainsi en pointant des questions-clés posées par les scénarios que les auteurs identifient les thématiques de recherche spécifiques qui, si elles étaient traitées, pourraient favoriser l'occurrence de tel ou tel scénario souhaitable. Plus précisément, le GSG s'est attaché à préciser les conditions qui, à partir de la situation actuelle des mondes conventionnels, contribueraient à déboucher sur un développement durable (Raskin *et al.*, 1998).

b. Les scénarios d'écologie urbaine du futur

Les scénarios d'écologie urbaine du futur ont été élaborés en 1992 dans le cadre d'une démarche du Bureau danois des technologies (*Danish Board of Technology*) posant la question de l'impact et du rôle des évolutions technologiques sur la gestion de l'environnement à l'échelle d'unités urbaines et domestiques. Ce travail, conduit par Morten Elle, a été repris et adapté en 1993 dans un projet de la DG XIII (technologies de l'information) de la Commission européenne, pour traiter deux questions :

- Qui doit résoudre les différents problèmes [de gestion de l'environnement] – les autorités locales, chaque ménage ou quelqu'un entre les deux ? Par exemple, les déchets de cuisine doivent-ils être compostés dans une installation centrale gérée par les pouvoirs locaux ou au fond des jardins ?

- Quel rôle les technologies « avancées » devraient-elles jouer dans la résolution de ces problèmes ? Faut-il en rechercher la solution dans la technologie ou dans les personnes ? Réaliserons-nous les économies d'eau nécessaires en utilisant des robinets programmables ou en changeant nos habitudes ?

C'est ainsi que quatre scénarios décrivant chacun à sa manière les modalités d'une « bonne gestion » de l'environnement, ont été construits dans le cadre de ce projet. Ce sont eux qui constituent le cœur de l'écologie urbaine du futur (EUF dans la suite du texte).

La construction de la base

Bien que les objets traités dans les scénarios soient des unités urbaines appréhendées au niveau local (habitation, immeuble, quartier), la base traite essentiellement des éléments de contexte de l'urbanisation au niveau national sur les vingt dernières années. Sont ainsi rappelés les principaux faits généraux de la société danoise en ce qui concerne l'évolution de la population, celle du parc de logement, des formes d'urbanisation, d'organisation des collectivités urbaines ainsi que les modes de vie (par exemple, le passage de structures familiales élargies à des modes de vie davantage individuels, etc.).

En complément de ces thèmes liés à l'urbanisme et à la vie urbaine, sont passées en revue les principales technologies relatives aux thèmes environnementaux traités dans les scénarios : la consommation d'eau, celle d'énergie, la gestion des déchets et l'organisation de l'espace urbain (espaces verts en particulier). Ces technologies sont décrites sous l'angle des procédés techniques, avec chacun ses performances, mais elles sont surtout resituées dans un contexte plus global de mise en œuvre, en fonction de considérants économiques et organisationnels.

La base proposée par Morten Elle dans l'écologie urbaine du futur se présente sous une forme pragmatique et factuelle qui, d'une certaine manière, dissimule derrière une forme accessible les considérants théoriques du système, analysé sous l'angle des relations sciences/technique/société. Ces considérants ne sont que très peu explicités dans la présentation finale de la base, et c'est en prenant connaissance des faits qui sont présentés que le lecteur saisit les contours de l'objet traité. L'universalité des thèmes abordés (chacun des lecteurs est confronté à la gestion des déchets, de l'eau et de l'énergie au niveau domestique) facilite encore l'immédiateté de leur appréhension. C'est ainsi que chacun des lecteurs interprète sans peine les conséquences de l'évolution des formes de logement et des styles de vie.

Le choix des hypothèses fondatrices des scénarios

Citons Morten Elle pour une vision d'ensemble des quatre scénarios qui composent *L'écologie urbaine du futur.*

Scénario 1. La résolution des problèmes par le recours à la technologie de l'information individuelle Scénario dans lequel la technologie de l'information en particulier joue un rôle essentiel dans la résolution des problèmes d'environnement. Il s'agit essentiellement d'une solution individuelle mise en œuvre sur une base volontaire dans laquelle peu de temps est consacré à résoudre les problèmes d'environnement.

Scénario 2. L'individu en tant qu'élément-clé de la résolution des problèmes d'environnement. Scénario dans lequel chaque individu est responsable de la résolution des problèmes d'environnement. La technologie (ou haute technologie) joue un rôle négligeable La solution individuelle est trouvée sur une base volontaire ce qui demande un temps considérable.

Scénario 3. Problèmes résolus par les pouvoirs locaux. Scénario dans lequel des solutions technologiques mises en œuvre au niveau des pouvoirs locaux jouent le rôle dominant. La technologie est essentielle, mais elle est appliquée en dehors de l'habitation et de la zone résidentielle. Le contrôle exercé par les pouvoirs locaux y est relativement important. Peu de temps est consacré à résoudre les problèmes d'environnement dans l'habitation ou la zone résidentielle.

Scénario 4. Efforts collectifs de la part des résidents. Scénario dans lequel les personnes vivant dans les zones résidentielles participent activement à la résolution de nombreux problèmes d'environnement. La technologie joue un rôle essentiel, mais l'élément le plus important est la coopération entre les résidents locaux. Un certain degré de contrôle local est observé. Les résidents activement engagés dans ce domaine consacrent un certain temps à la résolution des problèmes.

Un des intérêts essentiels des images contrastées retenues est, selon nous, de présenter une série de scénarios souhaitables à plusieurs titres – ils présentent tous des avancées intéressantes en matière de gestion de l'environnement –, mais comportant chacun une série spécifiques de contreparties (économiques, organisationnelles, individuelles, etc.) clairement explicitées. Ici les scénarios, s'ils sont tous « roses », ne sont pas naïfs pour autant et chacun d'eux comporte un coût qui renforce sa crédibilité.

Par ailleurs, on notera le parti retenu par les auteurs d'envisager des scénarios fondés sur des expériences pilotes novatrices, existant déjà en 1990. Cette manière de procéder renvoie à l'idée que le futur est déjà sous nos yeux, à l'échéance de l'horizon temporel de vingt ans et qu'il nous faut savoir détecter les germes d'évolution en devenir, selon une approche courante en matière de scénarios (voir par exemple Schwartz, 1998). Elle possède également une vertu pédagogique et méthodologique concrète dans le sens où l'analyse des expériences pilotes fournit des hypothèses techniques et économiques qui sont intégrées dans les images.

Il est à noter que, d'un point de vue méthodologique, les scénarios ne sont composés que d'images et que les cheminements en sont quasiment absents. Cette carence apparente au regard des canons de la méthode de scénarios ne pose néanmoins pas réellement problème si l'on considère les deux questions traitées dans la démarche : Qui doit à l'avenir résoudre les différents problèmes de gestion de l'environnement ? Quel rôle les technologies « avancées » devraient-elles jouer dans la résolution de ces problèmes ?

La construction et la forme des scénarios

Les quatre scénarios sont présentés sur le même format, dans un souci de comparabilité terme à terme.

Chacun d'entre eux est composé du récit d'une journée type d'un membre de la famille Hansen en 2010 : du lever au coucher, quelles sont les tâches et les technologies utilisées qui ont une conséquence sur les performances écologiques de l'unité urbaine considérée ? À la différence des scénarios du GSG, la forme non seulement narrative, mais aussi littéraire, vivante[18] (cf. encadré 1), est ici un ressort méthodologique essentiel. Elle contribue notamment à expliciter les dimensions sociales, psychologiques, comportementales de chaque scénario. Les « visions du monde » qui sous-tendent la faisabilité de chaque image sont bien rendues. Dans cette optique qui exploite les ressources d'une forme littéraire, les petits détails insérés dans les récits sont davantage que des « trucs » narratifs : ils révèlent des dimensions du système qui ne seraient sans doute pas apparues dans une analyse structurelle ou fonctionnelle des unités urbaines. Par exemple, dans le scénario 2, qui repose sur une motivation individuelle forte de la part de Mme Hansen en matière d'environnement (maison peu chauffée, recyclage systématique du compost domestique, alimentation autonome, pulls tricotés), le fait que la fille de 14 ans, Gaïa, se plaigne de sentir la sueur et soit en conflit avec le mode de vie de ses parents exprime un facteur de durabilité du système considéré qui n'est ni d'ordre technique, ni économique, mais qui n'en est pas moins réel.

Encadré 1. Un extrait du scénario 2 de l'Écologie urbaine du futur

La maison n'est pas vraiment très chaude à cette époque de l'année. Il ne reste pratiquement plus rien dans l'accumulateur de chaleur. On pourrait peut-être faire quelque chose, mais cela nécessiterait tout un équipement susceptible de tomber en panne à son tour. Non, elle préfère que son logement soit un peu froid pendant quelques mois de l'année. Elle peut toujours enfiler l'un de ces chandails en laine qu'elle a tricotés. Elle a tout fait elle-même, depuis la tonte de ses propres moutons, qui paissent dans un champ en bordure de la ville, jusqu'au cardage, au filage et à la teinture de la laine.

La basse-cour s'est éveillée. Son mari a fini par sortir du lit pour entamer sa journée de travail. Leur cochon dévore joyeusement les épluchures de pommes de terre et les restes du repas d'hier. Leurs voisins des pavillons des alentours se sont progressivement habitués à l'idée d'avoir des animaux dans leur quartier résidentiel.
Il est presque sept heures et il est temps que les enfants se lèvent. Cela prend un certain temps parce qu'à quatorze ans, Gaia n'arrête jamais de se plaindre. Elle a commencé à acheter ses propres déodorants en vaporisateur, mais elle refuse de sortir avec ses chandails faits-maison. Récemment, ils se sont également résignés à la conduire à l'école dans le vieux 4X4 car elle se plaignait de sentir la sueur lorsqu'elle faisait le chemin à vélo.

Les récits sont complétés par une estimation des flux physiques en eau, énergie et déchets (classés par type) rejetés par les différents systèmes urbains décrits. Une série de tableaux est ainsi jointe à chaque scénario, qui peuvent être comparés sur les mêmes critères de performance écologique. Les exemples de technologies qui servent de base aux calculs sont en outre annexés aux scénarios. Leur présentation (à

---

[18] « Expressive » pour reprendre les termes de l'auteur.

l'aide de photos notamment) et leur analyse contribuent à la compréhension des scénarios et fournissent des éléments techniques et économiques sur lesquels sont en partie fondées les images.

L'exploitation et la valorisation des scénarios

Le registre de valorisation des scénarios est à la fois de l'ordre de la connaissance (analyse des systèmes socio-techniques) et de l'ordre de la communication synthétique sur les modèles de gestion urbaine. La forme retenue pour la présentation des scénarios, particulièrement concrète et intégratrice d'une grande diversité thématique, est essentielle dans cette optique. Elle contribue notamment à révéler les différentes dimensions des systèmes de gestion écologique d'unités urbaines de manière précise et convaincante. Elle permet à des acteurs impliqués à différents titres – citoyens, responsables de collectivités, concepteurs de technologies, financeurs de programmes de R&D, etc. – de préciser les conditions, les marges de manœuvre, les attentes en matière de développement futurs sur le thème.

C'est ainsi que les scénarios d'écologie urbaine du futur ont eu une vie ultérieure dans des démarches participatives impliquant le public, les associations et les membres de collectivités territoriales en charge de l'urbanisation. Une de ces démarches s'est faite dans le cadre d'un « projet innovant de la Commission européenne » visant à promouvoir des technologies amicales pour l'environnement. Ce projet de *European Awareness Scenario Workshops* est fondé sur la mise en débat des enseignements des scénarios évoqués ici[19]. Ils ont en outre alimenté la réflexion sur le développement de « technologies démocratiques » mené aux États-Unis par le Loka Institute[20].

4. Quelles questions pour l'évaluation des méthodes de scénarios ?

Dans les deux exemples qui précèdent, nous nous sommes attaché à faire ressortir la manière dont, aux différentes étapes qui jalonnent la réalisation d'une démarche de scénarios, les choix méthodologiques retenus pour leur construction (le « comment ? ») conditionnaient les produits et les résultats obtenus, dans leur cohérence logique et formelle

---

[19] On trouvera une présentation succincte de ces exercices dans le chapitre VII du présent ouvrage.

[20] Il n'est pas dans le propos de ce chapitre de développer les valorisations participatives de cette démarche Pour plus d'approfondissements, on se référera au chapitre consacré aux démarches participatives. L'on pourra également consulter les sites suivants : http://www.cordis.lu/easw/ (pour le projet EASW de la Commission) et http://www.loka.org/idt/intro.htm (pour le projet du Loka institute).

(le « quoi ? »). Nous avons en outre montré la manière dont les produits et les contenus – les récits prospectifs – pouvaient être interprétés dans la perspective de leur finalisation, en termes de fonctions attendues (« pourquoi ? », « pour qui ? »), au regard du contexte de mise en œuvre des scénarios.

On retrouve dans cette approche le questionnement évaluatif de notre introduction, dans lequel le propos est de juger de l'adéquation entre ces trois termes : méthodes, produits, fonctions.

En nous appuyant sur les deux exemples du GSG et de l'EUF, notre but dans cette section est de proposer une généralisation de ce questionnement évaluatif, en identifiant des questions et des critères de jugement d'une démarche prospective à base de scénarios. Ces questions sont organisées selon le « cycle de vie » de la construction de scénarios : la phase de préparation et de « mise en tension », la phase d'élaboration et de rédaction des scénarios, la phase d'exploitation et de valorisation[21]. Le tableau 3 présente l'ensemble des questions qui seront détaillées dans la suite du texte.

Tableau 2. Questions pour évaluer une méthode de scénario

Au moment de la conception et de la préparation de la méthode (mise en tension)
– Les objectifs alloués aux scénarios sont-ils clairement définis en fonction de leurs destinataires ?
– L'explicitation des thématiques spécifiques à la prospective est-elle claire ? Appelle-t-elle la méthode des scénarios en principe ?
– Les objets sont-ils clairement délimités ?
Au moment de la construction des scénarios
– Des méthodes d'analyse adaptées sont-elles mobilisées pour la construction de la base ?
– Le choix des hypothèses fondant les conjectures est-il pertinent ? Les types de scénarios choisis (exploratoires, *backcasting*, etc.) sont-ils adaptés ?
– Comment les ressources de la forme narrative sont-elles mobilisées ?
Au moment de la valorisation et de l'exploitation des scénarios
– En quoi le contenu et la forme des scénarios contribuent-ils à la richesse du forum prospectif ?

Trois remarques méritent d'être faites pour bien saisir la portée de notre propos.

– Le questionnement proposé ici peut être mobilisé pour une évaluation *ex post* d'une démarche existante (exercice auquel nous nous livrons ici) ou pour une évaluation *ex ante*, par exemple

---

[21] Nous reprenons ici les trois phases qui jalonnent toute démarche prospective, selon l'analyse proposées par Laurent Mermet dans le chapitre II du présent ouvrage.

dans la conception d'une démarche prospective à base de scénarios. Précisons en outre que si ces questions visent à fournir des repères pour conduire une évaluation, elles se situent en amont de la construction d'un cadre d'évaluation au sens plein du terme puisque les référents du jugement ne sont pas approfondis ici, étant largement spécifiques à chaque opération de prospective.

– La séparation des trois phases du cycle de vie nous apparaît utile pour organiser le questionnement selon une séquence logique. Il n'en demeure pas moins qu'elle est à utiliser avec souplesse et avec à-propos, chaque phase pouvant rétroagir sur les autres. Par exemple, la construction de la base peut aussi bien être considérée comme préparatoire et contribuer à la mise en tension, ou bien constitutive de l'élaboration des scénarios.

– Nous ne portons ici l'attention que sur une partie de l'évaluation d'une démarche à base de scénarios. Notre question centrale, telle que nous l'avons posée, est double : (1) en quoi le choix et la mise en œuvre d'une méthode donnée conditionnent-ils la qualité des scénarios obtenus et (2) en quoi ces scénarios répondent-ils aux fonctions qui en sont attendues ? Dans cette approche, les scénarios en tant que contenus et produits formels sont centraux, et nous nous référons ainsi à une évaluation que l'on pourrait qualifier de substantielle. Nous laissons ainsi de côté tout un volet important qui est l'évaluation de la procédure, de la mobilisation des porteurs de connaissance, de la manière dont les scénarios sont effectivement mis en discussion… en un mot, l'évaluation du *forum prospectif*[22]. Si nous sommes conscients des limites de notre propos (la notion de « bon » scénario quant à son contenu et sa forme n'a pleinement de sens qu'en fonction de sa mise en discussion), notre parti est motivé par plusieurs raisons dont nous ne citerons que les deux principales. D'une part, l'évaluation procédurale du forum prospectif n'est pas spécifique à la méthode des scénarios[23]. D'autre part, la question de la qualité propre du contenu d'un scénario a également son sens propre, en partie autonome d'une procédure fixée d'avance. Les deux exemples cités plus haut (GSG et EUF) ont montré leur fécondité dans des forums très divers, certains ni envisagés ni explicités au départ par les auteurs de ces scénarios.

---

[22] Voir chapitre II.

[23] Autrement dit, les questions sur la procédure de mobilisation des différents acteurs aux différentes phases du cycle de vie d'un scénario se posent tout autant, par exemple, pour une prospective fondée sur la modélisation.

a. Au moment de la conception et de la préparation de la méthode (mise en tension)

Les objectifs et fonctions alloués aux scénarios sont-ils clairement définis en fonction de leurs destinataires ?

On peut identifier différentes catégories de « destinataires », pour lesquels chaque scénario combine, à divers degrés, plusieurs fonctions potentielles :

– Améliorer la compréhension du fonctionnement et de la dynamique de l'objet (fonction cognitive).

– Révéler des valeurs – qui peuvent s'exprimer en termes de préférences, de désirs ou de craintes – en jeu sur et dans le futur ;

– Révéler les enjeux et les conséquences de décisions et d'actions humaines envisageables, dans une optique plus ou moins directe d'aide à la décision stratégique.

Dans le cas des scénarios du *Global Scenario Group*, nous avons vu que les destinataires étaient les institutions internationales pour lesquelles il s'agissait d'élargir la perception des enjeux de développement durable de la planète. Sortir du cadre des scénarios conventionnels pour identifier les risques et les opportunités de stratégies de développement pourrait être un résumé de la finalité des scénarios du GSG. On peut également faire valoir que l'explicitation des termes du développement durable est au cœur du projet du GSG : la construction des scénarios contribue à préciser dans le débat international cette notion de développement durable à l'aide d'indicateurs lisibles et interprétables (population, richesses, conflits, environnement, etc.).

Les scénarios d'écologie urbaine du futur concernent des destinataires à un niveau plus local. Les visées normatives, en termes de valeurs, se présentent autrement que dans les scénarios du GSG. Il ne s'agit pas tant ici de révéler des valeurs sociales, que de tirer les conséquences stratégiques et opérationnelles qui résultent de la diversité des valeurs en présence dans la problématique de gestion urbaine.

Dans ces deux exemples de scénarios – et ce constat est généralisable – il ne s'agit pas d'exclure une ou deux fonctions (connaissance/valeur/stratégie) au profit d'une seule, et c'est précisément la manière spécifique dont les trois termes s'éclairent les uns les autres qui fonde l'intérêt d'une démarche prospective donnée. Il n'en demeure pas moins qu'à un moment donné et pour un public donné, une fonction pourra apparaître prioritaire au regard d'autres. Par exemple, dans le cadre d'un programme de recherche, il sera d'emblée pertinent d'évaluer en quoi une approche par scénario est susceptible de faire évoluer la connaissance scientifique de l'objet, même si cette connaissance accrue passe par l'analyse des enjeux stratégiques et des valeurs sociales qui sous-tendent les travaux de recherche. Dans d'autres cas, la connaissance préalable d'un objet pourra être largement acquise et la question principale sera plutôt d'en tirer les enseignements stratégiques et décisionnels.

L'explicitation des thématiques spécifiques à la prospective est-elle claire ? Appelle-t-elle la méthode des scénarios en principe ?

La démarche par scénarios apparaît tellement naturelle dans le cadre d'une démarche prospective que l'on peut oublier de poser la question de sa pertinence propre. Autrement dit, pourrait-on remplir les mêmes fonctions (au sens que nous venons de discuter) par d'autres méthodes, comme la modélisation ou l'analyse de système par exemple ?

La réponse à cette question dépend en grande partie de la nature des thématiques envisagées dans l'analyse prospective du sujet traité. Par « thématique » nous entendons les axes d'analyse qui contribuent à construire des conjectures à long terme. Dans le cas du GSG, l'introduction de la thématique géostratégique enrichit notablement la manière de poser la question du développement durable. Si à court terme, on peut raisonner les enjeux de développement à « niveau de conflits au niveau mondial constant » (*i.e.* des conflits circonscrits qui ne remettent pas en cause la situation des pays développés), l'introduction du long terme invite à reconsidérer la place de ce thème dans le développement global. De même, dans les scénarios d'EUF, c'est l'introduction des thèmes psychologiques et des valeurs sociales qui fonde l'originalité de l'approche par rapport à une analyse socio-technico-économique. Dans les deux cas, le poids donné à ces thèmes et ces enjeux justifie le recours à des méthodes de scénarios (plutôt que de modélisation) et fait partie intégrante de leur cahier des charges et de leurs critères d'évaluation.

Les objets sont-ils clairement délimités ?

Dans les deux exemples du GSG et de l'EUF, la délimitation des objets traités dans les scénarios peut sembler tellement évidente qu'elle peut occulter cette question. Pourtant, elle se pose en considérant en premier lieu la « clôture systémique » de l'objet (est-il cohérent et délimité). Si cette question ne se pose pas pour le « système monde » du GSG qui est clos par construction, elle devient plus pertinente pour les unités urbaines considérées par l'EUF. Morten Elle justifie son analyse au niveau d'unités urbaines individuelles, où la responsabilité des personnes est au cœur des questions traitées au regard de la problématique même des scénarios qui pose la question : « qui doit prendre en charge les problèmes d'environnement ? ». Ce faisant, il est conscient que « des problèmes majeurs sont également à résoudre dans d'autres domaines tels que les transports, l'environnement naturel, etc., mais [il a] décidé de ne pas les examiner de manière approfondie dans le cadre du présent projet [d'EUF] ». Là encore, les thématiques conditionnent la définition des objets.

On retrouvera des questions similaires de clôture du système dans les prospectives qui s'appliquent à des objets territoriaux tels que les bassins versants ou les zones rurales fragiles (voir par exemple Piveteau, 1995).

En complément de la délimitation systémique de l'objet, on peut également identifier sa délimitation conceptuelle. Dans le cas de l'EUF, les objets sont délimités comme des unités d'habitation, à l'échelle desquelles on peut réaliser des bilans d'énergie, d'eau, de déchets et mettre en évidence des enjeux comportementaux individuels. Dans le cas des *Branch Points*, c'est précisément un des enjeux des scénarios que de préciser le concept de développement durable planétaire, dans ses diverses dimensions. On retrouve dans ce cas l'intérêt de recourir à une forme « scénario », davantage à même de faire ressortir les aspects qualitatifs de la notion.

b. Au moment de la construction même des scénarios

Des méthodes d'analyse adaptées sont-elles mobilisées pour la construction de la base ?

Le récit construit, synthétique, n'est jamais la première étape d'un scénario (si l'on écarte des « scénarios de coin de table », sans intérêt pour notre propos). La phase d'analyse du système est clairement celle qui fonde (chrono)logiquement la démarche.

La diversité des méthodes d'analyse est telle qu'elle dépasse le cadre de ce texte. Si certains courants méthodologiques en prospective ont développé des méthodes d'analyse « boîtes à outils » systématiquement mises en œuvre pour tous types de scénarios, il est clair pour nous que pratiquement toute démarche analytique contribuant à décrire globalement la structure, le fonctionnement et la dynamique du système envisagé dans le scénario peut être mobilisée. Dans tous les cas, l'analyse du système doit être guidée explicitement par les questions : quelles sont les « variables à expliquer » (en fonction de la problématique donnée) et celles « explicatives »[24].

La comparaison des deux exemples du GSG et de l'EUF montre comment, dans les deux cas, la construction de la base repose sur des

---

[24] Les termes de variables « à expliquer » et « explicatives » sont empruntés aux démarches de modélisation statistique.

fondements analytiques variés. Dans le premier cas, l'analyse repose d'une part sur un découpage thématique particulier (cf. *supra*) et le rappel des principales tendances passées et présentes qui se rapportent à ces thèmes. L'examen des séries chronologiques passées – population par exemple – fournit une base d'analyse sur les *patterns* temporels envisageables et sur les facteurs susceptibles d'influencer les dynamiques et c'est particulièrement dans ce domaine que le recours à des modèles sera pertinent (cf. les simulations sur les émissions de gaz à effet de serre dans les scénarios tendanciels).

Dans le cas des scénarios d'écologie urbaine, l'étude de cas concrets de technologies innovantes peut être considérée comme une méthode d'analyse particulièrement adaptée à la démarche.

Le choix des hypothèses fondant les conjectures est-il pertinent ? Les types de scénarios choisis sont ils adaptés ?

Si l'analyse du système lors de la construction de la base est une composante essentielle de la construction de scénarios, le choix des hypothèses motrices des scénarios en est une autre qui ne se déduit que partiellement de la phase analytique. Des intuitions et des enjeux révélés lors de la construction de la problématique interviennent également ici.

Ce thème nous semble particulièrement bien illustré dans les scénarios du GSG. Nous avons vu que les hypothèses sont choisies au regard de deux considérants de nature différentes : d'une part les craintes et les espoirs que l'on peut nourrir à l'égard du développement global, d'autre part la nécessité de révéler aux organisations internationales les limites des scénarios tendanciels. Ce cadrage a des conséquences méthodologiques en ce qui concerne le choix du type de scénarios : révéler les limites des politiques actuelles est cohérent avec le choix des deux scénarios exploratoires « tendanciels-contrastés », qui balaient l'horizon envisageable sur la base des stratégies de développement actuelles. D'autre part, expliciter les craintes et les espoirs renvoie au recours à des scénarios normatifs qu'il s'agit de positionner les uns par rapport aux autres.

Concernant le choix des hypothèses mêmes, les scénarios des GSG reposent sur l'idée fondamentale de bifurcations – les *Branch Points* – et leur force est de combiner des hypothèses d'ordres différents et de faire ressortir les possibles conséquences en chaîne de voies de développement contrastées, combinant politiques de répartition des richesses, éducation, conflits, etc. Les hypothèses retenues sont à évaluer ici au regard de leur capacité à faire ressortir les logiques en jeu dans l'évolution de la planète à long terme.

Là encore, au-delà de cet exemple du GSG, il faut être conscient de la diversité des options dans les choix d'hypothèses qui se présentent pour explorer le futur. Si le recours à des méthodes de *forecasting* ou de *backcasting* contribue à organiser le choix des hypothèses, d'autres aspects peuvent être mis en avant, comme par exemple le degré d'indétermination de certaines grandes variables. Selon la nature des objets et des questions traitées, on privilégiera ainsi l'analyse du rôle des tendances lourdes, ou au contraire celle de variables surprises qui peuvent révéler la résilience du système à une crise.

Les ressources du récit sont elles mobilisées ?

Le recours au récit est une caractéristique essentielle des scénarios, comme moyen de rendre cohérentes les relations entre des variables d'ordres variées. Si l'on peut être parfois amené à considérer que la phase analytique du système et le choix des hypothèses est finalement la vraie valeur ajoutée de la démarche et que la mise en forme à l'aide du récit est finalement superflue[25], l'expérience montre qu'il faut envisager les vertus heuristiques et méthodologiques de la mise en forme narrative elle-même. D'une manière générale, le récit est un mode de tri et de hiérarchisation des données : raconter une histoire synthétique est une manière d'organiser la complexité inhérente à la phase d'analyse en limitant les risques de – trop – l'appauvrir[26].

Dans le cas des scénarios de l'EUF, le récit joue un rôle heuristique et révèle des aspects insoupçonnés dans la phase d'analyse du système et nous pouvons citer à nouveau l'exemple de la fille de Mme Hansen pour illustrer ce point. Dans le cas du GSG, le récit contribue essentiellement à analyser plus finement les relations entre les variables : un verbe qualifie une relation causale plus précisément qu'une flèche de principe entre deux boîtes d'un schéma.

Cette justification du récit ne doit pas amener à ne privilégier que cette dimension dans la forme des scénarios. Les exemples cités plus haut montrent que des estimations chiffrées, des tableaux, des cartes peuvent être davantage que de simples compléments illustratifs du récit. Ces modes de représentation synthétiques peuvent également alimenter l'analyse, enrichir la construction des récits et être utilisés directement dans les débats de forums prospectifs.

---

[25]   Dans ces démarches, le récit n'est qu'une formalité qui, à l'extrême, peut être éludée. De nombreuses productions considérées comme des scénarios ne sont en fait qu'une juxtaposition de variables dont la cohérence au sein d'une image n'est pas acquise.

[26]   Sur ce thème, voir le chapitre V.

c. Au moment de la valorisation et de l'exploitation des scénarios

En quoi le contenu et la forme des scénarios contribuent-ils à la richesse du forum prospectif ?

L'exploitation et la valorisation des scénarios reposent en grande partie sur l'organisation du forum prospectif qui, à toutes les étapes du « cycle de vie » méthodologique, met en débat les tenants et les aboutissants des choix de méthode et de contenu selon une procédure adaptée. Cependant le contenu des scénarios importe tout autant dans ce contexte que la seule dimension procédurale de la démarche.

Cette question mérite d'être brièvement resituée dans le débat plus large sur les apports de la prospective. Alors que tous les auteurs du domaine insistent sur la différence entre prévision et prospective on peut se demander dans quelle mesure le contenu importe, puisqu'il est contingent et qu'il est toujours possible d'envisager d'autres scénarios également plausibles. D'une certaine manière, on pourrait être tenté de considérer qu'à partir du moment où l'on réfléchit sur le futur dans un cadre organisé, le média mobilisé (ici, les scénarios) n'aurait qu'une importance secondaire.

Notre perception des enjeux est différente. Le fait que les conjectures qui constituent un scénario n'aient pas une fonction de prévision ne signifie pas que toutes les conjectures se valent. Il est donc tout à fait justifié de les évaluer sous l'angle de leur qualité de forme et de contenu. Nous allons défendre ce point de vue en analysant les deux exemples de l'EUF et du GSG.

Concernant la forme, les enjeux dépassent les seuls aspects de style, de format (un scénario doit être synthétique dans son fond et sa forme). Il est souvent noté que la forme « littéraire » des scénarios en langage naturel est une caractéristique des récits prospectifs qui facilite leur appréhension globale pour un large public. Mais son intérêt n'est pas seulement à évaluer sous un angle pédagogique. Dans le cas des scénarios d'EUF le fait que tous les scénarios soient présentés à la fois comme désirables et coûteux repose beaucoup sur la forme mobilisée. L'auteur explicite cet objectif d'équité dans les valeurs qui fondent les scénarios, ce qui le conduit à nuancer les différentes images pour qu'elles soient discutables par une grande variété d'acteurs. Or ces nuances sont plus que du « politiquement correct » dans le sens où elles complexifient la description du système. En évitant les caricatures, les scénarios d'EUF proposent une analyse fine, non simpliste, dont la valorisation est potentiellement plus riche que celle qui reposerait sur les « bons » et les « mauvais » modes de gestion urbaine.

L'exemple du GSG fournit un éclairage intéressant sur l'intérêt du contenu même. Le *Global Scenario Group* s'adresse à des acteurs d'organismes internationaux habitués aux travaux prospectifs de différentes natures à l'échelle globale : les enjeux du développement rural, de l'évolution démographique, des pressions sur l'environnement, des situations géostratégiques, etc. Tous ces thèmes sont finalement bien connus, débattus et... financés par ces mêmes organismes. Ce n'est donc pas dans le fait de réfléchir aux enjeux du développement global et d'interpeller les responsables internationaux qu'il faut chercher la principale valeur ajoutée des scénarios des *Branch Points*. Leur intérêt réside plutôt dans une richesse de contenu qui repose sur deux points : le premier est la critique des stratégies de développement actuelles fondée sur un diagnostic trop partiel des enjeux à long terme (autrement dit, le propos du GSG n'est pas « il faut réfléchir aux enjeux à long terme » mais « voici comment *mieux* réfléchir à ces enjeux »). Le second est la confrontation, dans l'analyse menée, des thèmes classiques du développement durable (environnement, société, économie) et des aspects géostratégiques. Il y a là une réelle valeur ajoutée qui enrichit la compréhension des enjeux à long terme et peut amener les organisations internationales à sortir de leurs repères habituels. Que l'OTAN soit aussi, finalement, un acteur du développement durable n'est pas une idée si fréquente. La portée qu'elle acquiert dans l'exercice du GSG est due en grande partie aux qualités de forme et de contenu des scénarios du *Branch Point*.

Conclusion : quelles perspectives pour développer des méthodes de scénarios dans le cadre de la recherche en environnement ?

Dans le vaste paysage de la prospective à base de scénarios que nous venons d'embrasser, la recherche en environnement est amenée à jouer un rôle accru, pour toute une série de raisons que l'on peut relier aux différentes dimensions évoquées dans notre introduction.

Si l'on considère le contenu (le « quoi ? »), les variables environnementales, dans leur diversité – énergie, ressources naturelles et sociales, etc. – sont un « moteur » du futur. Soit qu'elles conditionnent le développement des sociétés humaines en amont, soit que ces dernières intègrent l'environnement dans leur développement, soit que le développement socio-économique exerce des pressions sur les écosystèmes, les relations homme-nature ont une place croissante dans toute prospective. Fait notable, ce rôle moteur peut être identifié à différents niveaux, depuis plus global au plus local, voire au plan individuel.

Si l'on considère les enjeux méthodologiques (le « comment ? »), le développement d'approches interdisciplinaires sur les dynamiques environnementales à long terme appelle des approches adaptées, susceptibles d'intégrer la complexité et le long terme. Les scénarios, de par leur potentiel intégrateur, possèdent un intérêt méthodologique majeur dans cette perspective.

Enfin, le contexte de mise en œuvre (« pour qui ? », « pourquoi ? ») est marqué par le développement de demandes finalisées de prospectives de la part de diverses institutions (Agences de l'eau, PCRD de la Commission européenne, Régions, Gouvernement et établissements publics, associations), dans le cadre desquelles les chercheurs en environnement sont fréquemment « convoqués ».

Une condition du développement des scénarios dans le champ des recherches en environnement est de rendre leur statut plus lisible aux yeux des chercheurs. Mieux expliciter les statuts cognitifs et interprétatifs des scénarios, améliorer les conditions de leur évaluation, comme nous nous sommes efforcés ici de le faire, est pour cela une nécessité. Dans le cas particulier de l'environnement, la compréhension des relations complexes entre l'homme et les écosystèmes combine intimement des enjeux de connaissance et des enjeux d'interprétation. Les deux exemples du *Global Scenario Group* et de l'écologie urbaine du futur montrent l'intérêt de méthodes de scénarios dans cette perspective.

Mais la reconnaissance de ces fonctions potentielles des scénarios doit aussi s'accompagner d'une réflexion méthodologique adaptée au contexte de la recherche en environnement. C'est dans cette perspective que peut être mobilisé – et que pourra être développé plus avant – le questionnement évaluatif que nous avons entrepris dans la dernière partie de ce texte. Débattre sur les différentes dimensions des problématiques en présence lors de la « mise en tension » d'une démarche de scénarios, sur les données et ressources analytiques mobilisables lors de la construction de la base, sur les modes de synthèse envisageables pour rendre compte des dynamiques à long terme dans les conjectures, sur la manière d'exploiter les résultats, rentre clairement dans le champ d'un questionnement scientifique. Les méthodes de scénarios (les plus intéressantes en tout cas) ont tout à gagner à devenir objets de débat dans les forums d'évaluation académiques. Dès lors, s'il n'y a pas de recette miracle qui découlerait d'un cadre méthodologique normalisé, il y a au contraire des adaptations méthodologiques à envisager au regard des ressources et des limites propres de chaque programme de recherche.

Bibliographie

Braudel, F., *Écrits sur l'histoire*, Paris, Flammarion, 1969.

Carson, R., *Printemps silencieux*, Paris, Plon, 1964.

Chermak, T.J., Lynham, S.A., Ruona, W.E.A., « A Review of Scenario Planning Literature », *Future Research Quarterly*, 2001, 17 : 2, pp 7-31.

Gallopin, G., Hammond, A., Raskin, P., Swart, R., *Branch Points : Global Scenarios and Human Choice*, Boston, Stockholm Environment Institute, PoleStar Series Report n° 7, 1997.

Georgantas, N.C., Acar, W., *Scenario-Driven Planning : Learning to Manage Strategic Uncertainty*, Westport, Quorum, 1995.

Godet, M., *Crise de la prévision, essor de la prospective*, Paris, PUF, 1977.

Gonod, P.-F., *La prospective en mouvements*, Paris, Document de travail séminaire de prospective INRA-DADP, 2001.

Hatem, F., *La prospective : pratiques et méthodes*, Paris, Economica, série gestion, 1993.

Julien, P.A., Lamonde, P., Latouche, D., *La méthode des scénarios*, Paris, Travaux et recherches de prospective, DATAR, 1975.

Kahn, H., Wiener, A.J., *L'an 2000*, Paris, Robert Laffont, 1968.

Elle, M., *L'écologie urbaine du futur*, CCE, DG XXIII – Office des publications des Communautés européennes, 1993.

Mack, T., « The Subtle Art of Scenario Building : an Overview », *Future Resarch Quarterly*, 2001, 17 : 2, pp. 5-6.

Martelli, A., « Scenario Building and Scenario Planning : State of the Art and Prospects of Evolution », *Future Research Quarterly*, 2001, 17 : 2, pp. 57-74.

Meadows, D. H., Meadows, D. L., Randers, J., « Rapport sur les limites de la croissance », in Delaunay, J. (dir.), *Halte à la croissance ?*, Paris, Fayard, 1972, p. 310.

Petersen, J.-L., *Out of the Blue, Wild Cards and Other Big Future Surprises, How to Anticipate and Respond to Profound Change*, Arlington, Arlington Institute, 1997.

Piveteau, V., *Prospective et territoire : apports d'une réflexion sur le jeu*, Paris, Cemagref éditions, collection gestion des territoires, 1995.

Raskin, P., Gallopin, G., Gutman, P., Hammond, A., Swart, R., *Bending the Curve : toward Global Sustainability*, Boston, Stockholm Environment Institute, PoleStar Series Report n° 8, 1998.

Rijsberman, F.R. (ed.), *World Water Scenarios : Analysis*, London, Earthscan Publication Ldt, 2000.

Russo, F., « Prospective et Futurologie », in *Encyclopédie Universalis*, Paris, 1968.

Schwartz, P., *The Art of the Long View*, Chichester, UK, John Wiley & Sons, 1998.

Thenail, C., Morvan, N., Moonen, C., Le Cœur, D., Burel, F., Baudry, J., « Le rôle des exploitations agricoles dans l'évolution des paysages : un facteur essentiel des dynamiques écologiques », *Ecologia Mediterranea*, 23 (1/2) 1997, pp. 71-90.

van Asselt, M.B.A., Storms, C., Rijkens-Klomp, N., Rotmans, J., *Towards Visions for a Sustainable Europe, an Overview and Assessment of the Last Decade of European Scenarios Studies*, Maastricht, ICIS, University of Maastricht, The Netherlands, 1998.

Wallerstein, I., « Le Temps et la Durée », in I. Prigogine (dir.), *L'homme devant l'incertain*, Paris, Odile Jacob, 2001, pp. 159-170.

Ward, B., Dubos, R., *Nous n'avons qu'une terre*, Paris, J'ai lu, 1964.

CHAPITRE V

Des récits pour raisonner l'avenir

Quels fondements théoriques
pour les méthodes de scénarios ?

Laurent MERMET

Dans la vue d'ensemble qu'il propose des méthodes de scénarios, Xavier Poux[1] montre la richesse des ressources méthodologiques disponibles. Il existe une littérature abondante sur les scénarios, y compris dans le domaine de l'environnement et du développement durable[2]. Elle est surtout centrée sur des questions méthodologiques, c'est-à-dire sur la manière de construire et d'utiliser des scénarios. En revanche, elle laisse largement de côté la question des fondements théoriques sur lesquels reposent les méthodes de scénarios. Or, comme le constatent Chermack, Lynham *et al.* (2001) en conclusion d'un article sur l'état de l'art en la matière : « si les méthodes de scénarios ont fait leur preuves dans certaines situations, [...] sans fondements théoriques explicites, ces méthodes ne pourront pas être développées plus avant ». Cette nécessité est particulièrement impérieuse si, comme nous en défendons l'utilité dans cet ouvrage, les travaux de prospective doivent se développer de plus en plus dans un contexte académique. En effet, des méthodes purement pragmatiques, aussi ingénieuses soient-elles, ne peuvent pas suffire parce qu'elles se prêtent insuffisamment aux discussions critiques indispensables dans un contexte de recherche – et aussi pour « agir dans un monde incertain »[3].

Mais quelles ressources mobiliser pour identifier et développer les bases théoriques des méthodes de prospective ? Pour répondre à cette question, à laquelle nous avait conduit le constat des limites des mé-

---

[1] Voir chapitre IV.

[2] La réflexion développée dans la présente contribution concerne l'ensemble des champs d'application de la prospective. Elle vaut *a fortiori* pour le domaine de l'environnement et du développement durable, sur lequel nous n'insisterons pas ici, sauf pour y emprunter quelques exemples.

[3] Pour reprendre le titre d'un ouvrage de Callon, Lascoumes et Barthe (2001) consacré aux liens intimes qui relient aujourd'hui débat scientifique et débat décisionnel.

thodes de prospective par simulations à participants humains (Mermet, 1993), nous avons conduit en 1994 une recherche exploratoire[4]. Elle nous a convaincu que c'est dans les théories portant sur les récits qu'il faut rechercher les ressources les plus cruciales pour identifier et développer les fondements théoriques des méthodes de prospective par scénarios : c'est ce que nous nous efforcerons ici de montrer. Le champ ouvert par cette perspective est vaste, complexe, diversifié. L'ampleur de ce travail, les compétences spécialisées dans le domaine des théories du récit qu'il nécessitera, dépassent évidemment nos moyens. En revanche, le souci programmatique qui nous guide – la nécessité de renouveler et d'approfondir les fondements théoriques et les ressources méthodologiques des recherches prospectives environnementales – nous fait un devoir d'attirer l'attention sur la fécondité potentielle de cette problématique et de proposer une première série d'orientations pour la développer.

Dans un premier temps, nous reviendrons sur la nécessité de mieux fonder en théorie les méthodes de scénarios. Nous montrerons plus précisément quelles questions recouvre ce souci. Nous indiquerons les raisons qui doivent nous diriger vers les théories des récits comme étant particulièrement adaptées pour les aborder.

Dans un second temps, en nous appuyant sur la vaste synthèse proposée par Paul Ricoeur dans *Temps et Récit* (1983), nous montrerons à titre d'exemple comment les théories des récits peuvent éclairer l'une des questions que soulève la prospective par scénarios :

> *Pourquoi les scénarios, malgré le manque de rigueur qui leur est presque toujours reproché, sont-ils adoptés si spontanément et massivement par les auteurs de prospectives et acceptés si facilement par les publics auxquels ils les destinent[5] ?*

Dans un troisième et dernier temps, nous aborderons la place des méthodes de scénarios dans le contexte de travaux scientifiques et les conditions de leur développement. Nous montrerons que l'explicitation des fondements théoriques des pratiques de scénarios est à la fois la condition et l'enjeu des débats critiques qui doivent s'instaurer pour accompagner la montée en puissance des travaux de prospective environnementale par scénarios. Les théories du récit peuvent être mobilisées pour cela dans deux directions complémentaires :

---

[4] *Le jeu comme modèle pour l'analyse des systèmes d'action*, Programme Environnement du CNRS (Comité méthodes, modèles, théories).

[5] Dans ce chapitre, nous soulignons par la mise en retrait et en italique les questions principales autours desquelles pourraient s'organiser les recherches sur « récit et scénarios ».

- d'un côté, approfondir la réflexion sur la place des récits dans le débat scientifique et de politique publique,
- de l'autre côté, instaurer une analyse des procédés narratifs utilisés dans des scénarios produits dans le cadre de recherches prospectives, à la fois pour fonder une critique instrumentée de ces scénarios et pour générer des innovations méthodologiques.

Nous conclurons alors sur un appel aux différents spécialistes concernés pour investir ce domaine, nouveau pour la plupart d'entre eux.

1. La problématique : peut-on fonder sur des récits un travail d'explicitation et de rationalisation des conjectures ?

a. La nécessité de s'interroger sur les fondements théoriques des méthodes de scénarios

La méthode des scénarios – ou plus précisément, les nombreuses méthodes reposant sur la rédaction de scénarios – occupe une place centrale dans le domaine de la prospective. La plupart des travaux prospectifs comportent une présentation sous forme de scénarios des dynamiques futures sur lesquelles ils portent. Dans les publications consacrées aux enjeux théoriques et méthodologiques de la prospective, les méthodes de scénarios occupent toujours une place importante, même si elles sont, selon les cas, combinées très diversement avec d'autres approches.

Dans la littérature sur les scénarios (voir par exemple Julien, Lamonde *et al.*, 1975 ; Van der Heijden, 1996 ; Schwartz, 1998), les questions méthodologiques occupent une place centrale, souvent même exclusive. Les principales questions traitées sont les suivantes.

Dans quels buts construire des scénarios ? Pour soutenir l'apprentissage des rédacteurs ? Pour alimenter la réflexion des lecteurs ? Pour présenter sous une forme accessible des résultats de modélisations très techniques ?

Comment construire des scénarios ? Quelles procédures suivre ? Quels types de contenu mobiliser ? Comment les structurer et les organiser ?

Les réponses apportées à ces questions sont d'une extrême diversité selon les auteurs, selon les cas de figure envisagés. Certains auteurs défendent la supériorité de principe de certains types de méthodes. Dreborg (1996), par exemple, attribue aux méthodes de *backcasting* des fondements théoriques, voire épistémologiques, spécifiques qui les rendraient seules à même de contribuer utilement au développement durable. D'autres auteurs, plus nombreux, insistent pour définir des normes de qualification des méthodes – en proposant des typologies, comme

Julien, Lamonde *et al.* (1975) ou ICIS (2000) ou en mettant en avant le projet d'une normalisation pour garantir la qualité des méthodes de scénario mises en œuvre[6]. Mais dans l'ensemble, il existe un large consensus pour accepter la très grande variété des méthodes de scénarios : diversité de leurs ambitions, des modes de construction, des formules d'utilisation.

Or, et c'est ce sur quoi nous voulons ici mettre l'accent, cette reconnaissance de la multiplicité des conceptions et des réalisations fait presque oublier que le principe même d'appuyer la réalisation d'un travail de prospective sur la rédaction de scénarios est en général accepté sans discussion approfondie. Autant les écrits méthodologiques sont nombreux, autant sont rares ceux qui traitent des fondements théoriques des méthodes de scénarios. Pourtant, il suffit de commencer à s'interroger pour que les questions fusent.

En quoi des récits fictifs constituent-ils une forme appropriée de réflexion sur le futur ?

La capacité qu'on leur prête à fonder un débat sur l'action est-elle réelle ? Et si oui, sur quoi repose-t-elle ?

Quels liens peuvent exister entre de telles justifications théoriques pour la réalisation de scénarios d'une part et d'autre part les choix méthodologiques effectués selon les contextes de mise en œuvre ?

Avec de telles questions, ce sont les fondements des méthodes de scénarios qui commencent à être interrogés. Trois types de raisons poussent à poursuivre dans cette direction.

D'abord, le développement massif du recours aux scénarios éveille la curiosité scientifique.

La diffusion, les succès, les transformations des scénarios sur l'environnement et le développement durable constituent en eux-mêmes des phénomènes intéressants pour les sciences sociales : quelles en sont les processus, les raisons, les conséquences ?

Ensuite, le développement des méthodologies prospectives, notamment de scénarios, se heurte aujourd'hui à des limites qui tiennent au moins pour partie aux insuffisances des fondements théoriques. Au regard de l'ampleur des travaux déjà accumulés et des moyens (financiers, humains, etc.) nécessaires à chaque nouvel exercice, il ne suffit plus – ou il ne suffira bientôt plus – de conduire des exercices exploratoires ou de déployer un savoir-faire essentiellement empirique. Il faudra (1) s'attacher à maîtriser et à justifier les choix de méthode en les

---

[6] C'est notamment le projet proposé aux participants du séminaire « *Scenarios of the Future – The Future of Scenarios* » organisé en juillet 2002 à Kassel par le *Center for Environmental Systems Research* (dirigé par Joseph Alcamo).

ancrant dans une réflexion théorique et (2) rechercher de nouvelles méthodes non plus seulement par essais-erreurs, mais en trouvant dans des concepts théoriques originaux les sources de nouveaux développements.

Quels sont, dans une mise en récit donnée les choix précis (choix de méthode ou de mise en œuvre) qui concourent à rendre ce récit (plutôt qu'un autre) utile dans le forum prospectif ?

Peut-on identifier les limites des méthodes de scénarios, leurs potentialités encore inexploitées ?

Quels sont leurs apports spécifiques par rapport à d'autres formes de synthèses utilisées en prospective (les simulations informatiques, par exemple), leurs articulations possibles avec ces autres formes de synthèse ?

Enfin les travaux de prospective et en particulier les méthodes de scénarios, se déplacent progressivement de la sphère pratique des administrations et des entreprises où ils se sont développés au départ vers celle des travaux de recherche et des débats académiques où ils doivent aujourd'hui s'engager de plus en plus. Dès lors, ils doivent faire face à des exigences nouvelles de rigueur et de légitimité, qui dépassent le seul souci d'efficacité méthodologique et que seuls des travaux théoriques approfondis permettront à terme de satisfaire.

b. Une question qui renvoie au domaine de l'étude des récits

Allons donc un peu plus loin dans l'explicitation de cette problématique.

Si l'on fait abstraction de l'extrême diversité de leur mise en œuvre, le cœur des méthodes de scénarios est la configuration sous forme de récit(s) d'un ensemble d'éléments d'information, de réflexion et de conjecture portant sur une question prospective. Par ailleurs, en s'affirmant comme méthode de prospective, l'élaboration de scénarios revendique une capacité particulière à alimenter l'effort de discussion organisée, avec ses dimensions de rationalisation, de mobilisation, etc., en quoi consiste essentiellement la prospective. Pour reprendre la conception développée ailleurs dans cet ouvrage[7], les scénarios sont des conjectures dont la valeur se mesure à leur contribution aux débats en cours dans un forum prospectif donné. Dès lors, les questions diverses que soulèvent les fondements des méthodes de scénarios peuvent se regrouper autour d'une problématique centrale que l'on peut formuler dans les termes suivants.

En quoi la mise sous forme de récit(s) d'éléments de réflexion concernant les dynamiques de systèmes (sociaux, techniques, naturels) peut-elle contri-

---

[7] Voir chapitres II et IV.

buer à instaurer et alimenter un débat productif sur ces dynamiques et les enjeux sociaux dont elles sont porteuses ?

Ainsi formulée, la question des fondements théoriques des méthodes de scénarios oriente la recherche vers les théories des récits, essentiellement sous deux aspects.

D'une part, elle renvoie au problème général des ressources analytiques et synthétiques du récit comme forme de discours. Rien ne justifie semble-t-il de rattacher les scénarios prospectifs à des types de récits très particuliers – comme les scénarios de cinéma – ni de les considérer comme une forme si nouvelle et spécifique de narration qu'elle ne pourrait être ramenée à aucune autre. Les scénarios prospectifs, dans leur diversité, renvoient bien à toute la grande famille des récits. Or il existe sur les récits une littérature scientifique abondante, diverse, structurée, dont les travaux et les débats peuvent apporter beaucoup à la réflexion théorique sur les scénarios.

D'autre part, cette problématisation du scénario prospectif comme récit pose la question du lien entre récit et travail scientifique. Or ce thème occupe une place notable dans la littérature sur les récits, comme le montre Paul Ricoeur dans *Temps et Récit* (1983). Ce livre soulève deux questions centrales : comment se présente le temps dans les récits de fiction ? Dans quelle mesure le récit fait-il partie des bases théoriques du travail de l'historien ? Il repose sur une discussion détaillée d'un vaste corpus de littérature sur ce sujet, offrant un panorama des auteurs, de leurs positions, des principaux points de débat. Il est à noter qu'à aucun moment l'auteur n'aborde réellement la question de la prospective. Pourtant, le lecteur familiarisé avec les travaux prospectifs est frappé, à la lecture de l'ouvrage, par les multiples façons dont les relations entre temps, récit, histoire (et plus largement, sciences sociales) qui y sont discutées recoupent (et enrichissent) les interrogations du prospectiviste. Les parallèles ou les différences ainsi identifiés pointent dans deux directions complémentaires. D'une part, ils amorcent une réflexion sur les enjeux très généraux de l'utilisation méthodique du récit comme forme de discours dans le cadre d'un travail scientifique. D'autre part ils incitent à des approfondissements détaillés, renouvelant la manière dont on peut s'interroger sur les spécificités des scénarios prospectifs par rapport à d'autres formes de récit et, surtout, de chaque méthode de scénarios par rapport aux autres.

L'espace de réflexion ainsi ouvert, à la croisée de débats conceptuels de portée générale et d'analyses très spécifiques, est précisément celui du chantier théorique qu'il faut aujourd'hui ouvrir sur les conjectures prospectives construites sous forme de scénarios. Nous espérons avoir bien montré, dans cette première section, l'importance de ce chantier, le type de questions qu'il soulève et la pertinence de rechercher les ressources nécessaires, au moins en partie, dans la littérature théorique sur les récits.

2. Le récit : une synthèse qui intègre le contingent, l'émergent, la pluralité des points de vue, le travail du temps

Cet immense chantier dépasse évidemment le cadre de la présente contribution, qui s'attache, comme nous l'avons commencé dans la section précédente, à cerner les questions posées. Nous proposerons donc simplement ici au lecteur, à titre d'exemple des ressources que recèlent les théories des récits, de mobiliser quelques perspectives empruntées à *Temps et Récit* pour éclairer une question classique de la littérature sur les scénarios prospectifs : pourquoi la forme du récit est-elle adoptée si facilement à la fois par les auteurs de prospectives et par les lecteurs[8] ?

a. Du point de vue de l'auteur de scénarios : les capacités médiatrices de la mise en intrigue

Du point de vue des auteurs de prospectives, on est frappé par la capacité des méthodes de scénarios à surmonter des obstacles majeurs qui surgissent de manière presque systématique dans l'étude de l'évolution de systèmes complexes : informations lacunaires et hétéroclites, incertitudes et événements contingents, multiplicité des points de vue sur les situations rencontrées. Or ces capacités ne sont autres que celles que le récit met à disposition de ses auteurs. Pour l'analyser, Ricoeur propose de centrer l'attention sur l'opération de « mise en intrigue » qui est au cœur de la construction des récits. Mettre en intrigue, c'est configurer, ou re-configurer un ensemble d'éléments pour constituer une histoire que le lecteur puisse suivre. La question de la valeur de la mise en récit comme support d'une méthodologie est donc celle de l'apport spécifique de cette « opération de configuration ». En quoi consiste l'intelligibilité supplémentaire que l'on a gagné entre le moment où l'on disposait d'éléments de réflexion épars et celui où ces éléments ont été agencés en un récit – en un scénario, s'agissant de prospective ? Pour Ricoeur, l'intrigue est « médiatrice » au sens où elle aide à passer d'un état de compréhension (avant la mise en récit) à un autre (une fois la mise en récit effectuée). Il souligne trois aspects de cette médiation, que nous

---

[8]   Tout au long de cette section, nous emprunterons les analyses de Paul Ricoeur. Pour ne pas alourdir inutilement le texte, nous ne multiplierons pas les renvois à son ouvrage. Les citations sont empruntées aux pages 127-130, vol. 1.

allons passer en revue dans l'optique de leur application aux scénarios de prospective.

Médiation entre événements et histoire prise comme un tout

D'abord, pour Ricoeur, la mise en intrigue « fait médiation entre des événements ou des incidents individuels, et une histoire prise comme un tout ». Elle est « l'opération qui tire d'une simple succession une configuration ». En histoire, l'enjeu est celui de l'articulation entre d'une part des événements (une bataille, une épidémie, une invention) et d'autre part les structures et évolutions plus larges au sein desquelles ils s'inscrivent et qu'elles affectent. De manière analogue, dans la prospective, la mise en récit des scénarios permet de combiner entre eux des tendances lourdes, des germes porteurs d'avenir, des points de bifurcation introduits par des décisions possibles. Cela offre d'importantes possibilités pour intégrer dans un même cadre des connaissances qui ne se situent pas aux mêmes échelles spatiales et temporelles – une capacité fondamentale dans le domaine des recherches sur les socio-écosystèmes, par exemple. Cela permet aussi d'intégrer dans la réflexion des ruptures, des surprises, des événements ponctuels et contingents mais qui peuvent être lourds de conséquences. Sur ce point la méthode des scénarios semble faite pour répondre à la préoccupation exprimée par Clark (1986) dans son passage en revue des méthodes possibles pour étudier les interactions à long terme entre développement et environnement :

> En laissant de côté les chocs d'origine externe, les réactions non-linéaires et les comportements discontinus qui caractérisent pourtant les systèmes sociaux et naturels, les formes d'analyses qui ne laissent pas de place aux surprises nous maintiennent dans l'incapacité d'interpréter une foule de possibilités non improbables.

La synthèse de l'hétérogène

Ensuite, « la mise en intrigue compose ensemble des facteurs aussi hétérogènes que des agents, des buts, des moyens, des interactions, des circonstances, des résultats inattendus, etc. » Cette capacité du récit à construire des images et des dynamiques à partir d'éléments très hétérogènes est l'une des forces majeures des méthodes de scénarios[9]. Sur le plan de la recherche environnementale, elle est précieuse car elle permet d'envisager le travail de mise en intrigue – la construction des scénarios – comme une moyen d'articuler les connaissances et points de vues de disciplines profondément différentes. Dans un récit, on peut faire jouer ensemble un événement hydrologique, une évolution des représentations sociales, les procédures d'instruction d'un projet, les rapports de force

---

[9] Voir sur ce point le chapitre IV.

entre groupes sociaux, l'apparition de nouvelles techniques, etc. Cette synthèse de l'hétérogène ne se résume pas à une simple combinatoire d'hypothèses dans chacune de ces dimensions. Elle peut mobiliser les capacités plus étendues, plus fines, plus complexes, plus implicites et ambivalentes aussi, dont font montre les auteurs et les lecteurs de récits lorsqu'il s'agit d'appréhender des contextes et des dynamiques multidimensionnelles et imparfaitement connues.

Les caractères temporels propres du récit

Enfin, pour Ricoeur, « l'intrigue est médiatrice à un troisième titre, celui de ses caractères temporels propres ». En effet, le rôle dévolu au temps est un point crucial qui distingue le récit d'autres formes de discours, de commentaires, d'analyses structurelles, etc. Le travail du temps se manifeste, dans les récits, sous de multiples formes. La plus élémentaire est celle qui prend acte du passage du temps (ou qui le construit), qui dispose des événements, des enjeux, des perceptions, des contextes, selon des successions, des étapes, des phases. Mais le récit permet de présenter et de combiner entre eux d'autres aspects plus profonds du travail du temps : transformations des choses, des personnes, des institutions, enchaînements de causes et d'effets, accumulations progressives qui déclenchent des réorganisations brutales, changements d'alliances qui bouleversent la structure du jeu, etc. C'est à partir des nombreux schèmes de la transformation des situations avec le temps que s'élabore le canevas de tout récit.

Au total, articuler événements ponctuels et cours d'ensemble de l'histoire, synthétiser l'hétérogène, identifier et articuler entre eux les schèmes du travail du temps, sont trois défis centraux dans la tâche du prospectiviste. Si la mise en intrigues possède la capacité de les relever, rien d'étonnant à ce que les méthodes de scénarios soient largement adoptées par les auteurs de prospectives.

b. Du point de vue du lecteur : suivre une histoire, c'est appréhender un processus complexe

Qu'en est-il maintenant du côté du lecteur de scénarios ? Pour Ricœur,

> Suivre une histoire, c'est avancer au milieu de contingences et de péripéties sous la conduite d'une attente qui trouve son accomplissement dans la conclusion. Cette conclusion n'est pas logiquement impliquée par quelque prémisse antérieure. Elle donne à l'histoire un « point final », lequel, à son tour, fournit le point de vue d'où l'histoire peut être aperçue comme formant un tout. Comprendre l'histoire, c'est comprendre comment et pourquoi les épisodes successifs ont conduit à cette conclusion, laquelle, loin d'être pré-

visible, doit être finalement acceptable, comme congruente avec les épisodes rassemblés.

Cette citation nous donne l'occasion de souligner encore les proximités qui relient les enjeux des méthodes de scénarios et les travaux théoriques sur le récit. Soulignons notamment deux points.

– Le déroulement de l'histoire et sa conclusion s'éclairent réciproquement. En prospective, le scénario peut être construit à partir de la conclusion (*backcasting*), ou au contraire, le déroulement peut être poussé à l'aveugle vers une conclusion que l'on « découvre » à la fin de la démarche (scénarios exploratoires). Ce qui importe, dans tous les cas, c'est bien la façon dont les différents éléments renvoient les uns aux autres au sein d'une configuration qui se prête à des interprétations utiles.

– La qualité d'un scénario ne repose pas, ne peut et ne doit pas reposer, sur le fait que son déroulement et sa conclusion tireraient sur l'avenir des prévisions « imparables » à partir des données de départ, mais au contraire sur le fait que la suite de l'histoire n'est jamais « jouée d'avance », la mise en récit permettant précisément d'assumer le caractère contingent de l'évolution de systèmes trop complexes pour être à proprement parler prévisibles dans leurs évolutions[10]. D'une certaine manière la « plausibilité » revendiquée par les prospectivistes comme un critère central de la méthode des scénarios est simplement un aspect de la notion à la fois plus générale et plus précise d'« acceptabilité du récit par le lecteur » évoquée par Ricoeur.

Revenons donc à notre lecteur de scénarios. Quelles sont les capacités qui lui permettent de « suivre » l'histoire ? Et que peut lui apporter cette activité ?

Pour qu'un récit – un scénario prospectif, par exemple – atteigne son lecteur, il faut à la fois que ce dernier y retrouve des repères familiers et que le récit produise un effet de dé-familiarisation.

Sans les repères familiers, le lecteur ne pourrait pas juger le récit pour évaluer sa crédibilité, l'intérêt qu'il peut lui accorder. Le lecteur d'un scénario prospectif va rechercher des éléments qui raccrochent le scénario à ses connaissances et à sa compréhension du problème traité. Ces repères sont de nature très hétérogène. Il peut s'agir de lieux réels, de données apportées par des études scientifiques connues du lecteur, d'événements possibles avec lesquels il a déjà pu se familiariser par ailleurs (l'élévation du niveau des mers provoquée par le changement

---

[10] Sur ce point, voir la vue d'ensemble du domaine de la prospective proposée dans le chapitre III.

climatique, par exemple). Ce peuvent être aussi des éléments de traitement des contenus qui renvoient à ses connaissances et à ses habitudes, soit par leur forme technique (des présentations cartographiques ou graphiques, par exemple) soit par leur contenu (par exemple, référence à des études démographiques ou macro-économiques accessibles au lecteur). De manière plus implicite encore, le lecteur peut reconnaître dans le récit des schèmes sous-jacents qui font partie de son bagage culturel et qui répondent (ou non) à ses préjugés et attentes. Ainsi Peter Schwartz (1998) propose une liste de schèmes couramment utilisés pour bâtir des scénarios prospectifs, auxquels le lecteur réagira, que ce soit pour y adhérer ou pour les critiquer. D'après lui, les trois plus couramment utilisés dans les scénarios sont : « les gagnants et les perdants », « le défi à relever ensemble », « l'évolution qui transforme tout ». Mais il en relève d'autres : « la révolution », « les cycles », « les possibilités infinies », « la nouvelle génération », etc.

En même temps qu'il « retrouve » dans le récit des éléments qui renvoient à un certain nombre de repères familiers pour lui, le lecteur est aussi interpellé par d'autres éléments qui apparaissent en décalage, voire en rupture manifeste avec ses habitudes de pensée : certains faits inconnus, certaines relations nouvelles ou surprenantes, ou mieux encore, des conséquences inattendues de faits et de relations pourtant familières.

Le lecteur est donc pris dans un jeu qui s'organise entre reconnaissance d'un monde familier et réactions à un monde surprenant. Ce jeu se déroule sur plusieurs plans. Sur un plan cognitif, il fait appel à des ressources de toutes sortes (culturelles, issues de son expériences, issues de sa culture scientifique ou de son propre domaine de spécialité) qui lui permettent de comprendre le scénario et de l'évaluer quant à sa possibilité, à sa plausibilité. Cette opération transforme et enrichit en retour sa compréhension. Mais la lecture engage aussi un plan de jugement normatif et d'action : le monde décrit par le scénario est-il « acceptable » sur un plan moral ? Quelle lumière jette-t-il sur les actions où le lecteur est aujourd'hui engagé ? Sur ses préférences philosophiques, sociales, politiques ?

La lecture d'un scénario prospectif offre donc au lecteur un support de réflexion qui fonctionne sur l'ensemble des niveaux de débat du forum prospectif. Quels sont les avenirs possibles ? Répondent-ils à nos craintes, à nos attentes ? Quelles sont les actions possibles ? De façon schématique, le récit fonctionne parce qu'il s'inscrit dans un « horizon d'attente » (cognitif, normatif, pratique) de la part du lecteur, horizon d'attente qu'il transforme en retour. Cette conception recoupe tout à fait celle des praticiens de la méthode des scénarios. Pour résumer l'impact de ces derniers, P. Schwartz (1998, pp. 205-206) écrit : « Comment juger si un scénario a été efficace ? […] Le vrai test est de voir si quelqu'un a été conduit à changer de comportement parce qu'il a perçu le futur autrement. »

c. Les ressources des méthodes de scénario sont celles du récit comme forme de discours

Dans les années 1970, certains spécialistes de la prospective caressaient le rêve de transformer l'étude des futurs possibles en une science qui pourrait se passer de la subjectivité des récits pour adopter les formats des sciences expérimentales : une mise en relation chiffrée, objective, entre les facteurs qui déterminent les dynamiques étudiées qu'elles soient passées, présentes, ou futures[11]. Un tel point de vue est aujourd'hui très daté. Même les spécialistes les plus attachés aux méthodes de prospective fondées sur les modélisations informatiques intègrent maintenant dans leurs approches l'utilisation de méthodes de scénarios, d'une part pour leur extraordinaire flexibilité, qui en fait un complément pratique indispensable des modèles formalisés, et d'autre part parce qu'elles seules peuvent prendre en charge la part irréductible de subjectivité inhérente à toute prospective : les visions de l'avenir s'ancrent dans les visions du monde et ne peuvent jamais se prêter à un traitement qui s'afficherait comme seulement technique.

Les éclairages présentés dans cette seconde section confortent selon nous l'idée que la vitalité des méthodes de scénarios doit (presque) tout aux racines profondes et à la versatilité du récit comme forme d'analyse, de synthèse et de communication sur des situations et des dynamiques complexes. Une forme aux ressources multiples, profondément intégrées et partagées aussi bien par les auteurs que par les lecteurs de prospectives. Comme l'exprime P. Schwartz : « les récits aident les gens à assumer la complexité » (1998, p. 38). Ils sont des outils d'ouverture d'esprit, d'apprentissage, de stimulation de la réflexion stratégique.

3. Les théories sur les récits, ressources pour de nouveaux travaux prospectifs dans un cadre de recherche scientifique et de décision publique ?

La facilité avec laquelle les formes du récit sont mobilisées par les auteurs et les lecteurs de prospectives explique pour une bonne part le succès des méthodes de scénarios. Mais elle a aussi son revers. Elle incite en effet à éluder la mise en question des méthodes et de leurs fondements ; elle décourage la recherche et la réflexion. C'est sans

---

[11] L'ouvrage *The Delphi Method, Techniques and Applications*, de H.A. Linstone et M. Turoff (1975), illustre une telle perspective.

doute là une source fondamentale des limites que rencontre aujourd'hui selon nous le développemêt des méthodes de scénarios, trop exclusivement enfermées dans leur pragmatisme. Il ne suffit donc pas, comme nous venons de le proposer, de mobiliser les théories des récits pour comprendre mieux le fonctionnement des méthodes de scénarios déjà pratiquées. Il faut aussi les mobiliser d'une autre manière, pour conduire à de nouveaux développements théoriques et méthodologiques pour ces méthodes. Ce point est crucial, répétons-le, dans un contexte où les débats prospectifs – et donc la construction des conjectures prospectives – se déroulent en prise de plus en plus directe avec les travaux de sciences de la nature ou de sciences sociales, jusqu'à en faire partie intégrante, comme nous avons tenté ailleurs de le montrer[12].

Pour aller dans cette direction, deux grands axes d'investigation sont à poursuivre en parallèle. Le premier consiste à pousser la question du récit au-delà de la seule analyse des possibilités qu'il ouvre aux auteurs et aux lecteurs, pour interroger sa place dans un travail scientifique. Le second recherche dans l'analyse des ressorts mêmes des récits des pistes nouvelles pour mieux fonder et développer plus avant des méthodes de prospective. Là encore, les chantiers qui s'ouvrent sont vastes et nous ne ferons ici qu'esquisser simplement chacun de ces deux thèmes, successivement.

a. Lois de l'histoire ou enchaînements de circonstances particulières : quelles places des récits dans le travail scientifique ?

En ce qui concerne le statut des récits dans le cadre d'un travail de recherche scientifique, nous retiendrons ici, comme illustration, une thématique centrale pour le développement actuel des travaux prospectifs : l'articulation entre les approches de modélisation (informatique ou mathématique) et les approches par scénarios. Dans les expériences récentes de prospective environnementale, les combinaisons pratiquées sont diverses. Dans certains cas, la modélisation informatique est utilisée, après élaboration de scénarios, pour préciser des valeurs chiffrées de certaines grandeurs évoquées par les récits et ce faisant les enrichir et commencer à en tirer les premiers enseignements. Elle peut aussi servir à tester la cohérence d'un récit (ICIS, 2000) en vérifiant que certaines variables qu'il évoque sont dans des relations justifiables. Dans d'autres cas, le récit est utilisé plutôt en aval ou en complément d'un travail de modélisation informatique, pour amorcer des interprétations diverses

---

[12]   Voir chapitre I.

des résultats ou pour justifier et mettre en contexte des jeux d'hypothèses contrastés correspondant à diverses visions du monde.

Les explorations méthodologiques qui sont effectuées aujourd'hui dans de telles directions ne s'appuient pas – ou pas encore – sur des travaux théoriques sur les fondements et limites de ces différents usages du récit. Pour aborder cette question, on peut mobiliser comme précédents les débats que relate Ricoeur dans *Temps et Récit* sur les relations entre récits historiques et traitement de données, dans le contexte de l'histoire (comme discipline académique). En schématisant un peu brutalement, il montre que la communauté des historiens est – ou a été – divisée entre deux conceptions opposées du travail scientifique.

Pour les uns, celui-ci consiste à relier des faits par des lois. Si l'on part d'une situation initiale donnée, caractérisée par des paramètres bien définis et mesurés, ces lois permettent de déduire quelles évolutions vont se produire (que ce soit de manière certaine ou probabilisée) et vers quel état final elles peuvent conduire. Cette conception, qualifiée de « nomologique » (de *nomos*, la loi) est considérée par certains auteurs comme la seule à pouvoir caractériser un travail scientifique.

Pour d'autres au contraire, des pans entiers de la connaissance ne peuvent se ramener à ce type d'investigation. Il n'y aurait même pas de raison légitime de chercher à se ramener, dans tous les cas et à toute force, dans des schémas nomologiques d'explication. De nombreuses situations appelleraient au contraire à être comprises selon leurs termes propres. Dans cette conception, on donne une place centrale au sein même du travail scientifique à l'effort réalisé pour comprendre les circonstances singulières d'un lieu, d'une époque, d'un groupe social, pour donner à voir les évolutions qui s'inscrivent dans cette singularité et la produisent. C'est ce qui fait qualifier cette conception d'« idiothétique ».

Dans le champ de la prospective, les approches nomologiques et idiothétiques renvoient respectivement aux méthodes fondées sur l'utilisation de modèles et aux méthodes de scénarios. Les premières reposent sur la formalisation des paramètres traités et de leurs lois d'évolution. Les secondes assument le caractère en partie indéfini et contingent des contextes et des événements décrits, des transformations que subissent les situations. Pour le développement de la prospective environnementale et plus particulièrement des méthodes de scénarios, la distinction entre les deux types d'approches nous paraît utile pour éclairer les enjeux de la compréhension et de l'appropriation par les chercheurs des méthodes de scénarios[13].

---

[13] Nous n'aborderons pas ici la question de la compréhension et de l'appropriation des méthodes fondées sur la modélisation. Elle est traitée dans le chapitre VI qui leur est

À certaines périodes, ou dans certains contextes particuliers, les oppositions entre partisans de conceptions exclusivement « nomologiques » et praticiens de recherches « idiothétiques » peuvent s'avérer violentes, allant jusqu'à un rejet, à une dévalorisation réciproques, actifs et systématiques. Mais aujourd'hui au sein des sciences de l'environnement, la cohabitation, les échanges, les enchaînements entre ces deux types d'approches tendent à bénéficier d'une tolérance croissante, à mesure que se développent les échanges interdisciplinaires et les rééquilibrages intradisciplinaires qui peuvent les accompagner.

Il sera sans doute nécessaire à l'avenir d'aller beaucoup plus loin dans ces directions. Même si la tolérance progresse entre approches différentes, les esprits des chercheurs n'en sont pas moins profondément marqués par les modèles de mises en formes recevables, ou irrecevables, que chaque discipline, chaque école de pensée, porte en elle. Or pour construire des conjectures sur des dynamiques (socio-écologiques, par exemple) qui ne peuvent être suivies qu'en sautant des barrières disciplinaires, il ne suffira pas de « tolérer » les approches des autres. Il faudra bien construire des cadres théoriques qui permettent d'articuler les différentes approches entre elles d'une manière explicite et de fonder à la fois des constructions conjecturales cohérentes et un débat critique approfondi.

Pour cerner les enjeux que recouvre la mise en pratique de cette visée à long terme, nous avons mené une recherche sur la prospective dans les projets de recherche interdisciplinaires sur l'environnement (Mermet et Poux, 2002). Les entretiens que nous avons réalisés à cette occasion nous ont confirmé l'ampleur des difficultés qu'il faudra surmonter. L'opposition entre approches nomologiques et idiothétiques s'est avérée très éclairante dans ce contexte. Nous avons pu constater que pour les chercheurs qui sont essentiellement impliqués dans un travail de modélisation, d'expérimentation, c'est le principe même d'un travail construit sous forme de récit qui peut susciter une certaine (et légitime) perplexité. Pour aller de l'avant, ces chercheurs ont besoin d'un travail d'explicitation, de clarification des techniques d'analyse et de synthèse mises en œuvre dans le récit, des potentialités et des limites des méthodes fondées sur les récits, des liens entre récits et modèles. Pour les chercheurs que leur travail a habitués au contraire à des mises en forme plus proches du récit que du modèle – le récit de cas, le journal de recherche, les entretiens auprès des protagonistes d'une situation conflictuelle, etc. – les enjeux mis en évidence sont différents. Pour eux il est utile de rechercher une analyse fine des formes de récits qui sont reçues ou qui

---

consacré et où l'on pourra d'ailleurs constater qu'elles ne posent pas moins de perplexités et de difficultés que les méthodes de scénarios…

ne le sont pas dans le cadre de leur discipline, sur la place de ces récits dans l'analyse et l'interprétation des situations étudiées, sur les relations entre différentes méthodes de scénarios et ces formes acceptées de récit. Une autre difficulté peut provenir du fait que souvent, pour ces chercheurs, le récit est légitime parce qu'il s'appuie sur une réalité spécifique réellement observée lors d'un travail de terrain. Dans ce cas, c'est le caractère en partie fictif du scénario de prospective, son absence de référence directe à une situation qui puisse être empiriquement vécue et constatée, qui peut susciter la perplexité ou le rejet. C'est un autre type de réflexion, sur le lien entre description, analyse, fiction, terrain, qui sera ici à conduire pour permettre aux chercheurs de certaines disciplines de s'engager dans la mise en œuvre ou la discussion de méthodes de scénarios.

En bref, selon leur conception et leur pratique de la recherche, les chercheurs – et notamment ceux des multiples disciplines de la recherche environnementale – sont concernés de manière très différenciée par les multiples facettes de la réflexion sur les liens entre (1) les récits que sont les scénarios, (2) les pratiques de recherche où ils s'insèrent et (3) les forums prospectifs où ils sont discutés. La construction d'un espace théorique partagé où ils puissent articuler leurs travaux – et leurs controverses – est une entreprise de longue haleine, qui ne fait que commencer. Ici, ce sont notamment les théories des récits centrées sur la dimension discursive des pratiques scientifiques et des débats politiques[14] qui pourront utilement être mises à contribution.

b. Mobiliser d'autres théories des récits pour renouveler la recherche sur les méthodes de scénarios

Pour les spécialistes des scénarios, le problème se pose tout autrement. Ils n'ont pas besoin d'être convaincus au départ de la légitimité et de l'opérationnalité du récit comme forme de synthèse et d'argumentation dans un débat ayant une dimension prospective : c'est leur métier ! Leurs interrogations porteraient plutôt sur l'intérêt d'encourager des interrogations théoriques et critiques à venir faire ingérence dans le domaine bien rodé des méthodes de scénarios. Nous essaierons donc ici d'esquisser les bénéfices à en attendre et les risques encourus.

La contribution essentielle du spécialiste des méthodes de scénarios est d'aider des groupes (de scientifiques, d'experts, de responsables politiques, de citoyens) à construire des récits pertinents pour donner forme à leur appréhension du futur. Ce travail de construction de scénarios combine d'une part des méthodes explicites (dont la maîtrise est un

---

[14] Voir par exemple Fischer et Forester, 1993 ; Hajer, 1995.

apport du prospectiviste) et d'autre part des savoir-faire implicites de narration, qui jouent un rôle essentiel aussi bien pour le spécialiste que pour le profane. Un bon scénario « fonctionne » dans la mesure où il est recevable dans des forums où la culture méthodologique des prospectivistes cohabite avec une culture de la narration et avec des répertoires narratifs partagés par les participants.

Nous avons évoqué plus haut le manque de réflexivité qui correspond parfois à cet arrangement. L'apport des spécialistes du récit à cet égard serait double.

Premièrement, il permettrait un changement majeur de point de vue. Si on livre un scénario prospectif à l'analyse, alors les méthodologies du prospectiviste et les savoir-faire implicites de narration ne se distinguent plus. Ils apparaissent comme des procédés, comme des structures, comme des schèmes, etc., bref, comme un matériau à mettre à jour et à travailler dans une analyse du récit par laquelle ce dernier peut exprimer tout son potentiel d'approfondissement de la réflexion prospective. Dès lors, le travail d'exploitation des scénarios se trouve efficacement disjoint de leur conception. Cette disjonction est un apport capital. Elle devrait permettre de traiter l'un des problèmes les plus souvent rencontrés en prospective : l'accaparement de l'attention et du temps de travail par la construction de la conjecture (scénario ou modèle), au détriment de la discussion critique des apports de la conjecture au sein du forum prospectif. La confusion des rôles entre construction et discussion de la conjecture est en effet un problème à la fois pratique, méthodologique et théorique ; l'instauration d'un débat critique institué entre auteurs de scénarios et critiques spécialisés nous semblerait ici un progrès important.

Le second apport potentiel tient non plus seulement à l'institution, mais aussi à l'instrumentation de l'analyse des récits prospectifs. Ici, les ressources dont disposent les différentes champs de recherche qui étudient les récits – théorie de la fiction littéraire, de la critique littéraire, linguistique, philosophie, sciences de la communication, etc. – sont immenses, surtout si on les compare aux répertoires théoriques et méthodologiques très succincts qui sont mobilisés aujourd'hui dans le domaine des scénarios prospectifs. Donnons simplement quelques exemples, là encore tirés de la littérature passée en revue par Ricoeur dans *Temps et Récit*.

– Les analyses de la morphologie des récits, des rôles, des fonctions, des schèmes narratifs récurrents, pourraient aller sensiblement plus loin que les apports – déjà très utiles – de Wildavsky et Thompson (1990) ou de Schwartz (1998) sur les schèmes sousjacents aux scénarios prospectifs.

- L'étude des situations d'écriture, d'énonciation, de réception, des scénarios prospectifs, n'aurait sans doute guère de peine à dépasser le niveau actuel d'explicitation des méthodes procédurales proposé par la littérature sur la prospective.
- L'étude des procédés stylistiques mobilisés et de leurs impacts (cognitifs, stratégiques, etc.) apporterait sûrement des compléments considérables à la simple transmission de la culture des scénarios par la diffusion et le commentaire de bons modèles de récits prospectifs.

C'est donc un champ d'investigation large et divers qui doit selon nous s'ouvrir en mobilisant au service des prospectives par scénarios les postures critiques et les ressources théoriques et méthodologiques des disciplines du récit. Cette perspective n'est cependant pas sans risques pour les chercheurs et les praticiens impliqués dans les recherches prospectives, notamment environnementales. Ils mesurent en effet pleinement la fragilité des constructions conjecturales de la prospective. La justification et la gestion de cette fragilité constituent d'ailleurs un fil conducteur de la littérature spécialisée sur la prospective[15]. L'arrivée d'observateurs critiques nouveaux et fortement armés serait de peu d'intérêt si elle se soldait simplement par une (nouvelle) entreprise de délégitimation des efforts et des acquis en matière de recherches prospectives. Pour être utile, elle doit s'inscrire dans le cadre de ce que nous appellerons un « contrat critique » par lequel constructeurs de conjectures (par scénarios) d'un côté et analystes critiques de l'autre soient engagés en commun dans un même projet de développement des travaux de prospective. Pour reprendre les termes du cadre général que nous avons proposé[16] pour l'analyse des travaux prospectifs, il s'agit d'enrichir des forums prospectifs en y soumettant les conjectures à des débats plus critiques et mieux instrumentés. Le développement au cours des trois dernières décennies des recherches prospectives environnementales fondées sur la modélisation informatique montre que ce n'est pas là une vue de l'esprit. La controverse entre les auteurs du rapport du Club de Rome sur les limites de la croissance (Donella H. Meadows *et al.*, 1972) et l'équipe d'analystes critiques réunie par Cole, Freeman *et al.* (1973), montre à quel point un débat académique critique, structuré et publié, permet de tirer beaucoup plus d'une conjecture (ici, le modèle *World 3*) que ses premières versions non encore soumises à interprétation critique[17]. Plus récemment, on peut constater que certains des exercices de modélisation prospective les plus aboutis ont tiré un grand

---

[15] Voir chapitre III.
[16] Voir chapitre II.
[17] Voir chapitre VIII.

bénéfice de l'implication durable, aux côtés des chercheurs en sciences de l'univers ou en économie, de quelques individualités critiques appartenant à des disciplines étrangères à la prospective environnementale : philosophes, anthropologues, chercheurs en sciences sociales. Ce sont des fonctionnements de ce type qu'il s'agit d'étendre au domaine des prospectives fondées sur des scénarios, d'amplifier et d'approfondir, en particulier en mobilisant des compétences fortes sur les différentes théories du récit à commencer par les apports spécifiques de la théorie littéraire au concept et à la pratique de la critique. C'est dans le cadre de ce type de réseaux ou de groupes de recherche que les commentaires des analystes critiques peuvent être repris par les auteurs de conjonctures prospectives pour accomplir des progrès décisifs sur le plan théorique et méthodologique.

Conclusion

Pour conclure, l'analyse proposée ici remet en cause une dissymétrie insidieuse entre les méthodes de prospective reposant sur des modèles (informatiques, mathématiques) et celles reposant sur la rédaction de scénarios. Les premières sont d'apparence scientifique dans leur forme, ne sont pas reçues facilement sur leur fond et ouvrent d'emblée d'importants débats, qui instaurent aujourd'hui un contexte de réflexion critique, source importante de progrès et de crédibilité[18]. Les secondes s'imposent facilement mais sont en général perçues comme de faible valeur scientifique. Pourtant, elles sont tout aussi nécessaires aux recherches prospectives ; les problèmes théoriques et méthodologiques qu'elles posent ne sont ni moins intéressants, ni moins essentiels. Nous espérons avoir montré ici la nécessité et la possibilité d'ouvrir un chantier de recherche déterminant pour l'avenir des travaux de prospective en mobilisant les ressources des « disciplines du récit » au bénéfice des méthodes de scénarios utilisées dans les recherches prospectives.

Nous avons esquissé plusieurs orientations : (1) l'analyse fine des pratiques actuelles d'utilisation des scénarios en prospective (leur construction, leur réception, les processus de communication au sein desquels elles s'inscrivent), (2) l'étude du statut des scénarios prospectifs parmi les différents discours qui font la trame des travaux de recherche et des débats de politique publique, (3) la critique et l'enrichissement des méthodes de scénarios à partir de leur analyse critique sous l'angle des procédés narratifs utilisés (explicitement ou non) et de leurs effets.

Si ce domaine de recherche ne s'est encore pratiquement pas développé c'est en partie, on l'a vu, à cause de la facilité, du « naturel » avec

---

[18]   Voir chapitres VI et VIII.

lequel auteurs et lecteurs pratiquent les récits prospectifs. Mais c'est aussi parce que les ressources académiques nécessaires sont éloignées des domaines où se déroulent l'essentiel des recherches prospectives, en particulier environnementales. La démographie, l'économie de l'énergie, l'écologie et les sciences de l'environnement sont très éloignées des disciplines littéraires, philosophiques ou de communication où se trouvent l'essentiel des ressources (humaines, organisationnelles, théoriques, méthodologiques) pour l'étude des récits.

Nous concluons donc ici sur un appel (1) pour que s'impliquent dans le travail de la prospective environnementale les disciplines jusqu'ici pratiquement absentes, qui font du récit, de sa construction, de sa réception, de ses contextes d'usage, une thématique centrale de leurs investigations, (2) pour que les disciplines déjà engagées dans des travaux sur les dynamiques à long terme de l'environnement réfléchissent à la place des récits dans les formes qu'elles donnent (ou pourraient donner) à l'analyse des dynamiques de long terme naturelles et/ou sociales, (3) pour que les scénarios prospectifs fassent l'objet d'une critique serrée, à la fois sur leur contenu et leur mode de construction, dans le cadre d'un véritable dialogue entre les constructeurs et leurs critiques, d'une « scène critique » durable et organisée, un peu comme cela s'est organisé au fil des ans, pour les modèles utilisés en prospective.

Références

Callon, M., Lascoumes, P., et Barthe, Y., *Agir dans un monde incertain – essai sur la démocratie technique*, Seuil, 2001.

Chermack, T. J., Lynham, S. A., et Ruona, W. E. A., « A Review of Scenario Planning Literature », *Futures Research Quarterly*, 17(2), 2001, pp. 7-31.

Clark, W. C., « Sustainable Development of the Biosphere : Themes for a Research Program », in Clark, W., et Munn, R. E. (eds.), *Sustainable Development of the Biosphere*, IIASA – Cambridge University Press, 1986.

Cole, H. S. D., Freeman, C., Jahoda, M., Pavitt, K.L.R., (eds.), *Models of Doom*, Universe Books, 1973.

Dreborg, K. H., « Essence of Backcasting », *Futures*, 28(9), 1996, pp. 813-828.

Fischer, F., et Forester, J. (eds.), *The Argumentative Turn in Policy and Planning*, Duke University Press, 1993.

Hajer, M. A., *The Politics of Environmental Discourse – Ecological Modernization and the Policy Process*, Clarendon Press, 1995.

ICIS, *Cloudy Crystal Balls – an Assessment of Recent European and Global Scenario Studies and Models*, European Environment Agency, 2000.

Julien, P. A., Lamonde, P., et Latouche, D., *La méthode des scénarios*, DATAR, 1975.

Linstone, H. A., et Turoff, M. (eds.), *The Delphi Method – Techniques and Applications*, Adison-Wesley, 1975.

Meadows, D. H., Meadows, D. L., Randers, J. *et al.*, « Rapport sur les limites de la croissance », in Delaunay, J. (dir.), *Halte à la croissance ?*, Fayard, 1972, p. 310.

Mermet, L., « Une méthode de prospective : les exercices de simulation de politiques », *Natures, Sciences, Société*, 1(1), 1993, pp. 34-46.

Mermet, L., et Poux, X., « Pour une recherche prospective en environnement – repères théoriques et méthodologiques », *Natures, Sciences, Sociétés*, 10(3), 2002, pp. 7-15.

Ricoeur, P., *Temps et Récit*, Seuil, 1983.

Schwartz, P., *The Art of the Long View – Planning for the Future in an Uncertain World*, John Wiley & sons, 1998.

Van der Heijden, K., *Scenarios – The Art of Strategic Conversation*, John Wiley & sons, 1996.

Wildavsky, A., et Thompson, M., *Cultural Theory (Political Cultures)*, Westview, 1990.

CHAPITRE VI

Les prospectives environnementales fondées sur des modèles

Quelles dialectiques entre modélisation et forum de débat ?

Hubert KIEKEN

Par leur capacité à traiter des problèmes complexes, les modèles informatiques jouent un rôle central dans de nombreuses recherches sur l'environnement. Ils sont en particulier très présents dans les travaux de prospective environnementale. Les démarches de modélisation ainsi mobilisées sont diverses, que ce soit par les disciplines, les corpus théoriques ou les techniques informatiques qu'elles mettent en œuvre. Cette grande variété de pratiques introduit des exigences particulières pour l'évaluation des travaux de modélisation prospective. En particulier, les modèles doivent non seulement être évalués pour leur valeur intrinsèque, mais également pour leur pertinence au regard du contexte d'action et du forum prospectif pour lesquels ils sont mobilisés. Cette nécessité d'une analyse des modèles « en situation » est lié au fait que la dimension prospective d'une démarche de modélisation ne se limite pas à ses résultats mais recouvre l'ensemble des débats prospectifs auxquels elle a contribué.

Dans ce chapitre, nous analyserons les interactions entre les démarches de modélisation et les forums prospectifs auxquels elles contribuent. Nous montrerons tout d'abord que la dimension prospective des exercices de modélisation soulève des enjeux liés à la rencontre et à la mise en synergie d'un modèle et d'un débat[1]. Nous mettrons ainsi en évidence que la valeur d'un exercice de modélisation prospective dépend de sa capacité à instaurer un fonctionnement dialectique du forum autour de l'outil. Nous explorerons ensuite cinq cadres théoriques qui fournissent des éléments d'analyse structurés pour penser cette rencontre entre un modèle et un débat, ainsi que la dialectique qui peut en résulter. Cette réflexion nous permettra d'ouvrir une discussion plus large sur le

---

[1] Voir L. Mermet, chapitre II.

statut de la modélisation dans les démarches prospectives, et nous conclurons avec quelques recommandations générales sur la mise en œuvre de modèles dans le cadre d'exercices de prospective.

1. Des interactions dialectiques entre forums prospectifs et modélisations

L'expérience du modèle Meadows que nous avons étudié par ailleurs[2] illustre parfaitement le fait que le caractère prospectif d'un exercice de modélisation n'est pas le seul fait du modèle mais résulte de la rencontre et de la mise en synergie d'une démarche de modélisation et d'un débat prospectif. Ce constat ne se limite pas au seul modèle *World 3*, mais peut-être généralisé à de nombreux travaux de modélisation prospective. Il résulte en particulier du critère d'évaluation des conjectures scientifiques à long terme proposé par S. Treyer[3] et fondé sur la notion de pertinence : les conjectures doivent être évaluées en fonction de la nature et du moment du débat auquel elles contribuent. Ayant vocation à faire évoluer ce débat, elles perdront probablement de leur pertinence par la suite. Il est fréquent que plusieurs années après leur publication les conjectures apparaissent triviales ou absurdes pour celui qui les évalue dans un contexte qui n'est plus celui au service duquel elles ont été formulées.

Ainsi, si le caractère « simpliste » du modèle *World 3* a été à l'origine de nombreuses critiques, il peut également être vu comme une de ses principales qualités. Il facilite la discussion des dynamiques simulées, au contraire d'approches de type « boîtes noires », peut-être plus raffinées, mais également plus opaques. De la même façon l'importance de ce rapport ne provient pas tant de l'intérêt du modèle, ni même des scénarios-catastrophes qu'il a produits, que des nombreux débats qu'il a ouverts, reformulés ou portés sur le devant de la scène. La transparence du modèle, tant au niveau de sa structure que des hypothèses retenues par ses concepteurs, a de ce point de vue largement facilité l'établissement d'un forum prospectif (Cole *et al.*, 1973 ; Gallopin, 2001).

Si les caractéristiques du modèle *World 3* ont indubitablement facilité l'établissement du forum sur les limites de la croissance, l'histoire du rapport Meadows montre également que la richesse du débat ne résulte pas de la seule publication des travaux du MIT.[4] L'existence du Club de Rome, la volonté de ses dirigeants « de faire bouger les choses » ont été historiquement au moins aussi déterminants que les

---

[2] Voir H. Kieken et L. Mermet, chapitre VIII.
[3] Voir chapitre IX.
[4] *Massachusetts Institute of Technology.*

choix techniques des modélisateurs[5]. Il est ainsi intéressant de noter que Forrester lui-même avoue avoir été surpris par l'ampleur des débats qui ont résulté de ses travaux (Forrester, 1989) ; ou que l'une des critiques formulées à l'encontre des travaux du MIT résultait du caractère délibérément « polémique » de la démarche, le rapport « grand public » ayant précédé les publications scientifiques. *A contrario*, l'histoire de la première période du Club montre que ses fondateurs ont longtemps cherché les outils et les travaux de recherche qui leur permettraient simultanément d'étudier leur *problématique* et de s'assurer de la bonne communicabilité des résultats auprès des décideurs politiques et du grand public. Cette période de gestation a été difficile et les modèles de Forrester ne se sont imposés qu'après deux ans d'exploration infructueuse : les premiers travaux de E. Jantsch et d'Ozbekhan n'ont pas convaincu le Club non pas du fait de leur valeur intrinsèque, mais par la nature du langage utilisé. Dans ce cas d'école, les apports ont donc été mutuels : les caractéristiques des modèles ont servi les promoteurs du forum et, réciproquement, l'existence d'un forum comme le Club de Rome a largement favorisé la diffusion des travaux du MIT. La vigueur du débat sur les limites de la croissance dans les années 1970 doit beaucoup à cette rencontre entre une équipe de modélisateur et les promoteurs d'un forum de débat.

Ce constat sur la dimension prospective des exercices de modélisation dépasse largement le cadre du premier rapport du Club de Rome. Les exemples des modèles QUEST, RAINS, IMAGE et plus généralement de la majorité des modèles d'Évaluation intégrée correspondent à des situations dans lesquelles le forum prospectif est principalement basé sur des modélisations, mais fournit également en retour un contexte favorable au développement de ces travaux. Comme dans le cas du Club de Rome, les apports entre les modèles et le forum sont mutuels. Les forums prospectifs peuvent difficilement se passer des modèles qui seuls peuvent traiter de façon satisfaisante la complexité de nombreux phénomènes. En retour, l'existence de ces forums augmente la légitimité et les moyens matériels dont bénéficient les travaux des modélisateurs. Le cas des recherches sur le changement climatique est à ce titre exemplaire : peu de domaines de recherche sont autant dépendants du développement des outils de modélisation. Mais cette omniprésence des modèles est également à l'origine de certaines critiques qui dénoncent une formulation de la problématique du changement global qui engendre

---

[5] On peut noter par exemple que le Club de Rome a diffusé gratuitement de nombreux exemplaires du rapport sur les limites de la croissance afin de faire connaître ses travaux. La personnalité, la notoriété et les réseaux d'influence des fondateurs du Club ont également certainement contribué à augmenter l'impact de cette publication.

– selon eux – la captation des crédits de recherche par les climatologues et les économistes qui sont les plus à même de produire des « gros » modèles informatiques (Pielke *et al.*, 2000).

Nous ne reprendrons pas cette figure de la dénonciation, tout en étant bien conscient de l'existence possible de stratégies de recherche de reconnaissance et de crédits de la part des modélisateurs (voir par exemple Mermet et Hordijk, 1989). Nous considérons que les interactions entre le développement des modèles, les demandes de travaux scientifiques de la part des gestionnaires et l'évolution des débats dans les forums prospectifs sont plus riches qu'une simple combinaison de jeux d'intérêts. Ces interactions doivent être analysées dans toute leur complexité pour rendre compte de la dynamique du forum prospectif et de l'émergence des décisions de gestion de l'environnement. Le point de départ de notre analyse sera donc d'admettre que la dimension prospective des exercices de modélisation naît de la rencontre entre le modèle et les débats auxquels il doit contribuer, et que l'intérêt et la « valeur ajoutée » de cette dimension prospective résident dans la pertinence du modèle pour le débat et dans sa capacité à instaurer un fonctionnement dialectique du forum prospectif. Partant de cette hypothèse, notre objectif sera de rendre compte de la nature et des conséquences de cette rencontre et de cette mise en synergie, en mettant en évidence les influences réciproques des développements de la modélisation et du forum prospectif auquel elle contribue.

Ce constat, qui peut apparaître banal au premier regard, remet en réalité en cause le schéma traditionnel de contribution des scientifiques au processus de décision (voir par exemple Shackley, 1999, dans le cas du changement climatique). Dans ce schéma, les scientifiques informent de façon objective les décideurs et politiques sur l'état d'avancement de la science sur l'objet concerné, leur fournissant ainsi les moyens de décider en « connaissance de cause ». Dans la configuration que nous introduisons ici, la situation est sensiblement différente : les scientifiques sont des acteurs à part entière du processus de décision tout en conservant un statut fondamentalement différent des acteurs politiques. Cette implication des scientifiques dans le processus de décision peut prendre de multiples formes. Nous en illustrerons certaines en présentant les conséquences de ces configurations sur la dynamique du processus de décision. En particulier, nous présenterons cinq cadres théoriques et méthodologiques qui tentent d'intégrer dans la conception du forum prospectif, des processus de décision, ou du développement des modèles, les conséquences de l'abandon du caractère « indépendant et purement objectif » des travaux scientifiques.

2. Cinq cadres théoriques pour l'analyse de la constitution d'une dialectique prospective basée sur des démarches de modélisation

a. L'expérience du GRETU[6]

La première proposition théorique que nous présenterons ici provient des travaux du GRETU qui se sont intéressés aux liens existant entre les études économiques dans le domaine des transports urbains et les décisions pour lesquelles elles ont été conduites, et qui à conduit le groupe à introduire la notion « d'études-plaidoyers » (GRETU, 1980). Le constat de départ provient de la faible *probance* de la plupart de ces études technico-économiques : les conclusions des études ne « prouvent rien » et auraient pu être largement différentes si d'autres données – aussi légitimes – avaient été utilisées, ou si un point de vue légèrement différent avait été adopté par les chercheurs. Confronté à ce constat, le GRETU a néanmoins « montré que les études économiques restaient, même imparfaites, un moyen irremplaçable pour éclairer les choix ». En effet, si « beaucoup d'études économiques ne concluent pas à des vérités indiscutables, elles présentent l'intérêt, si elles sont bien faites, de suggérer des propositions non invraisemblables ». Dans ce contexte, et par analogie avec le domaine judiciaire, l'étude – comme le plaidoyer – « est un préalable indispensable pour éclairer la cause », mais ne doit pas « se substituer au jugement ». Si l'on poursuit la comparaison avec le tribunal, il restera aux instances décisionnelles le devoir de faire s'exprimer l'ensemble des points de vues concurrents, d'apprécier la force relative des argumentations en présence (leur *probance*) et de prendre une décision ainsi éclairée.

Cette proposition est d'autant plus remarquable qu'elle émane non pas de quelques trublions fantaisistes, mais de six ans de travaux assidus et méthodiques conduits par des experts et des hauts fonctionnaires[7] engagés personnellement dans les processus d'orientation des politiques publiques ou de décision de « gros investissements ». Vingt ans après, elle reste largement pertinente et novatrice au regard du déroulement de certains débats publics sur l'aménagement du territoire pour lesquels la

---

[6] Groupe de réflexion sur l'économie des transports urbains. Groupe expérimental de réflexion animé par des chercheurs en gestion et où des responsables du secteur public et privé qui se sont réunis pendant six ans (1973-1978) deux fois par mois pour des réunions de trois heures afin de débattre du lien entre études économiques et décisions dans le domaine des transports urbains.

[7] Il faut noter les conditions de travail hétérodoxes du GRETU, puisque les membres travaillaient dans l'anonymat, ses rapports n'ont fait l'objet d'aucun délai de publication, ni de revue externe, ni d'auto-censure, avant leur diffusion.

contre-expertise se déroule dans des conditions telles qu'elle ne peut avoir aucun poids face à l'étude principale… Pour autant, les propositions du GRETU ne sont pas exemptes de défauts, le principal étant de ne pas définir dans quels cadres institutionnels les processus de décision pourraient se baser sur la confrontation d'études-plaidoyers. En effet, le décideur ne sait pas toujours *a priori* ce qu'il attend d'une étude (défense ou opposition de telle alternative au projet). De même, le scientifique est rarement en mesure d'apprécier la force d'une cause avant d'avoir essayé de la défendre. Mettre en œuvre un tel processus de décision nécessiterait donc de nombreux allers-retours entre études et instance décisionnelle, selon une démarche qui ne peut être que longue et graduelle afin d'affiner progressivement les points de vue défendus. De tels impératifs sont peu compatibles avec les pratiques professionnelles de chacune des parties, et sans doute difficiles à concilier avec les contraintes qui s'appliquent aux décisions publiques souvent élaborées dans l'urgence. Par ailleurs, en supposant ces obstacles levés, il conviendrait de s'assurer que des points de vue variés et contradictoires pourront être défendus avec une motivation et une conviction comparable. Ceci soulève bien évidemment la question des capacités de contre-expertise de groupes d'individus dotés de peu de ressources et des moyens à mettre en œuvre pour s'assurer que les différentes « prises de parole » seront traitées de façon équitable par l'instance décisionnelle. Cette difficulté à transformer leur analyse en recommandations opérationnelles a conduit le GRETU, pour mettre en œuvre le concept d'étude-plaidoyers

> [à proposer des] institutions utopiques :
>
> – une « Académie » qui se prononcerait sur la qualité des études, notamment leur « probance » ;
>
> – une « Agence » qui prêterait un concours méthodologique pour faciliter les dialogues entre demandeurs et hommes d'étude, sous forme de « pilotage » ;
>
> – un « Institut » qui mettrait des moyens d'études au service des groupes et des institutions qui en manquent (GRETU, 1980, pp. 55-56).

Le caractère utopique de ces institutions marque les limites des travaux de ce groupe de réflexion. Par ailleurs, l'analogie avec le domaine judiciaire est plus pertinente dans le cadre de l'évaluation de gros projets d'investissements que dans les domaines qui nous intéressent ici : les motivations et l'importance de l'établissement de forums prospectifs résident en effet souvent dans l'existence d'un débat qui ne peut être résumé à la simple opposition de deux thèses, l'une favorable et l'autre défavorable à la décision. Les questions débattues autour des problématiques climatiques sont par exemple nombreuses et, pour la plupart, non duales : les travaux du GIEC[8] ne se résument pas à statuer sur l'existence ou non du changement climatique, mais également à étudier l'importance et la nature des changements possibles (température, précipitations, « événements extrêmes », etc.) ou de la possibilité d'occurrence de surprises climatiques. Par ailleurs, la nature même des décisions à mettre en œuvre est souvent, en tant que telle, un des résultats du forum prospectif[9] : une part importante des négociations qui ont abouti au protocole de Kyoto en 1997 ont ainsi été structurées par l'opposition de points de vue entre d'un côté les partisans d'une obligation de moyens (i.e. une écotaxe carbone) et de l'autre, les défenseurs d'une obligations de résultats (i.e. un objectif quantifié de réduction des émissions).

Néanmoins, de nombreuses situations fournissent des constats similaires à ceux du GRETU : gestionnaire et modélisateurs étant souvent confrontés à une pluralité de modélisations possibles pour un même objet. Le choix d'une approche parmi les nombreuses options concurrentes et/ou complémentaires disponibles ne résulte pas toujours d'une hiérarchie stricte entre ces différents modèles, mais le plus souvent du choix d'un point de vue particulier sur l'objet étudié. Ce type de configuration fait partie de l'expérience quotidienne des acteurs de nombreux champs de recherche et d'action, que ce soit celui des modèles de transports (GRETU, 1980 ; Bouleau, 1999 ; Bonnafous, 2002), de la gestion des ressources naturelles (Shenk et Franklin, 2001), de l'économie (Hourcade, 1998) ou des modèles globaux (Gallopin, 2001)[10]. Plus précisément, dans chacun des cas cités, les auteurs insistent sur le rôle central du modélisateur dans le choix du point de vue qui est ensuite exprimé et véhiculé par son modèle, que ce soit par le choix des hypothèses sur le fonctionnement du monde actuel[11], sur l'échelle d'analyse du problème ou sur la nature des indicateurs et des marges de manœuvre

---

[8]   Groupe d'experts intergouvernemental sur l'évolution du climat – En anglais : IPCC.

[9]   Nous envisagerons même plus loin dans le texte que ces décisions ne peuvent exister qu'au travers du processus de co-construction que constitue le forum pour les scientifiques, les décideurs et, plus généralement, l'ensemble des parties prenantes.

[10] « *World 3, as any global model, embodied a certain worldview. By worldview I mean, in this context, the set of beliefs and theoretical assumptions determining the perception of reality, the explanations provided, and the kind of actions proposed (...) A worldview embodies not only value judgements about the desirability of alternative images of the future (...) but also causal inferences about how the different futures come to be, and management styles or preferred strategies (controlling, laissez-faire, etc.)* » (Gallopin, 2001, p. 78).

[11] « L'histoire de la modélisation prospective de l'interface environnement/développement (…) fait apparaître que les débats méthodologiques comptent moins, *in fine*, que les opinions, croyances et jugements de valeur sur l'état actuel des économies et sur le futur » (Hourcade, 1998).

choisies pour modéliser l'objet étudié[12]. Ces constats ont d'ailleurs conduit des chercheurs comme Brunner (2000) à proposer des « solutions » comparables à celles du GRETU pour enrichir les modalités de prise de décision et sortir de l'impasse que constituent les approches basées sur un modèle prédictif unique. À ce titre, il recommande : (1) de financer des travaux de recherches concurrents ; (2) de donner peu d'indications pour la conduite de ces travaux afin de favoriser la diversité des approches mise en œuvre ; (3) d'évaluer périodiquement l'apport de ces divers travaux du point de vue de la décision publique ; et (4) de ne reconduire de soutien financier qu'aux travaux les plus « utiles » pour la décision. Ces recommandations soulèvent au moins autant de questions que celles du GRETU et, au contraire du travail de ce dernier, semblent plus fondées sur des considérations théoriques et conceptuelles que sur des expériences détaillées des processus de décision. Il y aurait en effet beaucoup à dire sur cette notion « d'utilité » de la recherche, sur les biais qu'introduirait probablement la confusion entre les fonctions de financements des recherches et d'évaluation des résultats en termes de bénéfices pour la décision publique ou de la possible « autocensure » des chercheurs qui seraient incités à maximiser « l'utilité » de leurs travaux plus que la diversité des points de vue. Néanmoins, quelles que soient les limites de cette contribution ou des travaux du GRETU, nous retiendrons de ces propositions la nécessité d'abandonner les approches fondées sur des modèles uniques censés informer le processus de décision en toute indépendance et de façon totalement objective (voir également Kendall, 2001, pour des conclusions similaires à partir de l'étude des apports de la modélisation à la gestion des ressources naturelles). Nous reprendrons également la démarche d'ensemble du groupe de réflexion sur l'économie des transports urbains en ne mobilisant pas les limites de la modélisation pour rejeter l'outil, mais pour affirmer la nécessité de réfléchir aux modalités de mise en œuvre des modèles dans le cadre de forums prospectifs ou pour contribuer à la gestion de l'environnement à long terme.

b. Prendre en compte les effets structurants de la demande

Dans les exemples qui précèdent, la diversité des points de vue exprimés par les scientifiques résulte de deux origines différentes : d'une part de « l'indétermination de la modélisation » proposée par

---

[12] Dans une présentation générale sur le champ de recherche « modélisation des transports », Bonnafous (2002) remarque par exemple que selon le type de question posée (temps de parcours moyens, approches multimodales, etc.) et l'échelle envisagée (locale, régionale, internationale, etc.) plus de 100 types de modèles différents peuvent être identifiés dans le seul champs des transports…

Nicolas Bouleau dans laquelle les modèles concurrents qui co-existent ne peuvent être séparés par l'expérience (Bouleau, 1999) et d'autre part du fait de compréhensions divergentes du fonctionnement actuel du monde par les scientifiques impliqués dans les projets. Un troisième facteur peut se révéler fondamental dans la spécification des points de vue des scientifiques : la relation à la demande. Dans un contexte de confrontation d'offres et de demandes d'expertises et de crédits[13], les points de vue développés par les chercheurs en général – et les modélisateurs en particulier – peuvent être largement influencés par les demandes sur lesquelles ils s'appuient. Cette réflexion n'est pas nouvelle : dès la fin des années 1970, dans un article de synthèse sur la première décennie de modèles globaux, Richardson (1978) identifie trois objectifs dans lesquels se retrouvent l'ensemble de ces travaux :

1) étudier l'écart existant entre les pays riches et les nations les plus pauvres ;

2) gérer les ressources naturelles globales ;

3) s'interroger sur le rôle de la science et des scientifiques dans l'évaluation d'enjeux de nature essentiellement politique.

Ce dernier point est particulièrement intéressant du point de vue de la prospective. Comment se positionnent les modélisateurs vis-à-vis de la demande ? Comment participent-ils à la prise de décision ? Comment influent-ils la vision du monde qui résulte de leurs travaux en y incorporant leurs propres présupposés ? Autant de questions qui ont accompagné le développement des premiers modèles globaux et qui mériteraient d'être prolongées pour certains travaux plus contemporains.

Les modèles de prédiction de l'engraissement des plages fournissent un exemple particulièrement illustratif des ambivalences qui peuvent naître de l'existence d'une forte demande d'expertise scientifique. En étudiant comment ils étaient mis en œuvre pour répondre aux demandes des villes côtières confrontées aux phénomènes d'érosion, Pilkey (2000) a montré que cette demande d'expertise est un facteur important non seulement du développement des modèles simulant la dynamique des plages, mais également d'une forme de manque de réflexivité qu'il identifie dans ces travaux de modélisation.

Dans un autre domaine, la Directive cadre sur l'eau de la Commission européenne a créé un fort besoin d'outils de modélisation qui

---

[13] Dans ses deux acceptions de financements et de reconnaissances, qui constituent deux formes de « capital » plus ou moins interchangeables dans le champ scientifique (Bourdieu, 1997).

puissent être utilisés de façon banalisée par les gestionnaires[14], ce qui s'est traduit en retour par des travaux spécifiques de certaines équipes de recherche pour transformer leurs modèles de recherche en des « outils de gestion de l'environnement »[15]. Si ces efforts ont essentiellement porté sur les interfaces des modèles, ils ont motivé des choix potentiellement structurants pour les recherches ultérieures, en créant un cadre contraignant pour les futurs développements des outils de modélisation ou de collecte de données[16].

Ces exemples illustrent l'importance déterminante que peut prendre la demande dans les travaux des chercheurs. Les modèles informatiques sont en partie façonnés par le contexte dans lequel ils sont développés. La notion même de « modèle » pourrait d'ailleurs être discutée dans de nombreuses situations : les objets mobilisés par les chercheurs sont évolutifs et fréquemment adaptés en fonction des situations dans lesquelles ils sont mis en œuvre. Nous ne sommes donc pas confrontés à des « modèles » immuables, mais à des processus de modélisation qui possèdent une histoire et une historicité.

Si l'influence de la demande sur le développement des recherches n'est en rien spécifique aux travaux de modélisation, ces derniers présentent néanmoins une particularité qui exacerbe ces enjeux : « l'objet modèle » matérialise et médiatise les échanges entre chercheurs et gestionnaires en étant simultanément l'objet des recherches et le lieu de l'échange des questionnements et des connaissances. Cette particularité des travaux de modélisation conduit en particulier à des modalités spécifiques de communication des travaux, projets ou résultats de recherches au travers des pratiques de *démonstration*. Au cours de ces exercices, l'équipe qui conduit un projet de modélisation tente de convaincre un auditoire du bien-fondé, des progrès, de l'intérêt ou des perspectives de ses travaux en manipulant le modèle devenu logiciel, le plus souvent en mettant en scène des scénarios fabriqués à l'avance et sélectionnés

---

[14] « Nous devons constituer une capacité de modélisation globale du milieu et des activités économiques à l'échelle d'un territoire de 100 000 km^2. Notre objectif est de pouvoir répondre à une question simple : si je change tel paramètre, quel sera l'impact sur le milieu. », P-A. Roche, Directeur de l'Agence de l'eau Seine-Normandie.

[15] On peut citer par exemple les efforts mis en œuvre par le PIREN-Seine pour intégrer le modèle SENEQUE dans une interface graphique de type SIG afin de le transformer en un outil convivial : SENEQUE 3.0.

[16] Cette notion de « cadre » n'introduit ici aucun jugement de valeur. Ce « cadre » peut s'avérer positif s'il structure les recherches futures et facilite leur mise en dialogue, mais il peut également s'avérer contraignant et disqualifier des approches qui ne parviennent pas à le respecter. Seul un suivi de terrain des travaux des équipes de recherche permettrait d'évaluer les conséquences de l'existence de ce cadre sur les futures recherches.

parmi ceux qui valorisent le plus leur outil. Or, la spécificité de ces « démos » – terme couramment utilisé par les développeurs – réside dans leur capacité à s'adapter à des auditoires très variés : elles sont ainsi utilisées par les équipes de modélisateurs tant pour présenter leurs travaux auprès de leurs pairs que pour démarcher des utilisateurs potentiels de leur logiciel, ou pour développer des présentations pédagogiques destinées à un plus large publique. Certains auteurs n'hésitent d'ailleurs pas à voir dans ces pratiques de démonstration une nouvelle forme de relation entre gestionnaire et chercheurs, la *démo*-cratie, dans laquelle le contrôle et la légitimité des activités de recherche proviennent du cercle très fermé des utilisateurs et des spectateurs de démos (Rosental, 2002)...

Dans ce contexte, les recommandations du GRETU semblent cruciales. Il est en particulier nécessaire (1) d'abandonner des approches basées sur des modèles uniques et (2) de diversifier les points de vue représentés dans les processus de décision. La diversité des points de vue visée dans cette dernière proposition va au-delà de la seule multiplication des travaux initiés par des scientifiques. Il s'agit d'intégrer dans le processus de décision des points de vue externes, émanant d'acteurs « non-scientifiques » et qui fonderaient – dans le cas du GRETU – des études complémentaires financées par l'utopique « Institut d'études ». Il est donc intéressant de noter que des propositions similaires ont été faites à la même époque dans d'autres enceintes – en particulier au sein de la communauté des modélisateurs globaux – et que cette exigence d'ouverture des points de vue est devenue quinze ans plus tard une des clefs de voûte des démarches qui s'inscrivent dans le cadre de l'*Évaluation intégrée*.

c. Les approches d'Évaluation intégrée

Parmi les travaux tentant d'ouvrir les forums prospectifs et de favoriser la diversification des points de vue mobilisés, il existe un fort engouement pour les approches dites d'Évaluation intégrée[17]. Du point de vue de leur architecture générale, les exercices d'Évaluation intégrée sont construits comme des processus itératifs d'allers-retours entre l'élaboration de visions intégrées de la problématique étudiée et l'analyse des politiques publiques et de leurs conséquences. Ils sont caractérisés par leur vocation d'aide à la décision et leur caractère interdisciplinaire. Dans l'une de ses définitions les plus générales, l'Évaluation intégrée est donc « une procédure structurée pour traiter d'enjeux complexes impliquant des connaissances issues de disciplines scientifiques variées et/ou

---

[17] En anglais : *Integrated Assessment* (IA).

d'autres parties prenantes, afin d'en proposer des visions intégrées aux décideurs »[18].

Architecture des processus d'Évaluation intégrée

Sur le plan méthodologique, ces visions intégrées sont élaborées autour d'échanges entre des démarches participatives, des exercices de modélisation et le développement de scénarios (Rotmans, 1998). Comme L. Mermet l'a montré dans le second chapitre de ce livre, l'Évaluation intégrée constitue un cadre conceptuel relativement lâche qui peut fournir une architecture générale pour l'organisation de démarches prospectives. Mais, bien que ce cadre englobe une grande variété de situations, il présente certaines spécificités qui résultent de l'objectif « d'utilité immédiate pour la décision » caractéristique des travaux d'Évaluation intégrée. Ces travaux constituent donc un cas particulier de notre réflexion sur les interactions entre modélisations et forums prospectifs. Ils présentent néanmoins un grand intérêt, en particulier parce qu'ils constituent une alternative aux approches centrées sur des modélisations prédictives.

L'impératif « d'utilité immédiate » pour le politique et les exigences de pertinence vis-à-vis du processus de décision évoquées plus haut se traduisent par une transformation de l'implication des acteurs politiques dans ces travaux (et réciproquement, des scientifiques dans les processus de décision). Ces démarches s'inscrivent dans la perspective des développements des travaux de modélisation ouverte par Pestel en 1982 : être directement mobilisables pour la décision et répondre à des enjeux de gestion immédiats[19]. À nouveau, il faut souligner le caractère central qu'ont pu jouer l'IIASA et ses réseaux de coopération dans le développement de ces méthodologies de modélisation prospective. Cette vision du travail des modélisateurs se retrouve dans de nombreux travaux de modélisation contemporains. Par exemple, les projets RAINS – développé par l'IIASA – ou IMAGE ont tenté de rapprocher scientifiques et décideurs, notamment en associant les gestionnaires aux travaux des scientifiques dès le début du projet, et non au travers d'un

---

[18] Traduit de Rotmans (1998, p. 155).

[19] « *I consider it most improbable that a research group of scientists, even if familiar with real life political processes, could on their own construct an aid to political planning for handing over for immediate use to a political decision maker, who uncritically accepts it as a black-box and poses no questions about the facts, data, assumptions, and ideology. Given the different roles of scientists and politicians, and to minimize misunderstanding from the outset, those who are in charge of the political and economic decisions have to take an active part in the construction of tools to aid planning, they have to introduce their vision of the future, formulated in scenarios, reflecting their values and goals* » (Pestel, 1982, pp. 126-127).

simple exercice de restitution. Le modèle PDE (*Population, Development, Environment*) illustre, lui, une autre conséquence tirée de ces constats : la nécessité d'identifier les questions de prospective en amont du travail de modélisation. Ainsi, la première partie de l'ouvrage présentant l'application de ce modèle à la prospective de l'Île Maurice (Lutz, 1994) s'intitule *What Do We Want to Understand ?*

D'après van der Sluijs (2002), la dimension participative de ces démarches poursuit trois objectifs :

1) la participation au processus est censée réduire les conflits et améliorer l'acceptabilité des résultats de la procédure (justification « instrumentale ») ;

2) la participation accroît la légitimité du processus d'Évaluation intégrée en autorisant un contrôle étendu de la démarche prospective (justification « normative ») ;

3) enfin, la participation peut introduire des points de vue complémentaires à ceux des scientifiques (justification « substantielle »).

Parmi ces trois objectifs, la « justification instrumentale » traduit une volonté plus générale des modélisateurs d'augmenter la dimension performative de leurs travaux. Ce caractère performatif de l'Évaluation intégrée constitue probablement la spécificité la plus importante du champ disciplinaire. Cet objectif, et l'évolution du contexte de la demande vers des travaux directement mobilisables pour la prise de décision, ont tous deux largement favorisé le développement de ces approches et expliquent la vigueur avec laquelle ces pratiques se diffusent actuellement. Si, au début des années 1980, les modélisateurs globaux étaient frustrés de leur apparente impuissance[20] (les alertes lancées par cette communauté ne leur semblaient pas reprises au niveau politique), leurs successeurs se trouvent dans une situation radicalement différente : l'efficacité performative est devenue un élément central du cadre conceptuel dans lequel se déroulent leurs travaux.

Signalons toutefois que de nombreux travaux de modélisation prospective échappent à ce contexte d'utilité immédiate pour la décision, ce qui ne restreint en rien leur pertinence (c'est le cas du modèle PDE cité plus haut). Nous considérons d'ailleurs qu'il faut défendre le développement de travaux de modélisations prospectives autres que des contributions à des décisions urgentes.

---

[20] Voir par exemple les actes du Colloque sur la modélisation intégrée qui s'est tenu à l'IIASA en 1982 et qui ont été publiés dans le numéro d'avril 1982 de la revue *Futures* (vol. 14).

Caractéristiques des modèles d'Évaluation intégrée

Les modèles d'Évaluation intégrés[21] (IAM) possèdent donc deux caractéristiques : (1) ils sont focalisés sur des objets qui présentent des enjeux de gestion immédiats (par opposition à des modèles « tirés par la science ») et (2) ils se veulent ouverts aux points de vue d'un maximum d'acteurs impliqués dans la problématique considérée[22] (Parker *et al.*, 2002). Néanmoins, cette définition n'est probablement pas satisfaisante : pour nombre de praticiens de ce champ, les modèles d'IA ne sont qu'un des outils mobilisés au sein du cadre théorique plus large de l'Évaluation intégrée et devraient donc être définis comme tels. Nous ne chercherons cependant pas à qualifier plus précisément cette famille de modèles qui ne peuvent l'être, de l'avis même de ses praticiens (Rotmans, 1998) !

Le cadre théorique de l'Évaluation intégrée conditionne fortement la nature des modèles développés en son sein. La volonté de développer des visions intégrées des problématiques considérées conduit à élaborer des modèles permettant *a priori* d'évaluer les enjeux de gestion étudiés et les politiques susceptibles d'être mises en œuvre pour y répondre. Ceci nécessite en particulier de développer un modèle qui comprend l'ensemble de la chaîne causale de la problématique étudiée. Par exemple, dans le cas de RAINS, le modèle, destiné à traiter des problèmes de pluie acide en Europe, est structuré autour de trois modules : (1) économie de l'émission des polluants, (2) transferts de polluants et (3) dépôt de la pollution et impact sur les écosystèmes. Cette structure schématique permet *a priori* de diagnostiquer le problème (l'impact de la pollution atmosphérique d'une part, mais également la structure du jeu des acteurs : « qui cause quoi à qui ») et de tester des scénarios de gestion (Quel est le bénéfice de tel scénario de réduction des émissions ? Quel sera le coût de telles options de réduction des émissions ?).

À partir de ce schéma conceptuel, le développement du modèle nécessite de « remplir » les différents compartiments définis *a priori*. Dans cette démarche, il est probable que certains éléments de la chaîne causale ne sont que partiellement compris et décrits par la science et font l'objet – au mieux – d'une modélisation utilisant de nombreux paramètres « calés » à partir de séries de données globales d'observation. Du point de vue de la prospective, cette démarche soulève quelques difficultés en ce qu'elle rend difficile l'évaluation de la pertinence du mo-

---

[21]   En anglais : *Integrated Assessment Models*.

[22]   « *IAM projects are generally undertaken to address specific sustainability or management issues, in contrast to previous systems modelling when research was often science driven (...). IAM aims to be responsive to different groups of stakeholders (...)* » (Parker *et al.*, 2002, p. 213).

dèle, en particulier s'il est utilisé pour simuler un état futur du système sensiblement différent de l'état présent (de Marsily, 1996). Les difficultés spécifiques que posent ce type de modèles pour la prospective sont intimement liées à la spécificité de la démarche. D'autres modèles résultant d'approches différentes conduisent à des enjeux pour la prospective d'une autre nature. C'est le cas en particulier de ceux conçus par l'assemblage de modules basés sur la description phénoménologique de processus complexes. Dans ce cas, les modèles sont élaborés par l'agrégation d'équations déterministes utilisant des paramètres locaux mesurés expérimentalement[23]. Au contraire des précédents, ces modèles sont plus facilement validables et leur domaine de validité peut être spécifié avec une plus grande confiance, mais ils permettent rarement d'élaborer des visions globales des problématiques étudiées.

La comparaison du rôle des recherches scientifiques dans la gestion des pluies acides en Europe et aux États-Unis illustre cette typologie d'approches. Aux États-Unis, le plan national de lutte contre les pluies acides a été établi avant la fin du programme de recherches (le NAPAP) constitué pour étudier cette problématique (Herrick, 2000)[24]. Il est d'ailleurs apparu à la publication des résultats du NAPAP qu'ils n'auraient pas été d'une grande utilité pour établir la législation américaine en la matière. *A contrario*, en Europe, le modèle RAINS s'est rapidement affirmé comme le principal instrument d'évaluation des politiques et a joué un rôle central dans les négociations internationales pour la réduction des pollutions transfrontalières (Kieken, 2004). Cette différence d'impact sur le processus de décision est largement liée à la nature des travaux de recherche mobilisés. Le NAPAP a développé de nombreux travaux disciplinaires qui ne permettaient pas *in fine* de présenter une analyse globale favorisant l'évaluation comparative des

---

[23] C'est par exemple le mode de développement des modèles qui prévaut au sein du programme de recherche PIREN-Seine et qui a débouché sur l'existence d'une « boîte à outils » de modèles (PIREN-Seine, 2000). Ces divers outils peuvent être « concurrents » sur certains aspects de la dynamique de l'hydrosystème et leur couplage est plus ou moins bien assuré. Si la combinaison de l'ensemble de ces outils couvre – sur le papier – l'essentiel des problématiques du bassin versant, elle n'est en rien équivalente à un modèle intégré. Au-delà de l'inconvénient lié à l'absence d'approche intégrée, l'ensemble présente l'avantage de préserver les spécificités des différents modèles qui sont chacun plus particulièrement adaptés à certains enjeux de gestion.

[24] Le NAPAP (*National Acid Precipitation Assessment Program*) a été institué d'une part pour réduire les incertitudes scientifiques liées à la problématique des pluies acides, mais également pour préparer la politique nationale de lutte contre les pluies acides. La proposition de loi du président Bush en la matière a été déposée en 1989, alors que le première publication officielle des résultats du NAPAP n'est intervenu qu'en juin 1990. D'après Herrick (2000).

projets réglementaires. *A contrario*, la modélisation des impacts dans RAINS utilisaient la notion de *charge critique*[25] censée mesurer l'impact global de l'acidification sur les sols, dont les fondements scientifiques étaient largement critiqués mais qui était considérée comme un critère acceptable pour la négociation (Patt, 1998). Malgré les limites inhérentes à ce concept, de nombreux travaux de recherche ont été développés pour le rendre opérationnel et l'intégrer dans le modèle, par exemple la constitution d'une base de données sur les sols en Europe. Notons néanmoins que ce choix de la « simplicité » qui a prévalu dans le développement de RAINS (et qui a largement contribué à son succès) constitue maintenant une des limites de ce modèle dont le rôle dans le second *round* de négociation autour des pollutions transfrontalières est aujourd'hui critiqué.

d. La modélisation prospective : une science « post-normale » ?

Le développement du cadre de l'Évaluation intégrée est fortement lié à celui dit de la science « post-normale ». Ce concept a été développé par Ravetz et Funtowicz pour analyser le rôle joué par les scientifiques dans des processus de décision impliquant simultanément de fortes incertitudes et d'importants « enjeux sociétaux ».

Les justifications « normatives » et « substantielles » pour l'inclusion de démarches participatives dans l'Évaluation intégrée proposées par van der Sluijs sont par exemple directement liées à l'inscription – plus ou moins explicite – de ces recherches dans le cadre de la science post-normale (Ravetz, 1999 ; Ravetz et Funtowicz, 1999 ; van der Sluijs, 2002 ; Rotmans, 1998). Les problématiques traitées par l'Évaluation intégrée sont en effet caractérisées par le degré élevé d'incertitude auquel doivent faire face les scientifiques. Et si l'un des principaux objectifs de l'IA est de réduire ces incertitudes (Rotmans, 1998), elle doit également prendre en compte ce que Funtowicz et Ravetz ont appelé « l'incertitude épistémologique » (Rotmans, 1998 ; Funtowicz et Ravetz, 1990) qui ne peut être significativement réduite – selon eux – par l'optimisation méthodologique ou une meilleure évaluation des incertitudes véhiculées par les outils retenus. Face à des objets complexes, partiellement et imparfaitement appréhendés par la science, « les experts deviennent eux aussi des amateurs » (van der Sluijs, 2002).

Un tel cadre théorique enjoint en particulier une remise en cause du caractère prédictif des modèles impliqués dans des prospectives de long terme. Il ne s'agit bien évidemment pas d'abandonner toute visée prédictive pour la science, ni de nier l'extraordinaire capacité des travaux

---

[25] En anglais : *critical loads*.

de recherche à prévoir certains événements futurs, mais plus simplement de préciser quelles sont les capacités de prédictions des travaux impliqués dans une démarche donnée et, si nécessaire, de prendre acte de leurs limites afin d'améliorer la prise en compte du long terme dans les travaux de recherche sur l'environnement. Lorsqu'elles existent et sont avérées, les prédictions scientifiques doivent être centrales dans les démarches prospectives. Néanmoins, ce caractère « avéré » est discutable dans des travaux sur le long terme, qui rendent difficile voire impossible la conduite de travaux expérimentaux (qui sont alors remplacés par des expériences virtuelles utilisant des modèles). Lorsqu'une telle configuration se présente, il convient de prêter une grande attention aux incertitudes de ces prédictions, non seulement pour tenter de les réduire, mais également pour envisager – le cas échéant – d'autres modes de gestion qu'une prise de décision fondée sur une prédiction de l'état futur du système considéré. Enfin, lorsque les modèles prédictifs ne couvrent qu'une partie de la problématique étudiée, il est nécessaire de développer une procédure spécifique permettant d'intégrer ces outils et leurs résultats dans l'architecture générale de la démarche prospective. C'est typiquement le type de travaux que nous avons développé dans le cadre du PIREN-Seine (Kieken, 1999 ; 2002b).

Cette remise en cause du statut des modèles introduit une rupture par rapport au rôle traditionnellement joué par les scientifiques dans les processus de décision. Elle constitue par ailleurs un argument supplémentaire appelant à (re)penser l'organisation du forum prospectif. Néanmoins, bien qu'il nous apparaisse fondamental de discuter le statut des prédictions dans les processus de décision[26], cette réponse ne peut nous suffire. Décréter une modification du statut des modèles ne nous dit rien sur les implications méthodologiques et organisationnelles de cette décision. Certains modélisateurs se sont approprié cette remise en cause du caractère prédictif des modèles, tout en conservant une certaine ambivalence sur le statut de leurs outils qu'ils présentent parfois comme des instruments de prévision, parfois comme des outils heuristiques d'exploration de la cohérence des scénarios proposés (Shackley et Darier, 1998 ; Lahsen, 2001). Cette oscillation entre deux conceptions de la modélisation renforce à nouveau la nécessité de réfléchir aux modalités

---

[26] À ce titre, on pourra consulter l'ouvrage de Sarewitz *et al.* (2000) qui s'interroge, à partir de nombreux exemples dans le domaine de l'environnement, d'une part sur certaines dérives qui ont pu être observées et qui sont liées à la place centrale donnée aux prévisions dans les processus de décision, et d'autre part sur la possibilité (et parfois la nécessité) de développer des modes de gestion qui reconnaissent le caractère non prédictible de certaines dynamiques sociales, économiques et naturelles et, par conséquent, favorisent le développement de travaux de recherche qui ne s'inscrivent pas dans une optique de prédiction.

d'organisation du forum prospectif. Quel est le statut des conjectures scientifiques ? Quelle place donner à ces conjectures dans le processus de décision ? Comment organiser la rencontre des travaux scientifiques avec les débats auxquels ils contribuent afin de préserver une nécessaire diversité de points de vue ? Comment éviter le piège du modèle unique ? Autant de questions qui doivent être traitées en gardant en mémoire les modalités de production des processus de modélisation.

Face à ces questions, la réponse des partisans de la science post-normale consiste à appeler au développement de communautés d'éva-luation étendues[27]. Cette proposition de Funtowicz et Ravetz rejoint d'autres réflexions (B. Wynne, S. Jasanoff, et en France M. Callon, P. Lascoumes et Y. Barthe) sur la nécessité d'élargir la mise en discus-sion de l'expertise scientifique pour des objets caractérisés par de fortes incertitudes et des enjeux importants pour la société (sang contaminé, changement climatique, biodiversité, biotechnologies, OGM, ESB, etc.). Dans ce cadre, les démarches participatives aspirent donc, d'une part à étendre la validation des travaux de ces *amateurs-bien-que-scientifiques* à d'autres « amateurs » impliqués dans les problématiques considérées et, d'autre part, à compléter la formulation et l'analyse des problèmes par l'introduction de points de vue complémentaires. L'ouverture du forum ne se limite donc pas à la diversification des points de vue ou à une implication différente des acteurs politiques dans les travaux des modélisateurs.

Mais, comme dans le cas des institutions utopiques du GRETU, ces « solutions » ne sont pas faciles à mettre en œuvre. Une des limites de ces approches réside dans l'écart parfois observé entre la « théorie » et les procédures réellement mises en œuvre. Ainsi, l'exigence d'ouverture du forum prospectif qui constitue – en théorie – l'un des fondements de l'Évaluation intégrée est parfois reléguée au second plan. Ce constat a conduit à l'émergence de terminologies telles que les démarches « *d'Évaluation intégrée participative*[28] » qui font figure de pléonasme au regard du cadre théorique de l'IA ! De même, l'exigence *théorique* de circulation entre modèles, scénarios et démarches participatives au cœur de la démarche d'Évaluation intégrée ne se retrouve pas toujours dans les pratiques, et les démarches d'Évaluation intégrée semblent parfois se confondre avec le modèle de même nom. Dans les publica-tions scientifiques du champ disciplinaire, il est d'ailleurs fréquent que les termes *Integrated Assessment* et *Integrated Assessment Models*

---

[27] En anglais : *Extended Peer-review Communities.*
[28] En anglais : *Participatory IA.* C'est le cas par exemple du projet ULYSSES dont l'objectif était d'introduire des IAM dans des procédures participatives (Shackley et Darier, 1998 ; van der Sluijs, 2002).

soient confondus ou interchangeables (voir par exemple Harris, 2002 ; Kieken, 2003a).

e. *L'apport de la sociologie de l'innovation*

La sociologie de l'innovation, en particulier telle que développée par le CSI[29] de l'École des Mines de Paris fournit une autre forme d'analyse des relations entre chercheurs, gestionnaires et autres parties prenantes de la gestion environnementale. Les exemples précédents nous ont permis de montrer l'importance et la complexité des interactions entre gestionnaires et scientifiques pour le développement des travaux de modélisations. En particulier, ces interactions ne peuvent être résumées à une simple stratégie de maximisation des crédits. Les influences sont souvent subtiles, parfois réciproques et toujours très variables en fonction des situations étudiées. Les modèles informatiques sont en partie façonnés par le contexte dans lequel ils sont développés et, en retour, influent et modifient l'environnement dans lequel ils évoluent. Plus fondamentalement, la notion même de « modèle » apparaît discutable dans de nombreuses situations. Les objets mobilisés par les chercheurs sont très malléables. Ils sont fréquemment adaptés et transformés en fonction des situations dans lesquelles ils sont mis en œuvre. Nous sommes donc moins confrontés à des « modèles » qu'à des processus de modélisation, qui possèdent une histoire et une historicité qui transparaît dans les éléments constitutifs de l'outil à un instant donné. La sociologie de l'innovation permet de mieux comprendre ces processus de modélisation qui résultent de la mobilisation d'éléments divers, « scientifiques » ou non, humains et naturels, et qui sont mis en relations dans un contexte de gestion donné. La stabilité de la configuration et du réseau qui en résulte est très variable et elle dépend – entre autres – de l'énergie des modélisateurs pour maintenir leur objet au centre de ce réseau comme des tensions externes qui tendent à l'en faire sortir.

La genèse et l'histoire du modèle RIVERSTRAHLER développé par Gilles Billen (PIREN-Seine, 2000) en constituent une bonne illustration. G. Billen travaillait à l'époque dans le cadre d'un programme de recherche portant sur un estuaire. Il est apparu que la modélisation de l'estuaire nécessitait une description de l'amont de la rivière, ce qui n'était pas permis par le cadre institutionnel du projet de recherche du fait des compétences territoriales limitées de l'autorité administrative dont il dépendait. C'est dans ce contexte qu'est née l'idée de développer un modèle du réseau hydrographique basé sur le concept des ordres de

---

[29] Centre de sociologie de l'innovation.

Strahler[30]. Cette modélisation extrêmement schématique du bassin amont présentait en effet le double avantage de pouvoir être présentée comme un « *modèle de conditions aux limites de l'estuaire* » aux autorités compétentes et de fournir aux chercheurs une description « utile » des flux d'eau et de matière dans le bassin (Billen, 2001). L'interaction entre des exigences scientifiques, politiques et gestionnaires a donc incité les chercheurs à inventer un type de modélisation acceptable dont la structure même reflète le compromis négocié dont il est issu. Cette genèse s'est avérée structurante : vingt ans plus tard, malgré un contexte totalement différent, le modèle SENEQUE du PIREN-Seine est toujours basé sur RIVERSTRAHLER (PIREN-Seine, 2000).

Si nous ne poursuivrons pas ici sa présentation, cet exemple fait apparaître la force d'une analyse des processus de modélisation qui s'inspirerait de la sociologie de l'innovation. Observer la trajectoire de développement des modèles comme un effort de constitution d'un réseau socio-technique permet de prendre en compte la variété des formes que peut revêtir la relation des modélisateurs à la demande. Elle permet également de décrire les modifications de configuration qui résultent du processus de modélisation, de réintroduire l'historique et les éléments de contexte des choix constitutifs du modèle tel qu'il existe à un instant donné. Autant d'éléments nécessaires pour la « bonne » mise en discussion des modèles qui ne doit pas se concentrer sur le seul modèle, mais également sur la nature de ses résultats, sur le contexte dans lesquels ils ont été produits et sur la clarification du point de vue qu'ils illustrent ou défendent.

Mais les éléments précédents nous suggèrent également les limites d'une telle approche, inspirée de la sociologie de l'innovation. En effet, celle-ci n'est pas en mesure d'évaluer les processus de modélisation autrement que par la description de leur réseau et donc en mobilisant des critères d'intensité et de force des associations, d'étendue ou d'hétérogénéité du réseau (Vinck, 1997). Cette analyse du déploiement du processus de modélisation doit donc être complétée par une autre qui sera plus directement centrée sur les processus et les enjeux de décision auquel le modèle contribue.

---

[30] La notion d'ordre de Strahler a été introduite en hydrogéologie par Horton en 1945 et par Strahler en 1952. Dans cette description abstraite le réseau hydrographique est représenté comme une arborescence où les cours d'eau les plus en amont sont affectés de l'ordre 1. Lors de la confluence de deux biefs de même ordre N, le cours d'eau aval reçoit l'ordre $N+1$. Lors de la confluence de deux biefs d'ordre différents, le cours d'eau aval conserve l'ordre le plus élevé des deux biefs amont. RIVER-STRAHLER s'appuie sur ce modèle, plus abstrait qu'une carte du bassin versant, pour modéliser les flux.

f. Les communautés épistémiques comme fondements du forum prospectif ?

Nous conclurons cette série de présentation de cadres théoriques permettant de concevoir les interactions entre modèles et débats par une présentation des travaux de Peter Haas (1990) sur les « *communautés épistémiques* ». Haas définit une communauté épistémique comme un groupe de professionnels qui partagent (1) une compréhension commune des enjeux environnementaux considérés (par exemple le fait que le « système terre » pourrait être affecté de façon durable et profonde par le changement climatique), (2) certaines valeurs (le « système terre » mérite que l'on (s')investisse s'il est mis en danger par ces modifications) et (3) une même grille d'analyse du problème. Pour lui, la constitution d'un consensus au sein de la communauté scientifique augmente significativement les chances de déboucher sur des engagements, en particulier lorsque les décisions politiques nécessitent une collaboration et des accords internationaux. L'analyse en termes de *communautés épistémiques* était donc initialement plus spécifiquement dédiée à l'étude du fonctionnement de négociations internationales autour de problèmes d'environnement (voir Edwards, 1996a, et Newell, 2000, pour des applications au cas du changement climatique). Ces communautés de connaissance constituent donc un élément déterminant de la coopération internationale autour des problèmes d'environnement[31].

Dans de nombreux projets de modélisation, les modélisateurs ont la volonté d'assurer simultanément le développement technique de leur outil et son insertion dans le débat prospectif. Cette volonté est particulièrement explicite dans le cas des modèles PDE (Lutz, 1994), RAINS (Alcamo *et al.*, 1990) et IMAGE (Daalen *et al.*, 1998), et on peut même considérer que pour ces deux derniers, le développement du forum prospectif au sein de la sphère politique fait partie intégrante de la stratégie mise en place par les modélisateurs pour promouvoir leur travaux (Mermet et Hordijk, 1989 ; Alcamo *et al.*, 1996). Dans ce contexte, et en reprenant l'analyse de P. Haas, les modélisateurs tentent d'imposer leurs modèles comme le point nodal de la construction d'un consensus : ils offrent un cadre permettant de partager au sein de la communauté épistémique des données, des grilles dévaluation, etc. En outre, ils constituent le média de l'extension de cette communauté de savoir aux non-scientifiques et en particulier aux décideurs et politiques impliqués dans le dossier considéré. Cette fonction des modèles est particulièrement claire pour les modèles d'Évaluation intégrés qui se focalisent

---

[31] « *International environmental cooperation is generated by the influence wielded by specialists with common beliefs* » (Haas, 1990).

principalement sur les dimensions socio-économiques des problèmes étudiés et qui n'ont – en théorie – pas pour objectif de fournir des prédictions, mais plutôt d'offrir un cadre heuristique permettant de tester des hypothèses, de rendre cohérents des scénarios, de mettre en évidence des impossibilités ou des contradictions dans les politiques proposées et plus généralement, de permettre aux décideurs de se constituer une compréhension globale, quasi-intuitive des enjeux en cours de négociation et de s'approprier les principaux enseignements qui peuvent être tirés des modèles.

Pour faciliter ce rôle de médiation des IAMs, de nombreux auteurs de modèles d'Évaluation intégrée se sont d'ailleurs imposé de développer des modèles suffisamment faciles à utiliser pour pouvoir être installés sur les ordinateurs personnels des politiques et de leurs administrations afin que ceux-ci puissent se familiariser avec les enjeux du problème auquel ils sont confrontés. Cette exigence est par exemple à l'origine du modèle FAIR[32] du RIVM dont l'objectif est d'évaluer différentes propositions sur la différenciation des objectifs nationaux de réduction des émissions de gaz à effet de serre (importance des engagements, timing, etc.) ou du *World Water Game*[33] de l'université de Delft qui a été distribué au cours du second Forum mondial de l'eau[34] et qui annonce sur sa jaquette :

> *The WWG is a computer game with a double purpose. One, to be played as a game in the spirit of challenge, tension and fun. Two, to show students and other non-professionals the relationship between four extremely important elements : population growth ; water supply (and use) ; food demand and production ; and measures taken and investments made to avoid hunger, and even starvation situations, in the coming century.*

Notons néanmoins que suite à certaines expériences de « mauvaise utilisation » de ces modèles simplifiés[35], cette approche par dissémination de logiciels est aujourd'hui critiquée au sein même de la commu-

---

[32] Ce logiciel peut-être téléchargé sur le site du RIVM : http://www.rivm.nl/fair/.

[33] Ce logiciel peut-être téléchargé sur le site de l'université de Delft : http://www.wldelft.nl/soft/wwg/.

[34] La Haye, 17-22 mars 2000.

[35] Selon van der Sluijs (2002), le cas le plus « célèbre » est celui de John Sununu, haut responsable de l'administration de George Bush qui semble avoir convaincu le Président que les enjeux liés au changement climatique étaient largement surestimés et que, par conséquent, les coûts induits par une quelconque limitation des émissions de gaz à effet de serre seraient largement supérieurs aux hypothétiques bénéfices qui pourraient en résulter. Or J. Sununu a utilisé une version réduite d'un modèle d'Évaluation intégrée installé sur son ordinateur pour constituer son analyse du sujet, selon des modalités qui – selon les concepteurs du modèle – impliquaient des hypothèses hors du champ de validité de leur outil.

nauté des praticiens de l'Évaluation intégrée qui préfèrent dorénavant conserver la présence d'un médiateur humain aux côtés du logiciel (van der Sluijs, 2002).

Ce concept de communauté épistémique permet effectivement de mieux comprendre le rôle joué par les modèles dans des problématiques environnementales à grande échelle telles que le changement climatique et les pluies acides, en particulier du fait du rôle central de l'incertitude dans ces dossiers. Dans un contexte de forte incertitude, la présence au sein du forum prospectif d'un important groupe d'experts qui partagent une même analyse du problème et de ses enjeux est un facteur favorable pour l'émergence d'une décision. L'impact d'une telle communauté sera encore plus grand si le processus de décision inclut une phase de négociation à laquelle participent les membres de la communauté au sein des délégations nationales de leurs pays respectifs. Néanmoins, nous ne partageons pas l'enthousiasme de Edwards pour qui ce rôle de médiation et de création de consensus est suffisant pour justifier *a priori* le rôle central joué par ces modèles dans les dossiers concernés. Une telle configuration pourrait en particulier inciter les membres de la communauté épistémique à ne pas faire état de leurs dissensions : la fracture du consensus se traduisant – dans ce cadre – par une perte d'influence du groupe. Cette hypothèse est confortée par certains travaux d'anthropologie des sciences qui ont pu constater des phénomènes « d'autocensure » dans la communauté des modélisateurs. C'est le cas par exemple d'une enquête de Shackley qui a tenté d'élucider la raison pour laquelle le second rapport d'évaluation du GIEC ne faisait pas mention d'une importante limite des modèles de circulation générale pourtant connue de tous les modélisateurs impliqués dans la rédaction du rapport[36] (Shackley *et al.*, 1999). Il a alors mis en évidence que ceux-ci s'étaient abstenus de mentionner ce problème parce qu'ils estimaient que les lobbies industriels utiliseraient cet argument pour rejeter l'ensemble des résultats des modèles comme n'étant pas crédibles et produits par des « arrangements » des modélisateurs (Shackley *et al.*, 1999). Du point de vue de l'organisation du forum prospectif, on ne peut donc se contenter de légitimer les modèles par le seul rôle central qu'ils jouent dans l'établissement d'une communauté épistémique. Ce rôle ne modifie pas les besoins d'explicitation des hypothèses et des points de vue véhiculés

---

[36] Il s'agit des ajustements de flux de chaleur échangés entre les modèles de circulation atmosphérique et les modèles de circulation océaniques qui étaient à l'époque présents dans la majorité des modèles de circulation générale afin de prévenir une dérive « naturellement » observée au sein des ces modèles. Cet ajustement des flux soulève immédiatement une question : quelle est la légitimité d'étudier une dérive à long terme (hausse des températures) à l'aide d'un outil qui inclut un dispositif de stabilisation des dérives ?

par le modèle, et donc par l'ensemble de la communauté épistémique. Elle renforce même l'interrogation soulevée précédemment sur le rôle des scientifiques dans le processus de décision : cette stratégie de construction d'un groupe d'experts autour d'un consensus sur une certaine définition des enjeux étudiés et sur la nature des solutions à leur apporter peut en effet aller à l'encontre de l'exigence de diversité de points de vue que nous avons explicitée précédemment. Edwards lui-même reconnaît d'ailleurs que ce rôle des communautés épistémiques dans les processus de décision confère aux modèles un double statut : scientifique et politique[37].

Le cadre d'analyse proposé par Peter Haas permet donc de mieux cerner la nature des relations qui se développent entre scientifiques et gestionnaires autour des exercices de modélisation[38], par exemple en offrant un cadre d'analyse intéressant pour étudier le rôle de médiateur du modèle dans la discussion entre politiques et scientifiques, mais également au sein de la communauté scientifique. Il renouvelle également l'analyse du rôle du modèle dans la structuration des travaux de recherche : l'outil fournit une architecture qui intègre les savoirs disciplinaires mais également définit des pistes de recherche nécessaires pour compléter la vision de la communauté, y compris dans une perspective gestionnaire.

Conclusion

Tous les auteurs rencontrés dans ce chapitre s'accordent à considérer que les résultats d'un modèle ne constituent qu'un point de vue parmi de nombreux autres sur l'objet étudié. Ce point de vue traduit la vision du monde (présent et futur) du modélisateur, mais également les nombreuses interactions entre le processus de modélisation et son environnement physique, technique, humain et institutionnel. Perdant son statut de neutralité objective, la contribution des scientifiques aux processus de décision change de nature. La modélisation *en tant que telle* devient une activité scientifique et politique (au sens d'une participation active au processus de décision). Dans ce contexte, nous avons montré que l'intérêt et la valeur ajoutée de la dimension prospective d'un exercice de modélisation sont liés à la rencontre et à la mise en synergie d'un modèle et d'un débat. Elle ne peut être résumée aux seuls résultats du modèle, mais englobe au contraire l'apport de l'ensemble de la démarche aux forums prospectifs auquel elle contribue. Face à ces constats, il est donc

---

[37] « *Comprehensive model-building is simultaneously scientific and political* » (Edwards, 1996b).

[38] Pour se convaincre de l'intérêt de ce cadre théorique, nous recommandons par exemple la lecture du troisième chapitre du livre de Newell (2000).

nécessaire de réfléchir plus précisément aux modalités et aux statuts des prises de parole des modélisateurs et de leurs modèles. Dans ce chapitre, nous avons essayé d'identifier quelques éléments d'analyse de l'interface entre modélisation scientifique et processus politique, au travers de la présentation de cinq cadres théoriques offrant chacun un regard différent sur les démarches de modélisation prospective.

Parmi les pistes de réflexion mises en évidence, plusieurs auteurs proposent de prendre acte de cette situation pour pouvoir mieux « mettre en place les institutions et procédures nécessaires au bon usage des acquis des exercices de modélisation dans le débat public » (Hourcade, 1998). Pour le GRETU, il s'agit de développer des institutions permettant de développer des processus de décision inspirés du modèle judiciaire, en particulier au travers de la création d'une enceinte de confrontations entre études-plaidoyers et de s'assurer ainsi que les points de vue de l'ensemble des parties prenantes sont défendus de façon satisfaisante. Pour les promoteurs de l'Évaluation intégrée, il s'agit d'organiser l'articulation entre des travaux de modélisation, des scénarios et des démarches participatives, afin de développer l'exhaustivité, la légitimité et l'acceptabilité des processus de décision portant sur des objets complexes. En suivant une logique similaire, les tenants de la science post-normale revendiquent la nécessité d'étendre le contrôle démocratique sur les travaux scientifiques portant sur des sujets caractérisés par de fortes incertitudes et impliquant d'importants enjeux pour la société. Néanmoins, ces trois approches procédurales traduisent des motivations différentes. Dans le premier cas, le point de vue exprimé est celui du politique soucieux de développer des processus de prise de décision efficaces et de se prémunir contre le caractère souvent partisan des études dans le domaine de l'aménagement et des transports. Le cadre de l'Évaluation intégrée traduit quant à lui la volonté des modélisateurs d'améliorer la « qualité » de leurs travaux et leur utilité pour la décision. *A contrario*, le cadre théorique de la PNS vise à augmenter le contrôle citoyen sur la participation des scientifiques aux processus de décision.

Ces différences de points de vue engendrent certaines divergences dans les analyses proposées. Ainsi, si la forte implication des politiques dans la définition et l'évaluation des travaux de modélisation est une dimension importante du travail du modélisateur pour les partisans de l'IA et peut constituer un facteur de succès de la constitution d'une communauté épistémique, elle sera analysée avec une certaine défiance par la « communauté d'évaluation étendue » de la science post-normale. Cette proximité des scientifiques et des politiques apparaît également incompatible avec l'indépendance nécessaire à l'exercice de l'autorité du « politique devenu juge » des travaux du GRETU. Enfin, du point de vue des travaux de sociologie de l'innovation, cette imbrication entre demande de la part des gestionnaires et développement de travaux scientifiques n'est pas une exception, mais fait partie intégrante du travail de tout scientifique.

D'autres points de tensions entre les différents cadres peuvent être identifiés. Par exemple, si de nombreux auteurs attirent l'attention sur la nécessité d'abandonner les approches fondées sur des modèles uniques au profit de la valorisation d'une diversité de points de vue, cette exigence peut s'avérer incompatible avec la volonté de fonder une communauté épistémique partageant les mêmes grilles d'analyse des enjeux traités. De même, de nombreux travaux s'inscrivant dans le cadre de l'Évaluation intégrée ne sont – en pratique – fondés que sur un seul modèle : la diversification des points de vue procède de la variété des scénarios mobilisés et de la mise en œuvre de démarches participatives. De la même façon, l'objectif performatif de « maximisation de l'utilité immédiate pour la décision » des travaux d'Évaluation intégrée est en partie contradictoire avec les exigences de contrôle démocratique de la science post-normale ou de « mise à distance » des études dans le cadre d'analyse proposé par le GRETU.

Par ailleurs, les recommandations qui peuvent être tirées de ces cadres d'analyse ne doivent en aucun cas être assimilées à des « recettes miracles ». Elles doivent être essentiellement considérées comme des « exigences de qualité » pour la démarche à inventer : elles fournissent quelques repères, mais laissent une grande liberté d'interprétation aux scientifiques qui s'engagent dans une modélisation. Nous pensons en effet qu'il est nécessaire de ne pas se laisser enfermer dans un cadre méthodologique donné et de favoriser l'innovation en matière de modélisation prospective. Le risque d'une dérive vers des approches de type « boîtes à outils » censées résoudre tous les problèmes est bien réel ! Dans le champ de l'Évaluation intégrée, une formation de quelques dizaines d'heures lancée en 2002 annonçait ainsi des objectifs qui laissent perplexe :

> Successful graduates of the programme will be able to analyse and assess complex problems from an integrated perspective. They will be able to judge the appropriate concepts and tools for the design of an integrated assessment (comprising modelling methods, scenario techniques and qualitative processes such as participatory methods in a specific problem context)[39].

On peut observer des dérives similaires dans les tentatives de « normalisation » de la science « post-normale », avec par exemple l'apparition de formations doctorales en *Science post-normale* (Ravetz et

---

[39] http://www.iemss.org/iemss2002/sessions.phtml#iamasters.

Funtowicz, 1999). Il nous semble que ces tentatives d'élaboration de « packages méthodologiques » vont à l'encontre des exigences d'innovation et de qualité introduites par les théoriciens de ces deux champs pour l'organisation des démarches et des forums prospectifs. Au contraire de ces dérives, nous suggérons de développer des approches spécifiques à chacune des situations rencontrées, tant dans la conception (ou l'adaptation) et dans la mobilisation des modèles que dans l'organisation de l'architecture générale du forum prospectif.

Si la valeur de la dimension prospective d'une démarche de modélisation naît de la mise en synergie d'un modèle et d'un débat, les différents cadres théoriques que nous avons rapidement survolés fournissent diverses conceptions de cette rencontre qui doivent être évaluées au cas par cas. À nouveau, ils ne fournissent pas de « recettes miracles », mais un ensemble d'exigences de qualité qui doivent être déclinées selon les situations en replaçant le modèle dans l'histoire de son développement et de son environnement.

Bibliographie

Alcamo, J., Kreileman, E., et Leemans, R., « Global Models Meet Global Policy – How Can Global and Regional Modellers Connect with Environmental Policy Makers ? What Has Hindered Them ? What Has Helped Them ? », *Global Environmental Change*, 6(4), 1996, pp. 255-259.

Alcamo, J., Shaw, R., et Hordijk, L., *The Rains Model of Acidification. Science and Strategies in Europe*, Kluwer Academic Publishers, 1990.

Billen, G., *Les modèles du Piren Seine*, Université Paris VI, 2001.

Bonnafous, A., « Quels instruments d'analyse pour exprimer les contradictions développement, environnement, aménagement », *Environnement et Développement : Quelles questions pour la recherche en Sciences Humaines et Sociales ?*, Ministère de la Recherche, 2002.

Bouleau, N., *Philosophies des mathématiques et de la modélisation*, L'Harmattan, 1999.

Bourdieu, P., *Les usages sociaux de la science – Pour une sociologie clinique du champ scientifique*, INRA Éditions, 1997.

Brunner, R. D., « Alternatives to Prediction », in Byerly Jr, R. (ed.), *Prediction – Science, Decision Making, and the Future of Nature*, Island Press, 2000, pp. 299-313.

Cole, H. S. D., Freeman, C., Jahoda, M., Pavitt, K.L.M. (eds.), *Models of Doom*, Universe Books, 1973.

De Marsily, G., « De la validation des modèles en sciences de l'environnement », in Blasco, F. (dir.), *Tendances nouvelles en modélisation pour l'environnement*, Elsevier, 1996, pp. 375-382.

Edwards, P., « Global Comprehensive Models in Politics and Policymaking », *Climatic Change*, 32(2), 1996, pp. 149-161.

Edwards, P., « Models in the Policy Arena », *Elements of Change 1996*, Aspen Global Change Institute, 1996.

Forrester, J. W., « The Beginning of System Dynamics », *International Meeting of the System Dynamics Society*, Stuttgart, Germany, 1989, p. 16.

Funtowicz, S. O., et Ravetz, J. R., *Uncertainty and Quality in Science for Policy*, Kluwer, 1990.

Gallopin, G. C., « The Latin American World Model (a.k.a. the Bariloche Model) : Three Decades Ago », *Futures*, 33, 2001, pp. 77-88.

GRETU, *Une étude économique a montré – Mythes et réalités des études de transports*, Éditions Cujas, 1980.

Haas, P., *Saving the Mediterranean : The Politics of International Environmental Cooperation*, Columbia University Press, 1990.

Harris, G., « Integrated Assessment and Modelling : An Essential Way of Doing Science », *Environmental Modelling and Software*, 17, 2002, pp. 201-207.

Herrick, C., « Predictive Modeling of Acid Rain : Obstacles to Generating Useful Information », in Byerly Jr, R. (ed.), *Prediction – Science, Decision Making, and the Future of Nature*, Island Press, 2000, pp. 251-268.

Hourcade, J. C., « Analyse économique, modélisation prospective et développement durable ou comment faire remonter des informations du futur ? », in Passaris, S. et Vinaver, K. (dir.), *Pour aborder le XXIe siècle avec le développement durable*, CIRED, 1998, pp. 175-192.

Kendall, W. L., « Using Models to Facilitate Complex Decisions », in Franklin, A. B. (ed.), *Modeling in Natural Resource Management – Development, Interpretation, and Application*, Island Press, 2001, pp. 147-170.

Kieken, H., *Prospective des déterminants socio-économiques du fonctionnement du bassin versant de la Seine*, mémoire de DEA Économie de l'environnement et des ressources naturelles, ENGREF, 1999.

Kieken, H., « Integrating Structural Changes in the Future Research and Modelling on the Seine River Basin », in I. E. M. Society (ed.), *IEMS 2002*, vol. 2, Lugano (CH), IEMSs, 2002, pp. 66-71.

Kieken, H., « Le modèle RAINS : Des pluies acides aux pollutions atmosphériques : construction, histoire et utilisation d'un modèle », *Revue d'Histoire des Sciences*, 57(2), 2004.

Lahsen, M., « Global Climate Models : Capturing Earth in a Box, an Anthropologist's Account », in *Modèles et Modélisations, 1950-2000 : nouvelles pratiques, nouveaux enjeux*, Colloque du Centre A. Koyré, Muséum national d'Histoire naturelle, Paris, 2001.

Lutz, W. (ed.), *Population Development Environment – Understanding their Interactions in Mauritius*, Springer-Verlag/IIASA, 1994.

Mermet, L., et Hordijk, L., « On Getting Simulation Models Used in International Negotiations : a Debriefing Exercise », in Mautner-Markhof, F. (ed.), *Processes of International Negotiations*, Westview Press, 1989, pp. 427-445.

Newell, P., *Climate for Change – Non-state Actors and the Global Politics of the Greenhouse*, Cambridge University Press, 2000.

Parker, P., Letcher, R., Jakeman, A. *et al.*, « Progress in Integrated Assessment and Modelling », *Environmental Modelling and Software*, 17, 2002, pp. 209-217.

Patt, A., *Analytical Framework and Politics : the Case of Acid Rain in Europe*, Kennedy School of Government – Harvard University, 1998.

Pestel, E., « Modellers and Politicians », *Futures*, 14(Avril), 1982, pp. 122-128.

Pielke, R. A., Klein, R., et Sarewitz, D., « Turning the Big Knob : Energy Policy as a Means to Reduce Weather Impacts », *Energy and Environment*, 11(3), 2000, pp. 255-275.

Pilkey, O. H., « What You Know Can Hurt You : Predicting the Behavior of Nourished Beaches », in Byerly Jr, R. (ed.), *Prediction – Science, Decision Making, and the Future of Nature*, Island Press, 2000, pp. 159-184.

PIREN-Seine, *La Seine en équations – Des modèles pour mieux comprendre la Seine et restaurer sa qualité*, PIREN-Seine – CNRS – AESN, 2000.

Ravetz, J., et Funtowicz, S., « Post-Normal Science – An Insight Now Maturing », *Futures*, 31, 1999, pp. 641-646.

Ravetz, J. R., « What Is Post-Normal Science ? », *Futures*, 31, 1999, pp. 647-653.

Richardson Jr, J. M., « Global Modelling – 1. The Models », *Futures*, 10(5), 1978, pp. 386-404.

Rosental, C., « De la *démo*-cratie en Amérique – Formes actuelles de la démonstration en intelligence artificielle », *Actes de la Recherche en Sciences Sociales* (141-142), 2002, pp. 110-120.

Rotmans, J., « Methods for IA : The Challenges and Opportunities ahead », *Environmental Modeling and Assessment*, 3, 1998, pp. 155-179.

Sarewitz, D., Pielke Jr, R. A., et Byerly Jr, R. (eds.), *Prediction – Science, Decision Making, and the Future of Nature*, Island Press, 2000.

Shackley, S., « Rolling out Climate Change Policy Lessons », in *ID21 Insights*, 30 juin 1999.

Shackley, S., et Darier, E., « Seduction of the Sirens : Global Climate Change and Modelling », *Science and Public Policy*, 25(5), 1998, pp. 313-325.

Shackley, S., Risbey, J., Stone, P., Winne, B., « Adjusting to Policy Expectations in Climate Change Modelling : An Interdisciplinary Study of Flux Adjustments in Coupled Atmosphere-Ocean General Circulation Models », *Climatic Change*, 43(2), 1999, pp. 413-454.

Shenk, T. M., et Franklin, A. B. (eds.), *Modeling in Natural Resource Management – Development, Interpretation, and Application*, Island Press, 2001.

Van Daalen, C. E., Thissen, W. A. H., et Berk, M. M., « The Delft Process : Experiences with a Dialogue between Policy Makers and Global Modellers », in Alcamo, J. (ed.), *Global Change Scenarios for the 21st century*, Pergamon, 1998, pp. 267-285.

Van der Sluijs, J. P., « A Way out of the Credibility Crisis of Models used in Integrated Environmental Assessment », *Futures*, 34, 2002, pp. 133-146.

Vinck, D., *Une sociologie des techniques et de leurs médiateurs*, Centre de Recherche : Innovation Socio-Techniques et Organisations Industrielles, Université Pierre Mendès-France, 1997.

CHAPITRE VII

Concepts et méthodes participatifs pour la prospective

Une introduction « à la carte »

Ruud Van der Helm

La plupart des prospectives sont élaborées par des participants divers aussi bien par les valeurs et les centres d'intérêts qui sont les leurs que par le type de connaissances qu'ils peuvent mobiliser. Ainsi, dans un contexte de recherche, les travaux prospectifs conduisent souvent à constituer des groupes de chercheurs pluridisciplinaires. Dans un contexte de management ou d'action publique, on a affaire à des personnes d'horizons différents, qui sont importantes à des titres divers pour atteindre les objectifs que l'on s'est fixés.

En conséquence, la plupart des travaux de prospective comportent une dimension que l'on peut appeler « participative ». Dans ce chapitre, nous la définirons comme l'interaction entre des types d'acteurs différents (chercheurs, experts, prospectivistes, hommes politiques, décideurs, planificateurs, journalistes, groupes de pression, citoyens, etc.) dans le cadre d'un dispositif spécifique de recherche, de gestion ou de politique publique. Cette définition recouvre une grande variété de configurations, par exemple : des chercheurs dialoguant avec des décideurs politiques pour améliorer un modèle informatique qui analyse les impacts d'urbanisations futures sur le ruissellement ; ou encore, un groupe de planificateurs travaillant avec des citoyens pour réfléchir aux perspectives d'avenir en vue d'un nouveau plan d'environnement et de développement urbain.

Inclure explicitement la dimension participative dans les travaux de prospective pose cependant problème. Quels sont, par exemple, les acteurs capables de contribuer réellement à l'amélioration d'un modèle informatique de bassin versant ? Et comment les chercheurs impliqués dans ce modèle interagissent-ils avec eux ? Et quels types de résultats peut-on attendre et accepter d'un tel exercice ? Lesquels seront *in fine* utiles pour le projet ? Ce ne sont là que quelques-unes des questions qui se poseront – qu'il faudra poser – à chaque fois que l'on envisage de donner à la participation une place importante, voire la place centrale, dans un travail prospectif. Heureusement, l'expérience accumulée au cours des quatre dernières décennies permet aux spécialistes de la prospective et à ceux de la participation de disposer aujourd'hui d'une base de concepts, de méthodes, de techniques, qui peuvent être mobilisés dans ce contexte. Le but du présent chapitre est de proposer une introduction à ces ressources. Nous éviterons toutefois de nous embarquer dans un discours trop théorique sur les relations entre participation et prospective. En effet, même si le « pourquoi » est aussi important que le « comment », la participation se développe en général par une approche heuristique : elle repose de façon essentielle sur un apprentissage actif, plus que sur un apprentissage théorique.

Il est important cependant de distinguer dès le départ deux approches différentes de la participation dans le domaine de la prospective. La première utilise des méthodes participatives pour renforcer certains aspects d'un travail prospectif. C'est le cas, par exemple, lorsque des activités comme des *Policy Dialogues* ou des panels sont mises en œuvre à l'appui d'un exercice de modélisation informatique des impacts du changement climatique.

La seconde approche au contraire fait des méthodes participatives le fondement même du projet de prospective. Ce projet part alors du concept de participation et c'est dans ce cadre qu'il mobilise des méthodes de conjecture prospective. Un exemple de cette seconde approche est le programme *European Awareness Scenario Workshops* de la Commission européenne (Andersen, en préparation).

Dans ce chapitre, nous prendrons en compte les deux types d'approches. En effet, la différence entre elles ne porte pas sur les concepts et les méthodes mobilisés, mais sur la manière dont ils sont mobilisés et mis en œuvre. Par exemple, la méthode des panels peut aussi bien être utilisée comme cœur d'un exercice de prospective (et devenir ainsi un exercice prospectif participatif au plein sens du terme) que comme un élément parmi d'autres dans un programme dont le cœur est constitué par exemple par un exercice de modélisation informatique (on parlera alors d'une méthode participative dans un prospective fondée sur la modélisation). Dans le domaine de la prospective environnementale, on se trouve souvent dans cette seconde configuration. Les méthodes participatives sont souvent intégrées dans des opérations plus larges de prospective, que ce soit dans un cadre académique ou dans l'élaboration des politiques publiques.

Outre la conception générale retenue, les choix de méthode dépendent aussi des contingences de chaque projet et de ses promoteurs. C'est pourquoi nous proposons un chapitre où les méthodes participatives sont proposées « à la carte », afin de dessiner l'étendue de la gamme méthodologique et de faciliter le processus de sélection d'une méthode. Pour autant, les questions sur la place de la participation restent très importantes. Du point de vue de l'application des méthodes, ces questions doivent être traitées dans le contexte de chaque projet, en fonction des objectifs de ses organisateurs, de la place qu'ils entendent donner aux interactions avec d'autres acteurs, des ressources disponibles, etc.

Même si notre but ici est surtout pratique, il importe d'avoir conscience que la montée de la dimension participative est l'un des concepts majeurs qui travaillent en profondeur le champ de l'environnement depuis une vingtaine d'années. Aujourd'hui, la mise en œuvre de la participation est même parfois requise par la loi (par exemple dans la directive cadre sur l'eau de l'Union européenne ou dans la convention internationale d'Aarhus[1]). C'est pourquoi nous commencerons ce chapitre par une introduction aux principaux débats qui entourent le concept de participation (section 1). Nous nous concentrerons ensuite sur le cœur de la contribution qui consiste en une compilation de différentes méthodes qui combinent participation et prospective. Nous passerons ainsi en revue treize méthodes différentes « à la carte » (section 2). Nous reviendrons ensuite (section 3) à un questionnement plus théorique sur ces méthodes en essayant de mieux définir les spécificités fondamentales de la participation dans un cadre de travail prospectif. Quant à la section 4, elle donne une vue d'ensemble des enjeux et des questions qui doivent être traités dès lors que l'on utilise des méthodes participatives dans la conception d'une opération de prospective.

1. La montée de la participation

L'idée d'intensifier la participation en matière d'environnement, aussi bien dans le cadre des recherches que des politiques publiques, est aujourd'hui un principe largement diffusé. Pour autant, les discussions sont vives sur ce qu'est précisément la participation et sur la manière dont elle doit être mise en œuvre. En effet, il existe une multitude de façons de définir et de concevoir la participation ; celle-ci revêt une signification différente selon les personnes concernées et les situations (Delli-Priscoli, 1998 ; Korfmacher, 2001). Mais dans tous les cas, la participation concerne *le fait d'impliquer ceux qui, jusque là, n'étaient pas (activement) impliqués.* Cela concerne aussi bien l'implication dans l'élaboration des connaissances (est-elle le fait des seuls scientifiques ?)

---

[1]   Convention des Nations Unies (Commission économique des Nations Unies pour l'Europe) sur l'information et la participation du public et sur l'accès à la justice.

qu'une implication active dans la vie politique et les politiques publiques (celles-ci sont-elles le fait des seuls décideurs ?), en contraste ou en complément avec des formes plus passives de démocratie élective.

Cependant, le principe de participation entre souvent en conflit avec des structures existantes, avec les marges de manœuvre organisation-nelles des acteurs les plus puissants. D'un côté, la participation interfère avec les relations de pouvoir. Ceux qui en ont sont souvent réticents à partager ce qu'ils ont, même si, dans le discours, le partage avec les « exclus » est toujours présenté comme une bonne chose. C'est dans ce sens que Sherry Arnstein s'exclame, dès les années 1960 : « l'idée de la participation des citoyens, c'est comme manger des épinards : en prin-cipe, tout le monde est pour car c'est bénéfique… » (Arnstein, 1969) ; avons-nous beaucoup avancé depuis sur ce point ? De l'autre côté, la participation requiert des méthodes, des procédures, des ressources, dont ne dispose pas toujours l'acteur dominant.

Malgré ces difficultés, le domaine de l'environnement est particuliè-rement riche en expériences participatives, aussi bien en matière de recherche que de politique publique. Les expériences et la littérature disponibles ont littéralement explosé dans les années 1990 et différentes méthodes ont été élaborées, testées, théorisées (Renn *et al.*, 1995 ; Coenen *et al.*, 1998 ; Fischer, 2000).

La plupart d'entre elles l'ont été à des fins de politique publique, en particulier dans le cadre du mouvement de la gouvernance environne-mentale. Dans son ouvrage consacré à cette dernière, Glasbergen (1998) distingue deux conceptions principales en la matière : une approche participative et une approche réjectionniste. La première insiste sur les effets positifs du « contrat participatif ». La participation est alors considérée comme un moyen de légitimer les décisions environnemen-tales, de stimuler la mise en relation du bien commun avec le compor-tement individuel, ou même comme la seule voie praticable de concilier les intérêts actuels et ceux des générations futures. L'approche réjec-tionniste est bien plus radicale et repose sur une vision négative du rôle joué par le gouvernement. Alors que l'approche participative trouve un sens à la participation comme complément au rôle joué par le gouver-nement, la théorie réjectionniste postule que l'intervention de la société civile devrait remplacer l'activité gouvernementale. Dans cette approche, le gouvernement est vu comme une contrainte qui pèse de façon néga-tive sur l'amélioration de la situation en matière d'environnement. Ici, nous parlerons de participation dans la première perspective, plus proche de ce que l'on observe aujourd'hui dans les pratiques participatives liées au processus d'action publique.

En dehors du domaine de l'action publique, la participation s'est aussi faite une place dans certaines approches de recherche scientifique. Une conception traditionnelle de la science ne laisse que peu de place à la participation des non-scientifiques. En revanche, avec la montée de la gouvernance et des principes de la science post-normale (Ravetz et Funtowicz, 1991 ; Ravetz, 1999) ou de la science « de plein air » (Callon *et al.*, 2001), le domaine scientifique n'est plus exclusivement réservé aux scientifiques patentés. Plusieurs auteurs ont proposé des analyses intéressantes de la façon dont la connaissance est élaborée en dehors du champ clos des sciences : la science est faite aussi par les citoyens et les décideurs (Callon *et al.*, 2001) ; la politique est le domaine des experts (Majone, 1989 ; Jasanoff, 1990) ou des citoyens (Fischer, 2000). Selon Korfmacher, dans le cas des questions de qualité de l'eau, « on peut souvent discuter de savoir si une action publique donnée constitue une forme de décision, ou une forme de production d'information » (Korfmacher, 2001, p. 161). En d'autres termes : en matière d'environnement, il est difficile de dire où s'arrête la politique et où commence la science.

D'une certaine façon, les domaines où les principes de recherche participative ont le plus avancé sont l'évaluation des technologies et l'analyse des risques. Pour autant, des expériences sont aussi en cours dans d'autres domaines, par exemple, la modélisation des bassins versants (Korfmacher, 2001 ; Robinson *et al.*, 2001) et la recherche climatique. Entre-temps, des modèles pragmatiques, anciens ou nouveaux sont mis en œuvre pour rapprocher la théorie et la pratique. Panels, Exercices de simulation de politiques, conférences de consensus, ne sont que quelques-uns uns des nombreux exemples que l'on pourrait évoquer (voir Mermet, 1993 ; Renn *et al.*, 1995 ; Fiorino, 1995 ; Joss et Durant, 1995 ; Fischer, 2000 ; Row et Frewer, 2000).

Dans toutes ces expériences, la participation comporte une forte dimension cognitive. La compréhension apportée par le canal du processus participatif peut ajouter à notre compréhension (scientifique) de la dynamique des socio-écosystèmes. Pour autant, l'introduction de la participation dans les sciences reste problématique. Du fait qu'elle transforme le rôle des acteurs dans les sciences et dans la décision, elle suppose une autre manière d'accumuler les connaissances, ainsi qu'un réexamen de la conception que l'on se fait des connaissances.

Toujours est-il qu'il ne suffit pas de proclamer la participation pour améliorer la gestion environnementale (pas plus d'ailleurs que la recherche). Il faut rechercher une « participation significative » (Fischer, 2000). De telles formules reviennent d'un côté à reconnaître que la participation en elle-même ne garantit pas le succès, qu'elle n'est pas toujours bénéfique. Même les promoteurs de la participation se hâtent de préciser que celle-ci ne constitue en rien la panacée que nous aimerions trouver. D'un autre côté, ces formules indiquent aussi qu'il peut être difficile de définir le sens et la signification de la participation et les réponses offrent un éventail de conceptions. Par exemple, pour Andersen (en préparation), la participation comporte des aspects cognitifs (compréhensions et connaissances nouvelles, ou différentes), des aspects normatifs (normes démocratiques) et des aspects instrumentaux (meilleure mise en œuvre, par exemple). Pour Mostert (2003), dans son introduction à la participation dans la gestion des bassins versants, la participation peut être pleine de sens dans les cas où :

- elle conduit à des décisions mieux informées et plus créatives,
- elle conduit à une meilleure acceptation de l'action publique, à une diminution des actions judiciaires, à une accélération des processus de décision, à une mise en œuvre plus efficace,
- elle promeut un meilleur apprentissage par la société,
- elle encourage des formes plus ouvertes et plus intégrées de gouvernement,
- elle promeut la démocratie.

Malgré ces arguments plutôt théoriques en faveur de la participation, on peut se demander dans quelle mesure une implication plus directe de la société civile est pratiquement gérable. Cette préoccupation est aussi bien celle des promoteurs de la participation (à qui demander de participer et comment les motiver ?) que celle des acteurs à qui l'on propose de participer (est-ce que cela en vaut la peine ?). Aaron Wildavsky propose une caricature très parlante de cette dernière situation. Dans *The Art and Craft of Policy Analysis*, il décrit une famille de « citoyens modèles » très engagée dans des activités participatives. Mais celles-ci sont si nombreuses que les membres de la famille perdent le contact avec leur propre vie familiale : on ne peut pas être un « participateur » à plein temps ! Finalement, cette famille accablée devient elle-même la proie des dysfonctionnements sociaux auxquels elle entend remédier au dehors par ses efforts participatifs (Wildavsky, 1979, pp. 256-257).

En conséquence, dans la plupart des dispositifs participatifs, ce sont finalement de nouveaux mécanismes de représentation qui se mettent en placc, qui remplacent les anciens (Eckley, 2001). À causes de difficultés d'accès aux connaissances, aux moyens administratifs ou financiers, de nombreux groupes n'arrivent pas non plus à se frayer un chemin jusqu'aux nouvelles arènes participatives, abandonnant le sujet à un groupe restreint de spécialistes établis ou nouveaux (même si ceux-ci peuvent venir d'horizons intéressants, par exemple dans le champ des ONG ou des groupes de pression). D'une certaine façon, on peut défendre l'idée que ce type de participation « limitée » est encore préférable à ce que serait une participation à très grande échelle (mais ingérable) des citoyens. En tout cas, à partir du moment où la participation complète et continue des citoyens n'est ni possible ni souhaitable, la question de la représentation devient centrale et doit absolument être traitée : qui participe ? Qui ne participe pas ? Comment les intérêts de ceux qui ne participent pas sont-ils représentés par ceux qui participent ? Qu'est-ce qui fonde la légitimité des résultats de la participation ? Ces questions sont, ou devraient être, au cœur de toutes les discussions sur la participation.

Un autre enjeu est de savoir dans quelle mesure des gens qui jusque là n'ont pas été impliqués peuvent contribuer utilement au contenu du débat. Des praticiens comme Andersen (en préparation) aussi bien que des universitaires comme Fisher (2000) affirment que des non-experts possèdent la capacité de s'impliquer activement dans des discussions scientifiques ou de politique publique. D'autres auteurs considèrent au contraire la question du contenu du débat comme non pertinente. Ils considèrent alors le processus (plutôt que le contenu) comme l'enjeu principal de la participation, dans le cadre d'un apprentissage partagé par les acteurs (In 't Veld, 2001). De ce point de vue, les aspects de contenu sont secondaires (« le contenu découle du processus »). Le but n'est plus d'obtenir des produits pertinents par leur contenu, mais de créer un réseau d'acteurs qui partagent les mêmes bases de réflexion sur le sujet en considération (et son avenir). La pertinence du contenu relève alors de la responsabilité de ce réseau. Au fond, cela revient à supposer que si l'on arrive à rassembler les bonnes personnes pour un travail (prospectif), on débouchera de toutes façons sur une meilleure capacité d'anticipation et (peut-être) sur des actions plus pertinentes. Ceci étant, il nous semble important de trouver un équilibre entre les aspects de contenu et de processus, si l'on veut éviter que la participation ne retombe dans un traitement classique du contenu, ou bien ne dérive vers un aveuglement au regard des contenus (ce que In 't Veld appelle « du n'importe quoi négocié » ou « *negotiated rubbish* »).

Dans le même temps où le principe de participation s'est imposé, on peut constater que les acteurs concernés sont aussi devenus plus forts et mieux organisés, se sont donné les moyens de s'ingérer dans les affaires scientifiques et dans la décision publique (par exemple, Greenpeace participe au développement de technologies vertes, le WWF participe de manière régulière à l'élaboration de politiques environnementales). Dans certains cas, ces acteurs de la société civile sont devenus des structures-clés par lesquelles passent certaines avancées en matière de science ou de politique publique. L'originalité du concept de participation est de reconnaître ce potentiel et, jusqu'à un certain point, de le mettre en valeur. En ce sens, ces dernières années ont donné le jour à des conceptions plus ambitieuses de la participation. Mais jusqu'où peuvent-elles aller ? Nous ne le savons pas, mais nous devons rechercher un équilibre acceptable entre le développement de la participation et les autres aspects de la science et de la politique. L'une des composantes de cet équilibre, selon Andersen, est d'aller dans le sens d'une intégration de la participation de plus en plus vers l'amont du processus de la recherche scientifique, ou de la décision politique. Une autre composante est le développement de méthodes qui mettent la participation en prise plus directe avec les préoccupations concrètes (en particulier environnementales). Dans ce contexte, le concept de *prospective participative* peut être proposé ; il constitue à nos yeux un moyen d'intégrer encore davantage la participation dans la recherche et dans les politiques publiques.

2. Des références pour la prospective participative : un passage en revue d'expériences

Jusque là, nous nous sommes penchés sur les enjeux théoriques sous-jacents au « domaine » de la prospective participative. Bien sûr, nous devons au lecteur une définition plus opératoire de la prospective participative, mais nous souhaitons auparavant présenter un certain nombre d'exemples de méthodes qui peuvent être mises en œuvre. Ils ne couvrent pas tout le champ, mais permettent un premier balayage qui montre la richesse des approches disponibles. C'est dans les sections qui suivront ce passage en revue que nous reviendrons à la réflexion plus théorique sur l'ampleur, les ambitions et les difficultés de la prospective participative.

Les exemples que nous allons développer sortent d'une histoire d'environ quatre décennies de tentatives pour lier prospective et participation. Déjà au cours des années 1970, plusieurs méthodes ont été mises en œuvre pour concrétiser cette intégration. Le premier programme publiquement présenté comme prospective participative a été imaginé par Barbara Hubbard et John Whiteside et intitulé SYNCON (*Synergistic Convergence*). Par une intégration d'un travail de groupe et d'une diffusion par la télévision, un nouveau media à l'époque, un nombre de sujets prospectifs a pu être discuté dans une agora publique (Glenn, 1994). SYNCON rassemblait différents acteurs en un même lieu avec l'objectif de trouver des solutions pour l'avenir du type « gagnant-gagnant ». Dans un premier temps, de petits groupes discutaient des aspects partiels du thème étudié ; au fil du processus, ils étaient regroupés dans des groupes de plus en plus grands et finalement en un seul groupe central. Des personnes extérieures étaient invitées à intervenir également par le biais de la télévision et du téléphone. Après 25 conférences, le SYNCON relève aujourd'hui du musée (encore à fonder !) de la participation, mais la méthode contient un bon nombre d'éléments et de conceptions qu'on retrouve aujourd'hui dans la plupart des méthodes participatives : la recherche d'un consensus (le principe « gagnant-gagnant »), l'interaction entre « adversaires » ou encore l'usage de la nouvelle technologie pour faciliter ces processus.

Passons maintenant en revue treize approches différentes qui reflètent la diversité des méthodes participatives, tout en révélant de nombreux traits communs (voir tableau 1). Ces approches diffèrent entre elles notamment dans la façon dont elles envisagent la conduite de la discussion dans un exercice de prospective. Les unes, comme les *Future Search Conferences*, sont basées uniquement sur l'interaction au sein d'un groupe d'acteurs différents. À l'autre extrême, nous trouvons des approches qui évitent les interactions en face à face autant que possible, ce qui est le cas par exemple du « Delphi public ». D'autres différences seront à noter quant à la manière dont des méthodes prospectives (comme la modélisation ou la construction de scénarios) ont été intégrées au sein d'un processus participatif plus large. Pour des raisons de présentation, nous les avons classées en fonction de la méthode prospective avec laquelle l'approche participative s'intègre (voir les autres chapitres de la deuxième partie de l'ouvrage), mais cette distinction n'est faite que pour faciliter la lecture ; en pratique, la plupart des approches combinent des méthodes diverses.

Tableau 1. Méthodes participatives en matière de prospective

Caractéristique principale	Méthodes
Analyse par scénarios	*Scenario Workshops* Prospective territoriale
Modélisation	*Participatory Integrated Assessment Modelling* *Human-in-the-Loop Modelling* *Focus Groups*
Jeux de simulation	*Policy Exercises* (Exercices de simulation de politiques)
Débat (structuré)	*Policy Dialogues* Delphi public *Foresight*
Animation de groupes de travail	*Future Search Conferences* Prospective d'écoute *Charrette* *Visioning*

a. Approches fondées sur des scénarios

*Ateliers de scénarios (*Scenario Workshops*)*

Parmi les différents outils de la prospective, les scénarios ont toujours été parmi les plus appréciés. Ils semblent particulièrement adaptés à une utilisation par des acteurs de profils très différents. Pour cette raison, le *Danish Board of Technology* (DBT), dans un travail visant à faciliter l'implication des citoyens dans les débats sur le développement durable au début des années 1990, a proposé une méthode d'ateliers de prospective à base de scénarios. Andersen les définit comme « des réunions locales où des scénarios sont utilisés pour stimuler l'élaboration de visions d'avenir et pour encourager le dialogue entre décideurs politiques, experts, hommes d'affaires et citoyens ». Ce concept d'atelier se traduit par une méthodologie codifiée de façon détaillée, minute par minute, dans laquelle quatre scénarios contrastés[2] sont mis au centre de la discussion sur le développement durable. Le but final de ces ateliers est d'intégrer les attentes des citoyens très en amont dans le processus de décision sur le développement urbain et sur les choix technologiques.

Ce concept a été repris, pour de plus amples expérimentations et pour une plus grande diffusion par la Commission européenne, qui était à la recherche de méthodes pour accroître la participation au sein des États membres. La méthode a donc bénéficié de plusieurs années d'expérimentation et de mise au point (Mayer, 1997) et est devenue un outil régulièrement utilisé pour traiter de nombreux types d'enjeux locaux. Ce développement a fait l'objet d'un suivi intensif, qui permet de se faire une idée des *Scenario Workshops* sous de multiples aspects. Si dans l'ensemble, la méthode est considérée comme utile, on peut cependant s'interroger sur l'impact réel de ce type d'exercice sur les orientations de la recherche ou sur les décisions publiques (Street, 1997).

Un autre type de prospective participative fondée sur les scénarios a été décrit par Van Asselt *et al.* (2001), qui l'ont intitulé : « Visions intégrées pour une Europe durable » (en abrégé : VISIONS, acronyme de l'intitulé en anglais). L'objectif principal de ce programme, financé lui aussi par la commission européenne, était d'élaborer un jeu de scénarios contrastés pour le développement durable en Europe. Les scénarios ont été élaborés en suivant une approche participative, combinant différents outils de prospective (ateliers, modèles informatiques, panels, etc.). L'une des différences majeures entre les *Scenario Workshops* danois et le programme VISIONS, tient à ce que dans le premier cas, les

---

[2]   On trouvera une présentation et une discussion de ces scénarios « d'Écologie urbaine du futur » dans le chapitre IV de l'ouvrage.

scénarios sont écrits d'avance et ont pour rôle d'alimenter la discussion des participants, alors que dans le second, les scénarios sont le résultat de l'exercice, dont le cœur est constitué par leur élaboration.

La prospective territoriale

Ce courant de pensée, enraciné dans l'école française de prospective, est fondé sur l'utilisation de la prospective pour l'analyse stratégique et le management, en particulier dans le domaine du développement local et territorial. Il trouve son origine théorique dans les travaux de Michel Godet, qui a formalisé une méthode de prospective combinant de manière spécifique une série d'outils analytiques et de concepts (Godet, 1991, 2002). Cette méthode a été adaptée par Gonod et Loinger, pour devenir la « nouvelle méthode prospective », adaptée explicitement pour la gestion des territoires (Gonod et Loinger, 1994). Pour eux, le rôle de la participation est de contribuer à un débat social, d'où doivent émerger des stratégies nouvelles pour la mise en œuvre de politiques de développement territorial. Une prospective territoriale est alors réussie si elle fait bouger les attitudes et les idées, si elle met au jour des alternatives, si elle ouvre un débat sur les risques, si elle promeut le développement de stratégies actives et réactives, en d'autres termes, si elle accroît l'espace disponible pour d'autres solutions réalisables. Une initiative récente a été lancée dans le cadre du programme de gestion durable des territoires de la région Nord-Pas de Calais (Bertrand, 2001). Le concept de prospective territoriale utilise plusieurs méthodes et outils pour organiser le débat. Une approche similaire existe aux Pays-Bas, dans le domaine de la planification prospective participative, développée par In 't Veld (2001).

b. Participation et modélisation

QUEST : une modélisation intégrée participative

Le modèle QUEST est un exercice d'Évaluation intégrée régionale et met l'accent en particulier sur l'interdisciplinarité et sur la participation des acteurs locaux. Il a été appliqué au bassin de la rivière Fraser et à celui de la rivière Georgia (Canada). QUEST repose sur une approche de *backcasting*, c'est-à-dire qu'il part d'un état futur désirable et revient ensuite étape par étape vers le présent, pour comprendre quels sont les changements nécessaires pour atteindre l'état futur qui sert de référence. Il s'appuie sur la conception et l'utilisation d'un modèle de simulation informatique. Ainsi, les modélisateurs cherchent à contribuer à une plus grande implication du public dans le débat sur des enjeux complexes et à créer une base de données sur ce que le public exprime comme préférences, comme valeurs, comme points de vue sur les sacrifices acceptables ou non au regard de différents objectifs, etc., éléments qui peuvent être analysés pour fournir une image très riche des attitudes des participants envers les enjeux de la durabilité (Robinson *et al.*, 2001).

Le travail de modélisation s'appuie sur une approche de science sociale interactive. La communauté locale est très impliquée dans la conception et dans l'utilisation des outils de modélisation. D'abord, le travail est effectué en partenariat avec des organisations locales. Ensuite, le projet est organisé de façon à faciliter l'implication des membres de la communauté locale. Il prévoit notamment des panels, des réunions publiques, des ateliers avec des experts, une utilisation des modèles à l'école, des expositions pour le public et des interactions sur Internet. La participation est légitimement au centre de l'approche, dans la mesure où celle-ci a pour but d'élaborer une connaissance normative de la situation (incorporant des préférences, des valeurs, des jugements). De plus, la mobilisation des acteurs locaux est considérée comme cruciale aussi pour obtenir des données locales pertinentes.

Le modèle-humain de Globesight

L'expérience Globesight (abrégé pour *Global foresight*) a été conduite par l'université Case Western Reserve (Ohio, États-Unis). Elle repose sur une conception très particulière de la participation et se présente comme un « outil de support au raisonnement » (Mesarovich, 1996 ; Sreenath, 2001). Globesight est un outil informatique, qui utilise les outils de la dynamique des systèmes[3]. Le modèle représente l'environnement physique, en interaction avec la croissance démographique, l'utilisation de l'énergie et le produit intérieur brut. Son concept participatif est « cybernétique » : les humains sont considérés comme des sous-modèles dans l'algorithme, « il y a un humain dans le modèle » (*human in the loop model*). Les participants à l'expérience doivent contribuer activement au fonctionnement du modèle et donc à l'évolution du système.

Le modèle lui-même est relativement simple et permet aux participants de construire des modules pour remplir des fonctions particulières. En revanche, son architecture d'ensemble a été réalisée par des experts et n'est pas particulièrement participative. Ce modèle a été utilisé dans plusieurs bassins versants, ainsi qu'à des fins pédagogiques.

---

[3] C'est l'approche développée par J. Forrester au MIT, celle-là même qui a été mobilisée, en particulier, pour le rapport du Club de Rome sur les limites de la croissance (voir chapitre VIII).

Les panels *(*focus groups*)*

Les panels sont un outil très répandu dans les études de marketing et d'opinion publique. Leur conception de base est de réunir un petit groupe de personnes (de six à douze), homogène sur certaines caractéristiques (comme le niveau d'éducation, la profession, le lieu de résidence, l'âge ou le sexe, par exemple) et de lui demander d'évaluer un produit ou une idée donnés. Le panel fonctionne en atelier (avec un animateur), dans une durée brève (deux heures et demi à trois heures).

Cet outil a fait l'objet de plusieurs expériences de transposition au domaine de la prospective. Il a par exemple été testé activement dans le cadre du projet ULYSSES, qui recherchait des méthodes pour une Évaluation intégrée participative dans le domaine du changement climatique (voir par exemple Kasemir *et al.*, 2000 ; 2002). Dans ce cas particulier, la discussion du panel est alimentée par des modèles de changement climatique. Les participants, qui sont au départ des profanes en la matière, reçoivent une formation pour mieux cerner les enjeux et pour pouvoir comprendre les résultats des modèles. Ensuite, dialogues et débat ont lieu entre les participants, sans la présence des experts et donc sans interférence de leur part. Le résultat consiste en un ensemble d'appréciations surtout normatives. Selon les analystes de cette expérience, l'intérêt des résultats est à rechercher dans les lignes de raisonnement suivies par les groupes, plutôt que dans les conclusions elles-mêmes (Van Asselt *et al.*, 2001, p. 55).

c. Jeux de rôles

Les Exercices de simulation de politiques *(*Policy Exercises*)*[4]

Les Exercices de simulation de politiques (ESP) ont été introduits dans le domaine environnemental à l'IIASA dans les années 1980, pour faciliter les échanges entre chercheurs et décideurs dans le cadre des débats environnementaux complexes (pluies acides, changement climatique, etc.) (Toth, 1988). Leur principe était emprunté à la théorie des jeux de rôles. Dans un ESP, trois groupes de participants – décideurs, chercheurs, animateurs – jouent des rôles dans des situations fictives et réagissent, en tant que « joueurs » aux changements environnementaux qui se « produisent » au gré de scénarios, proposant des actions à conduire et des connaissances à mobiliser. L'exercice se déroule en trois temps : la conception de la simulation, la simulation elle-même, la discussion des résultats pendant et après l'exercice, trois phases entre

---

[4]   Sur les ESP, voir aussi le chapitre II de l'ouvrage.

lesquelles l'équilibre doit être respecté pour que l'exercice soit fructueux.

L'utilisation de techniques de jeux de rôles a des avantages et des inconvénients. D'un côté, Mermet (1993) dans son évaluation des travaux conduits à l'IIASA, distingue quatre qualités des ESP :

- ils contribuent à formuler des problèmes de manière interdisciplinaire,
- ils aident à intégrer les connaissances (pratiques et théoriques) d'un secteur d'activité dans une dynamique de long terme plus large,
- ils stimulent la créativité des joueurs d'une manière inhabituelle au regard des règles courantes de débat,
- ils peuvent réduire la distance entre une analyse abstraite d'un problème et les possibilités concrètes d'intervention sur le terrain.

D'un autre côté, ces jeux de rôles ont plusieurs inconvénients. D'abord, il est difficile de mettre en forme et d'expliciter clairement les résultats des exercices et de leur donner une conclusion opérationnelle. Ensuite, Mermet insiste sur la difficulté de réaliser des simulations correctes de systèmes aussi complexes. Dans un contexte de recherche scientifique, la compréhension de cette complexité est souvent le but ultime, ce qui peut paraître paradoxal pour des exercices de jeux de rôles.

d. Débat (structuré)

Les dialogues de politique

Les dialogues de politique (*Policy Dialogues*), interactions organisées entre décideurs et chercheurs, ont fait l'objet de développements très divers. Un cas particulièrement parlant concernant l'environnement est celui qui a été organisé entre des décideurs et des chercheurs engagés dans la modélisation des impacts du changement climatique. Il a été conçu et mis en œuvre par l'université technologique de Delft pour le projet IMAGE de simulation informatique du changement global et de ses impacts. Il s'est déroulé en plusieurs phases d'ateliers de travail. L'animation a été assurée en particulier avec l'aide d'outils informatiques d'appui à l'animation. Ce dialogue a eu pour résultat un certain nombre de recommandations destinées à l'équipe de modélisateurs, pour faire en sorte que les résultats de leur travail répondent davantage aux questions telles que se les formulent les décideurs.

Ce « processus de Delft » a été décrit par Van Daalen *et al.* (1998) et Van Asselt *et al.* (2001). Certaines caractéristiques importantes différencient cette approche de méthodes plus ou moins analogues comme les ESP ou les panels. Les groupes sont constitués de sélections relativement homogènes de hauts responsables, alors que les ESP distribuent des rôles hétérogènes et que les panels s'adressent plus au grand public. Les dialogues de politiques mettent l'accent sur la discussion directe entre les chercheurs et les décideurs, sans le truchement d'une simulation ou d'un animateur de panel qui synthétise lui-même les résultats. D'autres caractéristiques sont la souplesse du principe (que ce soit en termes d'organisation ou de contenu), le caractère itératif de l'exercice, l'organisation en termes de séquences questions-réponses, et l'adaptation à l'actualité du processus décisionnel (Van Asselt *et al.*, 2001, p. 51).

Le Delphi public

La méthode Delphi a été introduite dans les années soixante par Olaf Helmer de la RAND Corporation. Son principe était basé sur l'idée que « les experts, en particulier quand ils sont d'accord, ont plus de chances que les profanes d'avoir raison, dans leur domaine » (Gordon, 1994). Au lieu de les réunir dans une pièce et de tenter ensuite de gérer la dynamique de groupe qui s'ensuit[5], on consulte chaque expert séparément, au cours d'un processus de débat écrit, contrôlé et anonyme. Lors du premier tour, les experts donnent leur opinion sur la question posée. Les résultats mettent en évidence l'éventail des réponses obtenues. Lors du second tour, ces résultats sont communiqués aux experts ; il est demandé à ceux dont les opinions sont les plus éloignées de l'opinion moyenne d'expliquer leur position. Au troisième tour, les participants émettent de nouveaux avis, à la lumière des deux tours précédents. Enfin, lors du quatrième et dernier tour, les résultats sont compilés et l'analyse doit montrer dans quelle mesure on obtient où non une convergence des avis sur la question posée. Bien que l'anonymat ait été un principe essentiel à l'origine de la méthode, des versions actuelles de celle-ci peuvent comporter des phases d'interaction directe, appelées « Delphi de groupe » (Webler *et al.*, 1991).

Bien que le Delphi soit à l'origine une consultation d'experts, le même concept a été utilisé dans un contexte plus participatif. Cette version, nommé « Delphi public » est décrite par Glenn dans son passage en revue des méthodes participatives (Glenn, 1994). La procédure de base n'a pas été modifiée, mais la sélection des participants a été élargie. Une expérience récente de Delphi public a été conduite par

---

[5] Et que les promoteurs de la méthode considèrent comme contre-productive (phénomènes de leadership sans rapport avec les compétences, répartition inégale des temps de parole, parasitage par les positions hiérarchiques, etc.).

exemple dans le cadre de l'exercice britannique de « *Technology Foresight* » (voir ci-dessous) ; divers types de participants y ont contribué. Il faut remarquer pour finir que la mise en œuvre d'une telle méthode est aujourd'hui grandement facilitée par les nouvelles techniques de communication.

Foresight *(technologique)*

Les études de *foresight* technologique sont des approches globales, qui combinent de nombreuses méthodes différentes, déjà existantes ou adaptées pour l'occasion. Pour certains, le *foresight* est même la réincarnation du champ de la prospective dans son ensemble (Faucheux et Hue, 2000) et une revue scientifique intitulée *foresight* a été lancée en 1999, pour promouvoir la recherche et le débat sur « les enjeux sociaux, économiques, politiques et technologiques importants qui feront nos futurs » et pour être « une source valable d'information sur les activités d'études sur le futur à travers le monde ». Nous incluons le *foresight* dans le présent passage en revue parce que ses promoteurs insistent particulièrement sur sa nature participative, en s'appuyant sur les idées de la « science post-normale » et des « nouveaux contrats sociaux ».

C'est dans le domaine de la prospective des technologies que les *foresight* se sont imposés. De nombreux pays en ont lancé, pour enrichir une planification des efforts publics de recherche et développement technologiques, planification dont le caractère participatif est de plus en plus affirmé avec les années. Selon Van der Meulen (1999, p. 8) le concept de *foresight* est adapté de Coates, qui l'a défini comme

> un processus par lequel on aboutit à une meilleure compréhension des forces qui configurent le futur à long terme et qui doivent être prises en compte dans les choix politiques, dans la planification et dans la prise de décision.

Ne disposant que de budgets limités pour la recherche et le développement les gouvernements ont commencé à interagir avec les principaux acteurs concernés (secteurs économiques, universités, ONG, etc.) pour identifier les priorités à financer. Même si la plupart des *foresight* se sont concentrés sur les technologies, certains ont porté, par exemple, sur le développement durable ou l'agriculture (voir par exemple Faucheux et Hue, 2000).

Dans l'exemple souvent cité du premier exercice de *foresight* britannique, différents acteurs ont été impliqués activement dans le programme, passant de nombreux week-ends à débattre et à rédiger des documents de travail. Le groupe le plus nombreux de participants a été mobilisé par le biais d'une enquête Delphi. Les participants ont été désignés par un principe de « co-nomination » : on leur demandait d'ajouter à la liste le nom de nouvelles personnes qu'ils jugeaient pertinentes pour l'exercice de *foresight*. Cette technique a notamment l'avantage d'élargir le champ de l'exercice grâce à l'auto-mobilisation d'un réseau, touchant des personnes qui seraient autrement restées à l'écart. On trouvera une description plus précise de cet exemple dans Barré (2000) ou dans Georghiou et Keenan (2000).

e. L'animation de groupe

Les Futures Search Conferences *(FSC)*

Les *Futures Search Conferences* ont été lancées par Marvin Weisbord, comme « un laboratoire d'apprentissage » (Weisbord et Janoff, 2000). Ces conférences sont holistiques, orientées vers l'action, étroitement liées à la planification de l'action. Les sujets traités couvrent des domaines divers (dont l'environnement) mais le concept ne fonctionne que dans des cas où une action immédiate est nécessaire. L'idée est de réunir « tout le monde » dans une pièce et d'animer la discussion jusqu'à ce qu'un « terrain d'entente » soit trouvé. « Tout le monde » est ici une métaphore pour symboliser la diversité du système. Actuellement, les FSC sont portées par un réseau mondial de personnes qui travaillent à mettre en œuvre et améliorer la méthode. Le processus comporte cinq étapes :

- évaluation du passé,
- exploration du présent,
- création de scénarios idéaux pour le futur,
- identification d'un terrain d'entente,
- élaboration de plans d'action.

Conceptuellement, les FSC peuvent être vues comme une forme de *backcasting*, où les scénarios sont à prendre comme des images désirables du futur. Elles constituent un exemple typique d'une approche prospective normative, où les enjeux d'apprentissage et d'action en commun des participants sont prédominants.

La prospective d'écoute

Par contraste avec la prospective territoriale (voir plus haut), qui s'appuie sur une analyse formelle et très structurée, le Centre d'étude et de recherche en espace rural propose une approche complètement participative de la prospective, que nous appellerons ici l'approche CERER (Plassard, 2003). Cette approche s'inscrit en réaction à ce que son auteur considère comme des conceptions réductionnistes de la planification à long terme, qui dressent face à face des schémas différents du progrès et du pouvoir, comme on le fait souvent en France (et ailleurs !). La méthode est fondée en dernier ressort sur l'interaction entre les participants, la médiation et l'animation de groupe ayant pour but une implication active et durable des citoyens à l'échelle locale dans le développement à long terme de leur territoire. La méthode comporte quatre étapes :

- la mise en place d'un comité de pilotage local, qui mêle simples citoyens et responsables,
- une semaine d'entretiens avec soixante-dix acteurs locaux par un groupe de stagiaires spécialisés dans le développement local,
- une restitution publique des résultats de ces entretiens, suivie d'un débat public,
- l'animation pendant les deux années suivantes d'un « atelier de citoyenneté » réunissant des participants locaux.

Des médiations entre différentes perspectives (internes et externes) entre différents secteurs et entre le présent et le futur deviennent des leviers pour la participation.

La charrette

Un autre modèle, simple mais parfois performant, est celui de la « charrette », c'est-à-dire du travail en groupe sous la pression de l'urgence[6]. Dans le domaine de la prospective, la « charrette » est conçue pour faire travailler ensemble de 50 à 1000 personnes à la fois, dans le cadre d'une succession d'ateliers, sur un ou plusieurs jours. Les résultats sont publiquement présentés aux médias et au public, qui agissent d'une certaine façon comme un jury (Glenn, 1994).

La charrette – qu'on la désigne par ce nom ou par d'autres – est une méthode bien répandue comme outil participatif (voir par exemple Sanoff, 2000), que ce soit dans une optique prospective ou non. L'idée de base est la résolution de problème à partir d'une collaboration interdisciplinaire. Elle débouche sur la formulation de recommandations qui peuvent être reprises ensuite, que ce soit dans la sphère de la recherche ou dans celle de l'action publique. Les participants travaillent successivement en petits groupes et en séances plénières pour discuter divers aspects du problème, puis le problème d'ensemble et enfin à élaborer une forme de consensus. Le seul élément contraignant est la brièveté du délai. Selon ses partisans, la charrette est un outil qui

---

[6]   Autrefois les étudiants en architectures apportaient leurs travaux à l'université dans une charrette. Comme c'est encore le cas aujourd'hui, ils ne terminaient qu'à la dernière minute… dans la charrette. Les autres passagers mettaient alors leur grain de sel, participant à la conception du projet : un processus participatif avant la lettre. Le mot est resté pour désigner une période de travail collectif intense, sous la pression d'une limite impérative de temps.

favorise la découverte de meilleures solutions, qui contribue à l'appropriation des problèmes, qui améliore la capacité à anticiper et à éviter les obstacles, et à produire une vision élargie, dépassant le cadre trop étroit du problème tel que formulé au départ[7]. Selon Glenn (1994, p. 17), l'essence de la charrette est d'abolir la distinction entre « eux » et « nous ». Le consensus final (s'il est atteint) est dès lors accueilli, en général, de manière plus favorable. Le domaine d'application de la charrette est celui des situations d'action pratiques. On peut douter que ce modèle soit utile sur un plan plus stratégique ou abstrait, ou dans le cadre d'un programme scientifique.

Le « visionnage » (visioning)

Le visionnage est une méthode qui repose sur l'organisation d'acteurs autour d'un futur préféré. Ziegler le définit comme « l'obtention d'une perception tangible de ce que le futur peut et devrait être, au regard du contexte, des situations d'action et des préoccupations des "visionneurs" » (Ziegler, 1991, p. 516). Son principe fondateur est qu'un futur souhaité ne peut être atteint que s'il est partagé par tous les acteurs pertinents. Le visionnage est donc fondé sur une approche consensuelle. Il ne repose pas cependant sur une base théorique particulièrement ferme. Il mobilise des méthodes diverses de prospective (par exemple, les scénarios), pour bénéficier de leurs apports analytiques et de leur rigueur. Ziegler insiste sur le caractère heuristique du concept : « les participants apprennent en faisant ». Le besoin de visionnage découle souvent d'une situation d'insatisfaction, d'un besoin de coopération et d'un engagement à agir. La participation repose dès lors sur un engagement volontaire des participants.

En pratique, Ziegler distingue cinq étapes : (1) cerner les préoccupations, (2) créer des images détaillées, (3) élaborer une vision partagée, (4) trouver des liens entre ce futur et la situation présente et (5) définir des stratégies d'action. Même si ces étapes peuvent varier d'un exercice à l'autre, elles soulignent le rôle de l'imagination comme source fondamentale de la stratégie et de l'action.

La Vision mondiale de l'eau constitue un exemple important d'une approche un peu similaire, dans le domaine de l'environnement. Cet exercice à la fois mondial, sectoriel et régional a été mis en œuvre entre 1998 et 2000 pour élaborer une vision partagée et des plans d'action pour le secteur de l'eau (Cosgrove et Rijsberman, 2000). Elle a mis en œuvre une approche participative et 15000 personnes ont été engagées, à

---

[7] Selon le « Rocky Mountain Institute ». Voir http://www.rmi.org.

un titre ou un autre, dans les trente sous-programmes qu'a comporté cet exercice de visionnage[8].

3. La participation pour la prospective dans le domaine de la recherche et dans celui de l'action

Après avoir passé en revue ces treize expériences, nous allons maintenant examiner sur un plan plus conceptuel certains des enjeux qu'elles soulèvent. Il faut d'abord souligner que, si toutes les études prospectives comportent un volet participatif plus ou moins développé, toutes ne sont pas participatives au sens que nous avons défini plus haut. Essayons de préciser davantage cette définition, même si l'exercice est malaisé. Pour commencer, reprenons le principe selon lequel les études prospectives participatives sont celles où le concept de participation (l'interaction entre différents groupes d'acteurs) a été placé au centre de l'exercice. Mais travailler de manière participative va plus loin que le simple fait de réunir des participants. Cela pose d'une part des questions comme l'accès à la discussion des divers acteurs concernés, comme la qualité de l'information et de la communication, comme l'organisation des interactions et l'animation du processus. D'autre part cela demande que l'on définisse la valeur ajoutée que doit apporter l'interaction avec les « autres ». Même si les résultats sont souvent du type « émergent », il faut tout de même savoir reconnaître ce qui est un résultat, et ce qui ne l'est pas ! On ne peut pas considérer comme participatifs des flux d'information à sens unique, par exemple lorsque des chercheurs informent des décideurs sur les futurs souhaitables, ou des auditions publiques au cours desquelles on invite les participants à donner leur sentiment sur une question, sans que l'interaction aille plus loin.

Le principe fondamental de la prospective participative peut être dessiné par cinq caractéristiques. On parlera de prospective participative pour désigner des programmes qui :

- organisent la participation autour de questionnements sur le futur,
- attachent une importance centrale aux acteurs,
- mettent en œuvre la participation en amont dans le processus de la recherche ou de la politique publique,
- mettent l'accent sur l'animation de la discussion et sur la communication entre les participants, et
- recherchent activement un équilibre entre le processus et le contenu.

---

[8] Voir Van der Helm, Kieken et Mermet (en préparation).

Comme n'importe quelle méthode, les méthodes de prospective participative exigent une vue claire de ce que l'on souhaite atteindre. C'est une condition importante pour éviter un certain nombre de pièges qui peuvent hypothéquer la mise en œuvre de ces méthodes. Dans sa monographie sur les méthodes participatives pour la prospective, Jerome Glenn (1994) mentionne en particulier : le risque d'analyses superficielles, une influence indue de la part de ceux qui sont capables de manipuler le processus, les problèmes suscités par la perception d'une menace envers les structures de pouvoir où s'inscrit le problème étudié et enfin le risque de créer un nouveau clivage entre « nous » et « eux » : entre ceux qui sont « dans le coup » du processus participatif et ceux qui restent « en dehors du coup ».

Pour éviter l'impact négatif de tels phénomènes, une préparation approfondie est nécessaire. Mais travailler avec des groupes demande aussi des savoir-faire spécifiques, ainsi qu'une bonne compréhension de la dynamique des groupes. De nombreuses études prospectives participatives s'appuient massivement sur les méthodes et les techniques d'animation de groupe. Certaines approches comme les *Futures Search Conferences* reposent entièrement sur l'interaction du groupe (voir plus haut). Mais en fait, n'importe quelle activité qui inclut, même de façon partielle, des groupes hétérogènes de participants suppose que l'on suive à la fois la dynamique de chaque groupe et celle de l'ensemble du processus.

4. La conception d'exercices de prospective participative : quelles questions organisatrices ?

Outre une approche d'ensemble (comme celles passées en revue plus haut) et une idée claire des objectifs à atteindre, les exercices participatifs exigent en général une forme sophistiquée de gestion du processus d'interaction. Cela implique notamment le fait que toutes les questions de conception et d'animation ne peuvent pas être posées et résolues d'avance. Des ajustements seront continuellement nécessaires, au fil du déroulement de n'importe quel programme participatif. Cela tient d'une part à ce que la constitution et l'activation d'un réseau d'acteurs fait partie intégrante des objectifs poursuivis par une prospective participative. En général, elles résultent d'un processus désordonné et il n'est pas possible de savoir au départ qui participera, à quel moment et avec quel degré d'implication. D'autre part, la légitimité des études prospectives participatives dépend de la participation des acteurs pertinents. Cette considération ne peut cependant pas être traitée de façon statique. La légitimité doit être cultivée et repose sur l'évolution de la confiance, de l'appropriation par les participants et de la visibilité du programme.

Il faut souligner également que le rôle de l'animateur et de l'analyste (qui traite les contenus prospectifs) est crucial. D'un côté, ils doivent être perçus comme faisant partie du système d'acteur et non pas comme étant des *outsiders*. De l'autre, ils doivent garantir que la participation soit organisée de manière à être utile pour le processus d'ensemble de l'opération prospective où elle s'inscrit. Nous avons déjà mentionné l'importance de la dynamique de groupe. Il faut également faire la part des problèmes de langue, de formation des intervenants et des participants, de la disponibilité de l'information nécessaire, des problèmes de suivi, etc., toutes questions dont le traitement exige une attention soutenue. De manière générale, les questions suivantes sont à traiter (d'après Jacobs *et al.*, 1993) :

- Quels participants, combien de participants, faut-il impliquer pour assurer la qualité des discussions et déboucher sur des produits de haute valeur ?

- Comment inciter les gens à participer ? Comment les participants vont-ils réagir aux opinions, aux choix, aux décisions les uns des autres ?

- Comment surmonter les problèmes de communication ? Comment faire en sorte que tous les participants travaillent en vue d'un discours « commun » ?

- Quels types de contributions faut-il demander aux participants ? Quelles informations (nouvelles) faut-il préparer d'avance ?

- Comment encourager la formulation de choix, de décisions, de principes de consensus et d'action ?

- Comment faire partager la conscience de l'importance de la communication entre les participants, de la consultation réciproque, de la coopération ?

- Comment assurer que ce que l'on a appris des autres durant un exercice laissera des traces sous forme d'une compréhension plus profonde ou d'un changement d'attitude ou de modifications dans l'action ?

Faute de place, nous ne pouvons développer ici chacune de ces questions. Nombre d'entre elles mériteraient à elles seules un chapitre entier si l'on voulait rendre justice aux complications et aux nuances qui doivent être maîtrisées. De plus ces questions sont contingentes et ne peuvent recevoir de réponse précise que dans un cas spécifique, dans un contexte spécifique, avec des objectifs particuliers. En fait, le traitement de toutes ces questions fait déjà partie intégrante du processus de la prospective participative. Ce sont les réponses apportées qui, dans chaque exercice, détermineront les bénéfices que l'on peut en obtenir. Pour n'en donner qu'un exemple : le choix d'une langue de travail donnée limite l'ampleur de l'implication dans l'exercice (que l'on parle ici de problèmes de langues nationales, ou de jargons techniques). Cette simple question est déjà cruciale lorsque l'on travaille sur des problèmes transfrontaliers ou transdisciplinaires. Et puisqu'il n'existe pas de solution parfaite, le choix entre opter pour un langage de travail unique ou bien mettre en place des dispositifs de traduction, fait déjà partie intégrante de la conception de l'exercice prospectif participatif.

Conclusion

Dans ce chapitre de présentation générale de la prospective participative, notre intention était de mettre en évidence la diversité des approches, tout en montrant que certains concepts sous-jacents sont communs. Nous voulions souligner que les méthodes participatives peuvent être bénéfiques pour les exercices prospectifs, que ce soit dans le domaine de la recherche ou dans celui de l'action. Nous espérons que le lecteur aura trouvé ici un éventail suffisamment riche d'idées et d'exemples pour cerner ce domaine d'étude et alimenter sa réflexion.

Nous pensons en tout cas avoir montré que les études prospectives participatives peuvent s'appuyer sur un vaste ensemble de connaissances et de savoir-faire. Différentes approches, de l'animation de groupe aux ateliers d'écriture de scénarios, de la modélisation au « visionnage », ont toutes cherché à répondre à la même question : comment combiner participation et étude du futur ? Ces exercices diffèrent par maints aspects. Et même quand ils mettent en œuvre les mêmes outils méthodologiques, des différences importantes les séparent comme le nombre de participants (depuis de petits groupes de panels jusqu'à des exercices de « visionnage » de masse), la catégorisation des acteurs sur laquelle elles reposent, l'échelle géographique concernée (depuis le local jusqu'au mondial), les objectifs poursuivis (cognitifs, instrumentaux, normatifs), la manière dont sont incluses les technologies de communication et d'animation. Les réponses aux questions de conception sont donc diverses et doivent être élaborées pour chaque cas particulier : c'est pour cela que nous pensons avoir rendu justice au sujet par notre approche « à la carte ». Finalement, la carte du restaurant ne prescrit pas le goût du dégustateur, mais derrière elle il y a toujours le chef de cuisine prêt à nous donner un conseil personnalisé.

Références

Andersen, I.-E., « Experimenting with Models for Participatory Foresight », in Van der Helm, R., Kieken, H. et Mermet, L. (eds.), *Methods for the Future : Integrating Scenarios, Models and People*, en préparation.

Arnstein, S.R., « A Ladder of Citizen Participation », *Journal of the American Institute of Planners*, July 1969, pp. 216-224.

Barré, R., « Le foresight britannique. Un nouvel instrument de gouvernance ? », *Futuribles*, No. 249 (janvier 2000), pp. 5-24.

Bertrand, F., « Le développement durable, un outil de prospective pour la planification ? L'exemple de la région Nord-Pas-de-Calais », Communication au *V*^e *colloque de l'O.I.P.R. ; Forum européen de prospective régionale et locale*, Lille, 18 & 19 décembre 2001.

Callon, M., Lascoumes, P., et Barthe, Y., *Agir dans un monde incertain. Essai sur la démocratie technique*, Paris, Seuil, 2001.

Coenen, F., Huitema, D., et O'Toole Jr., L. (eds.), *Participation and the Quality of Environmental Decision Making*, Dordrecht/Boston/London, Kluwer Academic Publishers, 1998.

Cosgrove, W. et Rijsberman, F., *The World Water Vision : Making Water Everybody's Business*, Londres, Earthscan, 2000.

Delli-Priscoli, J., « What Is Public Participation in Water Resources Management and Why Is It Important ? », *Proceedings International Conference on Participatory Processes in Water Management*, Budapest, UNESCO – IHP Technical Documents in Hydrology, No. 30, 1999, pp. 1-12.

Eckley, N., « Designing Effective Assessments : The Role of Participation, Science and Governance », *Research and Assessment Systems for Sustainability Program*, Discussion Paper 2001-16, Cambridge MA, 2001.

Faucheux, S. et Hue, C., « Politique environnementale et politique technologique. », *Natures, Sciences, Sociétés* 8(3) 2000, pp. 31-44.

Fischer, F., *Citizens, Experts, and the Environment. The Politics of Local Knowledge*, Durham/London, Duke University Press, 2000.

Fiorino, D., « Citizen Participation and Environmental Risk : A Survey of Institutional Mechanisms », *Science, Technology and Human Values*, vol. 15, n° 2, Spring 1990, pp. 226-243.

Georghiou, L., et Keenan, M., « Role and Effects of Foresight in the United Kingdom », *Workshop on EU enlargement*, Nicosia, Cyprus, April 7th-9th, 2000.

Glasbergen, P. (ed.), *Co-operative Environmental Governance. Public-Private Agreements as a Policy Strategy*, Dordrecht/Boston/London, Kluwer Academic Publishers, 1998.

Glenn, J.C., « Futures Research Methodology, Participatory Methods », *AC/UNU Millennium Project*, 1994.

Godet, M., *De l'anticipation à l'action. Manuel de prospective et de stratégie*, Paris, Dunod, 1991.

Godet, M., « Foresight and Territorial Dynamics », *Foresight*, 4(5) : 2002, pp. 9-14.

Gonod, P., et Loinger, G., *Méthodologie de la Prospective Régionale. Rapport final prospective et aménagement du territoire*, Paris, GEISTEL, Juin 1994.

Gordon, Th., « Futures Research Methodology, The Delphi Method », *AC/UNU Millennium Project*, 1994.

In 't Veld, R.J. (ed.), *Eerherstel voor Cassandra. Een methodologische beschouwing over toekomstonderzoek voor omgevingsbeleid*, Utrecht, Lemma, 2001.

Jacobs, D., Bilderbeek, R., Mayer, I., et Weijers, T., *Development of a Methodology for Awareness Initiatives and Workshops – Second Report : Study of Eight Past Initiatives*, Apeldoorn (Pays-Bas), TNO Policy Research, 1993.

Jasanoff, S., *The Fifth Branch. Science Advisers as Policy Makers*, Cambridge, Harvard University Press paperback edition, 1994.

Joss, S., et Durant, J. (eds.), *Public Participation in Science*, Londres, Science Museum, 1995.

Kasemir, B., Schibli, D., Stoll, S., et Jaeger, C., « Involving the Public in Climate and Energy Decisions », *Environment*, vol. 42, No. 3, 2000, pp. 32-42.

Kasemir, B., Jäger, J., Jaeger, C. et Gardner, M. (eds.), *Public Participation in Sustainability Science*, Cambridge, Cambridge University Press, 2002.

Korfmacher, K.S., « The Politics of Participation in Watershed Modeling », *Environmental Management*, vol. 27, n° 2, 2001, pp. 161-176.

Majone, G., *Evidence, Argument, and Persuasion in the Policy Process*, New Haven and London, Yale University Press, 1989.

Mayer, I., *Debating Technologies. A Methodological Contribution to the Design and Evaluation of Participatory Policy Analysis*, Tilburg, Tilburg University Press, 1997.

Mermet, L., « Une méthode de prospective : les exercices de simulation de politiques », *Natures, Sciences, Sociétés*, vol. 1, No. 1, 1993, pp. 34-46.

Mesarovich, M.D., McGinnis, D.L. et West, D.A., *Cybernetics of Global Change : Human Dimension and Managing of Complexity*, Paris, UNESCO, MOST Policy Paper 3, 1996.

Mostert, E., « The Challenge of Public Participation », *Water Policy*, vol. 5, 2003, pp. 179-197.

Plassard, F., *Méthode n'est pas recette*, http://cerer.free.fr/cerer/articlemethode.htm, 2003.

Ravetz, J. et Funtowicz, S., « Connaissance utile, ignorance utile », in Theys, J. (dir.), *Environnement, science et politique*, Paris, Cahiers du Germes numéro 13, 1991.

Ravetz, Jerome « What Is Post-normal Science ? », *Futures*, vol. 31, 1999, pp. 647-654.

Renn, O, Webler, T., et Wiedemann, P. (eds.), *Fairness and Competence in Citizen Participation. Evaluating Models for Environmental Discourse*, Dordrecht/Boston/London, Kluwer Academic Publishers, 1995.

Robinson, J., Rothman, D., Tansey, J., Van Wynesberghe, R., et Carmichael, J., *The Georgia Basin Futures Project : Bringing together Expert Knowledge, Public Values, and the Simulation of Sustainable Futures*, University of British Columbia, Canada, Georgia Basin Futures Project Working Paper, October 18, 2001.

Row, G., et Frewer, L.J., « Public Participation Methods : A Framework for Evaluation », *Science, Technology and Human Values*, vol. 25, n° 1, Winter 2000, pp. 3-29.

Sanoff, H., *Community Participation Methods in Design and Planning*, New York, John Wiley and Sons, 2000.

Sreenath, S.N., « Global Modelling and Reasoning Support Tools », *Encyclopaedia of Life Systems Sciences (EOLSS)*, article sur le thème « Integrated Global Models for Sustainable Development », janvier 2001.

Street, P., « Scenario Workshops : a Participatory Approach to Sustainable Urban Living ? », *Futures*, 29(2) : 1997. pp. 139-158.

Toth, F., « Policy Exercises », *Simulation & Games*, vol. 19, No. 3, September 1988, pp. 235-276.

Van Asselt, M., Mellors, J., Rijkens-Klomp, N., Greeuw, S., Molendijk, K., Beers, P. et Van Notten, P., *Building Blocks for Participation in Integrated Assessment : A Review of Participatory Methods*, Maastricht, ICIS Maastricht, ICIS working paper I01-E003 I, 2001.

Van Daalen, C., W. Thissen, et M. Berk, « The Delft Process : Experiences with a Dialogue between Policy Makers and Global Modellers », in Alcamo, J., Leemans, R., et Kreileman, E. (eds.), *Global Change Scenarios of the 21st Century*, London, Elsevier Science, 1998.

Van der Helm, R., Kieken, H. et Mermet, L. (eds.), *Methods for the Future : Integrating Scenarios, Models and People*, en préparation.

Van der Meulen, B., « The Impact of Foresight on Environmental Science and Technology Policy in the Netherlands », *Futures*, 3, 1999, pp. 7-23.

Webler, Th., Levine, D., Rakel, H., et Renn, O., « A Novel Approach to Reducing Uncertainty. The Group Delphi », *Technological Forecasting and Social Change*, 39, 1991, pp. 253-263.

Weisbord, M. et Janoff, S., *Future Search. An Action Guide to Finding Common Ground in Organizations & Communities*, San Francisco, Berrett-Koehler Publishers, deuxième édition, 2000.

Wildavsky, A., *The Art and Craft of Policy Analysis*, London, MacMillan Press, 1979.

Ziegler, W., « Envisioning the Future », *Futures*, June 1991, pp. 516-527.

Conclusion de la deuxième partie

Laurent MERMET

Dans cette deuxième partie, nous pensons avoir montré que le développement de recherches prospectives environnementales a tout à gagner d'une collaboration approfondie entre des chercheurs de disciplines impliquées dans les recherches environnementales et des chercheurs spécialisés dans les méthodes de prospective.

Cette mobilisation de méthodes prospectives que nous présenterons ici plutôt vue du point de vue des chercheurs en environnement, ne peut pas sérieusement s'envisager comme la simple utilisation de méthodes et d'« outils » simplement tirés de la « boîte ». Elle passe d'abord par l'acquisition d'une certaine culture du champ de la prospective, qui permet notamment de saisir les enjeux spécifiques des travaux conjecturaux et notamment de repérer les chemins que proposent divers prospectivistes pour éviter les pièges qui ne manquent pas de survenir lorsque l'on s'aventure dans la conjecture. Nous espérons que le chapitre III aura fait saisir au lecteur spécialiste de l'environnement l'importance de ces enjeux et qu'il sera tenté par des lectures adéquates dans ce domaine[1].

Ce préalable rempli, comment tirer profit du vaste corpus de méthodes et de précédents de la prospective générale ? Trois démarches sont en général à combiner :

- certaines ressources (de méthodes, d'outils) peuvent être directement mobilisées (une fois que l'on maîtrise correctement leur mise en œuvre),

- d'autres (ce sont sans doute les plus nombreuses) demandent à être adaptées et approfondies, nous dirons ici, « amplifiées », pour satisfaire aux exigences spécifiques d'une recherche donnée et plus généralement de travaux prospectifs défendables dans des champs académiques (et « hybrides ») qui ont leurs exigences propres,

---

[1] On trouvera un ensemble de fiches de lectures détaillées dans : Mermet, L. (dir.), *Prospectives pour l'environnement – Quelles recherches ? Quelles ressources ? Quelles méthodes ?*, Paris, La Documentation française, 2003.

– enfin, les résultats les plus importants sont en outre le fruit de formes diverses d'hybridation entre d'une part les ressources de la prospective générale, plus ou moins adaptées et approfondies, et d'autre part les ressources propres de tel ou tel domaine de la recherche environnementale (hydrologie, écologie, étude des liens entre systèmes de production et impacts écologiques, etc.).

Passons en revue rapidement sous ces trois angles – mobiliser, amplifier, hybrider – les méthodes de scénarios, de modélisation et d'animation participative dont traitent les textes de cette seconde partie.

1. Les approches de scénarios : mobilisation facile, reste à amplifier et à hybrider plus profondément

S'agissant des scénarios, on peut être frappé par la facilité avec laquelle les approches par scénarios sont adoptées par les auteurs et les utilisateurs de prospectives, y compris des néophytes complets, même quand elles tranchent de manière frappante avec les formes habituelles de leur travail : la mobilisation est ici très aisée, souvent même, enthousiaste ! Les chapitres IV et V ont permis d'en cerner les principales raisons. D'abord, l'extraordinaire souplesse des formes du récit, qui peuvent combiner détails et vues d'ensemble, escamoter incertitudes et ignorances, raccorder sans couture visible le fait et la fiction, la parole et le chiffre. Ensuite, le fait que ces formes du récit, contrairement à d'autres (notamment celles des modèles de simulation), peuvent être largement produites et comprises sans formation spécifique préalable. On comprend que cela les rende très attractives pour compléter ou pour diffuser des recherches demandant une technicité plus lourde et au champ de pertinence plus étroitement défini. Enfin, une certaine continuité entre les réalisations les plus sommaires et d'autres, ambitieuses et rigoureuses, permet finalement à toutes sortes de scénarios, même peu élaborés, de bénéficier de la légitimité produite par les dialogues et réflexions méthodologiques approfondis de la communauté des spécialistes des méthodes de scénarios.

Mais le caractère très pratique, très plastique, de ces méthodes comporte le risque de se contenter de réalisations faciles. C'est un peu dans ce sens que pousse un point de vue assez répandu et exprimé de manière brutale par van Asselt *et al.*, pour qui les méthodes de modélisation pécheraient par excès de rigidité et celles fondées sur le récit, au contraire, par défaut de structure. Toujours selon les tenants de ce point de vue, il ne serait pas légitime d'attendre de récits autant de rigueur de construction, autant de structure, que dans des modèles informatiques. Il nous paraît au contraire que l'expérience méthodologique accumulée par les spécialistes des scénarios d'une part, les travaux théoriques des disciplines qui s'intéressent aux récits d'autre part, convergent pour montrer que ceux-ci ont leur propre rigueur, leurs propres structures, qui ne sont pas moins riches, moins complexes, moins précises, que celles des modèles informatiques. Leur richesse, leur complexité et leur précision se situent plutôt sur d'autres plans et offrent des ressources différentes.

Pour mobiliser ces ressources spécifiques, il serait légitime de lancer un effort comparable par ses ambitions et ses moyens à celui qui se met en place en matière de modélisations prospectives environnementales. Le fait que les disciplines concernées, les cadres théoriques pertinents soient aujourd'hui relativement peu représentés au sein des recherches environnementales n'enlève rien, au contraire, à la nécessité et à l'urgence de cette mobilisation. Les défis de la prospective environnementale sont tels qu'il serait regrettable de ne cultiver, en matière de scénarios, que la facilité ! C'est bien l'amplification qui est ici le défi principal.

C'est par elle que l'on pourra déboucher sur des formes élaborées d'hybridation, qui ne consistent pas seulement à introduire dans des récits rapidement rédigés des bribes de connaissances scientifiques, mais à réaliser des combinaisons complexes, au sein de scénarios rigoureusement élaborés, entre d'une part des structures narratives appropriées aux contenus et aux forums prospectifs concernés et d'autre part des éléments issus d'autres formes de recherche (jeux de données, résultats de modélisation, etc.). C'est cette hybridation profonde entre le récit et les données, si importante pour l'histoire (et plus généralement pour les sciences sociales) qui constitue ici, selon nous, l'horizon d'un développement des réalisations dans le domaine des prospectives environnementales.

2. Modélisation : pas de mobilisation facile, mais la prospective peut apporter des orientations spécifiques d'amplification et d'hybridation

S'agissant maintenant des méthodes fondées davantage sur la modélisation informatique, la situation se présente assez différemment. En effet, la modélisation est rarement « facile » au sens que l'on vient de voir pour les scénarios. Elle demande des formes diverses, souvent très exigeantes, de technicité. Et du chapitre VI, il ressort avec évidence que les modélisations mises en œuvre dans le domaine de la prospective environnementale, les utilisations qui en sont faites, sont extrêmement diverses. Si certains lecteurs s'attendent à ce qu'on leur sorte de la boîte à malice de la prospective des outils, ou des guides de conduite faciles à s'approprier et à mettre en œuvre, ils ne pourront qu'être déçus. Les repères utiles pour progresser en matière de modélisation prospective sur l'environnement ne se trouvent pas dans un répertoire limité et stable de méthodes de modélisation. Ils ne sont pas davantage à rechercher dans une codification stabilisée des modes de discussion sur les conjectures produites par les modèles. Les répertoires de modèles utilisables et les modes de conduite de leur discussion sont ouverts ; il n'y a pas de raison de les enfermer *a priori* dans des enceintes qui risqueront toujours d'être étriquées par rapport au champ que peuvent couvrir des domaines de recherche et de débat social très dynamiques.

Autrement dit, l'hybridation s'impose dès le départ. Elle ne pose pas de difficulté de principe sérieuse : tout modèle qui prend en charge des calculs ou des simulations sur des états et/ou des dynamiques futures de systèmes sociaux et écologiques peut éventuellement être mobilisé pour un raisonnement prospectif. Pour s'orienter dans ce domaine complexe et mouvant, le fil conducteur proposé ici (voir II et VI) consiste à recentrer la réflexion sur ce qui constitue à nos yeux le fondement de tout travail prospectif : l'ouverture d'un forum prospectif alimenté par la construction méthodique de conjecture, l'élaboration de conjectures soutenue par le fonctionnement d'un forum de débat. S'agissant des modèles, cela revient à organiser la discussion et le travail autour de la relation réciproque entre les contenus et les usages prospectifs des modélisations sur l'environnement. Ce recadrage, on l'a vu au chapitre II, trouve notamment ses racines dans l'ouvrage classique de B. de Jouvenel, et s'alimente des multiples expériences et du savoir-faire méthodologique accumulés depuis par les spécialistes de la prospective. Mais comme le montre bien le chapitre VI, il nous conduit aujourd'hui à croiser le chemin des diverses écoles de pensée qui, depuis 25 ans, ont souligné et problématisé chacune à sa manière l'importance des liens entre le contenu des recherches et des expertises d'une part et d'autre part les communautés, les réseaux à la fois sociaux et techniques où ces contenus sont discutés.

Chacune de ces conceptions enrichit la compréhension que nous pouvons avoir des dynamiques en jeu entre construction de conjectures et fonctionnement du forum prospectif. Ainsi, le modèle des études-plaidoyers du GRETU insiste sur l'importance d'un débat contradictoire entre conjectures indépendantes les unes des autres dans leur conception. Cette importance est encore soulignée par les travaux d'auteurs qui soulignent le poids que la demande institutionnelle exerce sur les chercheurs et les experts, et montrent l'importance d'une vigilance critique vis-à-vis de cette influence. Enfin, plusieurs approches importantes issues de la philosophie et des sciences sociales proposent des analyses approfondies des liens entre élaboration des connaissances, de l'expertise et forums de débats. Les tenants d'une science « post-normale » soutiennent un processus de transformation des forums par le développement de « communautés d'évaluation étendues ». Des sociologues de l'innovation lient le développement des travaux de recherche et d'expertise à la constitution de réseaux socio-techniques au sein desquels dynamiques sociales et élaboration des contenus sont intimement liées. Dans une perspective encore un peu différente, la notion de « communauté épistémique » insiste sur le fait que les conjectures – notamment les modèles – valent essentiellement par leur capacité à servir de support à un processus d'apprentissage au sein d'une communauté sociable, à la fois savante et politique.

Toutes ces conceptions entrent fortement en résonance avec l'approche de la prospective retenue ici, qui met l'accent sur l'interaction entre élaboration de conjectures et conduite d'un forum prospectif. Dès lors, la question se pose de la spécificité de cette approche. Quelle est sa contribution propre dans les débats et réflexions ou co-existent déjà, on vient de le voir, de multiples manières d'atteler contenus et enceintes de débat sur les problèmes environnementaux ? Elle tient, selon nous, au fait que sa visée n'est pas la même que celle de travaux qui pour l'essentiel consistent à observer et analyser les pratiques des acteurs scientifiques et politiques. Les travaux théoriques et méthodologiques pour la prospective ont, eux, pour but de proposer à ces mêmes acteurs, des orientations et des méthodes à suivre. Les cadres théoriques qui peuvent être proposés dans cette perspective visent alors surtout à ordonner, à organiser un corpus (ouvert et en croissance) de concepts, de méthodes, de conceptions d'opérations prospectives, d'exemples de références.

Cette visée se traduit par des rôles différents et complémentaires dans l'effort de réflexivité qui est un point commun de toutes les nouvelles conceptions du travail de recherche et d'expertise sur les problèmes d'environnement, de ressources, de développement durable. À cette réflexivité, les chercheurs qui se placent surtout en position d'observateurs contribuent surtout en entretenant une posture de recul critique, en fournissant des concepts et des grilles de lecture pour prendre du recul sur les pratiques et leurs évolutions. Sous de multiples formes, les messages qui ressortent sont en substance les suivants : « prenez conscience du décalage entre ce que vous dites faire et ce que vous faites », « si elles s'expliquent, vos pratiques ont leurs limites », « vous (ou d'autres) pourriez faire autrement ». Le rôle des chercheurs qui proposent des cadre théoriques de conception et des méthodes est complémentaire, et leur travail peut se résumer à des messages comme les suivants : « vous pouvez faire mieux et (en partie) autrement », « sur quelles bases choisir les dimensions de progrès qui méritent que l'on investisse et prenne des risques ? », « comment, plus précisément, concevoir et conduire d'autres démarches qui permettent de reculer les limites ou d'éclairer d'autres aspects des problématiques traitées ? ».

S'agissant de modélisations pour la prospective environnementale, travailler dans cette direction débouche sur des interventions qui viseront à influencer de manière de plus en plus explicite les contenus et procédés des modélisations en fonction des objectifs poursuivis en matière d'avancement du débat dans le forum prospectif. C'est ici la dimension fondamentale d'hybridation : faire rentrer de plus en plus profondément en compte, dans les modélisations prospectives – que ce soit sur le plan de leurs bases théoriques, de leurs outils, du choix des données, etc. – les conditions d'une intervention aussi efficace que possible dans un forum donné.

3. Approches participatives : mobilisation aisée pour l'interface recherche/politique ; amplification et hybridation ont besoin de nouveaux travaux

Pour ce qui concerne les approches participatives, la situation est encore différente. Le chapitre VII montre bien à quel point les ressources méthodologiques pour animer des formes diverses de participation autour de la prospective environnementale sont abondantes et diversifiées. Nombre d'entre elles peuvent être facilement mobilisées en accompagnement d'une recherche sur l'environnement, par exemple, pour valoriser des résultats de recherche, pour acquérir des données sur la perception par tel ou tel groupe social, d'un problème environnemental ou d'un territoire et de son évolution dans le temps, ou pour bien d'autre objectifs encore. La faible expérience française en ce domaine, la montée en puissance actuelle des approches participatives dans le champ de l'environnement, ouvrent des perspectives importantes pour ce type d'application.

En revanche, ce type d'application tend, pour l'essentiel, à « tirer » les exercices prospectifs vers la gestion d'une forme ou d'une autre d'interface entre recherche et politique publique. Les termes mêmes, si souvent entendus en relation avec ce type d'exercice, comme « participation des profanes », « dialogues entre chercheurs et politiques (*Policy Dialogues*) », etc., tendent à renforcer des conceptions qui, pour intéressantes qu'elle puissent être, sont en décalage avec l'orientation que nous défendons ici : pousser au développement de recherches prospective « de plain pied » dans les recherches environnementales et non pas dans quelque position dérogatoire, ou d'interface. Nous sommes convaincu que la dimension participative de la recherche peut être développée et assumée dans ce cadre là, non pas par des dispositifs de dialogue greffés sur les pratiques scientifiques, mais en s'appuyant sur le fait que les dispositifs de recherche eux-mêmes sont déjà (comme le montrent les travaux de sociologie des sciences) profondément pénétrés, jusqu'au cœur du laboratoire, d'une dialectique entre forces sociales et jeux scientifiques qui prend des formes diverses, complexes, et souvent peu flagrantes, mais fondamentales dans les pratiques des chercheurs. C'est dans cette direction que nous sommes enclin à chercher l'amplification et l'hybridation des méthodes participatives que requiert le développement des recherches prospectives environnementales. Nous n'avons pas encore pu développer, pour aller plus loin, ces perspectives, très différentes des voies suivies en général jusqu'ici par les travaux sur ces questions (travaux qui privilégient, encore une fois, l'organisation de dialogues parce que l'on pense qu'ils n'existent pas autrement).

Pour présenter cette conclusion, nous en avons développé les principaux points en nous plaçant du point de vue de chercheurs du domaine de l'environnement projetant de mobiliser des ressources du champ de la prospective. Mais pour autant, les spécialistes de la prospective sont concernés de façon très directe par les conclusion auxquelles nous mènent la problématique défendue dans cet ouvrage et les textes de cette deuxième partie : « amplifier » et « hybrider » les approches de scénarios, de prospectives par modélisations et les processus participatifs au sein même de la production et du débat scientifique, constituent autant de défis théoriques et méthodologiques qui se situent sur les nouvelles frontières du champ des *Future Studies* dans son ensemble.

Troisième partie

Recherches prospectives environnementales – Élaborer des conjectures pour intervenir dans des forums

Introduction de la troisième partie

Laurent MERMET

Cette troisième et dernière partie de l'ouvrage regroupe des textes issus des travaux de notre groupe de recherche, qui illustrent les concepts présentés dans les deux premières parties ou qui donnent un exemple de réalisations nouvelles qui s'appuient notamment sur le cadre de travail « ouvert » que nous défendons ici.

Dans le chapitre VIII, nous approfondissons avec Hubert Kieken l'analyse d'un exemple : le rapport des Meadows *Halte à la croissance ?*, publié en 1972 par le Club de Rome. Relayé par une controverse mondiale qui a duré plusieurs années, ce rapport est devenu un véritable cas d'école. Il montre l'ampleur que peut prendre un débat prospectif provoqué et soutenu par un effort de modélisation. Au demeurant, son importance pour le développement des prospectives environnementales globales au cours des trois dernières décennies est telle – au-delà des critiques dont il fait l'objet – qu'il est très utile de le connaître pour aborder l'analyse d'exercices plus récents de prospectives environnementales fondées sur une modélisation.

Dans le chapitre IX, Sébastien Treyer analyse l'évolution du débat mondial sur la gestion des ressources en eau en contexte de rareté de l'eau. Il montre la double évolution que connaissent d'une part les types de conjectures à long terme qui ont été successivement produites au fil des années et d'autre part les termes du débat mondial sur la « rareté de l'eau », qu'elles alimentent. On voit ainsi évoluer les méthodes, les contenus scientifiques mobilisés et les débats socio-politiques, dans le sens d'un traitement de la question des limites de plus en plus détaillé, mais surtout, qui en vient peu à peu à donner une place centrale aux facteurs sociaux et politiques de l'adaptation à la rareté de l'eau, plutôt qu'au simple déséquilibre physique (entre les ressources hydrauliques d'un pays et des besoins en croissance), qui était à la base des premiers travaux des années 1970.

Dans ces deux premiers chapitres, le cadre d'analyse proposé dans la première partie de l'ouvrage est utilisé pour analyser des travaux prospectifs réalisés par des tiers, qui interviennent dans le débat public sur l'environnement et les ressources. Dans les deux chapitres suivants, il est mobilisé cette fois à l'appui de la conception de travaux prospectifs nouveaux : il aide ses utilisateurs à réfléchir à la fois à la construction conjecturale qui fait l'objet de leur recherche et à l'intervention dans des forums (académiques et/ou politiques) que constitue de fait la réalisation de ces conjectures.

Dans le chapitre X, Sébastien Treyer présente ainsi une expérience de démarche prospective sur la gestion des ressources en eau à long terme à l'échelle d'une région (celle de Sfax, en Tunisie). Il montre l'intérêt de s'approcher de la complexité locale des systèmes d'approvisionnement en eau pour bien comprendre les enjeux à long terme du débat. Il illustre l'utilité d'une démarche prospective reposant sur la construction de scénarios construits à la charnière entre les données techniques d'un côté et des hypothèses sur les orientations économiques et politiques de l'autre, lorsqu'on s'intéresse à la gestion d'une ressource naturelle à l'échelle d'un territoire régional.

Enfin, cette troisième partie s'achève sur un texte de Xavier Poux (chapitre XI), dont la problématique s'inscrit au centre de notre démarche générale et qui conclut plusieurs années consacrées à la réflexion et à l'expérimentation du travail prospectif dans un contexte de production scientifique, au sein de projets de recherches interdisciplinaires sur des socio-écosystèmes. Le lecteur y trouvera développés et mis en œuvre concrètement quelques-uns des enjeux principaux que nous avons défendus plus haut sur le plan des principes :

1) la rencontre entre d'un côté les recherches interdisciplinaires sur l'environnement et de l'autre la culture méthodologique et théorique de la prospective générale (notamment avec les méthodes de scénarios),

2) l'intérêt de construire, à côté des prospectives pour la gestion, des prospectives plus spéculatives, motivées essentiellement par leurs apports possibles aux recherches sur les socio-écosystèmes,

3) la nécessité de s'intéresser au contenu des conjectures, de les discuter, de les « faire travailler » pour la ré-interprétation des socio-écosystèmes et de nouvelles constructions problématiques à leur sujet.

CHAPITRE VIII

Le rapport Meadows sur les limites de la croissance

Un exemple archétypal de débat prospectif fondé sur une modélisation

Hubert KIEKEN et Laurent MERMET

La controverse sur les « *Limites de la croissance* » provoquée par la publication du rapport Meadows (Donella H. Meadows *et al.*, 1972a) constitue un exemple particulièrement riche de forum prospectif basé sur des exercices de modélisation. D'un certain point de vue, cette étude du MIT (Massachusetts Institute of Technology) pour le Club de Rome a marqué un double tournant, tant pour les recherches sur l'environnement que pour la prospective (Bell, 2001). Après la publication de ce rapport, non seulement il n'est plus possible d'ignorer les enjeux globaux du développement, mais une nouvelle approche de la prospective a également été inventée autour de modèles informatiques simulant des dynamiques planétaires. Ces modèles mettent l'accent sur des approches globales, holistiques et non-linéaires permettant d'étudier des phénomènes ignorés jusqu'alors, car considérés comme trop complexes. Nous nous proposons de revenir sur ce débat historique pour illustrer certains enjeux caractéristiques des forums prospectifs fondés sur des simulations par des modèles informatiques. Notre objectif n'est pas de retracer l'histoire de cette controverse, ni de proposer une nouvelle discussion des diverses thèses mobilisées dans ce débat. Toutes deux sont largement documentées, comme la bibliographie de cette section permet de le constater, alors même qu'elle ne reprend qu'une infime partie des flots d'encre qu'a fait couler ce premier rapport du Club de Rome. Notre but est donc plutôt de proposer, sur le débat ouvert par le rapport, une analyse qui mette l'accent sur le rôle joué par les modèles et sur les enjeux liés au statut singulier de la modélisation dans la constitution de forum prospectif.

Dans une première partie, nous rappellerons succinctement l'histoire de cette controverse, depuis la constitution du Club de Rome et les débats méthodologiques qui l'ont accompagnée jusqu'à la publication du rapport *Limits to Growth* (Donella H. Meadows *et al.*, 1972). Nous analyserons ensuite certains aspects du débat prospectif en mettant en évidence la diversité des controverses qui l'ont animé et, de façon sous-jacente, la confrontation des « visions du monde » qu'elles ont révélées. Cette analyse nous amènera à postuler que la principale fonction du forum prospectif est l'explicitation de la vision du fonctionnement du Monde propre à chacun des acteurs du débat. Dans ce contexte, les modèles ne doivent pas être perçus comme des outils de prévision à long terme, mais comme des instruments dont la fonction principale est de clarifier et de renforcer la cohérence des points de vue mis en débat.

1. Du Club de Rome au modèle *World 3*

a. Une rapide histoire du Club de Rome[1]

Né de la rencontre entre Aurélio Peccei et Alexander King, le Club de Rome est avant tout le lieu où ces deux hommes – et ceux qui les ont rejoint au cours du temps – partagent et discutent leurs interrogations sur le devenir du Monde.

> [Il a pour] ambitieux projet d'aider à comprendre et maîtriser le futur, face aux contradictions éclatantes du devenir de l'humanité, et parce qu'il n'est plus possible d'ignorer l'impérieuse nécessité d'une approche globale des interactions techniques, sociales, économiques, politiques de notre monde (Lattes, 1972).

N'y a-t-il pas une contradiction entre la croissance exponentielle des activités humaines et le caractère irrémédiablement fini de la planète qui nous héberge ? Nos expansions ne se font-elles pas aux dépens de la préservation des ressources qui les alimentent ? Comment appréhender la complexité de la dynamique du Monde, les interactions entre les politiques locales et les échanges globaux ? Comment inverser la tendance qui fait s'accroître chaque jour le fossé qui sépare les Pays du Nord des Pays en voie de développement ?

Ces préoccupations partagées par les deux hommes ont contribué à leur rencontre en 1966. Convaincus qu'aucun organisme international n'est à même de traiter ces questions, constatant l'absence de recherche sur les sujets qui les préoccupent[2] et n'ayant pas réussi à convaincre les

---

[1] Ce parcours historique est plus particulièrement inspiré des ouvrages suivants : *Le Club de Rome*, enquête de J. Delaunay (1972) ; *A Brief History to the Club of Rome*, proposée par le site Internet du Club de Rome (Prince Hassan de Jordanie) ; diverses contributions de J.R. Whitehead (2000 ; 1994 ; 1995a ; 1995b).

[2] « Parvenir à comprendre comment fonctionnent les systèmes globaux, et comment s'établit l'interdépendance de leurs éléments : tel est bien l'objectif essentiel du Club de Rome. Lorsque en 1968, nous avons commencé à en discuter, nous étions avant

nations les plus riches de les suivre dans leur projet, ils mobilisent leurs réseaux personnels pour lancer des recherches sur le devenir de l'humanité. Le *Club* est donc fortement marqué par la personnalité de son principal mentor, A. Peccei[3]. La première grande réunion (financée par la Fondation Agnelli[4]) a lieu les 6 et 7 avril 1967 à Rome, donnant son nom au groupe en cours de constitution (Whitehead, 1995a ; 2000). De 1967 à 1969, les réunions se multiplient, les enjeux sont précisés et regroupés au sein de la notion de *problématique globale* ou *problématique mondiale*[5]. Le nombre de sympathisants du Club s'accroît avec – entre autres – le ralliement de Eduard Pestel qui jouera un rôle important par la suite. Mais les membres du Club ne parviennent pas à transformer cette dynamique en un programme opérationnel.

Le premier espoir vient de la rencontre avec Eric Jantsch, spécialiste de la prévision technologique. Mais le langage de cette discipline ne convainc pas les sympathisants du Club. En 1969, la rencontre de Hasan Ozbekhan, un spécialiste d'analyse des systèmes redonne espoir à Peccei qui commence à désespérer de déboucher sur des actions concrètes. Il l'embauche comme consultant pour développer la *problématique*. Ozbekhan présente son programme de travail au comité exécutif du Club qui se réunit en décembre 1969 à Vienne. Là encore, le langage utilisé ne convainc pas : trop philosophique, trop jargonnant. Si le travail d'Ozbekhan semble offrir un grand potentiel pour l'analyse de la *problématique*, il ne répond pas à un objectif essentiel pour le Club de Rome : mettre en forme les problèmes étudiés pour les rendre intelligibles et acceptables par le plus large public possible (Whitehead, 1994 ; 2000). Selon Whitehead[6], le désespoir de Peccei est alors total. À l'issue d'une longue concertation, les principaux animateurs du Club, décident néanmoins de donner une seconde chance à Ozbekhan.

Malgré l'échec relatif de ses travaux, le groupe franchit des étapes décisives au cours de cette réunion. Le Club est constitué en entité légale, et Djerman Gvishiani adhère au Club. Ce dernier est vice-président du comité des sciences et des technologies de l'Union soviéti-

---

tout sensibles à l'absence de toute recherche fondamentale, sur l'interaction entre les grands problèmes qui viennent assaillir la société humaine, et au fait qu'il n'en est pratiquement pas tenu compte, chaque fois qu'il s'agit de définir une politique et de la mettre en œuvre dans ces domaines », extrait des *Commentaires* de Peccei et King au « Second rapport au Club de Rome » (Peccei et King, 1974).

[3] Industriel italien de talent, A. Peccei a été vice-président d'Olivetti, directeur de Fiat en Amérique du Sud, un des fondateurs d'Alitalia, d'Italconsult, etc.

[4] La famille Agnelli est le principal actionnaire du groupe Fiat.

[5] Terme introduit par Eric Jantsch. En anglais, *problematique* ou *world problematique*.

[6] J.R. Whitehead, physicien, est membre du *Club de Rome* depuis 1970, et l'un des fondateurs et principaux animateurs de la branche canadienne du *Club de Rome*.

que. Il deviendra par la suite l'un des fondateurs de l'IIASA[7] dont la création doit également beaucoup – à ses débuts – à Aurelio Peccei (Whitehead, 1995b)[8].

La première réunion annuelle de l'association nouvellement constituée se tient à Berne en juin 1970. À cette occasion, Ozbekhan présente une version révisée de son projet d'étude de la *problématique*. Comme lors de sa première tentative, son exposé reçoit un accueil sceptique. La forte empreinte des sciences sociales dans le langage et les formules utilisées engendrent un sentiment de défiance sur la portée opérationnelle du discours. Le scepticisme s'installe à nouveau, renforcé par le sentiment que Peccei a épuisé sa dernière cartouche, jusqu'à ce qu'une proposition concrète fasse renaître l'espoir. Le professeur J. Forrester qui développe des modèles dynamiques pour les problèmes industriels (*Industrial Dynamics*) et urbains (*Urban Dynamics*) propose d'adapter ses travaux aux problèmes mondiaux en réalisant un modèle mondial (*World Dynamics*, Forrester, 1989). La méthode, rodée, rassure et réveille l'intérêt de l'assemblée. Les participants reconnaissent les mots et les raisonnements. La proposition apparaît suffisamment solide pour que les principaux membres du Club se rendent au MIT quinze jours plus tard afin d'évaluer plus avant les perspectives offertes par l'approche proposée (Delaunay, 1972). En deux semaines, Forrester a adapté ses outils à la *problématique* mondiale. Le modèle qu'il présente répond aux principaux critères du cahier des charges du Club de Rome : il propose une analyse holistique du système plutôt qu'une étude de chacune de ses parties, il synthétise des variables éparses en une image globale et il facilite la communication des résultats de la recherche vers un large public. L'équipe du Club de Rome est convaincue. Pestel défend le projet auprès de la fondation Volkswagen et obtient un budget de 200 000 dollars pour développer les recherches du MIT.

Grâce à ce financement, une équipe internationale de dix-sept chercheurs est installée dans les bureaux du *Systems Dynamics Group* au MIT. Pendant dix-huit mois, cette jeune équipe poursuit deux tâches : raffiner le modèle développé par Forrester[9] et collecter des données pour

---

[7]   *International Institute for Applied Systems Analysis.* Installé à Vienne, ce centre de recherche est la première institution scientifique faisant l'objet d'une coopération Est-Ouest en pleine période de Guerre froide.

[8]   « *Several years ago representatives of the US, the USSR and the UK met to discuss the possibility of creating an institute to develop the techniques of systems analysis suitable for application to major current world problems. These talks were catalyzed, like those in the Club of Rome, by the personal efforts of Aurelio Peccei who was not later visibly associated with the initiative* » (Whitehead, 1995, *op. cit.*).

[9]   Ce modèle, intitulé *World 2*, a été présenté de façon détaillée par son auteur dans *World Dynamics* (Forrester, 1971).

alimenter le modèle (*World 3*). Le résultat de leur travail fait l'objet du premier rapport du Club de Rome : *Limits to Growth* (Donella H. Meadows *et al.*, 1972a)[10]. Il est suivi par la publication en 1973 d'un recueil d'articles liés à la problématique (*Toward Global Equilibrium : Collected Papers*, Dennis L. Meadows et D.H. Meadows, 1973), puis d'une présentation quasi exhaustive du modèle en 1974 (*Dynamics of Growth in a Finite World*, D.L. Meadows *et al.*, 1974)[11]. L'ambition de ce dernier ouvrage est impressionnante : il présente non seulement le processus de construction du modèle, mais détaille également sa structure, l'ensemble des équations qui le composent et les données utilisées. L'exercice de prospective conduit par l'équipe Meadows se caractérise par une grande transparence qui a favorisé la mise en place d'une controverse riche et ouverte. Les débats suscités par la publication du premier rapport du Club de Rome se sont ainsi déroulés sur de multiples plans, de la discussion des résultats des modèles et de leurs interprétations (Cole *et al.*, 1973), à l'analyse du choix des techniques de modélisation (Thissen, 1978).

b. Le modèle World 3

Le modèle *World 3* traduit directement la vision du Monde des membres fondateurs du Club de Rome. Il reproduit dans sa structure leur analyse et leurs interrogations sur les défis qui se présentent à l'humanité : Comment concilier le caractère exponentiellement croissant des activités humaines avec le caractère fini de la planète terre ? Peut-on envisager des trajectoires de développement qui échappent à une issue catastrophique ? Quel est l'impact des délais propres aux « rétroactions » du système face aux conséquences négatives de la croissance ? Pour traiter ces questions, le système Terre est modélisé au travers de cinq sous-systèmes en interactions entre eux : la démographie, la pollution globale, l'usage des ressources non renouvelables, l'agriculture et la production industrielle. L'objet du rapport Meadows est donc l'étude des conséquences d'une croissance de la population et de la production industrielle face aux limites des ressources naturelles non renouvelables, des surfaces de terres arables, de la capacité d'absorption de la pollution par les écosystèmes et du progrès technologique[12].

---

[10] Voir Donella H. Meadows *et al.* (1972b) pour une traduction française.

[11] Voir D.L. Meadows *et al.* (1977) pour une traduction française.

[12] Cette notion se différencie selon les variables principalement au travers de la productivité agricole et du taux de consommation de ressources non renouvelables par unité de production industrielle. Par ailleurs, les limites du progrès technologique envisagées par Meadows ne proviennent pas d'un plafonnement du progrès dans l'absolu, mais de l'hypothèse d'une croissance arithmétique de l'efficacité de la technologie

Figure 1. Schéma simplifié du modèle *World 3*.
Les « boîtes » représentent les principaux sous-systèmes du modèle ;
les « flèches », les principales influences de l'un sur l'autre

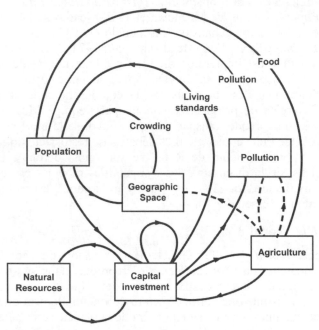

D'après D.L. Meadows *et al.* (1974).

Techniquement, le modèle utilise le langage de programmation DYNAMO qui a été développé en lien avec la dynamique des systèmes. Les équations utilisées dans le modèle de Meadows sont des équations différentielles du premier degré. En d'autres termes, le taux de variation d'une variable d'état à un instant donné dépend exclusivement de la valeur des variables d'état[13]. Au-delà du raffinement de la structure de *World 2*, le principal objectif du travail de l'équipe Meadows a été de

---

qui ne peut compenser les impacts et besoins des activités anthropiques (qui sont caractérisés par des croissances géométriques).

[13] À titre d'exemple, la population varie en fonction de deux taux de variation que sont la mortalité et la natalité (la population de l'année N+1 est égale à la population de l'année N- le taux de mortalité annuel de l'année N+ le taux de natalité annuel de l'année N). Chacun de ces deux taux de variation dépend exclusivement des autres variables d'états (Pour le taux de mortalité : le quota de nourriture individuel, le niveau de pollution globale, la santé publique qui est liée au niveau de production industrielle. Pour le taux de natalité : le niveau de revenu des ménages, le niveau d'éducation, les politiques familiales, etc.).

mettre en évidence les relations existant entre ces taux de variations et l'état du système, en particulier en compilant des données issues de nombreux pays correspondant à des situations économiques, sociales et politiques variées. Les données ainsi rassemblées couvrent la période 1900-1970. Le modèle a été testé sur l'ensemble de cette période et reproduit bien la dynamique générale du système.

Il est néanmoins important de noter que le système mondial simulé par *World 3* est fortement agrégé et que les variables du modèle ne correspondent pas toutes à des réalités matérielles directement « palpables ». Par exemple, la notion de « pollution globale » introduite dans le modèle n'est pas conçue comme un indicateur de pollution agrégé que l'on pourrait calculer et quantifier, mais comme une indication de l'accumulation progressive de pollution dans la nature sous des formes diverses et variées mais présentant des similitudes qualitatives[14]. La réponse des écosystèmes est en tout point similaire, puisque qu'elle est décrite au travers d'une capacité d'absorption globale mais limitée, qui traduit moins une évaluation globale de la résilience des écosystèmes que la généralisation par analogie d'études de cas mettant en évidence les limites de certains écosystèmes. De la même façon, les « ressources naturelles non renouvelables » recoupent aussi bien les minerais que les combustibles fossiles. Là encore, l'objet de l'équipe Meadows n'est pas de définir un indicateur de l'état mondial des ressources non renouvelables, mais de rendre compte d'un accroissement global, lié à l'activité industrielle, de la consommation des ressources non renouvelables (que ce soit en termes de matières premières, d'énergie, etc.). Les figures suivantes illustrent le processus suivi : la figure 2 présente une synthèse des données sur la consommation d'acier de seize pays du Monde en fonction de leur PNB par habitant. La figure 3 correspond à la courbe retenue pour la consommation de ressources naturelles en fonction de la production industrielle par habitant. Ce sont donc moins les valeurs absolues qui importent pour la modélisation que la « forme en S » de la courbe (courbe logistique). Le modèle Meadows est donc essentiellement qualitatif et doit être analysé comme tel (Thissen, 1978).

> Il s'agit pour World 3 d'une part de déterminer lequel de ces quatre modes de comportement [croissance continue, convergence vers une asymptote, explosion et oscillation, explosion et déclin] caractérise le mieux la population et les productions matérielles sous diverses conditions et d'autre part d'identifier les politiques futures qui peuvent assurer un type de comportement stable plutôt qu'instable (Meadows, 1977, p. 8).

---

[14] Bien que la notion de pollution globale n'ait pas de matérialisation concrète, il est intéressant de noter que le CO_2 figure parmi les diverses tentatives d'illustration du concept proposées dans le rapport Meadows…

**Figure 2. Consommation d'acier et PNB par habitant.
En 1968, la consommation d'acier en fonction du produit
industriel par tête, dans seize pays, suit une « courbe en S »**

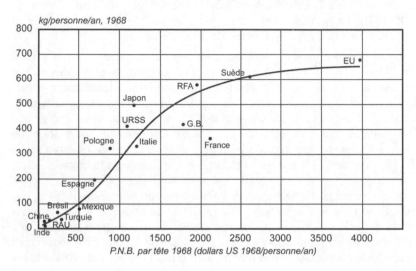

D'après D.L. Meadows (1977).

**Figure 3. Production industrielle et consommation de ressources
naturelles. La consommation de ressources, faible dans les pays
non industrialisés, croît avec l'industrialisation,
d'abord rapidement, puis plus lentement**

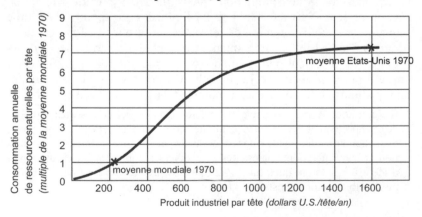

D'après D.L. Meadows (1977).

Résultats des simulations

Le rapport sur les limites de la croissance présente plusieurs simulations qui ont pour but d'illustrer les enjeux d'une poursuite tendancielle (quantitativement et qualitativement) de la « croissance », mais également d'explorer divers scénarios censés apporter des solutions aux problèmes mis en évidence par le modèle. La première simulation, dite simulation tendancielle[15], met en évidence une surchauffe du système, suivie d'un effondrement dont la cause première est la disparition des ressources naturelles non renouvelables (matières premières ou sources d'énergie). Pour prendre en compte l'incertitude sur la réalité des réserves naturelles, une seconde simulation avec doublement des réserves naturelles est étudiée. Cette modification des hypothèses ne change en rien l'issue du scénario, bien que l'arrêt de la croissance soit dans ce cas lié à la raréfaction de la nourriture et à l'augmentation de la mortalité. Ces études préliminaires conduisent les auteurs à conclure que, si rien n'est fait pour modifier les tendances actuelles, la croissance s'arrêtera de façon brutale avant la fin du XXIe siècle. Pour compléter ce constat, le modèle *World 3* a été mobilisé pour étudier des politiques innovantes susceptibles d'éviter ces « catastrophes », simulations qui sont également présentées dans le rapport Meadows.

De nombreux chercheurs et gestionnaires sont par exemple convaincus que le progrès technologique palliera la diminution des ressources naturelles non renouvelables ou la demande croissante de nourriture par la forte augmentation de la productivité agricole. Pour prendre en compte ces hypothèses, des simulations ont été réalisées, incorporant des ressources naturelles illimitées et des rendements agricoles accrus. Les niveaux de croissance atteints deviennent très élevés (forte population, forte production industrielle), mais l'issue demeure catastrophique du fait de la très forte croissance de la pollution. Ces différentes simulations, complétées par d'autres incluant des politiques de « régulation » des naissances, amènent les auteurs à conclure que seule une approche holistique du problème peut permettre d'échapper à la catastrophe finale. En particulier, la technologie et les solutions techniques ne sont pas suffisantes pour résoudre les problèmes mis en évidence par la simulation tendancielle.

Pour repousser encore les limites du système, l'équipe Meadows a étudié plusieurs simulations incluant une approche globale du problème. Cette partie du rapport est probablement à l'origine des réactions les

---

[15] Il s'agit de la simulation qui reflète, aux yeux des modélisateurs, la prolongation des tendances démographiques et économiques actuelles, combinée à l'absence d'intervention politique de régulation.

plus violentes qui ont animé la controverse ultérieure. Les simulations testées ont en particulier souvent été interprétées comme des préconisations politiques, à appliquer « telles quelles » dans le monde réel. En particulier, le seul scénario identifié par les auteurs qui ne débouche pas – dans le cadre du modèle – sur une catastrophe repose sur des hypothèses drastiques de stabilisation de la population et du capital. Par ailleurs, d'autres simulations basées sur les mêmes hypothèses que celles du « monde stabilisé » mais incluant un retard dans l'application des politiques mettent en évidence un échec de la tentative ultérieure de stabilisation. Le message retenu par les détracteurs est le suivant : « Stoppez dès maintenant la croissance économique et engagez immédiatement des politiques autoritaires de contrôle de la natalité ! ». La controverse s'engage immédiatement sur tous les plans : le caractère néo-malthusien du projet est conspué, les données utilisées sont critiquées et les hypothèses du modèle sont disséquées et rejetées.

2. Analyse du débat prospectif initié par le rapport Meadows

Nous nous concentrerons ici sur deux des nombreuses contributions au débat sur les *Limites de la croissance* : la réponse exhaustive des chercheurs de l'université de Sussex dans *Models of Doom* (Cole *et al.*, 1973) et les résultats des premiers modèles qui ont été développés en réponse ou en complément à *World 3* (le *Latin American World Model* – LAWM – ou *Bariloche Model* (Herrera, 1976), et le modèle de Pestel et Mesarovic (Mesarovic *et al.*, 1974). Au travers de ce choix, notre objectif sera de montrer comment s'est structuré le forum prospectif autour des conjectures formulées par le premier rapport du Club de Rome, quelle a été la nature des débats qui ont animé ce forum et quels rôles spécifiques ont été remplis par les modèles mobilisés dans la controverse.

L'ouvrage collectif de l'Université de Sussex constitue l'une des réponses les plus détaillées et les mieux informées au rapport du Club de Rome. Son intérêt est encore renforcé par le positionnement de l'ouvrage, délibérément conçu pour alimenter les débats ouverts par Meadows *et al.* À ce titre, la dernière partie de l'ouvrage est constituée d'une réponse de l'équipe Meadows à celle de Sussex[16], rendant le débat quasi-interactif ! *Models of Doom* rassemble les contributions de treize chercheurs qui tentent d'analyser les conjectures de Forrester et Meadows, qualifiées de « *provocations influentes* ». Pour ce faire l'ou-

---

[16] D.H. Meadows, D.L. Meadows, J. Randers et W.W. Behrens, « A Response to Sussex », in Cole, 1973, pp. 217-240.

vrage propose deux niveaux d'analyse : une première partie s'intéresse au modèle et étudie sa structure interne, tandis que la seconde moitié de l'ouvrage propose une mise en perspective plus globale de *World 3* et de l'approche du Club de Rome. Les critiques de ce groupe de sciences politiques sont donc doubles : elles portent d'une part sur les hypothèses sous-jacentes à l'exercice de modélisation et d'autre part sur les choix méthodologiques de Forrester et du groupe Meadows[17]. Sur ce dernier point, l'équipe du Sussex est par exemple très critique vis-à-vis de la place donnée aux simulations informatiques dans le rapport Meadows.

Dans cette architecture de l'évaluation et des critiques, on retrouve l'un des aspects essentiels du cadre d'analyse proposé dans le chapitre II du présent ouvrage : l'importance de distinguer d'un côté les arguments portant sur le contenu de la conjecture, sur les détails et les choix techniques ayant conduit à sa production (première partie de l'ouvrage de Cole *et al.*) et de l'autre ceux qui visent l'organisation générale de la démarche prospective, le forum prospectif mis en place, la pertinence des méthodes de conjectures retenues au regard de la dynamique spécifique de ce forum (seconde partie de l'ouvrage).

Le modèle LAWM peut être analysé selon le même schéma. Ses auteurs considèrent que les problèmes mis en évidence par les recherches du MIT et les réponses envisagées dans le premier rapport du Club de Rome traduisent un point de vue de « pays du Nord »[18], sur un sujet qui concerne et engage pourtant fortement les pays en voie de développement. Le modèle de la fondation Bariloche a donc été conçu comme une réponse du « Sud » visant à rétablir un équilibre dans le forum prospectif mondial. Il s'affiche ainsi à la fois comme une réponse scientifique et comme une réaction politique aux travaux du MIT. Comme les travaux du Sussex, mais au travers d'une approche sensiblement différente, la critique des chercheurs argentins porte sur trois niveaux : technique, philosophique et éthique (Gallopin, 2001)[19]. Notons au passage que le LAWM est un des très rares modèles globaux élaborés

---

[17] « *The essayists in this volume are critical (...) because they wish to clarify complex issues. They are concerned both with assumptions – for examples about resources – and with methodologies* » (Cole *et al.*, *op. cit.*, p. 1).

[18] Un des arguments convaincants de l'équipe était en effet que l'état décrit comme « catastrophique » par le modèle de Meadows et Forrester (famines ou malnutrition, pauvreté, problèmes de démographie, etc.) correspondait exactement à l'état du monde dans lequel vivait la moitié de la planète en 1970 !

[19] « *The LAWM was a response from the South (I would like, but I would be perhaps presumptuous, to call it "by the South"). (...) Our critique had a technical, a philosophical, and an ethical dimension* » (Gallopin, 2001).

dans un pays du Sud ayant jamais contribué aux grands débats internationaux sur l'environnement et le développement[20].

a. Controverses techniques et forum prospectif

Comme annoncé précédemment, la controverse a porté sur diverses dimensions du travail de l'équipe Meadows. Nous regrouperons l'analyse de ces débats autour de trois composantes que nous estimons fondatrices de toute démarche de modélisation pour la gestion de l'environnement :

- une vision du fonctionnement du système simulé,
- une conception de sa gestion,
- un substrat scientifico-technique.

La *vision* du fonctionnement du système porte sur l'objet « dans son ensemble » et regroupe des éléments descriptifs (« le système tel qu'il est ») et fonctionnels (« le système tel qu'il fonctionne »). Cette *vision* résulte de l'interaction entre les compréhensions du fonctionnement du système étudié propres à chacun des modélisateurs impliqués. Elle dépend de l'état des recherches scientifiques, mais elle peut également intégrer des éléments « extra-scientifiques » (liés à une expérience personnelle, liés à l'absence de recherches scientifiques récentes sur certaines dimensions de l'objet étudié, etc.).

La *conception de la gestion* correspond quant à elle aux modes de gestion que les modélisateurs envisagent pour le système étudié. Cette *conception de la gestion* est à nouveau le résultat d'une rencontre entre des convictions d'origines diverses, portées par les personnes impliquées dans le travail de modélisation.

Enfin, le *substrat* recoupe à la fois les moyens techniques disponibles pour élaborer le modèle (puissance de calcul, langages informatiques, etc.), les données disponibles, les capacités de mesure, l'état et le statut des connaissances scientifiques sur les différentes composantes du système, etc. Ces trois dimensions préexistent à la constitution du modèle et font partie de l'environnement dans lequel il se développe. Elles sont le plus souvent enrichies et transformées par la démarche de modélisation.

Nous ne prétendons pas ici proposer une description générique de la structure de tout modèle mais nous pensons que ces trois dimensions

---

[20] Par exemple, du fait de l'extrême niveau de complexité atteint par les modèles climatologiques, les efforts actuels de modélisation sur le problème du changement global sont concentrés dans quelques rares pays, en particulier l'Allemagne, l'Australie, le Canada, la France, le Japon, le Royaume-Uni et les États-Unis (bien que la Chine, la Corée et l'Inde aient également développé leurs propres modèles) (Lahsen, 2001).

fournissent une grille de lecture qui facilite le suivi et l'analyse de la démarche de modélisation. Elle est particulièrement éclairante pour mettre en relation cette démarche de modélisation avec les débats, les polémiques, les controverses qui l'accompagnent, notamment quand elle est utilisée dans le cadre d'un forum prospectif.

La rapide description de ces trois axes pourrait donner l'impression d'une partition entre d'un côté des données scientifiques, et de l'autre des valeurs, opinions, *a priori*, etc. Nous pensons au contraire que le travail des scientifiques impliqués dans un projet de modélisation pour la gestion de l'environnement consiste à mettre en relation des éléments qui sont de l'ordre de la « gestion de l'environnement » avec des « faits scientifiques » tels que définis par l'épistémologie traditionnelle de la science. Notre conception de la modélisation pour la gestion de l'environnement n'introduit donc pas de stricte césure entre les « fondements scientifiques » du modèle et ce qui relève des « valeurs » des modélisateurs. Nous prenons au contraire acte du fait que le travail du modélisateur consiste à créer un continuum de traduction au sein duquel ces deux lectures peuvent être simultanément opérantes. Pour nous, ce travail a même d'autant plus de valeur qu'il se prête de manière pertinente à cette double lecture.

En mettant en discussion le contenu d'une conjecture élaborée résultant d'une démarche de modélisation les membres du forum prospectif mettent en débat trois composantes fondatrices du modèle : vision du fonctionnement, conception de la gestion et substrat scientifique. Analysé selon ces trois perspectives, le modèle suscite un débat qui dépasse de loin les termes de la modélisation retenue, et organise une réflexion plus large sur les enjeux fondamentaux du forum prospectif. Quels sont les potentiels futurs du système en débat ? Quels types d'action doivent être discutées ? Quelles sont les connaissances disponibles ? Du point de vue de la prospective, la valeur du modèle Meadows tient à la capacité dont il a fait preuve à induire, à structurer et à alimenter un tel forum.

De manière plus précise, cette conception de l'utilisation prospective des modèles appelle un travail d'analyse critique de chaque modèle, mis en regard avec le forum prospectif au regard duquel sa pertinence peut être évaluée. Ce travail porte simultanément sur les données utilisées et les relations entre variables. Il vise à la fois à comprendre leur incidence sur les résultats de simulation (sur le contenu de la conjecture) et leur signification au regard des enjeux de controverse (et d'action au sein du forum prospectif). Pour l'illustrer, nous avons retenu deux exemples dans la controverse suscitée par le rapport Meadows.

Le traitement des ressources non renouvelables

Le sous-système « ressources non renouvelables » de *World 3* a été un point de profond désaccord entre le groupe du MIT et les deux équipes de contradicteurs mobilisées ici. Ce module a été doublement contesté. La valeur retenue dans le rapport Meadows correspondait à un stock de ressources naturelles de 250 ans (sur la base du niveau de consommation de 1970), estimation qualifiée d'optimiste par l'équipe du MIT. Cette valeur et sa qualification sont vivement contestées par l'équipe du Sussex. En particulier, W. Page met en avant la confusion entre les ressources exploitables connues, les ressources totales connues (mais non forcément exploitables) et les ressources totales (par définition inconnues). Par ailleurs, les quantifications des ressources de chacune des catégories dépendent des technologies d'extraction et du niveau de prospection. Les réserves connues de certaines matières premières ont ainsi sensiblement augmenté au cours des années 1900-1960, alors que le stock de ressources naturelles décroît continuellement dans le modèle. De plus, en se focalisant sur les réserves individuelles des minerais ou combustibles, les possibilités de substitution[21] sont sous-estimées. Enfin, le modèle semble minimiser l'impact du « marché » et de l'augmentation du prix de la ressource au fur et à mesure de son épuisement, tant sur la diminution de la consommation unitaire de l'industrie que sur l'émergence des techniques d'extraction ou de recyclage. Ces arguments ne remettent pas en cause le caractère fini des ressources mais permettent d'envisager une exploitation continue beaucoup plus longue que celle suggérée par les simulations du rapport Meadows. Or une multiplication par 10 des réserves de ressources non renouvelables dans le modèle permet d'atteindre 2100 sans rencontrer de phénomènes d'épuisement.

La portée et les conséquences de ces arguments restent faibles si l'on se rappelle que le modèle *World 3* est essentiellement qualitatif. En réalité, ce débat révèle une des ambivalences de l'exercice. D'un côté le modèle est présenté par ses auteurs comme qualitatif et exploratoire, justifiant par là même le choix méthodologique d'une forte agrégation. De l'autre côté, l'exploitation des résultats des simulations conduit à une interprétation beaucoup plus littérale des éléments quantifiés du modèle. L'échéance de 2100 n'est pas uniquement symbolique mais fait l'objet d'interprétations réalistes par les auteurs qui annoncent par exemple que « en l'état actuel de nos connaissances sur les limites physiques de la planète, la phase de croissance ne pourra durer qu'un siècle de plus » (Donella H. Meadows *et al.*, 1972b). Une oscillation semblable entre

---

[21] Le charbon peut, par exemple, relayer le pétrole dans de nombreux usages.

deux modes de discours sur les modèles (heuristiques *versus* outils d'aide à la décision) a été décrite par S. Shackley dans le cadre des débats contemporains sur le changement climatique (Shackley et Darier, 1998). Cette oscillation peut être interprétée comme le fruit de la tentation permanente à laquelle sont confrontés les modélisateurs : celle de « croire en leur modèle » (Lahsen, 2001). Au-delà de la confirmation de cette ambiguïté partagée par de nombreux exercices de modélisation, cette tension renforce l'attention que nous devons porter au forum prospectif. Ainsi, la multiplication par 10 des réserves de ressources en 100 ans correspond à une amélioration annuelle de « l'efficacité globale » inférieure à 3 % par an. Cette valeur étant plausible, il est nécessaire – dans le cadre d'une interprétation littérale de l'échéance 2100 – d'étudier des scénarios alternatifs à ceux de Meadows qui ne conduisent pas à l'épuisement des ressources à cette date. Reconfigurée ainsi par le modèle et le débat qu'il a suscité, la question devient de savoir si l'on peut asseoir des choix gestionnaires sur le pari que l'efficacité globale s'améliorera de manière soutenue à un tel niveau ou si, au contraire, une attitude de précaution doit conduire à fonder nos actions et nos investissements sur des hypothèses plus prudentes.

En un mot, le modèle n'apporte pas « une » réponse mais fait évoluer le débat en transformant les termes dans lesquels les questions se posent. Ces transformations ne se limitent pas *a priori* à telle ou telle dimension technique particulière. L'équipe de Sussex comme celle de la Fondation Bariloche considèrent ainsi que les principales limites du développement ne sont pas liées aux contraintes physiques du système terre, mais à des enjeux socio-politiques[22]. Ces critiques portées sur le sous-système ressources naturelles n'ont donc pas pour vocation – aux yeux de leurs auteurs – d'améliorer la modélisation dans ses aspects les plus techniques, mais de remettre en cause la *vision* et la *conception de la gestion* sous-jacentes. Elles visent les trois « dimensions substantielles » de la modélisation introduites précédemment en mettant en évidence que les choix techniques de l'équipe du MIT pour le modèle *World 3* résultent d'une certaine interprétation des données disponibles (*le substrat*), d'une *vision* du fonctionnement du monde dans lequel l'épuisement des ressources naturelles constitue un problème central, et de l'intuition d'une réponse possible (la *conception de la gestion*). Le débat, même lorsqu'il se concentre essentiellement sur les données mobilisées dans le modèle reflète donc les enjeux de la confrontation des *visions* du fonctionnement du monde. Pour Sussex comme pour la Fondation Bariloche, les

---

[22] « *Our argument was that, in the time horizon envisaged and at the global or regional scales, the operational limits to humankind were sociopolitical and not physical* » (Gallopin, 2001, p. 79).

principales limites pour l'humanité à l'échelle temporelle envisagée par le modèle (100 ans) et aux échelles régionale et globale sont d'ordre politique et socioéconomique. Ainsi, le modèle LAWM prévoit également une décroissance de l'économie, mais cette décroissance intervient uniquement lorsque les besoins élémentaires seront partout satisfaits (Gallopin, 2001).

Lorsque les détails du sous-modèle « population »
reflètent la sensibilité du sujet traité

Le module « population » de *World 3* fournit un exemple un peu différent, mais tout aussi frappant, du lien entre critique sur les choix techniques de la modélisation et mise en discussion de la vision du monde et de la conception de la gestion sous-jacentes. Résolument néo-malthusien par sa structure (croissance exponentielle de la population confrontée à la surface finie des terres arables), le modèle *World 3* tient compte dès sa conception du caractère polémique de ses hypothèses : le sous-modèle démographique est le plus détaillé de tous, et le choix des variables reflète la volonté des auteurs de ne pas s'inscrire dans la perspective d'un contrôle autoritaire des naissances mais d'une régulation « volontaire » basée sur le libre choix des familles, les normes sociales, les politiques de planning familial, etc.

Figure 4. Un « zoom » sur la partie « fertilité »
du sous-modèle population de *World 3*

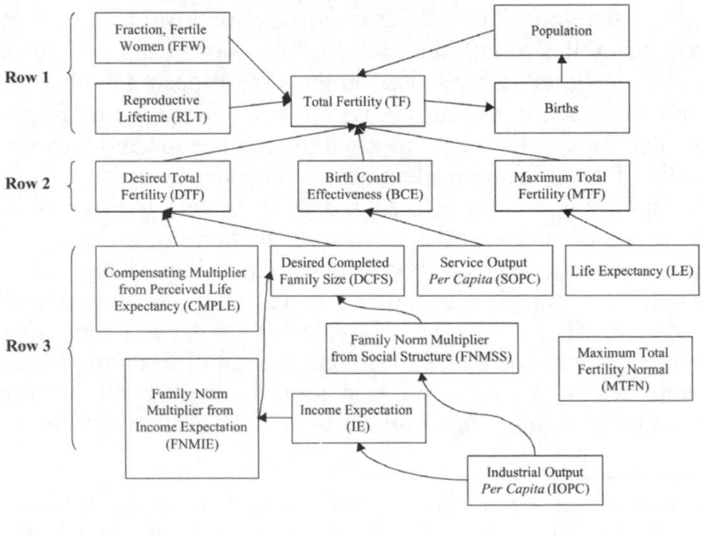

D'après Cole *et al.* (1973).

Dans *World 3*, l'indice de fertilité dépend essentiellement de deux variables : la fertilité désirée et l'efficacité du contrôle des naissances. Comme annoncé plus haut, cette approche reflète directement les enjeux du débat sur le caractère malthusien du modèle.

– Le « contrôle des naissances » est uniquement lié au niveau atteint par les « services » dans le modèle, variable censée modéliser l'ampleur des politiques sociales et de prévention. Sur le plan technique, c'est la variable qui modifie la fertilité maximale en la fertilité désirée, ce qui peut-être retraduit par la formule : « les politiques et les dispositifs sociaux qui permettent aux femmes de n'avoir que le nombre d'enfants qu'elles désirent ».

– La fertilité désirée est le résultat d'une combinaison complexe de facteurs incluant le niveau de revenu, les normes sociales en matière de structures familiales, les revenus par habitants et le PIB total.

Cette modélisation peut sembler relativement exhaustive mais n'intègre pas ce qui est de l'ordre des politiques (i.e. les actions susceptibles de modifier l'évolution « naturelle » de la population). La figure précédente montre par exemple qu'il n'y a pas de lien entre la fertilité désirée et le niveau de contrôle des naissances. Or il est peu probable que le contrôle effectif des naissances n'évolue pas avec l'accroissement de l'écart entre la fertilité maximale et désirée. Ce choix est lié à l'objectif du rapport Meadows qui cherche à étudier les dynamiques humaines si « rien n'est fait pour que les choses changent » : le sous-modèle démographique doit avant tout produire des projections raisonnables de populations utilisables par les autres modules. Or cet objectif aurait pu être atteint par un sous-modèle beaucoup plus simple que celui utilisé dans *World 3* (Page, 1973). Ce choix d'une modélisation complexe permet de distinguer clairement plusieurs formes d'interventions de gestion (interventions indirectes par le biais de l'éducation et du développement, interventions directes basées sur le volontariat, ou au contraire contraignantes) et d'offrir un support utile au débat politique. Mais il reflète également, sur un autre plan, la volonté des auteurs de ne pas être mis en cause sur le plan moral ou éthique malgré leurs hypothèses néo-malthusiennes. Ce constat est renforcé par l'évolution sensible qui semble avoir eu lieu dans la position de Meadows et de son entourage sur la question de la démographie entre les premières conférences présentant les résultats des travaux du MIT et celles retenues dans le rapport du Club de Rome (Gallopin, 2001). Ces précautions et réorientations de leurs conclusions illustrent à nouveau l'ambiguïté du statut de *World 3* vis-à-vis de la décision : bien que le modèle soit en théorie essentiellement qualitatif et heuristique, certaines conclusions tirées des simulations ont un statut proche de la prescription[23].

À nouveau, au-delà de la simple critique de la structure du sous-modèle population, le débat porte surtout sur la vision sous-jacente du fonctionnement du monde. Nous ne reprendrons ici que deux points : l'étude de la sensibilité de la dynamique démographique aux diverses variables d'état du modèle et le diagnostic des relations causales entre surpopulation, pauvreté et inégalité. Ce dernier aspect du débat constitue le cœur de la réponse de la Fondation Bariloche : dans *World 3* la surpopulation est la cause de la pauvreté (catastrophes finales) tandis que pour les chercheurs argentins la surpopulation est le symptôme du dénuement dans lequel sont plongés les pays du Sud. De ce point de vue, la confrontation entre le LAWM et *World 3* est celle de deux visions fondamentalement opposées sur le fonctionnement du système monde et sur les enjeux de gestion à traiter en priorité.

La critique de la dynamique du module et l'étude de sensibilité du sous-modèle démographique mettent également en évidence des caractéristiques du modèle qui reflètent le point de vue de ses auteurs. Ainsi, même lorsque l'on introduit des hypothèses permettant au modèle de se stabiliser à un niveau de population pérenne sur le long terme, la transition vers cet état stable s'effectue par un fort accroissement du taux de mortalité (correspondant à un état de famine). De plus, les variables externes (quantité de nourriture disponible, niveau de services et revenus par habitants) ont un impact plus fort sur la composante démographique – en particulier pendant les phases de déclin – que les variables et paramètres internes du module (Thissen, 1978). Enfin, un équilibre secondaire du module n'a pas été exploré bien qu'il traduise une situation dans laquelle la démographie n'est plus une cause de problème : lorsque les niveaux de revenus sont élevés et que la pollution globale est faible, la croissance démographique est également faible On peut relier ce constat au schéma de la figure 4 qui met en évidence deux tendances inverses qui influent sur la « taille de famille désirée » (DCFS) : une augmentation du revenu par habitant conduit à la réduction du nombre d'enfants désirés (FNMSS), tandis qu'au sein d'une même société les familles nombreuses se comptent souvent parmi les plus haut revenus (FNMIE ; cf. également figure 5). Cette modélisation est en réalité critiquable car elle résulte de deux types de données différentes : le second constat provient des statistiques nationales des pays industriali-

---

[23] Il convient néanmoins de préciser que nous ne confondons pas les conclusions du rapport Meadows avec l'usage qui pouvait être fait de ce travail pour justifier des politiques « radicales » d'arrêt de la croissance démographique dans le Sud (voir à ce sujet la note de Gallopin, 2001, *op. cit.*, p. 79).

sés, alors que le premier résulte de la confrontation de la démographie des pays les plus riches avec celle des nations les plus pauvres. Or de l'avis de Thissen, de faibles modifications des données utilisées dans le modèle permettent de mettre en évidence des stabilisations de population qui ne résultent pas de phénomènes de famine (Thissen, 1978). D'une certaine façon, mais avec une approche fondamentalement différente, c'est le parti pris du LAWM, qui envisage que la résolution des problèmes économiques et sociaux permettra de sortir du piège de la démographie.

b. *Organisation de la prospective et structure des controverses*

La question de la démographie permet également d'introduire une discussion sur les liens entre l'architecture d'ensemble du modèle et la structuration des controverses qu'il supporte au sein du forum prospectif. La figure 5 présente les données et le type de courbe qui fondent la modélisation choisie entre le PNB total et la taille de famille désirée.

Figure 5. Relation entre le revenu par habitant et le pourcentage de la population souhaitant plus de quatre enfants

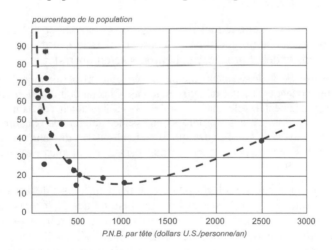

D'après D.L. Meadows *et al.* (1977).

L'argument implicite pour l'utilisation de ce type de courbes est que les positions relatives des différents pays à un instant donné sont l'expression d'une trajectoire dans le temps (le « développement »). L'instantané de 1965 présenté par la figure 5 peut alors être interprété comme une trajectoire qui sera suivie dans le futur par l'ensemble des pays du monde, et qui peut donc servir de base à une modélisation agrégée. Les limites de cette approche sont évidentes. La notion de « trajectoire de développement » uniformément partagée par tous les pays du monde est fortement contestable. Même si l'on admet cette vision dynamique du développement, la forte évolution du contexte technique, économique et social rend improbable l'idée selon laquelle la trajectoire à suivre sera la même dans le futur. Ce constat a été pris en compte dans tous les exercices de modélisation ultérieurs comme le LAWM ou le modèle de Mesarovic et Pestel. Ces modèles intègrent une régionalisation du monde qui, seule, permet de rendre compte des fortes inégalités entre le Nord et le Sud.

Ces développements ultérieurs constituent moins une critique du modèle en tant que tel, qu'une extension du débat ouvert par le premier rapport du Club de Rome. Par son caractère pionnier, le travail du MIT a ouvert une voie qui a été suivie par d'autres, répondant en cela à l'appel de Forrester :

> Il faut souhaiter que les chercheurs persuadés de disposer d'un modèle meilleur que le nôtre le présenteront de manière aussi détaillée, de sorte qu'il sera possible de comparer les hypothèses et les conclusions de ces différents travaux (Forrester, 1971).

S'il est un point sur lequel l'ensemble des modèles et des modélisateurs évoqués ici semblent ainsi s'accorder, c'est le statut à donner aux modèles dans le débat prospectif. Toujours selon Forrester :

> Il n'existe malheureusement aucun moyen objectif permettant de prouver que tel modèle est bon et tel autre mauvais. Chacun doit analyser les hypothèses fondamentales de chaque modèle avant de choisir celui qu'il juge le plus compatible avec sa propre connaissance du monde. Savoir quelles seront à l'avenir les politiques qui sous-tendront la croissance fera l'objet d'un débat qui se poursuivra certainement pendant plusieurs décennies (Forrester, 1971).

L'enjeu pour les modélisateurs est donc d'organiser le forum prospectif afin que les hypothèses et les conclusions des différents modèles soient débattues et conduisent à une meilleure compréhension du système mondial. Ce qui frappe les membres du Club de Rome et les équipes du MIT, c'est que les modèles utilisés pour fonder les décisions économiques et politiques ne font pas l'objet de telles mise à l'épreuve, malgré les fortes hypothèses implicites qu'ils véhiculent pour la plupart. En particulier, selon Forrester,

> Les modèles actuellement utilisés supposent que les mécanismes de stabilisation existent déjà et qu'aucun événement futur ne nécessitera d'ajustements autres que mineurs des politiques actuelles.

Malgré certaines ambivalences sur le statut du modèle et des conclusions tirées des simulations, le principal mérite de l'équipe Meadows et du Club de Rome a donc été de faire émerger un forum prospectif ouvert où peuvent se reformuler et se discuter des questions fondamentales pour le devenir de l'humanité. Ce mérite a d'ailleurs été largement reconnu, y compris par les principaux contradicteurs mobilisés ici. G. Gallopin (2001) note ainsi que « *the construction and launching into public debate of the World 3 model described in the "Limits to Growth" was a brave and pioneering initiative* ». De même, on trouve en introduction de l'ouvrage, de l'équipe du Sussex la phrase suivante :

The open public debate surrounding the MIT work is their most important achievement (…). It is one of the most original and ambitious constructions in the history of social sciences (…). Because our team at Sussex is agreed that science and social policy can only advance by continuous critical debate and discussion, we see our own contribution as only one stage in the continuing process (Cole *et al.*, 1973).

Il ne fait aucun doute que le choix d'une approche globale et l'effort d'explicitation des différentes dynamiques sectorielles ou des phénomènes non-linéaires par ses auteurs ont été des facteurs favorables à l'émergence du débat. La simplicité de la structure de *World 3* et l'utilisation de données empiriques aisément discutables ont également joué un rôle important dans l'ampleur[24] qu'a pris par la suite le forum prospectif (Gallopin, 2001). Il est d'ailleurs intéressant de noter que les exercices suivants réalisés avec des modèles plus complexes ont eu nettement moins d'influence. Dans une évaluation exhaustive des premiers exercices de modélisation globale, Richardson note ainsi que « *The Limits to Growth probably had more impact than all of the others combined. There is no question that the major objectives which motivated the Club of Rome (…) have been achieved* » (Richardson Jr, 1978).

Mais ni les caractéristiques techniques du modèle, ni même le caractère pionnier de l'exercice ne peuvent, seuls, expliquer l'impact de ce travail en termes de mise en discussion des caractéristiques essentielles du développement mondial. L'ampleur du débat a d'ailleurs surpris les modélisateurs eux-mêmes (Forrester, 1989). L'existence du Club de Rome et la personnalité de ses dirigeants sont des éléments clefs pour comprendre l'impact du travail du MIT. L'un des objectifs fondateurs du Club de Rome était non seulement d'étudier *la problématique* qu'il avait formulée au départ, mais également de faciliter l'appropriation des

---

[24] Pour se donner une idée de l'ampleur de ce débat, on peut par exemple se référer au petit ouvrage de Reichenbach et Urfer (1974), qui rassemble pour la France plus d'une centaine de contributions (articles, allocutions, etc.) provenant de personnalités très diverses.

résultats de ces travaux par les politiques et gestionnaires. En d'autres termes, Peccei aspirait à des recherches opérationnelles qui puissent influer sur le cours des choses. Comme nous l'avons déjà souligné, cet objectif est la principale raison pour laquelle le Club n'a pas poursuivi sa collaboration avec Jantsch ou Ozbekhan : leurs langages n'ont pas convaincu ceux qui les ont écoutés, leurs approches ne permettaient pas de formuler un message clair à destination des politiques. Si la modélisation a offert aux membres du Club de Rome l'outil capable d'illustrer et de porter leurs messages, le Club a constitué et mis à disposition des modélisateurs un réseau et une caisse de résonance permettant à leurs conclusions de se diffuser à grande échelle. Du point de vue de la prospective, on retrouve ici les enjeux fondamentaux développés dans le chapitre II du présent ouvrage : la seule production de conjectures est sans portée si elle ne s'inscrit pas dans un forum prospectif. Les modalités de production des conjectures, l'organisation du forum, les conditions de mises en discussion des conjectures sont trois dimensions essentielles à examiner en même temps pour concevoir, comprendre et évaluer toute prospective – notamment en matière de gestion de l'environnement.

Discussion

Au travers de cet exemple historique nous avons voulu montrer que les modèles mobilisés dans des prospectives environnementales ne doivent pas être analysés comme des outils de prévision à long terme, mais comme des instruments dont la fonction principale est de clarifier et de renforcer la cohérence des points de vue de leurs auteurs, au sein d'un débat prospectif critique. Dans cette perspective, nous avons proposé une grille de lecture qui organise la discussion critique des modèles en trois lignes de questionnement parallèles : la vision du fonctionnement du Monde sous-jacente au modèle, la conception de la gestion portée par les modélisateurs, l'usage qu'ils font du substrat scientifique et technique disponible. Cette grille de lecture permet non seulement de structurer la discussion des techniques de simulations, des données utilisées, etc., mais également de forcer les auteurs ou les utilisateurs des modèles à expliciter les visions du Monde véhiculées par leurs outils. C'est à cette condition que l'usage d'un modèle peut répondre à l'impératif de débat lié à toute démarche prospective.

Dans le cas du premier rapport du Club de Rome, le débat technique sur les limites de l'approche utilisée n'a, en lui-même, que peu d'importance. Première modélisation globale jamais réalisée, elle souffre d'erreurs de jeunesse, qui n'enlèvent rien cependant à l'audace et à l'intérêt du travail réalisé. Par contre, ce débat technique tel qu'il a eu lieu entre les équipes du MIT, de Sussex ou de la Fondation Bariloche a été fondamental par l'explicitation des points de vue sur la nature des limites de la croissance ou la source des inégalités qu'il a permis. De ce point de vue, nous pouvons affirmer avec Richardson que le travail du MIT a largement atteint le but que lui avait assigné le Club de Rome : changer la vision du Monde des dirigeants politiques, des chercheurs ou du grand public. Les enjeux planétaires auparavant éludés du fait de leur trop grande complexité, la nécessité de développer des réponses globales plutôt que sectorielles, les implications des non-linéarités, sont autant de facteurs qui ne peuvent plus être totalement ignorés après cette controverse.

Pour autant, si le travail de Meadows, de ses collaborateurs, et celui de l'ensemble des modélisateurs globaux qui ont suivi leur voie a incontestablement marqué les esprits, leur influence sur les politiques effectivement mises en œuvre reste très limitée (Donella Meadows *et al.*, 1982). Le forum prospectif est resté au stade du débat public, de la formation et de la confrontation des opinions. Les spécificités du travail du Club de Rome et le statut de ses membres ont permis la « mise sur agenda » de la *problématique*. Mais le Club n'est pas parvenu à initier de politiques internationales.

L'histoire du débat sur les « Limites de la croissance » offre donc une esquisse des forums prospectifs mondiaux qui se sont développés autour de questions environnementales dans les vingt dernières années (pluies acides, ozone, changement climatique, etc.). Au contraire de leur prédécesseur, ces forums récents ont effectivement débouché plus directement sur des négociations et sur la mise en œuvre de politiques nationales, régionales ou internationales visant à résoudre les enjeux environnementaux. Or le passage de la « mise sur agenda » aux « négociations » puis à la « mise en œuvre de politiques » soulève des enjeux spécifiques pour le forum prospectif mondial qui doivent d'être étudiés et mis en perspective avec ceux identifiés ici (Kieken, 2003b ; Kieken *et al.*, 2003).

Comme on a pu le constater dans le chapitre VI de cet ouvrage, où sont évoquées des expériences plus récentes, le jeu d'aller-retour entre le développement des modèles et le forum auquel ils contribuent reste tout aussi fondamental dans ces contextes différents, comme en témoigne la place jouée par les modèles informatiques dans les dossiers des pluies acides, de l'ozone, ou des changements climatiques. Le passage à la phase de « mise en œuvre » crée toutefois des configurations spécifiques qui sont à la fois contraignantes pour le développement des modèles – qui doivent répondre aux questions « concrètes » des gestionnaires – et un formidable atout en faveur de ces outils – qui seuls peuvent apporter ces réponses. Ces similitudes et ces différences expliquent le succès (et suggèrent les limites) des « modèles d'Évaluation intégrée ». Ils s'inscrivent dans la lignée des premiers modèles globaux tout en parvenant à intégrer les évolutions des forums prospectifs auxquels ils contribuent et à focaliser l'attention sur des problèmes plus étroitement définis, mais aussi plus directement en prise sur la décision et l'action publiques.

Bibliographie

Bell, W., « Futures Studies Comes of Age : Twenty Five Years after the Limits to Growth », *Futures*, 33, 2001, pp. 63-76.

Cole, H. S. D., Freeman, C., Jahoda, M., Pavitt, K.L.M. (eds.), *Models of Doom*, New York, Universe Books, 1973.

Delaunay, J., « Enquête sur le Club de Rome », in Delaunay, J. (dir.), *Halte à la croissance ?*, Paris, Fayard, 1972.

Forrester, J. W., *World Dynamics*, Cambridge, Wright-Allen Press, 1971.

Forrester, J. W., « The Beginning of System Dynamics », *International Meeting of the System Dynamics Society*, Stuttgart, Germany, 1989.

Gallopin, G. C., « The Latin American World Model (a.k.a. the Bariloche Model) : Three Decades Ago », *Futures*, 33, 2001, pp. 77-88.

Gallopin, G. C., Hammond, A., Raskin, P. *et al.*, « Global Environmental Scenarios and Human Choices : The Branch Points », in Theys, J. (dir.), *L'environnement au XXIe siècle*, Paris, GERMES, 1998, pp. 109-150.

Herrera, A., *Catastrophe or New Society ? A Latin American World Model*, Ottawa, International Development Research Centre, 1976.

Kieken, H., « Le modèle RAINS : Des pluies acides aux pollutions atmosphériques : construction, histoire et utilisation d'un modèle », *Revue d'Histoire des Sciences*, 57(1), 2004.

Kieken, H., Dahan-Dalmenico, A., et Armatte, M., « La modélisation : moment critique des recherches sur l'environnement », *Natures, Sciences, Sociétés*, 11 (4), pp. 396-403, 2003.

Lahsen, M., « Global Climate Models : Capturing Earth in a Box, an Anthropologist's Account », in *Modèles et Modélisations, 1950-2000 : nouvelles pratiques, nouveaux enjeux*, Colloque du Centre A. Koyré, Muséum national d'histoire naturelle, Paris, 2001.

Lattes, R., « Préface – Le nénuphar qui tue », in Delaunay, J. (dir.), *Halte à la croissance*, Paris, Fayard, 1972, pp. 5-14.

Meadows, D. H., Meadows, D. L., Randers, J. *et al.*, *The Limits to Growth*, New York, Universe Books, 1972a.

Meadows, D. H., Meadows, D. L., Randers, J. *et al.*, « Rapport sur les limites de la croissance », in Delaunay, J. (dir.), *Halte à la croissance ?*, Paris, Fayard, 1972b.

Meadows, D. L., *Alternatives to Growth-I : a Search for Sustainable Futures*, papers adapted from entries to the 1975 George and Cynthia Mitchell Prize and from presentations before the 1975 Alternatives to Growth Conference, held at the Woodlands, Texas, Cambridge, Mass., Ballinger Pub. Co., 1977.

Meadows, D. L., et Meadows, D. H. (eds.), *Toward Global Equilibrium : Collected Papers*, Waltham, MA, Pegasus Communications, 1973.

Meadows, D. L., W.W. Behrens, I., Meadows, D. H. *et al.*, *Dynamics of Growth in a Finite World*, Waltham, MA, Pegasus Communication, 1974.

Meadows, D. L., W.W. Behrens, I., Meadows, D. H. *et al.*, *Dynamique de la croissance dans un monde fini*, Paris, Economica, 1977.

Mesarovic, M., et Pestel, E., *Stratégie pour demain – 2ᵉ Rapport du Club de Rome*, Paris, Seuil, 1974.

Mesarovic, M. D., Pestel, E. C., et Club de Rome, *Mankind at the Turning Point : The Second Report to the Club of Rome*, New York, Dutton, 1974.

Page, W., « The Population Sub-System », in Cole, H. S. D., Freeman, C., Jahoda, M. *et al.* (eds.), *The Models of Doom*, New York, Universe Books, 1973, pp. 43-55.

Peccei, A., et King, A., « Commentaires », in Mesarovic, M. et Pestel, E. (dir.), *Stratégie pour demain – 2ᵉ rapport au Club de Rome*, Paris, Seuil, 1974.

Reichenbach, R., et Urfer, S., *La Croissance Zéro*, Paris, PUF, 1974.

Richardson Jr, J. M., « Global Modelling – 1. The models », *Futures*, 10(5), 1978, pp. 386-404.

Shackley, S., et Darier, E., « Seduction of the Sirens : Global Climate Change and Modelling », *Science and Public Policy*, 25(5), 1998, pp. 313-325.

Thissen, W., *Investigations into the Club of Rome's World 3 Model Lessons for Understanding Complicated Models*, Eindhoven, Technische Hogeschool, 1978.

Whitehead, J. R., « *A Brief History of the Club of Rome* », CACOR Proceedings, 1(9), 1994.

Whitehead, J. R., « The Club of Rome », in *id.*, *Radar to the Future – The Story of a Boffin*, 1995a, Chapitre 13.

Whitehead, J. R., « IIASA, CACOR and FIT », in *id.*, *Radar to the Future – The Story of a Boffin*, 1995b, Chapitre 14.

Whitehead, J. R., *A Brief History of the Club of Rome – A Summary and Personal Reminiscences*, James Rennie Whitehead, 2000.

CHAPITRE IX

La disponibilité des ressources naturelles en eau comme facteur limitant du développement

Un débat prospectif à l'échelle mondiale

Sébastien TREYER

Les institutions internationales chargées du développement, les instituts de recherche et les experts qui les entourent, ont lancé depuis plusieurs décennies bon nombre de réflexions sur les problèmes que la rareté de l'eau pourra poser à long terme dans certains pays à forte croissance démographique. Les pays concernés, souvent situés en zone semi-aride à aride, anticipent eux aussi à des degrés divers les enjeux à long terme qui se poseront pour la gestion de l'eau à leur échelle nationale. Ce débat ne fait pas ouvertement appel aux méthodes de prospective, mais il s'agit bien pourtant d'un débat confrontant diverses conjectures sur l'avenir des systèmes nationaux d'approvisionnement en eau, et utilisant diverses méthodes pour produire ces conjectures. On se propose donc ici de replacer les termes majeurs du débat sur les équilibres nationaux à long terme entre ressources et demandes en eau dans le cadre conceptuel d'analyse des démarches prospectives[1]. L'analyse s'organise autour des deux questions suivantes.

– Comment se déroulent ou comment sont scandées chronologiquement les trois phases de mise en tension, de construction de la conjecture, et d'utilisation/mise en discussion de la conjecture ?

– Quelle est la part faite respectivement (1) à la rigueur de construction de la substance de la conjecture elle-même et (2) à la dimension participative ou procédurale, au cours des trois phases précédentes ?

On verra que dans le cas qui nous intéresse, le débat s'articule essentiellement autour de conjectures qui ont été construites assez simplement, sans faire appel à des procédures participatives. Cette présentation

---

[1] Voir chapitre II dans le présent ouvrage.

consiste donc essentiellement à retracer l'évolution chronologique du débat au fur et à mesure de l'intervention de telle ou telle conjecture. Pour chacune de ces conjectures, nous essaierons de montrer quels contenus scientifiques ont été mobilisés pour traiter la dimension des évolutions futures à long terme, comment ces contenus ont permis la mise en discussion de la conjecture et comment cette mise en discussion a préparé la mise en tension qui préside à la construction de la conjecture suivante. Nous concluons cette présentation du débat mondial en évoquant rapidement la traduction concrète des concepts qui en sont issus dans le forum prospectif national qui entoure un processus de planification pour l'aménagement des eaux.

1. Courbes de « stress hydrique » à long terme : une perspective démographique

Si on veut revenir rapidement aux origines du débat sur l'équilibre entre ressources et demandes en eau, on peut remonter aux années 1970-1980 (Falkenmark, 1986) quand Malin Falkenmark, hydrologue suédoise de renom[2] et très écoutée dans les institutions internationales traitant de gestion de la ressource en eau et de développement[3], propose de suivre l'évolution dans le temps d'un indice de pression démographique sur les ressources en eau de chaque pays. Cet indice est défini comme le ratio entre la quantité de ressource naturelle en eau renouvelable disponible dans le pays et la population du pays. Il se présente comme un indice de « stress hydrique » de la population du pays concerné. On estime ainsi une quantité d'eau disponible par habitant. Si cette quantité est inférieure à certains seuils, il peut devenir difficile pour le pays d'approvisionner en eau chaque habitant pour les différents usages nécessaires (eau potable domestique, eau d'irrigation pour produire suffisamment de denrées alimentaires et d'emplois ruraux, eau pour les usages industriels). En dessous de 1 000 m^3/hab./an on parle de « pénurie chronique » et en dessous de 500 m^3/hab./an de « pénurie structurelle ». Pour projeter cet indice dans l'avenir, la procédure est très simple : il suffit de réutiliser des projections démographiques, qui sont habituellement reconnues comme relativement fiables. On peut alors avoir une idée des seuils que va être amené à franchir tel ou tel pays, en fonction de sa seule croissance démographique.

---

[2]   Stockholm International Water Institute (SIWI) et Department of Systems Ecology, Stockholm University.

[3]   Notamment, l'UNESCO, Organisation des Nations Unies pour l'Éducation, la Science et la Culture, la FAO, Organisation des Nations Unies pour l'Agriculture et l'Alimentation, le PNUD, Programme des Nations Unies pour le Développement, et le PNUE, Programme des Nations Unies pour l'Environnement.

À quoi peuvent servir de telles projections ? Elles permettent par exemple d'annoncer, avec une précision très relative, la date de survenue de problèmes d'approvisionnement en eau dans tel ou tel pays (à court, à moyen ou à long terme). Ce pays doit alors se préparer à faire face à des difficultés pour approvisionner l'ensemble des usages à partir de ses ressources en eau naturelles renouvelables. Mais l'indice de pression démographique sur les ressources en eau est généralement considéré comme trop grossier pour décrire avec précision une situation nationale particulière. Ces mêmes projections sont essentiellement utiles pour mobiliser les différents bailleurs de fonds sur le thème de la gestion et de la mobilisation des ressources en eau, en comptabilisant à la date d'aujourd'hui, dans dix ans et dans vingt ans par exemple, le nombre d'habitants de la planète qui se trouvent dans un pays en état de stress hydrique modéré à important. Par comparaison entre pays, ces projections de « stress hydrique » pourraient aussi servir à donner un ordre de priorité entre différents pays en ce qui concerne l'urgence des problèmes de ressources en eau, pour l'intervention des bailleurs de fonds. Dans chacun des cas, on voit que la simplicité de l'indice pose problème et doit mener à une discussion pour remettre en question, à la lumière de situations nationales particulières, la conclusion tirée de l'utilisation de cet indice. Le résultat majeur de l'utilisation de ces projections consiste bien, justement, à avoir lancé ce débat. Elles ont permis d'instituer une communauté de réflexion autour des thèmes de la satisfaction des besoins en eau induits par la croissance démographique et le développement économique, lorsque la ressource en eau est limitée.

Soulignons au passage un constat qui peut paraître paradoxal, mais que l'on retrouve dans nombre de prospectives : la simplicité de la méthode utilisée et la transparence des hypothèses retenues ont été particulièrement importantes pour que la phase de mise en discussion de ces conjectures soit très dynamique et donc porteuse d'approfondissements intéressants, alors même que l'utilisation de ces projections de « stress hydrique » est très décriée à cause du caractère grossier des estimations qui ne rendent pas justice des situations particulières de chaque pays.

Un premier point de discussion qui fut particulièrement actif concerne la validité des hypothèses de croissance démographique. Ces hypothèses sont régulièrement revues à la baisse pour la plupart des pays et on peut admettre que les projections de « stress hydrique » viennent généralement à l'appui d'un point de vue « catastrophiste », qui annonce la survenue de pénuries plus tôt qu'elles ne surviendront réellement. Il ne s'agit cependant généralement que de discuter la rapidité des évolutions et non le problème posé, qu'il survienne plus ou moins tôt.

Un deuxième point de discussion concerne la valeur utilisée comme quantité maximale de ressource en eau utilisable. Les interventions d'hydrologues et d'hydrauliciens sur ce sujet ont été un élément très important dans la phase initiale du débat sur l'existence ou non d'une limitation du développement par la disponibilité en eau. Pour calculer l'indice de pression démographique sur les ressources en eau, on représente ces dernières par une valeur très agrégée à l'échelle nationale, qui ne prend pas en compte la variabilité de la disponibilité en eau dans l'espace (notamment pour des pays très étendus) et qui pourrait donc cacher l'existence de problèmes localisés plus aigus que ce que révèle une moyenne nationale. La variabilité temporelle n'est pas non plus prise en compte, qu'il s'agisse de variabilité inter-saisonnière ou inter-annuelle : la valeur des écoulements d'eau en moyenne annuelle peut donc cacher des problèmes plus aigus à certaines périodes de l'année.

Ces débats d'hydrologues sont importants pour souligner que l'échelle nationale n'est pas forcément la plus pertinente pour étudier l'équilibrage entre demandes en eau et ressources en eau disponibles, et notamment pour prendre en compte l'importance de la saisonnalité et de la régulation inter-annuelle dans le système d'approvisionnement en eau. Cependant, ils ne mettent pas fondamentalement en cause le raisonnement que viennent argumenter ces projections : « Même en étant trop optimiste grâce à un lissage des phénomènes en moyenne annuelle nationale, des problèmes d'approvisionnement futurs peuvent être anticipés ».

Pour évaluer l'utilité de ces projections, il faut donc porter à leur crédit la richesse du débat qu'elles ont suscité. En ce qui concerne la rigueur de leur contenu conjectural, il faut veiller à ne pas dépasser les limites du raisonnement qu'elles soutiennent, ni simplifier trop les conclusions que l'on peut en tirer. L'important est en particulier de comprendre ce que peuvent signifier les différents seuils de rareté de la ressource en eau.

Dire qu'un pays se trouve en situation de « stress hydrique » est un raccourci d'origine agronomique qui ne prend pas en compte la réactivité de la société du pays concerné[4] : une interprétation correcte du raisonnement est que, lorsqu'un certain seuil est franchi dans un pays, le gouvernement et la société de ce pays doivent faire face à des problèmes de disponibilité en eau qui vont rendre toute mobilisation d'une quantité

---

[4]   Ces projections sont régulièrement mises en cause aussi pour leur caractère « malthusien », puisqu'elles s'appuient sur des hypothèses de croissance démographique : mais elles ne seraient réellement malthusiennes que si l'on en tirait des conclusions sur une politique démographique, en ignorant la capacité d'adaptation des sociétés concernées.

supplémentaire de ressource en eau nettement plus coûteuse qu'auparavant. D'importants investissements deviennent nécessaires (et les bailleurs de fonds sont appelés à y participer) pour continuer à mobiliser la ressource, pour réduire la consommation et la demande en eau, pour augmenter l'efficience des usages de l'eau, et il deviendra peut-être même nécessaire de remettre en cause le partage de l'eau entre usages pour mieux valoriser une ressource qui se fait rare. Tous ces changements et ces investissements sont problématiques, nécessitent des ressources financières, des compétences et peuvent avoir un coût politique important. L'indice de « stress hydrique national » ne rend certes pas compte de la complexité de ces problèmes de changement (notamment leurs dimensions technologique, économique, sociale et politique) : il se borne à rendre compte de leur ampleur et de leur urgence relatives.

Figure 1. Exemple d'utilisations rétrospective et prospective de l'indice de pression démographique sur les ressources en eau en Tunisie pour expliquer les phases des politiques de l'eau[5]

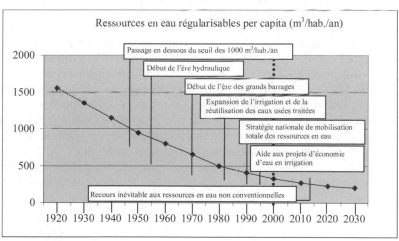

Source : Zahar, 2001.

On trouve en figure 1 un exemple de lecture, par un auteur tunisien, de l'évolution de l'indice de « ressources en eau régularisables[6] *per*

---

[5] Les données démographiques prospectives utilisées ici correspondent à l'hypothèse « constante » de plus faible réduction du taux de croissance démographique, formulée par l'Institut national de la statistique tunisien.

[6] Pour l'auteur de cette figure, les ressources régularisables de la Tunisie définissent le montant maximum de ressources naturelles renouvelables issues des précipitations

capita » en Tunisie de 1920 à 2030 et des grandes politiques de l'eau qui ont jalonné et devront jalonner cette évolution.

Le débat sur ces seuils de « stress hydrique » se poursuit encore aujourd'hui. Il a constitué la base de discussion sur laquelle se sont construites d'autres conjectures, que nous allons maintenant aborder, qui portent sur l'avenir à long terme des systèmes nationaux d'approvisionnement en eau.

2. Courbes de taux d'exploitation des ressources à long terme : vulnérabilité technique et écologique du système d'approvisionnement

Ceux qui prennent part à cette discussion mondiale sur la possible limitation à long terme du développement par les limites de la disponibilité naturelle en eau douce sont essentiellement des hydrologues ou des hydrauliciens, ainsi que des planificateurs nationaux chargés de l'aménagement de la ressource en eau. Pour aller plus loin que l'estimation brutale de la pression démographique sur la ressource, les planificateurs nationaux (mais aussi des hydrologues reconnus dans le débat mondial comme Jean Margat) ont réutilisé le cadre technique de projection des différents besoins en eau et des différentes offres d'eau utilisé par les ingénieurs planificateurs des administrations hydrauliques nationales. On cherche ainsi à mieux comprendre comment les projets techniques de mobilisation de la ressource pourraient progressivement faire face à la croissance des besoins en eau due à la croissance démographique et aux projets de développement économique. Mais on cherche aussi à mettre en évidence les limites de ces projets techniques. Il s'agit en quelque sorte de poser le problème des limites hydrologiques au développement dans le langage des planificateurs nationaux des administrations hydrauliques, puisque ce sont les décideurs concernés au premier chef par ce débat.

Le type de conjecture utilisée met donc en œuvre le « cadre comptable » en termes de flux d'eau qu'utilisent les administrations de planification de l'aménagement des eaux. Ces projections consistent à faire le bilan entre, d'une part, la croissance des besoins en eau (anticipée en fonction de l'accroissement démographique, des plans d'équipement des surfaces irriguées et de la croissance des besoins industriels) et d'autre part l'augmentation de la mobilisation des ressources en fonction des programmes d'aménagement.

---

qui pourront être retenues dans des nappes ou des réservoirs et qui ne constituent pas des écoulements de crues impossibles à mobiliser.

Conceptualisant *a posteriori* l'utilisation de ce cadre de calcul, Merrett (1997) insiste sur la pertinence de l'utilisation systématique d'un tel cadre comptable pour tenir une comptabilité exacte des flux d'eau circulant dans ce qu'il appelle le cycle « hydrosocial », c'est-à-dire l'ensemble des flux d'eau du système d'approvisionnement en eau de tous les usages d'un pays. Ce cadre comptable est important pour décrire l'état du système actuel (à titre d'indicateur de suivi), mais aussi dans une utilisation prospective. Merrett souligne que l'équilibre à long terme entre demande en eau et ressources disponibles ne pourra être trouvé qu'en tenant une comptabilité exacte des entrées et sorties d'eau (dessalement, importations d'eau depuis d'autres régions) et des recyclages internes (distinction entre prélèvement d'eau sur le milieu et consommation réelle par un usage, importance de la réutilisation de la même eau au fil d'un fleuve ou de la réutilisation d'eau de drainage)[7].

Pour les planificateurs (ingénieurs hydrauliciens, agronomes, etc.), l'utilisation prospective qu'ils ont fait et font encore de ce cadre comptable relève d'une démarche de « projet », dans laquelle on met l'accent sur les modifications que la mobilisation de la technique peut apporter à toutes les composantes du système d'approvisionnement en eau (à la fois sur les usages et sur les ressources mobilisées) pour assurer l'équilibre entre ressources mobilisées et demande en eau. Le cadre comptable permet donc de planifier les nécessaires réductions de pertes d'eau dans les réseaux ou à la parcelle, ou de planifier la nécessaire mobilisation de ressources supplémentaires. La figure 2 présente les projections de planification à 2030 pour la Tunisie (issues de l'étude *Eau 21* : Khanfir *et al.*, 1998).

---

[7] C'est aussi le souci de l'IWMI (International Water Management Institute) de faire prendre en compte la réutilisation d'eau de drainage dans les projections à long terme : les pertes d'eau d'irrigation à la parcelle sont très importantes en Égypte par exemple, mais c'est une caractéristique d'un système d'usage de l'eau où la réutilisation d'eau de drainage est très importante ; le taux de pertes d'eau d'irrigation à l'échelle régionale est donc bien plus faible que le taux de pertes à la parcelle.

Figure 2. Prospective d'exploitation des ressources en eau et prospective des usages de l'eau d'après l'étude *Eau 21* en Tunisie[8]

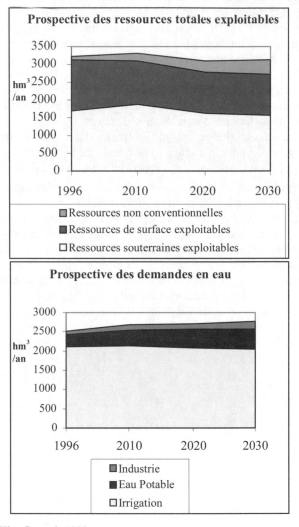

D'après Khanfir *et al.*, 1998.

---

[8] La prospective des ressources tient compte des prévisions de réalisation de barrages et des projections d'envasement des ouvrages existants, de la mise en exploitation de forages sur les nappes souterraines et des pertes d'exploitation par salinisation ou pollution des nappes, ainsi que des programmes de dessalement et de réutilisation des eaux usées traitées.

Le travail du planificateur consiste essentiellement à choisir de mettre en œuvre en priorité les options les moins coûteuses, le long d'une courbe de coûts, généralement exponentielle, semblable à celle de la figure 3. Dans une telle démarche de projet, les limites des disponibilités naturelles en eau douce ne forment plus une limite absolue, il s'agit seulement d'un seuil dans la mobilisation de ressources en eau de plus en plus coûteuses : à long terme on pourrait développer à grande échelle le dessalement et s'affranchir des limites naturelles de la disponibilité d'eau douce. Ce type de démarche de planification anticipe notamment que la courbe de coûts sera largement modifiée à la baisse à long terme grâce au progrès technologique.

Figure 3. Courbe schématique des coûts cumulés de mobilisation de la ressource en eau[9]

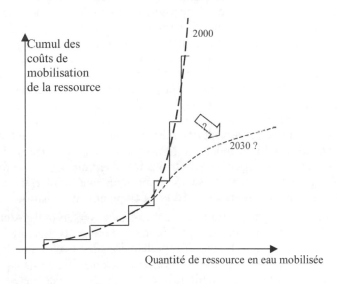

Le même cadre comptable est aussi utilisé par un certain nombre d'hydrologues qui se sont attachés à un travail important de compilation des données de comptabilité hydraulique et hydrologique nationales. Ainsi Igor Shiklomanov (1998) a tenté cette compilation à l'échelle mondiale, Jean Margat met régulièrement à jour les données disponibles sur les pays méditerranéens, à partir des documents de planification existants (voir par exemple Margat, 1992). Ces hydrologues utilisent les

---

9   Le planificateur projette de progresser sur cette courbe des coûts moyens de mobilisation les moins élevés vers les plus élevés, mais il peut aussi anticiper les modifications de cette courbe selon les progrès des technologies.

prévisions des planificateurs en ce qui concerne les usages de l'eau à venir pour calculer un indice d'exploitation des ressources en eau en réintroduisant la comparaison par rapport à la ressource naturelle disponible. On passe d'une démarche de projet à une démarche dont la question organisatrice est la suivante : « si les prévisions des planificateurs sont vérifiées, alors quel sera l'impact sur la ressource en eau ? » L'indice d'exploitation est le ratio entre la somme de tous les prélèvements prévus et la quantité maximale de ressource naturelle d'eau douce disponible. On s'approche ici un peu plus de la réalité concrète de la pression des activités humaines sur la ressource en eau qu'avec l'indice de pression démographique sur les ressources[10]. Par rapport aux prévisions techniques des planificateurs, on met l'accent ici sur la vulnérabilité du système d'approvisionnement, à cause des contraintes propres au fonctionnement de l'hydrosystème naturel : plus l'indice d'exploitation est élevé, plus le système d'approvisionnement est vulnérable à des pénuries conjoncturelles dues à l'importante variabilité des grandeurs hydrologiques d'une année à l'autre. Il faut prendre en compte le fait que le bon fonctionnement de l'hydrosystème naturel nécessiterait aussi de laisser une marge non exploitée[11] (non seulement en termes de « débits réservés » pour l'environnement, mais aussi tout simplement pour que l'eau coule dans les biefs du réseau hydrographique entre les différents ouvrages de stockage envisagés par les planificateurs). Et même si on envisage de mobiliser en la régularisant l'ensemble de la ressource, le volume annuel réellement utilisable est nécessairement inférieur au volume régularisé, pour que les réservoirs aient une fonction de stockage non seulement saisonnière mais aussi inter-annuelle. Il faudrait également anticiper les effets du changement climatique.

Dernièrement, par exemple avec l'exercice WaterGAP (Alcamo *et al.*, 2000), les hydrologues qui élaborent ce type de conjectures à long terme centrées sur une bonne compréhension des cycles de l'eau ont cherché à s'affranchir des prévisions issues des planifications nationales pour leur substituer une meilleure compréhension des déterminants

---

[10] Cependant, dans la discussion sur la pertinence des projections du taux d'exploitation, il apparaît que l'indice de pression démographique fait souvent une meilleure synthèse globale des besoins en eau à venir pour le développement du pays (en gros proportionnellement à la croissance de la population) que les prévisions particulières des planificateurs qui sont souvent largement discutables et qui représentent un seul chemin de développement.

[11] On pourrait adjoindre à l'indice d'exploitation (ratio entre la somme des prélèvements des usages et la ressource naturelle disponible) un indice de consommation nette de la ressource (ratio entre la somme des quantités d'eau réellement consommées par les usages – prélèvements diminués des rejets dans le milieu – et la ressource naturelle disponible). Ces données sont cependant encore plus difficiles à obtenir que les données sur les prélèvements.

économiques de la croissance à long terme de chaque usage. Avec une telle démarche prospective moins normative et davantage descriptive et analytique, on est obligé de se poser la question du statut des différentes variables dont on projette l'évolution future : s'il apparaît assez naturel d'envisager les projections démographiques comme des tendances lourdes générales plus ou moins rapides, ou bien une certaine saturation de la consommation unitaire domestique[12], ou bien encore le recyclage de l'eau dans l'industrie, en revanche la croissance des besoins en eau d'irrigation est la variable la plus difficile à anticiper, dépendant certes des besoins alimentaires du pays, mais aussi des conditions d'accès aux marchés agricoles internationaux et des nécessités de préserver l'emploi agricole et de limiter l'exode rural.

On voit ici que les projections à long terme de l'indice d'exploitation sont porteuses d'une double réflexion.

- D'une part, elles éclairent la vulnérabilité du système d'approvisionnement à proximité des limites de la ressource naturelle. Ce seuil de disponibilité naturelle semble important, même si les usages et les usagers de l'eau peuvent le franchir ou s'en affranchir en faisant appel à d'autres ressources non conventionnelles. On anticipe ici que le franchissement de ce seuil constituera une transition particulière, qui doit retenir toute l'attention du planificateur et des chercheurs.

- D'autre part, ces projections conduisent à une réflexion sur la structure de la répartition de l'eau entre différents types d'usages, dont les croissances futures devraient avoir des statuts différents pour le planificateur national chargé de la gestion des ressources en eau.

Avec la mise en œuvre prospective du cadre comptable de planification du système d'approvisionnement en eau, on voit se dessiner deux types de positions dans le débat sur les limites au développement que pourrait imposer la limite naturelle de la ressource en eau disponible. D'un côté, la plupart des planificateurs nationaux chargés de l'aménagement des ressources en eau expriment dans leurs projections leur confiance dans les capacités du progrès technologique à assurer à long terme une diminution des coûts de mobilisation de nouvelles ressources, affranchies des limites naturelles de la ressource en eau. De l'autre, des hydrologues se saisissent du même cadre comptable hydrologique pour mettre en avant la vulnérabilité à moyen terme du système d'approvisionnement en eau et la nécessité de mieux comprendre la croissance

---

[12] C'est-à-dire la consommation d'eau réelle d'un habitant en une année pour ses usages domestiques.

particulière de chacun des usages de l'eau (transition démographique, dématérialisation de l'économie, etc.) et les raisons du partage de la ressource naturelle à long terme entre les usages.

Avec cette deuxième étape du débat, la discussion porte au fond sur les conditions de la transition pour passer de l'état actuel du système d'usage de la ressource en eau des pays concernés à un état viable, durable, qu'on suppose pouvoir atteindre à long terme.

3. Courbes de transition vers un équilibre durable entre ressource et demande en eau : l'importance de la capacité d'adaptation

Une troisième étape de ce débat sur les limitations du développement par les limites de la disponibilité naturelle des ressources a été élaborée en réponse aux deux précédentes. D'une part, les projections de « stress hydrique » appelaient une réflexion sur les capacités des sociétés humaines à s'organiser pour faire face à la rareté de l'eau, capacités démontrées au cours des siècles. Il était intéressant de montrer notamment que les savoir-faire techniques et organisationnels traditionnels en pays arides avaient régulièrement été confrontés à des problèmes de rareté de l'eau. Ils constituaient donc une ressource (sociale, organisationnelle) pour préparer la transition à venir : il s'agissait dès lors de mettre en avant la « capacité d'adaptation » des sociétés concernées face aux problèmes de rareté de l'eau. D'autre part, il était intéressant aussi de remettre dans une perspective plus critique la confiance dans les solutions techniques démontrée par les planificateurs, en se posant la question de la dimension « non technique » de la capacité d'adaptation des sociétés et de la transition vers un équilibre durable entre demandes en eau et ressources disponibles.

La réflexion qui sous-tend ce nouveau cycle de débat n'a pas initialement de visée prospective, c'est-à-dire qu'elle n'est pas constituée d'une conjecture sur le long terme. Il s'agit plutôt d'analyser des cas passés récents de pays ou de régions ayant atteint la limite de la ressource naturelle d'eau douce, pour décrire avec des courbes et des séquences de phases politiques relativement simples le processus de transition qui a eu lieu. Ce n'est qu'ensuite, par un raisonnement du type « chemin de fer »[13], très répandu dans la sphère du « développement »,

---

[13] Faire une conjecture prospective sur le modèle du « chemin de fer » (la terminologie est proposée par de Jouvenel, 1964) consiste à se représenter, pour plusieurs systèmes analogues (les économies des pays du monde par exemple), une trajectoire unique d'évolution possible à long terme. Si ces systèmes ne sont pas dans le même état à un instant donné, c'est simplement qu'ils se situent à des stades d'évolution différents, c'est-à-dire sur des points différents de la trajectoire. Ce raisonnement a souvent

que l'on essaye de transposer les résultats de ces études de cas rétrospectives à des raisonnements prospectifs sur des pays pour qui la transition n'est pas encore effectuée.

Il est intéressant de noter que cette contribution permet (enfin) de replacer les questionnements précédents dans le débat général sur le développement durable (les liens entre développement et environnement) qui s'est largement structuré entre temps. Les auteurs qui s'intéressent à ce type de questionnement sont en particulier des géographes, sociologues, économistes ou politologues qui cherchent à intervenir dans le débat sur la gestion des ressources en eau à l'échelle mondiale, à partir d'études de terrain notamment sur Israël, l'Afrique du Sud ou la Californie, régions particulièrement exposées aux problèmes de la rareté de l'eau. Ces auteurs (Allan, 1998 ; Turton et Ohlsson, 1999 ; Ohlsson et Turton, 1999) assument pleinement le positionnement macro-économique du débat : on prend le point de vue d'un planificateur bienveillant et rationnel à l'échelle nationale en revendiquant l'appartenance du débat au champ de « l'économie politique[14] ».

De ce point de vue, ces auteurs remontent à des courbes théoriques sur le problème du développement durable pour un pays, celles du modèle de Karshena, qui relie le développement économique (en termes de niveau de vie) et la disponibilité des ressources naturelles (voir la figure 4). Dans le plan défini par ces deux dimensions, on peut tracer la trajectoire de développement d'un pays. Cette trajectoire commence habituellement par une augmentation du niveau de vie ayant pour conséquence une diminution de la disponibilité des ressources environnementales. L'enjeu de la transition vers le développement durable est de maintenir une augmentation du niveau de vie tout en stabilisant l'impact sur la disponibilité des ressources (stratégie « précautionneuse ») ou même en tâchant d'en reconstituer le stock (phase de « reconstruction de la ressource »).

---

conduit, par exemple, à anticiper la conjoncture économique future en Europe en transposant les évolutions passées récentes aux États-Unis.

[14] Au sens où les choix politiques sont essentiellement orientés par une discussion autour de l'optimisation économique des options stratégiques possibles pour maximiser le bien-être national. Par exemple, il faudra choisir entre le développement de l'irrigation ou celui d'autres secteurs économiques. Ce choix théorique est du ressort d'un planificateur national bienveillant et soucieux du bien-être national comme somme des utilités des agents économiques du pays (producteurs et consommateurs). « L'économie politique » revendiquée ici réintroduit aussi largement la dimension sociale (répartition plus ou moins équitable du bien-être national) et surtout la dimension politique (rapports de force et intérêts en jeux) qui fait diverger la décision politique réelle de l'optimum parétien que le planificateur en charge de l'intérêt général aurait calculé.

Figure 4. Modèle de Karshena et trajectoires de développement

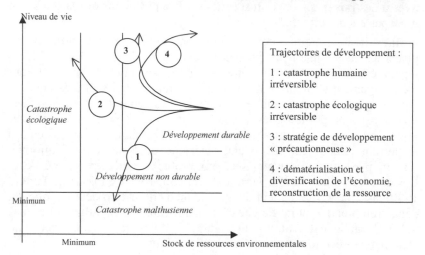

Trajectoires de développement :

1 : catastrophe humaine irréversible

2 : catastrophe écologique irréversible

3 : stratégie de développement « précautionneuse »

4 : dématérialisation et diversification de l'économie, reconstruction de la ressource

Traduction en français de l'auteur, d'après Turton, 1999.

Pour appliquer ce modèle à la ressource en eau, les auteurs traduisent la représentation précédente en une courbe de « consommation d'eau induite par la croissance démographique » (*demographically induced water consumption curve*) en fonction du temps.

La transition majeure vers un équilibre durable entre ressource et demande en eau est ici encore supposée être essentiellement reliée à la transition démographique (liée aux besoins en eau potable et aux besoins en eau d'irrigation pour les objectifs de sécurité alimentaire). Grâce à cette courbe (voir la figure 5), les auteurs proposent d'expliquer le phasage entre une gestion de la ressource en eau axée sur l'augmentation de l'offre, tant que cela est possible dans les limites des ressources naturelles, et une deuxième phase de gestion de la demande en eau, tâchant d'infléchir la courbe de croissance de la demande, lorsque la mobilisation de ressources supplémentaires est trop coûteuse. Ils expliquent ce phasage en deux temps en termes « d'acceptabilité politique » des différentes options de gestion. Avec un discours dominant de maîtrise de la nature et de succès de l'ingénierie hydraulique triomphante, l'État et ses administrations hydrauliques ont initialement pu augmenter leur pouvoir en demandant aux usagers individuels de lui remettre leur capacité de décision sur leur usage de l'eau, ce qui devait permettre et a permis des réalisations et des investissements collectifs nécessaires que seul l'État pouvait entreprendre. Dans cette perspective, seule une crise hydrologique (une longue période de sécheresse) peut dans un deuxième temps permettre que le débat s'ouvre sur les options de réduction potentielle de la demande en eau, de sorte que l'État puisse remettre en cause le modèle de la gestion par l'offre et les grands aménagements. Cet événement de « crise hydrologique » est donc vu comme nécessaire pour déclencher le passage à la deuxième phase.

Figure 5. Modèle théorique de la transition de la gestion de l'eau par l'offre à la gestion de la demande en eau : courbe de consommation d'eau induite par la croissance démographique

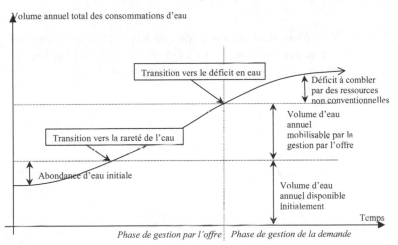

Traduction en français de l'auteur, d'après Turton, 1999.

Au vu de certains exemples de transitions vers la gestion de la demande et par analogie avec la distinction de Karshena entre stratégie précautionneuse et stratégie de reconstruction de la ressource, les auteurs ajoutent une distinction de phases supplémentaires, au sein de la phase de gestion de la demande en eau. En effet, pour débuter la deuxième phase (celle de la gestion de la demande), l'État remettra moins en cause le contrat passé avec les usagers de l'eau lors du développement de la grande hydraulique si les efforts de réduction de la demande sont essentiellement des efforts collectifs de réduction des pertes sur les réseaux ou des changements de technologie d'usage de l'eau chez l'usager, subventionnés par l'État. Ce sont là des mesures de gestion de la demande en eau que les auteurs caractérisent comme cherchant à augmenter l'efficience de production (*productive efficiency* ou *end use efficiency*). Mais la « gestion de la demande » peut signifier aussi de remettre en cause plus fondamentalement la valorisation de la ressource en eau qui est faite par les différents usages : il s'agit alors d'augmenter l'efficience de l'allocation de la ressource en eau entre les différents usages (*allocative efficiency*), pour tenter de déconnecter durablement la courbe de croissance de la demande en eau de la courbe de croissance démographique et de la courbe de croissance économique. Ce deuxième pallier de la gestion de la demande remet beaucoup plus en cause le modèle de l'État garant de l'approvisionnement en eau pour tous les usagers et repose donc sur une stratégie politique très audacieuse[15]. La courbe théorique correspondant à cette transition audacieuse vers une exploitation durable des ressources en eau est représentée à la figure 6.

Figure 6. Représentation schématique de l'inflexion de la courbe de demande en eau par rapport à la croissance démographique et phasage des différentes politiques de l'eau

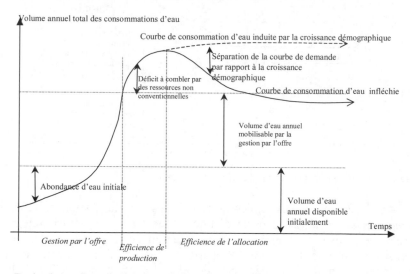

Traduction en français de l'auteur, d'après Turton, 1999.

Grâce à cet ensemble de courbes qui analysent les transitions passées, les auteurs parviennent à réintroduire dans le débat toutes les dimensions de la transition nécessaire à l'avenir dans les pays où le développement pourrait être limité par les disponibilités de la ressource en eau :

---

[15] En Israël, à la faveur d'une sécheresse prolongée au début des années 1990, les quotas d'eau allouée à l'agriculture ont été réduits drastiquement, grâce au poids déclinant du lobby agricole dans l'équilibre du pouvoir dans le pays. Depuis, les équilibres politiques ont été à nouveau modifiés, et l'allocation d'eau à l'agriculture a retrouvé des niveaux similaires à ce quelle était auparavant.

la transition (et la capacité d'adaptation des pays qui devrait la rendre possible) repose non seulement sur une modernisation technique, mais aussi sur une réforme administrative et institutionnelle et surtout sur des changements d'équilibres politiques (notamment en ce qui concerne les relations de pouvoir entre l'État et les usagers de la ressource).

On voit ici combien il est intéressant de replacer le débat prospectif dans le cadre du temps long passé et de l'histoire des sociétés hydrauliques. Avec ce détour par le passé, on réussit à poser la problématique des limites hydrologiques au développement dans toute sa complexité et avec toutes ses dimensions économique, sociale, politique, etc. Sous les dehors d'une analyse historique objective des évolutions passées des politiques de l'eau, les auteurs de ces courbes mettent bien en avant une utilisation « prédictive » de ces courbes, par analogie entre ces situations passées et d'éventuelles autres situations futures.

Il apparaît aussi ici très clairement que le débat théorique sur les options de développement durable à long terme se double d'un débat politique, aux conséquences concrètes immédiates, autour de l'importance des interventions extérieures au pays considéré pour augmenter sa capacité d'adaptation à la rareté de l'eau (compétences techniques ou organisationnelles, modèles de gestion et d'action publique développés par les institutions internationales). Les auteurs qui mettent en avant la capacité d'adaptation propre des pays interviennent évidemment dans le cadre de ce débat dont l'enjeu central, souvent implicite, concerne l'ingérence des institutions internationales dans les politiques nationales : est-elle nécessaire ou au contraire néfaste ? Si le terme de « capacité d'adaptation » évoque l'importance du potentiel propre des pays, le résultat de cette contribution est que le changement des équilibres politiques est déterminant et ces auteurs suggèrent que bousculer ces équilibres politiques nécessite probablement une intervention extérieure.

Ce faisceau de courbes théoriques et de trajectoires conjecturales d'évolution à long terme représente l'état actuel de la réflexion dans le débat mondial sur les limites que la disponibilité naturelle en eau pourrait poser au développement. Elles posent essentiellement la question des choix qui peuvent être effectués à l'échelle nationale en ce qui concerne la gestion à long terme de la ressource en eau : quelles sont les contraintes techniques et économiques, sociales, institutionnelles et politiques qui pèsent sur la décision du planificateur bienveillant qui voudrait atteindre une gestion durable de la ressource naturelle en eau ?

Or ce planificateur bienveillant et les décisions de planification qu'il prend sont, pour l'instant, des concepts théoriques. L'organisation de la décision publique est bien plus complexe dans la plupart des pays. On propose donc, dans un dernier paragraphe, de confronter les concepts du débat prospectif mondial avec une situation concrète, celle de la Tunisie.

4. Concepts du débat prospectif mondial et forum prospectif national

Même dans un pays comme la Tunisie où l'administration hydraulique semble être un des exemples les plus aboutis de mise en œuvre de la planification à long terme centralisée, le processus de planification ne peut pas être réduit à la prise de décision ponctuelle par un planificateur unique capable de rassembler toutes les informations nécessaires. Le processus de planification rassemble des acteurs multiples, produit régulièrement des plans (programmation d'investissement) et des documents d'orientation stratégique. Il s'agit bien là d'un forum prospectif, qui réunit la production de conjectures (nécessaires à l'élaboration des plans) et la discussion de ces conjectures entre les responsables divers de la planification. Plonger les concepts théoriques issus du débat prospectif mondial dans la réalité du processus de planification tunisien, c'est donc effectuer un déplacement du cas général mondial au cas concret, d'une échelle à une autre, et surtout d'un forum à un autre.

Dans le cadre d'une étude sur les stratégies de gestion de la demande en eau en Tunisie (Treyer, 2002), on s'est donc intéressé particulièrement aux acteurs du processus de planification, en leur proposant de réagir à des lectures appliquées à la Tunisie de prospectives différentes issues du débat prospectif mondial. Au cours d'une enquête auprès des représentants de l'administration impliqués dans la planification pour l'aménagement des eaux en Tunisie, l'étude s'est proposé d'explorer quelles seraient les options possibles en termes de politique de l'eau si on se place au moment (fictif) où la courbe de demande en eau pourrait atteindre la limite maximale des ressources naturelles disponibles. En se replaçant dans le cadre comptable hydrologique usuel des planificateurs, on y réintroduit la question du choix politique en posant aux experts et décideurs interviewés la triple question suivante : pour maintenir la demande en eau dans les limites de la ressource en eau naturelle disponible, quels choix de changement d'allocation seraient possibles, souhaitables, ou acceptables politiquement ? En proposant aux responsables nationaux de jouer ainsi avec les représentations, les courbes et les concepts du débat prospectif mondial, on cherche évidemment à vérifier la pertinence de ces concepts sur un cas de terrain concret, et aussi à les affiner. Mais cette intervention dans un forum à l'échelle nationale ne se borne pas à chercher par un cas concret un enrichissement des concepts généraux du débat prospectif mondial.

À partir de la réponse aux enquêtes, on a reconstruit des trajectoires alternatives possibles de l'évolution à long terme de la demande en eau, contraintes par la limite supérieure de la ressource naturelle en eau tirée des cadres comptables hydrologiques. Les conjectures ainsi construites sont utilisées, par tâtonnements balistiques, pour identifier les stratégies acceptables politiquement qui permettent aussi d'atteindre à long terme un usage durable de la ressource naturelle en eau[16]. En mettant en discussion ces nouvelles conjectures auprès des acteurs rencontrés initialement, on cherche à proposer de nouvelles conjectures qui soient pertinentes par leur fond et leur forme, comme contributions au processus complexe de planification qui constitue de fait un forum prospectif à l'échelle nationale. Elles doivent notamment être audibles par les participants à ce processus et pouvoir appuyer de nouvelles représentations de l'avenir à long terme du système d'approvisionnement en eau national et de sa viabilité.

On a ainsi mis en évidence que plusieurs scénarios très contrastés sont possibles pour l'évolution à long terme de l'usage agricole de l'eau, depuis une diminution drastique jusqu'à une stabilisation de l'allocation actuelle, à la fois à cause des incertitudes sur les débouchés pour l'agriculture irriguée tunisienne (dues à l'ouverture probable des marchés agricoles et alimentaires euro-méditerranéens) et à cause de la limitation de la ressource en eau disponible. On a aussi mis en évidence que ces évolutions pourraient impliquer d'importantes transformations dans les modalités de l'action publique en Tunisie, aujourd'hui très centralisée et technocratique.

Et surtout, on a mis en évidence l'existence, au sein de la sphère administrative responsable de la planification pour l'aménagement des eaux, d'un débat informel[17] entre partisans de la confiance dans le progrès technologique et partisans d'une plus grande prise en compte de la vulnérabilité (technique et hydrologique) du système d'approvisionnement en eau. Il faut donc voir le processus de planification nationale en Tunisie comme un processus itératif sous-tendu par un débat prospectif plus ou moins formalisé au sein de la sphère administrative et cristallisé régulièrement sous la forme de documents de planification qui reflètent une position dominante dans le débat.

---

[16] Ce type de raisonnement, utilisé comme aide à la planification, a été développé par Garadi (1992) pour identifier l'enchaînement de mesures techniques qui permette d'assurer l'équilibre ressource/demande en eau en Algérie. Dans le cadre de la *World Water Vision*, le projet *Globesight* (Sreenath *et al.*, 1997) cherchait aussi à identifier de cette manière des stratégies politiques pour préserver l'équilibre ressources/demandes en eau autour de la mer d'Aral.

[17] Similaire à celui entre planificateurs et hydrologues illustré plus haut dans le présent chapitre.

Les scénarios construits sur la Tunisie peuvent être des illustrations concrètes intéressantes de la dimension politique de la capacité d'adaptation à la rareté de l'eau. La prise en compte de cette dimension politique (au sens des rapports de pouvoir que risquerait d'ignorer le point de vue technico-économique du planificateur) est le moteur essentiel, à l'heure actuelle, du débat prospectif mondial sur les limites du développement par la disponibilité naturelle en eau douce[18]. Mais l'autre enseignement pour le débat prospectif mondial que l'on peut tirer de l'exemple tunisien, c'est que l'une des expressions majeures des solutions organisationnelles aux problèmes politiques de transition consiste en l'organisation d'un forum prospectif à l'échelle nationale, au sein du processus effectif de planification : les capacités d'anticipation qui soustendent ce débat prospectif sont une composante majeure de la capacité d'adaptation des pays aux problèmes de rareté de l'eau.

Inversement, le débat prospectif mondial, avec les courbes qu'il produit et qui ont été présentées ici, peut nourrir les forums prospectifs nationaux et enrichir une situation nationale particulière à partir des expériences d'autres pays.

Références bibliographiques

Alcamo, J., Henrichs, T., Rösch, T., « World Water in 2025, Global Modelling and Scenario Analysis for the World Commission on Water for the 21st Century », *Kassel World Water Series*, Report n° 2, 2000.

Allan, J.A., « Productive Efficiency and Allocative Efficiency : Why Better Water Management May Not Solve the Problem », *Agricultural Water Management*, n° 1425, 1998, pp. 1-5.

De Jouvenel, B., *L'art de la conjecture*, Monaco, Éditions du Rocher, 1964.

Falkenmark, M., « Macroscale Water Supply / Demand Comparison on the Global Scene », *Beiträge zur Hydrologie* (Sonder. 6), 1986, pp. 15-40.

Garadi, A., « Prospective des besoins en eau et anticipation de la demande. MADH2O : modèle automatisé de la demande en eau. Application à l'Algérie », Thèse de doctorat ès Sciences économiques, Centre de recherche en informatique appliquée aux sciences sociales, Université Pierre Mendès-France, Grenoble, 1992.

Khanfir, R., El Echi, M.L., Louati, M., Marzouk, A., Frigui, H.L., Alouini, A., *EAU 21 : Stratégie du secteur de l'eau en Tunisie à long terme 2030 – Rapport final*, Rapport pour le ministère de l'Agriculture, Tunis, mars 1998.

Margat, J., *L'eau dans le bassin méditerranéen. Situation et prospective*, Fascicule du Plan Bleu n° 6, Paris, Economica, 1992.

---

[18] On verra une illustration plus complète de l'importance de cette dimension politique grâce aux scénarios régionaux présentés dans le chapitre X.

Merrett, S., *The Regional Water Balance Statement : a New Tool for Water Resources Planning*, Occasional Paper, School of Oriental and African Studies (SOAS) – Water Issues Study Group, University of London, 1997.

Ohlsson, L., Turton, A.R., *The Turning of a Screw : Social Resource Scarcity as a Bottle-neck in Adaptation to Water Scarcity*, Occasional Paper n° 19, School of Oriental and African Studies (SOAS) – Water Issues Study Group, University of London, 1999.

Shiklomanov, I. A., *World Water Resources : a New Appraisal and Assessment for the 21st Century*, Paris, UNESCO, 1998.

Sreenath, S.N., Mesarovic, M.D., Vali, A.M., Xercavins, J., Susiarjo, G., Zwonitzer, D., Techakittiroj, K., *Globesight Sustainable Development : Water Resources Stress and Scarcity : Case Study*, Nile River Problematique – Policy implication Study, 1997.

Turton, A.R., « Water Scarcity and Social Adaptive Capacity : towards an Understanding of the Social Dynamics of Water Demand Management in Developing Countries », Occasional Paper n° 9, School of Oriental and African Studies (SOAS) – Water Issues Study Group, University of London, 1999.

Turton, A.R. and L. Ohlsson, « Water Scarcity and Social Stability : towards a Deeper Understanding of the Key Concepts Needed to Manage Water Scarcity in Developing Countries », Occasional Paper : School of Oriental and African Studies (SOAS) – Water Issues Study Group, University of London, 1999.

Treyer, S., *Analyses des stratégies et prospectives de l'eau en Tunisie*, Sophia Antipolis, Rapport II : Prospective de l'eau en Tunisie, Rapport pour le Plan Bleu, 2002.

Zahar, Y., « Maîtrise de la croissance démographique, gestion économique de l'eau et sécurité alimentaire. Quelles perspectives d'adéquations futures en Tunisie ? », *Sécheresse*, 12(2), 2001, pp. 103-110.

CHAPITRE X

L'adaptation sur le long terme à la limitation des ressources en eau

Une prospective par scénarios pour la région de Sfax, en Tunisie

Sébastien TREYER

L'impact à long terme de la limitation des ressources en eau naturelles sur les potentialités du développement économique d'un pays est une problématique qui se pose généralement à l'échelle nationale[1]. Elle donne lieu à des réflexions politiques et macroéconomiques, à l'échelle de l'État, qui mettent en évidence les enjeux majeurs de la gestion de l'eau à long terme, en particulier dans les pays où le cumul de toutes les exploitations de l'eau se rapproche aujourd'hui déjà dangereusement de la limite supérieure des ressources en eau naturelles renouvelables disponibles.

Cependant le point de vue des choix macroéconomiques à l'échelle nationale ne permet pas de prendre en compte l'ensemble et la diversité des éléments du système d'approvisionnement en eau – c'est-à-dire du système qui équilibre l'offre et la demande en eau et qui comprend tous les éléments qui peuvent jouer un rôle important dans la transition complexe depuis l'usage actuel de l'eau jusqu'à un usage et une gestion durables de la ressource en eau. Ce sont ces spécificités, notamment, que l'on cherche à définir lorsqu'on veut mieux comprendre ce qu'est la « capacité d'adaptation » d'une société aux problèmes de rareté de l'eau.

Ces éléments particuliers qu'un point de vue macroéconomique national prend difficilement en compte sont notamment un certain nombre de spécificités des ressources et des usages : par exemple, une certaine différenciation de la qualité et de l'accessibilité selon le type de ressources en eau, des usages plus ou moins exigeants en qualité et capables de déployer des moyens plus ou moins importants pour s'approvisionner en eau. Ce peuvent être aussi des spécificités liées à la société locale : savoir-faire traditionnel, capacité de mobilisation de la popula-

---

[1]   Voir chapitre IX.

tion, particularités du territoire et de ses potentialités de développement, particularités du jeu d'acteurs à l'échelle locale.

C'est pour cette raison qu'il semble important de compléter la présentation de la problématique « technocratique » et macroéconomique précédente par une présentation du questionnement prospectif sur l'équilibre à long terme entre ressources et demande en eau tel qu'il se pose à l'échelle locale. Ce chapitre s'appuie sur la présentation de scénarios de gestion de l'eau à long terme dans la région du gouvernorat de Sfax en Tunisie, réalisés dans le cadre d'une étude pour le Plan Bleu sur les stratégies à long terme de gestion de la demande en eau en Tunisie (Treyer, 2002).

Ces scénarios sont utiles ici en premier lieu pour illustrer sur un cas d'étude concret et local les enjeux de la limitation du développement d'un territoire par les limites de la ressource en eau naturelle et surtout pour illustrer ce que peut signifier concrètement la nécessité d'une transition en profondeur du système de gestion et d'approvisionnement en eau qui soit non seulement d'ordre technique, mais aussi économique, sociétale et politique.

Le second objectif de la présentation de ces scénarios régionaux est méthodologique. Il s'agit d'illustrer comment une démarche prospective de construction de scénarios permet, en repartant des contenus techniques sur lesquels s'appuie généralement la discussion des options possibles pour le système de gestion de l'eau considéré, d'ouvrir la réflexion vers la prise en compte de processus d'évolution ou de facteurs de changement qui ne sont pas habituellement pris en compte et qui sont potentiellement très importants à long terme.

Enfin, cette présentation de scénarios régionaux doit aussi illustrer une caractéristique méthodologique majeure de la démarche prospective : ces scénarios sont construits pour être mis en discussion dans un débat particulier (ici, le débat sur les options de gestion de la demande en eau en Tunisie et à Sfax en particulier), à un moment particulier de ce débat[2]. On ne peut comprendre leur statut épistémologique que si l'on admet de les évaluer comme des conjectures sur l'avenir construites pour leur pertinence à un moment précis du débat qui entoure les décisions de gestion de l'eau à Sfax et en Tunisie.

C'est pourquoi la démarche de prospective est présentée ici en trois phases.

1) Une enquête auprès des acteurs-clés de la région étudiée (administrations déconcentrées, société d'exploitation des eaux, acteurs locaux du développement, etc.) permet de clarifier les limites du

---

[2] Sur ce point, voir chapitre II.

système étudié et de se rendre compte des points saillants du débat initial. On présente ici les résultats de cette première phase de la démarche en ce qui concerne les représentations du système étudié.

2) La phase de construction de conjectures est alors centrée sur un double objectif de pertinence par rapport à l'état du débat et d'aptitude à la mise en discussion (transparence de la méthode de construction de scénarios). C'est l'objet du deuxième point de ce chapitre.

3) Les conjectures construites doivent ensuite être utilisées pour structurer et clarifier le débat et les positions existantes et les mettre en discussion. C'est l'objet d'un troisième point qui doit illustrer l'utilité de ces scénarios.

1. Représentations d'un système local de gestion de l'eau

La démarche prospective que l'on présente ici vise non seulement à intervenir sur les conjectures à long terme utilisées pour la gestion de l'eau à l'échelle locale, mais aussi à illustrer pour le débat à l'échelle mondiale quelles sont les solutions locales face aux problèmes que soulève la rareté de l'eau. Le choix de la région étudiée s'est fait en fonction de ce deuxième objectif. La Tunisie et particulièrement les régions du Sud tunisien sont en situation pionnière en ce qui concerne l'adaptation à la rareté de l'eau. En particulier, la région autour de l'agglomération de Sfax présente des spécificités locales intéressantes (forte demande en eau, importance des réserves d'eau souterraines, forte identité régionale).

Plus précisément, le système local de gestion de l'eau qu'on cherche à étudier est, idéalement, un système territorial dont tous les usages exploiteraient en commun la même ressource en eau, de manière à voir fonctionner sur ce territoire tous les mécanismes d'adaptation à la rareté de l'eau. La définition d'une telle « unité territoriale de ressources en eau » (Mermet et Treyer, 2001) se fait nécessairement à l'échelle régionale et c'est donc la « région de Sfax » qui nous intéresse, mais on voit sur cet exemple que la délimitation de cette « région » pose problème. Les ressources en eau dont dispose Sfax sont surtout souterraines : des nappes phréatiques utilisées essentiellement par l'agriculture, très surexploitées, et une nappe profonde plus ou moins saumâtre et peu renouvelable. C'est cette nappe profonde que l'ensemble des usages de la région envisagent d'utiliser à l'avenir pour s'approvisionner et de nombreux projets de mise en exploitation supplémentaire existent déjà aujourd'hui. On peut grossièrement faire l'approximation que le terri-toire qui peut bénéficier de ces ressources souterraines est celui du gouvernorat de Sfax (dans ses limites administratives). Cependant le système d'approvisionnement en eau local comporte dès aujourd'hui des entrées et sorties importantes : il s'agit de transferts d'eau depuis des régions voisines et même depuis le Nord du pays, qui approvisionne les villes en eau potable.

Figure 1. Représentation du système des flux d'eau dans le gouvernorat de Sfax

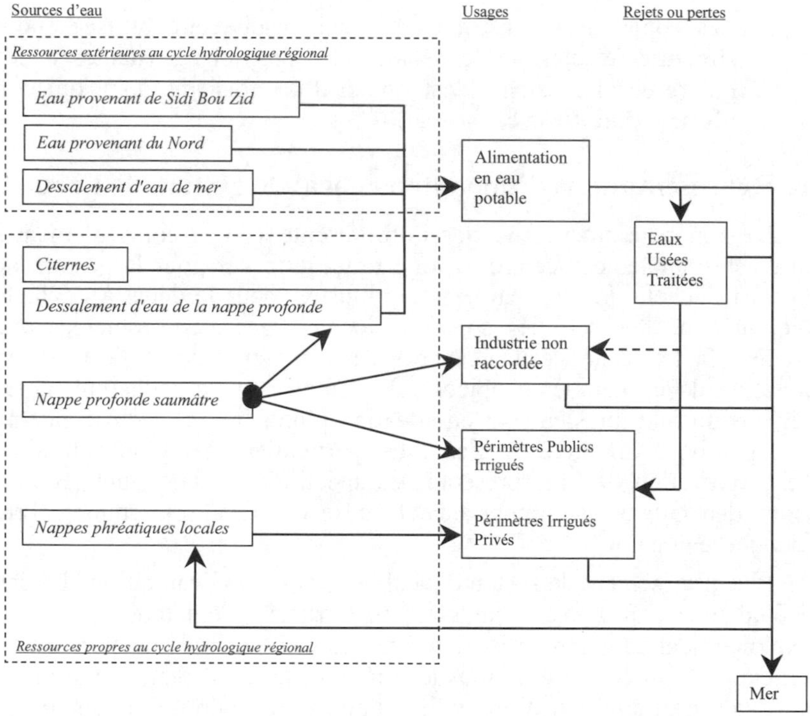

Sources d'eau   Usages   Rejets ou pertes

Ressources extérieures au cycle hydrologique régional

- *Eau provenant de Sidi Bou Zid*
- *Eau provenant du Nord*
- *Dessalement d'eau de mer*

Alimentation en eau potable

Eaux Usées Traitées

- *Citernes*
- *Dessalement d'eau de la nappe profonde*

Industrie non raccordée

Nappe profonde saumâtre

Périmètres Publics Irrigués

- *Nappes phréatiques locales*

Périmètres Irrigués Privés

Ressources propres au cycle hydrologique régional

Mer

La figure 1 représente le système des ressources à l'échelle locale. Ces ressources sont utilisées pour différents types d'activités dans toute la région. Néanmoins, le territoire du gouvernorat de Sfax concentre ses activités dans l'agglomération de Sfax, actuellement deuxième ville de Tunisie en termes démographiques et métropole du Sud tunisien ; elle monopolise la plupart des opportunités de développement de la région à l'heure actuelle.

On trouvera en figure 2 la carte du gouvernorat et ses limites administratives. L'arrière-pays est une région semi-aride où l'olivier est prépondérant et qui est encore peu irriguée aujourd'hui. D'après le schéma d'aménagement du territoire existant (MEAT, 1997 ; MEAT, 1995), le développement de l'arrière-pays qui conditionne le développement de l'ensemble du gouvernorat repose notamment, en dehors des investissements concernant les infrastructures, sur l'intensification de l'agriculture et en particulier le développement de l'agriculture irriguée. Or les nappes phréatiques qui sont les principales sources d'approvisionnement en eau de l'agriculture irriguée sont déjà largement surexploitées, comme le montre la figure 2.

**Figure 2. Les nappes phréatiques du gouvernorat
de Sfax et leur mise en exploitation**

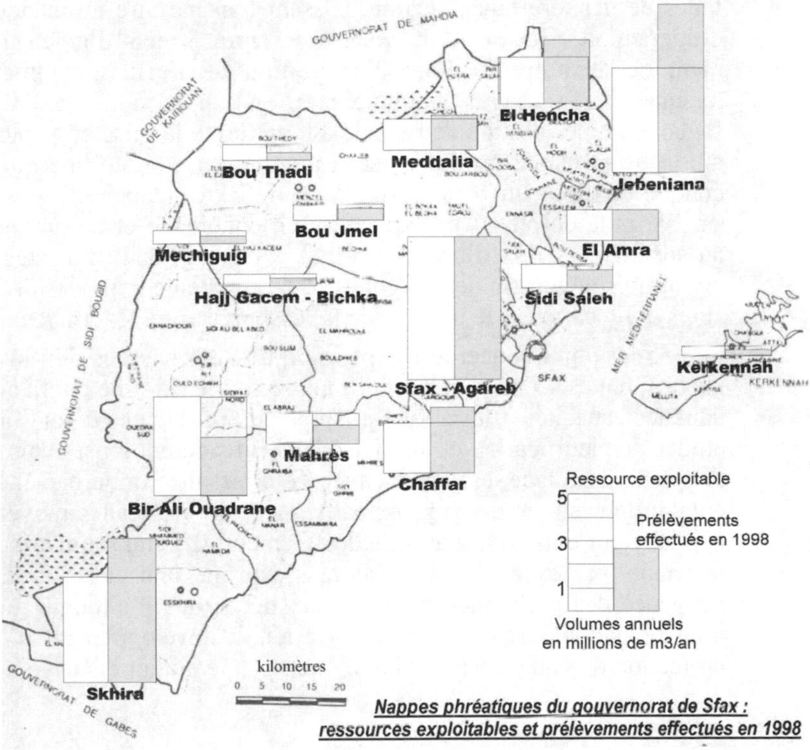

Appuyées sur cette représentation du système, les anticipations du futur à long terme formulées au cours d'une enquête auprès des acteurs principaux du système, ou recensées dans les documents de planification régionale existants, permettent de synthétiser en quelques points l'état initial des perceptions de l'avenir à long terme des usages de l'eau dans le gouvernorat.

1) Les acteurs régionaux de la gestion de l'eau et de ses usages expriment une impression générale de non visibilité des évolutions à venir, à cause de grands facteurs d'incertitude qui affectent les potentialités de développement futur, comme la libéralisation des échanges à travers la Méditerranée.

2) L'enquête sur les enjeux importants à long terme met en évidence un manque de mobilisation des agents économiques, notamment agricoles, vis-à-vis des problèmes de leur approvisionnement en eau potentiel, problèmes laissés aux bons soins de l'administration.

3) Les anticipations sectorielles des besoins en eau à long terme, faites de manière indépendante, laissent transparaître un manque d'interaction et de mise en cohérence entre projets d'aménagement du territoire et projets de gestion de l'eau, notamment lorsque tous les usages (eau potable, irrigation, et industrie) envisagent comme solution de recours à long terme la mise en exploitation de la nappe profonde, sans prendre en compte une quelconque possible limite d'exploitation de cette nappe[3]. Il nous a semblé utile de retrouver cette mise en cohérence et de préférer au schéma des flux d'eau de la figure 1 le schéma du système d'approvisionnement de la figure 3, qui prend en compte les décisions d'allocation et le partage de la ressource entre les usages.

4) Le dernier point concerne l'expression de deux visions de l'avenir différentes. D'un côté on fait montre d'une certaine confiance dans les capacités à faire face à temps aux problèmes d'eau : les études de planification de la SONEDE[4] considèrent ainsi avoir le temps de faire face, car la tendance de croissance de la demande en eau domestique est approximativement donnée et les moyens d'y subvenir existent (usines de dessalement de l'eau saumâtre de la nappe, par exemple). De l'autre s'exprime une alerte face à l'urgence des problèmes d'eau et aux nécessités d'anticiper des transitions douloureuses : une association de développement et de protection de la nature prévoit par exemple de potentiels dysfonc-

---

[3]   Il est à noter que cette nappe est officiellement considérée comme renouvelable avec un seuil de renouvelabilité estimé à 25 millions de mètres cubes exploités chaque année. Mais les dernières recherches hydrogéologiques appliquées à cette nappe la présentent plutôt comme une nappe qui n'est pas renouvelable à l'échelle de quelques générations humaines, mais dont le stock serait immense (Maliki, 2000). Le débat sur la mise en exploitation de cette nappe comme une ressource renouvelable ou comme une ressource minière n'est aujourd'hui pas encore ouvert.

[4]   Société nationale d'exploitation et de distribution des eaux, en charge de l'approvisionnement en eau potable.

tionnements chroniques, surtout vu l'absence de lisibilité des évolutions à venir.

Figure 3. Représentation du fonctionnement du système d'approvisionnement en eau dans le gouvernorat de Sfax[5]

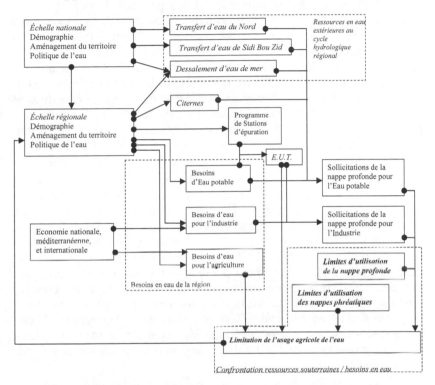

À partir de ces éléments de représentation du système local de gestion de l'eau et au vu du débat entre visions de l'avenir différentes qu'on a mis en évidence lors de l'enquête, on a donc procédé à un travail de construction de scénarios prospectifs contrastés, qui puissent mettre en

---

[5] Fonctionnement du système d'approvisionnement en eau en 2000. Les usages semblent s'approvisionner à des sources distinctes ; mais la nappe profonde est, pour les trois usages, une solution potentielle d'approvisionnement en cas de limitation des autres ressources. Les différents compartiments du système sont donc interreliés à travers cette sollicitation de la nappe profonde. Les usages « eau potable » et « industrie » sont prioritaires sur l'usage agricole : c'est donc cet usage qui subira une éventuelle limitation des prélèvements sur la nappe profonde. Mais la limitation de l'activité agricole peut avoir un impact global sur l'activité économique du gouvernorat et donc sur son attractivité.

évidence les enjeux majeurs à long terme pour l'équilibrage entre demandes en eau et ressources en eau disponibles[6].

2. Construction de scénarios

En construisant des scénarios de développement à long terme du gouvernorat de Sfax sous la contrainte de la limitation de la ressource en eau, on cherche à intervenir sur les conjectures à long terme existant à l'échelle locale, mais aussi sur le débat plus général sur la gestion des ressources en eau. Cette intervention consiste avant tout à structurer les anticipations du long terme existantes en leur donnant une forme rigoureuse, c'est-à-dire en les développant à partir de règles de construction claires qui permettent leur mise en discussion. Le double souci qui préside à la construction de ces scénarios est donc à la fois de représenter des scénarios d'évolution pertinents vis-à-vis du débat existant et de le faire selon une méthode de construction la plus transparente possible.

La première étape de cette phase de construction des scénarios a consisté à choisir une représentation du système local de gestion de l'eau. On a présenté rapidement dans le paragraphe précédent les enjeux correspondants. La représentation choisie ici, celle de la figure 3, qui est axée sur le fonctionnement du système d'approvisionnement en eau avec ses règles de partage de l'eau, reste proche de la représentation technique du système des flux d'eau qui préside généralement aux raisonnements sur la gestion de la ressource en eau, notamment chez les ingénieurs chargés de cette gestion au commissariat régional au Développement agricole (dépendant du ministère de l'Agriculture). Cette représentation paraît acceptable pour les acteurs principaux du débat tout en permettant de mettre en discussion le fonctionnement des règles de partage de l'eau.

La deuxième étape a consisté, à partir (1) de cette représentation du système d'approvisionnement, (2) du matériau d'enquête sur les évolutions à venir, et (3) d'études rétrospectives sur les tendances qu'on peut trouver dans la littérature, à formuler et à quantifier un jeu réduit d'hypothèses d'évolution alternatives pour un nombre restreint de processus d'évolution jugés fondamentaux. Par exemple, on a choisi de tenir compte de trois hypothèses possibles d'évolution démographique à long terme de l'agglomération de Sfax, suivant en cela un exercice de prospective pour l'aménagement de l'agglomération (CAR – Plan Bleu, 1995, 1996 et 1998). On a choisi de tenir compte de deux hypothèses possibles d'évolution à long terme de la demande unitaire en eau potable urbaine, issues de discussion avec le bureau d'études de la SONEDE et

---

[6]   Sur les méthodes de scénarios, voir chapitre IV.

du Plan de gestion de l'eau de l'agglomération (CAR – PAP, 1997 et 1998). La liste de tous les processus d'évolution dont il a été tenu compte dans ces scénarios se trouve dans la figure 4.

La troisième étape a consisté à choisir, parmi la multitude de combinaisons possibles de toutes ces hypothèses alternatives sur chacun des processus, une sélection de trois combinaisons d'hypothèses devant former chacune le squelette de l'un des scénarios. Pour cela on a cherché à construire des scénarios les plus pertinents possibles, dans le cadre du débat considéré et de l'état des anticipations du long terme constaté initialement, en se donnant les grandes lignes de l'intrigue[7] de chacun des scénarios. On a en particulier choisi de construire deux scénarios tendanciels, pour montrer qu'il est possible de se donner des images du futur plausibles et cohérentes malgré les fortes incertitudes existantes, mais que la tendance n'est pas donnée d'avance, et pour souligner que les acteurs, notamment locaux, disposent d'une marge de manœuvre. On leur a adjoint un scénario de rupture, pour montrer que les changements subis par le système pouvaient être importants.

Le premier scénario tendanciel illustre que l'aménagement du territoire et l'ensemble des acteurs locaux du développement doivent être très vigilants quant aux problèmes de disponibilités régionales et nationales en eau. Il est construit sur l'intrigue suivante :

Une politique très volontariste d'aménagement du territoire se met en place dans la région. État et acteurs locaux sont dans un jeu complexe de négociation du financement des projets régionaux de développement, qui ne permet pas de bien prendre en compte la limitation de la ressource en eau. Avec le temps, le modèle de développement dans lequel on a beaucoup investi est finalement remis en cause par manque d'eau.

Le second scénario tendanciel illustre que, sans politique d'aménagement du territoire, il est difficile de bien prendre en compte la gestion économe des ressources en eau, et qu'un certain nombre de transitions doivent être anticipées largement à l'avance. Il est construit sur l'intrigue suivante :

À cause de la rareté de l'eau entre autres, l'emploi agricole dans la région chute brutalement. La ville de Sfax doit absorber cette main d'œuvre, ce qui accélère la survenue de problèmes d'approvisionnement en eau, dont elle parvient finalement à s'affranchir partiellement.

Le troisième scénario, de rupture, illustre l'importance des rapports de pouvoir et du jeu des différents acteurs, qui peuvent tout autant faciliter que rendre inopérants les efforts de rationalisation des usages de

---

[7]   C'est-à-dire du schéma narratif autour duquel est construit le scénario. Sur la mise en intrigue, voir chapitre V.

l'eau. Il se propose aussi d'illustrer le fait que l'eau pourrait même devenir à Sfax le moteur d'un projet d'aménagement du territoire. Il est construit sur l'intrigue suivante :

À cause de la libéralisation des échanges agricoles méditerranéens et internationaux, la priorité donnée habituellement à l'alimentation en eau potable par rapport à l'irrigation dans l'accès à l'eau est inversée dans la région de Sfax. S'ensuit le développement d'un projet urbain très contraint par les limites de disponibilité d'eau, forcé de choisir des options de développement innovantes qui se révèlent avec le temps être un atout pour cette agglomération. Mais il reste en concurrence avec un projet agricole utilisant beaucoup d'eau mais de manière très rationalisée.

Pour chacune de ces trois intrigues, le tableau de la figure 4 récapitule les trois combinaisons d'hypothèses sur les différents processus pris en compte.

Figure 4. Extrait du tableau de contraste des hypothèses entre les scénarios

Processus	Scénario « Aménagement du Territoire »	Scénario « Développement spontané »	Scénario « Expérience pilote »
D 1 – *Développement de l'agglomération de Sfax*	D 1 a : Désaffection	D 1 c : Non migration	D 1 b : Mise en valeur
D 2 – *Développement d'autres centres urbains*	D 2 a : Développement	D 2 b : Non développement	D 2 a : Développement
D 3 – *Croissance de la population rurale*	D 3 a : Maintien de l'activité rurale	D 3 b : Exode rural	D 3 a : Maintien de l'activité rurale
P 1 – *Évolution de la consommation unitaire domestique dans la ville de Sfax*	P 1 b : Évolution spontanée de la demande	P 1 b : Évolution spontanée de la demande	P 1 a : Économies d'eau
R 1 – *Approvisionnement à partir des eaux du Centre*	R 1 a : Développement de Sidi Bou Zid	R 1 b : Non développement de Sidi Bou Zid	R 1 a : Développement de Sidi Bou Zid
R 2 – *Approvisionnement à partir des eaux du Nord*	R 2 b : Restriction générale à partir de 2010	R 2 a : Montée en puissance de Gabès et du Sud	R 2 c : Stabilité de l'allocation à Sfax
R 3 – *Citernes urbaines*	R 3 b : Abandon	R 3 b : Abandon	R 3 a : Développement des citernes
R 4 – *Dessalement*	R 4 a : Dessalement de l'eau saumâtre seulement	R 4 b : Dessalement de l'eau de saumâtre et de l'eau de mer	R 4 b : Dessalement de l'eau saumâtre et de l'eau de mer
A 1 – *Évolution des prélèvements sur les nappes phréatiques*	Développement de l'exploitation de la nappe de Bir Ali Ouadrane.	Diminution des prélèvements sur les nappes surexploitées et polluées	Recharge des nappes surexploitées. Développement de la nappe de Bir Ali Ouadrane.

Cette combinatoire constitue un élément important de communication des scénarios, car elle illustre qu'un jeu réduit d'hypothèses et de processus peut mener à des futurs très différents.

La quatrième étape a consisté à calculer, grâce à la modélisation du système d'approvisionnement en eau choisie à l'étape 1 et à partir de la quantification des hypothèses effectuée à l'étape 2, les évolutions de l'équilibre entre ressources et demandes en eau au cours de chacun des scénarios. La figure 5 présente, pour le premier scénario, intitulé « Aménagement du territoire », les évolutions prévues des besoins en eau qui cherchent à s'approvisionner sur la nappe profonde et les prélèvements « réels » (tels que le scénario fictif les présente) que la nappe profonde permettra.

La cinquième étape a consisté, pour chaque scénario, à mettre en récit l'intrigue, la combinaison d'hypothèses et les calculs de ressources et de demandes en eau. C'est ce récit qui donne la cohérence d'ensemble au scénario, notamment en réintroduisant le contexte économique, social et politique du système technique d'approvisionnement considéré initialement.

Enfin, la dernière étape consiste à agencer tous ces éléments en fonction de choix de mise en forme des scénarios. Ces choix de présentation ont déjà contribué à structurer le cahier des charges qui a guidé les différentes étapes méthodologiques précédentes. Ils sont essentiels aussi pour la communicabilité des scénarios et leur aptitude à être mis en discussion. Chaque scénario doit ainsi comporter : une liste structurée d'hypothèses de construction, une évaluation quantitative des ressources et des besoins en eau, un récit de l'histoire future du système d'approvisionnement et une représentation géographique de l'exploitation des nappes phréatiques à la date de fin du scénario, comparable à celle de la figure 2.

**Figure 5. Courbes d'évolution des demandes de prélèvement
et des prélèvements réels sur la nappe profonde,
dans le cas du scénario « Aménagement du territoire »**

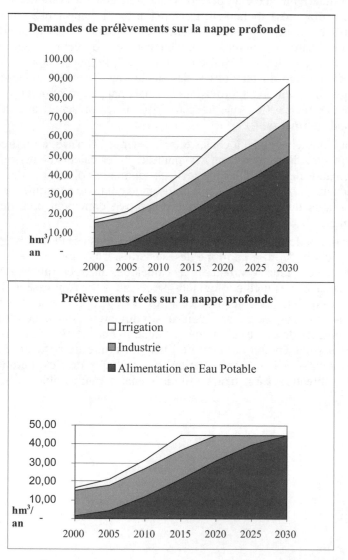

On résume ici le scénario de rupture « Expérience pilote » (troisième scénario). En retraçant les grandes lignes du scénario, on illustre que la mise en forme des enchaînements d'événements que permet le récit est essentielle à la cohérence et à la plausibilité de la conjecture, et que le récit permet aussi de faire tenir ensemble des processus et des événements assez disparates, d'ordre très différents, et qui pourtant sont bien, pris ensemble, les moteurs des évolutions à long terme.

Pour anticiper l'impact de la libéralisation des échanges agricoles, l'État tunisien lance en 2003 une expérience pilote de « zones franches agricoles » dans les régions maraîchères du gouvernorat de Sfax. La préservation de la ressource en eau y prend une place importante, grâce à un système technique élaboré et interconnecté de recharge des nappes. Dans ces zones le secteur agricole se modernise et se concentre en grandes entreprises agricoles performantes, qui permettent de préserver un fort emploi agricole. L'expérience pilote est un succès et des villes de travailleurs agricoles se développent près du littoral autour de Skhira et de Jebeniana, qui utilisent la plus grande part de l'eau provenant du gouvernorat de Sidi Bou Zid.

L'État s'investit beaucoup dans cette gestion de l'eau pour les « zones franches agricoles » et choisit de décentraliser la production et la distribution d'eau potable en les confiant aux conseils d'agglomération, tout en gardant la mainmise sur l'allocation nationale de la ressource en eau. Ce partage devient très vite plutôt défavorable à une grande ville comme Sfax, vu la croissance des autres régions et vu la nécessité pour l'État de garantir à son expérience agricole pilote toutes les conditions de succès par un approvisionnement en eau à partir du réseau national d'interconnexion.

En conflit avec l'expérience pilote soutenue par l'État, mais gagnant en autonomie, la ville de Sfax doit donc s'assurer elle-même de son approvisionnement en eau et lance très tôt un programme de dessalement de l'eau saumâtre de la nappe profonde et aussi de l'eau de mer, ainsi qu'une remise en marche du système de citernes urbaines et domestiques et un programme d'économies d'eau. Elle prend alors le chemin innovant d'un développement urbain centré sur la gestion économe de l'eau. Elle trouve là un levier qui va lui permettre un nouvel essor économique et lui donner un rayonnement international.

Le reste de l'arrière pays n'est pas touché par le programme agricole de l'État et les entreprises sfaxiennes spécialisées dans les projets de développement alternatifs commencent à s'y intéresser en 2020. Elles y lancent au cours de la décennie 2020-2030 des projets centrés sur des cultures pluviales diversifiées, des techniques traditionnelles de conservation des eaux et des sols, la réinstallation d'habitat rural et un tourisme qui bénéficie du renouveau de ce territoire.

L'affrontement entre la ville de Sfax et le pouvoir central culmine lorsque l'État, en 2020, arbitre contre l'approvisionnement de Sfax en eau potable et en eau pour l'industrie à partir de la nappe profonde, au profit des zones de l'expérience pilote agricole, puis lorsque le Conseil national de l'eau chargé du partage quelques années plus tard réitère cet arbitrage de manière encore plus sévère en 2028. Menacé de plus par la pollution de son littoral due aux rejets de l'Expérience pilote agricole, le conseil d'agglomération de Sfax organise alors un mouvement de contestation des mécanismes d'allocation nationale de l'eau qui pourrait bousculer la structure et les équilibres du système politique national.

Grâce à cette succession d'étapes, on espère rendre la méthode de construction des scénarios la plus transparente possible. Chaque scénario est un argument pour mettre en discussion une des anticipations de l'avenir à long terme recensées grâce à l'enquête initiale. Il a été construit en chambre, par un observateur extérieur, après une série d'entretiens avec des experts et des acteurs locaux.

Lors de la mise en discussion avec les acteurs de ces conjectures à long terme reformulées, en cas de désaccord avec l'argument avancé, la transparence de la méthode utilisée doit permettre de remonter aux fondements du scénario et d'identifier l'hypothèse de construction sur laquelle repose le désaccord dans l'appréhension de l'avenir du système.

3. Des scénarios pertinents pour un moment particulier du débat : à l'appui de quels arguments ? Pour quel développement futur de la région de Sfax ?

La dernière phase de la démarche de prospective consiste à mettre en discussion ces scénarios. La section précédente explicite comment on a tâché, par le contenu et la construction mêmes des scénarios de faciliter cette mise en discussion, notamment par le souci de relier clairement les scénarios à l'état initial des conjectures que portaient les participants au débat eux-mêmes sur la gestion à long terme de la ressource en eau dans la région de Sfax.

Dans le cadre du débat régional sur les options de développement de la région de Sfax, les scénarios ont été utilisés de la manière suivante. Un certain nombre de conclusions ont pu être tirées de ces conjectures à long terme. Il s'agit notamment de remises en cause de la représentation initiale de l'avenir du système d'approvisionnement en eau régional, remise en cause que les scénarios permettent d'argumenter. On a donc discuté la validité et la pertinence de ces conclusions avec les acteurs rencontrés initialement, les scénarios venant en appui à cette discussion pour conforter la plausibilité de telle évolution à long terme, ou de telle boucle de rétroaction.

Ces raisonnements, qui remettent en cause ou poussent dans leurs retranchements les représentations initiales du système, sont les suivants. Les trois scénarios montrent l'importance que pourrait revêtir à l'avenir une implication plus forte des organisations professionnelles dans les problèmes qui concernent leur approvisionnement en eau et notamment dans la nécessaire mise en cohérence des options d'aménagement du territoire avec les limites d'exploitation de la ressource en eau. Ils mettent aussi en évidence le poids des arbitrages effectués à l'échelle nationale sur la région de Sfax, tant en ce qui concerne le développement et les projets d'aménagement du territoire, qu'en ce qui concerne le partage de l'eau à l'échelle nationale. Ils mettent l'accent sur les problèmes que pourrait provoquer un trop fort déséquilibre entre l'agglomération de Sfax et son arrière-pays. Mais ils suggèrent aussi qu'il est possible de faire de la rareté de l'eau un levier activement saisi plutôt qu'une limite passivement subie du développement local.

Concrètement, les acteurs régionaux rencontrés pour mettre en discussion ces scénarios ont validé comme plausibles les représentations de l'état futur à long terme du système d'approvisionnement de la région et les mécanismes d'évolution qui pouvaient y mener. Ils ont validé aussi les conclusions qui en avaient été tirés comme étant pertinentes dans l'état actuel du débat. Ces conjectures à long terme présentaient l'intérêt de pousser des hypothèses d'évolution sectorielles, qui servent habituellement de vision de l'avenir partielle, jusqu'à la représentation d'une image systémique du futur. Les acteurs rencontrés ont pu utiliser ces images complètes du futur pour rendre plus précise leur analyse des dysfonctionnements du système actuel de décision pour la gestion de l'eau et des grands enjeux de changement social, politique et institutionnel que cela pose.

Dans le cadre du débat mondial sur la capacité d'adaptation et sur la limitation du développement des pays par la disponibilité des ressources en eau naturelles[8], ces trois scénarios peuvent être versés au dossier en tant que tels, pour illustrer que les enjeux à long terme de la gestion de la ressource en eau sont largement spécifiques à chaque région. Mais ils permettent surtout d'appuyer quelques recommandations. En premier lieu, ils soulignent la nécessité de mettre en cohérence politique d'aménagement du territoire et politique de gestion de l'eau, et illustrent concrètement quelles pourraient être les modalités d'une telle mise en cohérence. Ils illustrent aussi l'intérêt d'un éventuel apprentissage local des nécessités de la gestion de la demande en eau, même imposé par les limitations locales de la ressource en eau, pour développer des solutions innovantes (techniques, institutionnelles) : cela remet en question les principes de solidarité entre régions qui président généralement aux politiques de transfert d'eau sur de longues distances.

Plus généralement encore, ces scénarios rappellent combien les dimensions sociale, politique, institutionnelle et organisationnelle, jouent

---

[8]   Voir chapitre IX.

un rôle essentiel dans la capacité d'adaptation des pays aux problèmes posés par la rareté de l'eau. Il s'agit notamment d'illustrer simplement, en partant du simple cadre technique qui décrit les évolutions des flux d'eau locaux, que les modalités de l'action publique peuvent être durablement modifiées par des crises à venir ou devraient être grandement modifiées pour éviter des crises à venir. Le lien entre l'État et les acteurs locaux, notamment en ce qui concerne les choix de développement local, pourrait subir d'importants changements : organisation plus affirmée des filières agricoles sur des thèmes précédemment réservés à l'administration, perte de pouvoir de l'État par perte de sa fonction de garant de l'approvisionnement en eau, degrés plus ou moins importants de décentralisation, place des groupes d'intérêt dans le partage de l'eau, représentation des citoyens dans ces choix...

Ces scénarios illustrent les modalités très simples qui font que la transition à venir, due à la limitation des ressources en eau, peut remettre en cause le rapport de pouvoir politique entre l'État, les usagers de l'eau, et l'ensemble des citoyens. La capacité d'adaptation d'un pays et d'un État à la rareté de l'eau consiste donc particulièrement en une capacité au changement technique, une capacité au changement institutionnel, mais aussi une capacité d'évolution des équilibres politiques, l'importance de cette dernière capacité étant souvent minimisée dans le débat à long terme sur la gestion de l'équilibre entre ressources et demandes en eau.

Conclusion

Cette présentation d'une démarche prospective centrée sur la construction de scénarios régionaux montre que l'on peut, en s'appuyant sur le contenu technique habituel[9] des représentations du système de gestion de l'eau et de ses évolutions à venir, construire des scénarios contrastés, qui permettent de faire porter le débat sur les orientations technico-économiques du développement et la prise en compte des éléments déterminants du contexte social et politique, allant ainsi bien au-delà des aspects micro-économiques de réduction des pertes dans les réseaux et d'augmentation de l'efficience à la parcelle sur lesquels discussions et travaux se focalisent encore trop souvent.

Cette ouverture du débat n'est cependant assurée que si la transparence des scénarios permet de comprendre comment ils ont été construits et de valider leur plausibilité. Dans le cadre du débat national (en Tunisie) ou régional (à Sfax), au-delà de la validation des scénarios et de l'analyse approfondie des enjeux de long terme qu'ils ont permis, on pourrait pousser plus loin leur utilisation en leur faisant jouer le rôle de

---

[9]   C'est-à-dire les connaissances de l'hydrologie, les modèles, les bases de données, etc.

« contre-expertises » pour mettre en discussion la légitimité de telle décision d'aménagement ou de telle programmation d'investissement. Il s'agirait là d'une autre phase du travail[10] et cela nécessiterait notamment qu'un des acteurs locaux du processus de planification pour la gestion des eaux se saisisse de ces scénarios.

En ce qui concerne le débat mondial sur la transition vers une gestion durable de l'équilibre entre ressources et demandes en eau, ces scénarios illustrent simplement, dans le cas concret et localisé d'une région particulière et de son jeu d'acteurs spécifique, la validité d'une problématisation qui ne se borne pas à la recherche de solutions technico-économiques optimales, mais donne aussi une importance majeure aux équilibres sociaux et politiques dans la capacité d'adaptation aux problèmes de rareté de l'eau.

Références bibliographiques

CAR – PAP, *Plan de gestion des ressources en eau pour la zone de Sfax*, Programme des Nations Unies pour l'Environnement, Plan d'Action pour la Méditerranée, Centre d'Activités Régionales – Programme d'Actions Prioritaires, Split, juillet 1997 et juin 1998, 5 volumes.

CAR – Plan Bleu, *Programme d'Aménagement Côtier de la zone de Sfax, Analyse systémique et prospective*, Programme des Nations Unies pour l'Environnement, Plan d'Action pour la Méditerranée, Centre d'Activités Régionales – Plan Bleu pour la Méditerranée, Sophia Antipolis, août 1995, novembre 1996 et janvier 1998, 5 volumes.

Maliki, My A., *Étude hydrochimique et isotopique de la nappe profonde de Sfax (Tunisie)*, Tunis, Thèse de doctorat en géologie, Université Tunis II, Faculté des Sciences, 2000.

MEAT, *Schéma Directeur d'Aménagement du Grand Sfax*, ministère tunisien de l'Environnement et de l'Aménagement du territoire, Tunis, novembre 1997.

MEAT, *Atlas du gouvernorat de Sfax*, ministère tunisien de l'Environnement et de l'Aménagement du territoire, direction générale de l'Aménagement du territoire, Tunis, 1995.

Mermet, L., Treyer, S., « Quelle unité territoriale pour la gestion durable de la ressource en eau ? », *Responsabilité et Environnement*, Paris, mars 2001.

Treyer, S., *Analyses des stratégies et prospectives de l'eau en Tunisie*, Rapport II : Prospective de l'eau en Tunisie, Plan Bleu, Sophia Antipolis, novembre 2002.

---

[10] Et on sortirait ici du cadre de la commande de l'étude, qui considérait le gouvernorat de Sfax comme un terrain d'étude pour un exercice de prospective et non comme un terrain d'intervention pour modifier le processus de planification. « L'exercice de prospective » se devait, dans les circonstances politiques particulières du terrain d'étude, de se borner autant que possible à sa réputation d'innocuité en tant qu'exercice de style de type académique.

CHAPITRE XI

Réaliser une prospective environnementale de territoires dans un projet de recherche

L'exemple de la Camargue

Xavier POUX

1. Introduction : développer une offre méthodologique en matière de prospective environnementale de territoire

a. Une forte demande de prospective dans les programmes de recherche sur l'environnement au niveau territorial mais une offre qui reste rare

Quand, en 1996, nous avons soumis comme projet dans le cadre du Programme national de recherche sur les zones humides (PNRZH) une recherche sur la « Méthodologie de prospective des zones humides à l'échelle micro-régionale – problématique de mise en œuvre et d'agrégation des résultats » (Poux *et al.*, 1996), nous avions déjà comme hypothèse fondatrice celle qui constitue le fil directeur du présent ouvrage : il est possible et nécessaire de construire une démarche prospective dans le cadre de projets de recherche sur l'environnement, notamment lorsque ces recherches visent à appréhender des territoires. Depuis lors, cette problématique s'est avérée en phase avec une demande qui s'exprime de plus en plus nettement dans les programmes et projets de recherche sur l'environnement au niveau territorial en France : intégrer la dimension prospective dans l'étude des socio-écosystèmes. On citera comme témoins de cette dynamique le cadrage donné aux zones ateliers du PEVS (Lévêque *et al.*, 2000) et les réflexions du Cemagref en matière de prospective. Les journées du PEVS de mars 2001 (Jollivet, 2001) peuvent être considérées comme des jalons révélateurs de l'acuité croissante de cette demande.

Pourtant, au moment où nous écrivons ces lignes, courant 2003, force est de constater que les expériences de prospective environnementale engagées dans le cadre de démarches et programmes de recherche sur des territoires et l'environnement restent embryonnaires dans le paysage national[1].

Quelques rares exemples isolés peuvent être cités qui reposent explicitement sur des problématiques de recherche. On peut citer par exemple la construction de scénarios de gestion de l'espace par des exploitations agricoles (Deffontaines *et al.*, 1994 ; Thenail *et al.*, 1997 ; Baud, 1991), la prospective paysagère (Michelin, 1997). Néanmoins, la très grande majorité des prospectives territoriales les plus abouties restent (i) en marge des projets de recherche[2] et/ou (ii) peu centrées sur l'analyse de l'environnement – voir par exemple (CES Midi-Pyrénées, 2000) et/ou (iii) souvent entreprises à une échelle où le territoire est analysé au niveau de la région (au sens administratif du terme) ou au-delà.

Dans ce contexte, les recherches engagées dans le cadre du PNRZH sur la prospective des zones humides peuvent être considérées comme pionnières d'un type de travaux amenés à se développer, que nous appelons ici la prospective environnementale de territoires (PENTE dans la suite du document). La démarche entreprise sur la Camargue est ici analysée comme un cas illustrant à la fois les ressources théoriques et méthodologiques mobilisables et les enjeux à considérer dans une démarche de prospective environnementale appliquée à un territoire.

b. La problématique abordée : entreprendre une réflexion méthodologique sur la prospective environnementale de territoires

La conduite d'une prospective environnementale à l'échelle de territoires, en tant que volet intégré dans un projet de recherche, suppose une réflexion méthodologique spécifique. Quelles démarches, quelles méthodes de prospective mettre en œuvre pour conduire des conjectures fondées, dont le statut méthodologique soit tel que les résultats puissent être discutés dans le cadre de projets de recherche, au même titre que des résultats issus d'autres approches, économiques, géographiques, écologiques, etc. ? Ce cadrage ancré notamment dans un champ disciplinaire « prospective »[3], centré sur les méthodes productrices d'un contenu prospectif, laisse en aval de notre questionnement un autre volet

---

[1]   Alors que la participation à des prospectives environnementales globales (changement climatique) est davantage développée. Nous ne rentrons pas dans le champ de notre analyse les projets de prospective actuellement en cours, sur la Seine (PIREN Seine) ou la Drôme, dont les résultats ne sont pas encore publiés.

[2]   Même si de nombreux chercheurs sont mobilisés à titre d'experts dans la réalisation d'exercices de prospective régionale.

[3]   Voir chapitre III.

important de la discussion qui serait la manière dont les résultats peuvent être valorisés, en particulier dans un cadre interdisciplinaire.

Nous défendons en somme l'intérêt d'une réflexion spécifique sur le plan méthodologique, affirmant l'intérêt d'une réflexivité sur les méthodes et démarches qui produisent les conjectures. Nous distinguons ainsi notre réflexion de celles qui portent sur les procédures d'animation au sein de projets de recherche et/ou de dialogue entre chercheurs et « usagers » de la recherche (gestionnaires notamment)[4].

Pour traiter cette question, nous aborderons dans une première partie des enjeux liés à l'inscription d'une réflexion prospective dans des projets de recherche portant sur des socio-écosystèmes « territorialisés », en faisant l'hypothèse que la nature même de l'objet territorial a des conséquences sur la manière d'appréhender une démarche prospective. La seconde partie approfondit la manière dont la problématique prospective a pu être posée dans le cas de la Camargue, en défendant l'idée que les « *questions au futur* » ne s'imposent pas d'elles-mêmes (elles ne renvoient pas à un donné) mais qu'elles se construisent, construction qui conditionne l'ensemble de la démarche. La troisième partie du chapitre développe un scénario sur la Camargue, visant à montrer par l'exemple la nature des produits obtenus dans le cadre de la démarche. La quatrième partie propose un retour sur les enseignements méthodologiques que l'on peut tirer de la démarche engagée sur la Camargue. Enfin la conclusion reviendra sur les perspectives de développement de recherches en prospective environnementale à l'échelle de territoires.

c. Quel statut de la recherche sur la PENTE ?

Notre objet et notre problématique étant posés – une réflexion sur les démarches et méthodes mobilisables pour conduire une PENTE dans le cadre de projets de recherche – trois points méritent ici des précisions préalables.

En premier lieu, il faut procéder à une précision sémantique. L'objet de la recherche en prospective engagée ici porte à la fois sur des aspects de « démarche » et de « méthode », termes que l'on retrouvera dans la suite du texte. La notion de démarche telle qu'elle est entendue ici embrasse le projet et la cohérence d'ensemble d'une opération de prospective, qui se traduisent notamment par un enchaînement d'étapes dans la construction et la mise en discussion des conjectures[5]. Les méthodes se comprennent à un niveau plus opérationnel et portent sur la manière de mettre en œuvre tel ou tel volet d'une démarche prospective.

---

[4]   Voir chapitre I.

[5]   Voir chapitre II.

Dans l'exercice sur la Camargue que nous développons ici, nous verrons que la démarche repose sur l'articulation d'une phase de construction de problématique, d'une phase de construction de résultats et d'une phase d'interprétation et de discussion de ces résultats. Notre objectif est de faire ressortir comment ces étapes, somme toute classiques, se déclinent de manière spécifique dans le cadre d'un projet de recherche pluridisciplinaire sur l'environnement. À ces questions se combinent d'autres, portant sur des enjeux de méthodes – conduite des entretiens, méthodes de scénarios, construction de grilles d'analyse – qui doivent être adaptées pour chaque étape de la démarche.

En second lieu nous voudrions préciser que si notre réflexion vise à une autonomie quant à son champ de recherche – la recherche sur la prospective environnementale territoriale comme activité scientifique, possédant ses ressources théoriques et méthodologiques propres – il est clair qu'elle ne se conçoit pleinement qu'en lien avec d'autres recherches en environnement portant sur les mêmes objets territoriaux. Ne serait-ce que parce que la prospective ne génère pas ses propres données, elle ne peut être conduite *in abstracto*, indépendamment des résultats et des questions posées par d'autres disciplines. À cet égard, la recherche en prospective a un statut proche de celle portant par exemple sur des méthodes d'analyse spatiale (SIG), dont le rôle est avant tout intégrateur, de mise en relation des questions et des résultats issus d'autres recherches. Elle possède ainsi un statut essentiellement interprétatif vis-à-vis des résultats d'autres recherches, statut sur lequel nous reviendrons. Néanmoins, la recherche en prospective environnementale de territoire n'est pas seulement d'ordre instrumental, comme si son propos n'était que de proposer une animation synthétique de résultats de divers horizons. Elle s'appuie sur un travail de théorisation propre quant à la manière de concevoir les dynamiques du futur à long terme dans l'évolution des territoires.

En troisième lieu, dans notre propos, il est difficile de séparer la recherche engagée sur les démarches et les méthodes d'un côté et de l'autre les résultats auxquels elle a conduit. Les principes théoriques et méthodologiques qui sous-tendent la réflexion n'ont que peu de portée si l'on ne peut les traduire sous forme de résultats tangibles. Même s'ils ne sont que des exemples, dans le cas de la Camargue, ils n'en sont pas moins centraux pour étayer notre propos. C'est la raison pour laquelle il nous semblait pertinent de restituer de manière exhaustive un scénario sur la Camargue. Là encore, le parallèle avec l'analyse spatiale peut être proposé : le compte-rendu d'une recherche sur les méthodes de mise en relation de variables d'ordres différents n'aurait que peu de sens si son intérêt n'était pas mis en évidence par l'exemple d'au moins un cas réel. La discussion de l'intérêt méthodologique de la recherche engagée suppose nécessairement un « détour » par l'exemple (encore une fois, ici, celui de la Camargue). On retrouve cette idée dans le terme même de *prospective environnementale de territoire*, qui désigne tout à la fois une démarche organisée et le résultat formalisé de cette réflexion. Cette ambivalence n'est pas absente du présent texte, et nous invitons le lecteur à avoir ce point à l'esprit quand il lira les pages qui suivent.

**Encadré 1. Les scénarios élaborés
dans le cadre du PNRZH et dans sa lignée**

Le projet « prospective » du PNRZH, conduit sous la direction de X. Poux et L. Mermet, portait sur les enjeux méthodologiques de réalisation de recherches prospectives en articulation avec d'autres projets de recherche sur des sites riches en zones humides, appréhendées ici dans leur dimension territoriale. La conduite du projet s'est appuyée sur la construction de scénarios dans le cadre de projets de recherche travaillant dans trois régions différentes : la Camargue (que nous détaillons ici), la Seine amont (Kicken, 1999) et la Bretagne (Poux *et al.*, 2001).

Au-delà des différences d'échelles, de problématiques et de profils dans les projets de recherche avec lesquels nous avons travaillé, on retrouve dans les recherches prospectives entreprises sur ces sites un socle commun, reposant sur la construction d'une variété de scénarios environnementaux sur la base des résultats et des problématiques issus des programmes de recherche sur les sites considérés.

La démarche prospective en Camargue a conduit à réaliser différents scénarios (tendanciel, contrastés, de rupture) à l'échelle du Delta, en s'articulant avec le projet de recherche sur la Camargue dirigé par B. Picon. Par ailleurs, des approches à l'échelle régionale ou, à l'opposé, à l'échelle de propriétés camarguaises, ont été développées de manière originale dans ce projet. Le scénario de rupture développé plus avant dans le texte n'est donc qu'un volet d'un travail plus vaste.

La réalisation de scénarios agricoles sur le bassin de la Marne, dans le cadre du PIREN Seine (Poux et Narcy, 2001 ; Poux et Dubien, 2002), s'inscrit dans la continuité de la recherche engagée dans le PNRZH. Bien que nous ne mettions ici l'accent que sur le cas de la Camargue, les réflexions proposées tirent leur matière de l'ensemble de ces projets qui s'étalent sur près de 5 ans.

---

2. Les enjeux de la prospective environnementale de territoires dans le cadre de projets de recherche

Avant de détailler le cas de la démarche prospective mise en œuvre en Camargue, il est utile d'apporter des éclairages sur les enjeux théoriques et méthodologiques qui se posent en termes généraux pour la PENTE au sein de programmes de recherche pluridisciplinaires. Cette réflexion s'appuie sur les projets avec lesquels nous avons pu collaborer, au-delà de la Camargue (cf. encadré 1). De ces expériences, il ressort que l'on peut caractériser ces enjeux – et par là même proposer un « cahier des charges » de la PENTE – selon deux axes : l'un dépendant de la manière dont se posent les enjeux environnementaux à l'échelle de territoires, l'autre de l'inscription de la démarche dans des projets de recherche (Mermet et Poux, 2002).

a. Une première série d'enjeux liés à la nature de l'objet territorial

Le concept de territoire intègre plusieurs caractéristiques qui influencent la manière d'appréhender les évolutions futures de l'environnement. Dans notre propos, nous mettons l'accent sur trois termes :

1) Un territoire est localisé, circonscrit – sinon toujours délimité de manière nette – et intègre des éléments spatialisés.

2) Un territoire est un objet construit, possédant une double dimension bio-physique (morphologique, géologique, climatique, biologique…) et humaine (économique, sociologique, historique, etc.).

3) Un territoire est un système complexe, dont il faut appréhender le « fonctionnement » en intégrant notamment la dimension spatiale évoquée plus haut, mais aussi dans le propos qui nous concerne ici, la dimension dynamique.

Dans cette optique, on peut interpréter un territoire comme un socio-écosystème localisé, si l'on considère en particulier les liens entre les éléments humains et les éléments bio-physiques[6].

Ces caractères renvoient à des enjeux particuliers dans la manière d'appréhender les dynamiques environnementales qui, considérés ensemble, distinguent la PENTE d'autres prospectives globales décrites par ailleurs dans l'ouvrage (voir chapitres IV, VIII, IX).

Les enjeux de définition et de découpe d'un objet circonscrit

En premier lieu, le caractère local, circonscrit et spatialisé d'un objet territorial renvoie à des difficultés de découpe, de définition des limites de l'unité territoriale sur des critères géographiques, difficultés bien analysées par Vincent Piveteau dans sa recherche sur le canton de la Chaise-Dieu (Piveteau, 1995). Un territoire est un élément que l'on peut – doit – toujours resituer dans un ensemble spatial plus large. Mais cette question de clôture systémique se complexifie si l'on considère la

---

[6] Bien entendu, cette « lecture » environnementale du concept de territoire qui nous concerne ici n'en est qu'une parmi d'autres possibles : un territoire peut être (com)posé aussi autour d'autres perspectives, par exemple avant tout comme un objet économique, politique (développement local), géo-stratégique, historique, etc.

dimension temporelle, dynamique, de l'objet. Reste-t-il pertinent de caractériser un territoire agricole sur des critères pédologiques, par exemple, si sa dynamique résulte de déterminants économiques qui trouvent leur cohérence à d'autres niveaux ?

Dès lors, à quelle échelle pertinente appréhender la dynamique de l'objet ? Cette question s'impose de façon répétée : à chaque fois que l'on tente d'appréhender la dynamique d'une composante du territoire (une exploitation agricole, une unité éco-géographique, un syndicat de gestion des eaux, etc.), une multiplicité de thèmes à d'autres niveaux apparaissent. Autrement dit, l'analyse *dynamique* d'un territoire soulève ses questions propres en matière d'échelles d'organisation spatiale à considérer.

Ce point distingue la prospective de territoires de prospectives environnementales globales pour lesquelles la définition même de l'objet et des thèmes traités ne dépend pas en premier lieu de son caractère spatial et localisé. Certes des considérants d'échelle, de découpage spatial, peuvent conduire à des choix significatifs dans les prospectives globales (par exemple, quelles unités de gestion de l'eau pertinentes pour la prospective de l'eau ? quels « maillages » dans la modélisation des effets des gaz à effet de serre ?), mais il s'agit d'enjeux de délimitation spatiale qui se posent après que l'objet de recherche a été défini (respectivement la prospective de l'eau, de l'effet de serre). De plus, aux échelles globales, il peut exister des phénomènes de compensation d'un lieu à un autre, qui ne se posent pas de la même manière pour des objets territoriaux plus difficilement « compensables » (on s'intéresse à ce lieu en particulier, pas à un autre).

Une nécessaire prise en compte globale du système humain

Que l'évolution de l'environnement à l'échelle d'un territoire découle des activités humaines qui s'y exercent est devenu un lieu commun des recherches sur les socio-écosystèmes. Mais autant que les effets sur le milieu des différentes activités humaines, il faut considérer les interactions complexes qui jouent entre ces activités elles-mêmes. La proximité spatiale de ces dernières conditionne un certain registre d'interactions (par exemple : la régulation de l'accès au foncier, la coopération économique, le choix lors d'une élection, etc.), qui contribue à renforcer la dimension humaine du concept de territoire[7].

---

[7] C'est la raison pour laquelle tout un courant de prospective territoriale repose *in fine* sur le fait que des acteurs interagissent sur un même lieu, les caractéristiques propres de ce lieu étant finalement secondaires. L'article de Godet (2001) sur la prospective territoriale illustre bien ce courant de pensée au sein des recherches prospectives.

Il faut alors considérer un système d'acteurs en interaction sur une multiplicité de registres techniques, économiques, sociaux et politiques. Ainsi, l'analyse des activités humaines qui modifient directement les variables physiques et biologiques d'un territoire (qu'il s'agisse de l'agriculture, de l'activité forestière, de la gestion hydraulique, de la chasse) débouche dans un second temps sur l'analyse de celles qui les conditionnent indirectement sur un plan social ou politique par exemple. Ce constat rend difficile d'isoler un secteur d'activités qui se référerait à un seul champ environnemental en jeu sur le territoire considéré.

Le fait que les activités humaines sur un territoire viennent « en grappe » et constituent un système complexe est une caractéristique à considérer dans une PENTE. Comme on le verra par exemple dans le cas de la prospective sur la Camargue, une entrée thématique autour de la gestion de l'eau conduit à resituer les riziculteurs irrigants dans un système foncier et politique allant des collectivités locales à la Politique agricole commune, conditionnant en retour les autres usagers de l'espace camarguais que sont les éleveurs et les touristes.

Si cette dimension systémique des activités humaines à prendre en compte n'est pas spécifique à la PENTE (on pourra la retrouver dans des prospectives globales sur l'effet de serre, par exemple, où les scénarios d'émissions renvoient à des évolutions de systèmes économiques globaux, comme en témoignent par exemple les travaux du GSG (Gallopin *et al.*, 1997), elle se pose néanmoins dans des termes particuliers si l'on considère, là encore, la dimension spatiale des interactions.

Des thèmes environnementaux en interaction

La troisième caractéristique à prendre en considération, découlant en partie des précédentes, est liée à la définition même des thèmes environnementaux. À l'échelle d'un territoire, il n'y a en général pas un thème environnemental qui s'impose d'emblée, indépendamment des autres. Même quand l'entrée est *a priori* circonscrite, comme dans le cas des zones humides, une variété de thèmes se présente dans l'analyse environnementale d'un territoire, qui vont des paysages au fonctionnement d'un hydrosystème, de la pollution à la biodiversité. Si ces thèmes ne sont pas disjoints en principe, il est clair que la manière de les appréhender structure dans le détail l'analyse pertinente du territoire. Autrement dit, il faut envisager un travail de construction dans la manière de poser les problématiques environnementales à l'échelle d'un territoire, construction qui doit prendre en compte les différentes thématiques environnementales en interaction.

b. Une seconde série d'enjeux liés à l'insertion de la démarche prospective dans un projet de recherche sur l'environnement

Concevoir une démarche prospective – au sens d'enchaînement d'étapes – dans un projet de recherche sur un territoire suppose de considérer trois aspects.

En premier lieu, l'élaboration de *problématiques prospectives*, sur la dynamique future à long terme du territoire et de l'environnement doit s'effectuer en lien avec les questions et résultats des recherches territoriales. Autrement dit, il s'agit de mettre en questions le futur en des termes qui soient (1) à la fois manipulables et compréhensibles dans le cadre de recherches disciplinaires (au regard des données, des modèles et des concepts disponibles notamment), mais (2) qui envisagent également, dans la manière de poser les questions, des ruptures qui découlent de la dimension « long terme ». Cette explicitation de problématiques découlant spécifiquement de la projection du territoire dans le futur apparaît, selon nous, comme une condition essentielle de la bonne intégration des analyses prospectives dans le cadre de programmes de recherche. On conçoit que cette question ne puisse pas être posée *in abstracto*, mais au regard de la réalité de chaque programme de recherche : dans son équilibre disciplinaire, dans ses méthodes[8], dans sa manière de problématiser l'environnement dans le territoire qu'ils appréhendent et au regard des résultats disponibles.

En second lieu, *la construction de conjectures sur le futur* doit bien entendu s'appuyer sur des données obtenues et interprétables dans un cadre scientifique, mais aussi sur des règles d'inférence également issues de disciplines scientifiques. Ce point implique de considérer chaque discipline comme possédant des ressources propres pour construire des visions à long terme. Nous verrons dans le cas de la Camargue comment la construction de scénarios s'articule avec ce point.

En troisième lieu, il faut considérer la *mise en discussion* dans le cadre d'un programme de recherche. Ce point confère un statut particulier à la mise en perspective des résultats dans une optique de connaissance du territoire étudié. À la différence d'autres forums prospectifs où la finalisation de la démarche est celle d'une aide à la décision, le forum a ici pour objet de cerner les apports d'une démarche prospective pour l'analyse environnementale du territoire étudié au sein d'un programme de recherche. Au total, on peut poser une démarche de prospective environnementale de territoire comme devant apporter une « valeur

---

[8] Par exemple, la problématique prospective se pose en des termes différents dans des programmes de recherche à dominante descriptive ou dans ceux reposant sur une modélisation de variables environnementales.

ajoutée », d'ordre cognitif et interprétatif, aux différentes équipes d'un projet de recherche travaillant sur un territoire.

Les pages qui suivent proposent de traiter successivement la manière dont la problématique prospective a été construite sur la Camargue et comment l'élaboration d'un scénario de rupture a contribué à éclairer cette problématique. Nous reviendrons ensuite sur les enseignements d'une telle démarche.

3. Poser la question d'une PENTE sur la Camargue : une problématique prospective à construire

a. Le projet de recherche Camargue : un site et une équipe avec un fort potentiel prospectif

Plusieurs considérations ont conduit à choisir la Camargue comme site expérimental pour réaliser une prospective environnementale territoriale dans le cadre du PNRZH.

Le projet de recherche sur la Camargue, piloté par B. Picon (CNRS-DESMID), constituait un terrain particulièrement propice à une démarche prospective telle que celle proposée ici[9]. Le « projet Camargue », ainsi que nous l'appellerons dans la suite du document, était fortement interdisciplinaire. Son objet était de rendre compte du fonctionnement complexe du Delta du Rhône, sous l'angle des relations homme/nature analysées à travers les enjeux de la gestion hydraulique. La dimension dynamique était particulièrement présente dans le projet à travers une mise en perspective historique des éléments contribuant au fonctionnement de la Camargue, dont l'encadré 2 trace les grandes lignes.

---

[9] Nous remercions vivement, pour leur participation au travail présenté ici, B. Picon, P. Allard, Y. Auda, Y. Cherain, A. Crivelli, A. Dervieux, N. Franchesquin, P. Grillas, P. Heurtaux et T. Naizot.

Encadré 2. Les enjeux de gestion
environnementale de la Camargue

Le Delta du Rhône est une zone dont les traits actuels résultent d'une époque récente, quelques dizaines de milliers d'années. Nombre de ses caractéristiques naturelles résultent de sa situation, à la rencontre d'un fleuve puissant et au régime irrégulier et d'un littoral marin actif sur le plan sédimentaire et susceptible d'intrusions lors de tempêtes et de fortes marées. Cette position, entre fleuve et mer, induit un fonctionnement hydrologique particulier et particulièrement dynamique, qui se traduit notamment par une variabilité naturelle de la salinité des eaux, suivant la situation dans l'espace et les événements hydrauliques considérés (inondation par le Rhône en automne et en hiver, intrusions marines, évaporation). La topographie de la zone est marquée par des bourrelets alluviaux, le long du Rhône et de ses anciens bras à l'intérieur de la Camargue, la présence de dépressions humides, celle d'étangs littoraux au Sud, dont le plus célèbre est le Vaccarès. Une frange de dunes sépare ces derniers de la mer. L'ensemble de la zone est propice aux moustiques et à la présence d'une avifaune abondante.

À la fin du XIXe siècle, l'endiguement de la Camargue a permis de limiter la très forte variabilité hydraulique, dans l'optique de favoriser le développement des routes, de l'agriculture et de l'élevage. Les activités salines, présentes dès l'époque romaine, ont pu également se développer dans la partie sud du Delta. Agriculture et saliculture avaient dès cette époque des visées opposées quant à la gestion globale de la zone : la première visait à maximiser les apports d'eau douce pour éviter la salinisation des terres, à l'inverse de la seconde. Un *modus vivendi* a pu être trouvé grâce au rôle d'un tiers acteur, la Société nationale de protection de la nature qui, dès 1927, s'est portée gérante de la zone intermédiaire entre les deux activités, à savoir le Vaccarès qui joua alors le rôle d'espace tampon. Au cours des décennies qui suivront, chaque activité opérera un endiguement et une gestion autonome de ses flux d'eau, visant à maîtriser les apports et rejets d'eau, douce ou salée selon les cas. Dans ce contexte, le Vaccarès continue d'être un espace symbolisant les enjeux de gestion de la nature avec la présence des célèbres flamants roses mais aussi de poissons et de faune aquatique qui dépendent de la gestion hydraulique. C'est probablement la partie agricole de la Camargue qui est l'espace le plus complexe et le plus porteur d'enjeux environnementaux aujourd'hui. Plusieurs activités s'y rencontrent : riziculture dans les zones les plus salées, en équilibre avec la culture de blé dans les « terres hautes » (peu salées), marais de chasse dans les dépressions, nécessitant une gestion hydraulique et de fauche adaptée pour maximiser la rentabilité, élevage taurins et de chevaux dont la densité ne cesse d'augmenter à mesure que les espaces pâturés sont gagnés par les cultures. Les zones de parcours plus ou moins salées (depuis les pelouses jusqu'aux *sansouires* à salicornes) régressent.

Au sein des grandes unités de gestion que sont les domaines camarguais, cette référence à de multiples usages se traduit par une grande adaptabilité des gérants des domaines dans l'orientation de leurs activités économiques. Peuvent ainsi cohabiter au sein de la même unité de gestion des activités agricoles (riziculture), touristiques (« journées camarguaises », gîtes), cynégétiques (mise en valeur de marais de chasse) valorisant chacune à leur manière l'environnement de la zone.

Ces équilibres sociaux et économiques sont loin d'être figés et laissent entrevoir des options contrastées tant dans la mise en valeur de l'environnement que dans les pressions qui s'exercent sur lui. De même, les acteurs spécialisés dans la gestion environnementale de la zone – Réserve Naturelle, Tour du Valat, Conservatoire du Littoral – apportent un élément de diversité dans le fonctionnement du système.

Dans ce schéma, la place de la riziculture est double, du point de vue environnemental : en tant que culture irriguée, elle contribue aux apports d'eau douce et limite la salinisation, mais elle tend à supplanter les zones d'élevage extensif associées à une richesse biologique originale. En contrepoint, les activités de protection et de « mise en scène » de la nature (dans les marais de chasse et les élevages camarguais dont B. Picon montre que la forme jugée aujourd'hui « traditionnelle » n'a pas plus de 100 ans) se réfèrent à une naturalité sinon mythique, du moins hautement interprétable.

D'après Picon, 1988 et SNPN, 1990.

La carte 1 indique l'organisation actuelle du territoire

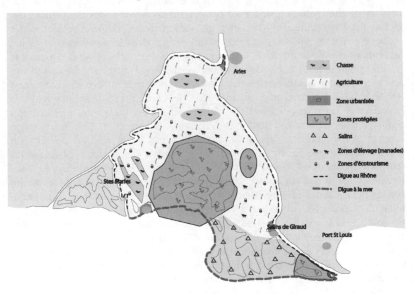

Une réflexion sur le futur s'inscrivait naturellement dans la recherche entreprise sur la Camargue du fait de la prise en compte centrale des dynamiques en jeu dans la problématique du projet Camargue, que l'on retrouve dans son intitulé même : *Les enjeux de la gestion hydraulique dans le delta du Rhône, pour une formalisation des interactions entre dynamiques sociales et écologiques ; une approche préalable à la mise en place d'une gestion intégrée.* Chacune des disciplines mobilisées dans le projet comportait une dimension dynamique, fondée sur une analyse rétrospective. Le thème fédérateur de l'ensemble des approches étant la gestion hydraulique à l'échelle territoriale, posée comme variable de commande de la qualité environnementale de la zone.

En outre l'inscription explicite du projet Camargue à l'interface nature/société d'une part et connaissance/action d'autre part[10] appelait une exploration des futurs possibles de gestion de la zone assise sur les résultats de la recherche. Plus précisément, le rôle central donné dans le projet Camargue aux « stratégies économiques des acteurs et de leur système de représentation » plaçait d'emblée le projet Camargue dans une dimension essentielle de la prospective, à savoir la place des valeurs sociales dans la construction de conjectures sur le futur (DATAR, 1975 ; Schwartz, 1998). De la même manière qu'entre la fin du XIXe et la période présente, les changements entre les valeurs sociales des ingénieurs hydrauliciens et celles des acteurs de la protection de la nature et du tourisme entraînent ceux des modes de gestion de la Camargue, les évolutions à venir dans ce registre des valeurs sont à considérer comme une variable essentielle dans l'analyse prospective de la zone (Allard, 1990). Dans le cas de l'environnement, la question des valeurs se trouve posée à l'articulation d'un état de l'écosystème camarguais et des interprétations de cet état, y compris dans le registre symbolique. Ce questionnement est central dans l'approche développée par B. Picon et son équipe.

Ainsi, très vite, la manière dont la prospective pouvait contribuer à poser des enjeux de connaissance et d'interprétation de la dynamique de la zone s'est trouvée présente pour les différents chercheurs impliqués dans les deux projets de recherche « Camargue) (B. Picon) et « Prospective » (X. Poux et L. Mermet). Du fait de la réintroduction d'une variabilité à long terme dans l'appréhension du système camarguais, s'est posée la question de la manière de construire une problématique sur la zone susceptible d'éclairer les résultats du projet Camargue, dans le cadre d'un partenariat entre les deux projets. Autrement dit, comment construire des conjectures sur la Camargue qui permettent d'apporter

---

[10] « L'objectif de ce programme est […] de réaliser une synthèse visant à montrer selon quels processus cette zone humide résulte d'un rapport entre Nature et Société, tenant compte de l'importance respective de la variabilité naturelle et des facteurs anthropiques (gestion de l'eau) […]. Ce programme prend notamment en compte d'une part la variabilité climatique et l'hétérogénéité spatiale des paramètres géo-physiques, d'autre part les facteurs sociaux sous les points de vue de l'histoire, des usages, des stratégies économiques des différents acteurs et de leurs systèmes de représentations. La synthèse attendue permettra de fournir aux gestionnaires un ensemble de réflexions et de scénarios prévisionnels quant aux devenirs possibles de l'Île de Camargue et aux différentes options de gestion. » [Résumé du projet Camargue].

une valeur ajoutée en termes cognitifs, sur l'interprétation du fonctionnement dynamique du territoire pour les chercheurs du projet.

b. La construction d'une problématique : les entretiens prospectifs

Cette manière de poser la question de ce que pouvait apporter la prospective à une équipe comme celle impliquée dans le projet Camargue nécessitait un travail préparatoire, visant à identifier les ressources pour analyser le long terme et à dresser le « cahier des charges » d'une démarche prospective contribuant à enrichir la vision portée sur la Camargue par le projet de recherche.

La méthode mise en œuvre a reposé sur une série d'entretiens approfondis auprès de dix membres du projet Camargue. Les chercheurs rencontrés ont été choisis pour leur caractère représentatif :

– d'une variété de disciplines,

– de disciplines *a priori* « en prise » avec les enjeux de long terme, à différents niveaux.

Ces entretiens avaient pour but d'identifier les approches développées (ou en germe) dans les différentes disciplines pour l'analyse du long terme, ainsi que les enjeux d'articulation interdisciplinaire.

La prise en compte du futur à long terme au sein du projet Camargue

Les différentes disciplines mobilisées dans le projet Camargue partagent comme fil conducteur la gestion hydraulique du système, considérée à la fois comme la base du système écologique, et comme l'ossature du système technique, économique et social de la zone.

Les thèmes-clés analysés dans le projet Camargue étaient :

– les niveaux d'eau,

– les taux de salinité,

– les périodes d'inondation/exondation,

– la connexion entre les compartiments hydrauliques,

– la variabilité temporelle (intra-annuelle et inter-annuelle) du fonctionnement hydraulique.

La question de l'évolution de l'ensemble des points ci-dessus est centrale pour les recherches engagées. Les enjeux d'interdisciplinarité des recherches s'expriment ainsi le plus clairement au regard de ce thème hydraulique, davantage, par exemple, qu'au regard d'un autre thème classiquement intégrateur comme le paysage.

La compatibilité entre les travaux de recherche engagés et la prise en compte du long terme étant inscrite d'emblée dans l'approche historique qui sous-tend le projet de recherche Camargue, nous nous sommes attachés surtout à cerner le bagage conceptuel et méthodologique mobilisé pour l'appréhension de ce long terme par les différentes personnes rencontrées.

Le tableau 1 présente de manière simplifiée les principaux thèmes qui ressortent des entretiens :

Tableau 1. Quelques ressources des chercheurs du projet « Camargue » pour analyser le long terme

Discipline / place dans le programme Camargue	Outils conceptuels / méthodologiques par rapport au long terme
Traitement de données	• analyse de corrélations entre séries dynamiques spatialisées • analyse spatiale statistique
Coordination interdisciplinaire	• analyse historique de paysages (interprétation de photos « historiques ») • dynamique de systèmes biologiques anthropisés • concepts : fragmentation, banalisation
Informatique (modélisation)	• modélisation multi-agents • simulation articulant 3 niveaux : 1) hydraulique et occupation sols, 2) indicateurs biologiques, 3) gestion par les acteurs
Biologie poissons/ invertébrés	• description et modélisation des écosystèmes aquatiques, relations trophiques ; dynamique de populations
Analyse spatiale	• description du système par télédétection (images satellites) • comparaison diachronique d'images à différentes échelles • spatialisation de phénomènes • évolution géo-morphologique liée à dynamique du Rhône, subsidence, élévation mer, sédimentologie
Histoire	• représentations sociales et liens avec les pratiques sur le milieu • systèmes techniques d'exploitation du milieu (concept de reproduction du système) • concept de sociabilité de gestion de l'eau
Écologie végétale	• peuplements végétaux : herbiers • concept de stabilité (instabilité à court terme/stabilité à long terme) et de variabilité de maille fine/forte • concept d'artificialisation de la gestion (qui reste à qualifier)
Réserve nationale de Camargue	• question du mode de gestion (statut de protection) d'un milieu comme la Camargue et organisation sociale et institutionnelle en découlant
Hydrologie	• modélisation et quantification des flux hydrologiques (dans le temps) • concept de « marge de manœuvre » dans l'utilisation des flux hydrauliques agricoles

Ce tableau montre que les concepts, outils et méthodes, voire représentations du long terme, ne manquent pas au sein des approches disciplinaires ou des partenaires gestionnaires mobilisés dans le projet Camargue.

Les enjeux d'articulation interdisciplinaire au sein du projet Camargue pour une exploration du futur à long terme

Si chaque discipline – ou chaque chercheur – peut contribuer à construire des conjectures sur l'évolution future de la Camargue, il est ressorti des entretiens qu'un cadre commun dans la prise en compte du futur restait à construire en articulation avec le projet. Plus précisément, si l'étude rétrospective pouvait organiser les travaux des équipes impliquées dans le projet Camargue, en posant la question de l'explication des constats sur le passé, le questionnement prospectif, par nature indéterminé et ouvert, ne suffit pas par lui-même à dégager un thème fédérateur. On retrouve ici un constat fait par Mermet et Piveteau (1997) sur les dissymétries conceptuelles entre rétrospective (le passé est donné, il est à expliquer) et prospective (le futur est indéterminé, il reste à construire).

D'un point de vue méthodologique, nous verrons par la suite que la méthode des scénarios appliquée à l'objet territorial constituait une base de travail pertinente pour articuler des données et des concepts issus d'approches complémentaires sur le territoire. Mais plus fondamentalement, en complément de cette dimension méthodologique, se posait la question de l'articulation des visions et des problématiques portées par les chercheurs au sein d'une interprétation globale de la zone, en particulier en termes d'enjeux de gestion environnementale. En effet, si la gestion hydraulique, *via* les flux d'irrigation notamment, est un fédérateur pertinent dans l'appréhension du fonctionnement actuel et du passé récent de la zone, nombreuses sont les visions en germe, portées par les chercheurs, qui peuvent amener à poser la question différemment dans le futur. Si l'on reprend les résultats des entretiens, une mise en perspective des postulats à l'origine du projet Camargue peut être proposée.

En premier lieu, les données structurelles de la gestion de l'eau de la Camargue sont susceptibles d'évoluer et de déboucher sur des modalités de gestion différentes de celles qui prévalent actuellement. La dynamique de poldérisation et le découpage de la zone en sous-bassins autonomes, engagée depuis des décennies, laisse entrevoir des marges de manœuvre dans les flux d'eau de plus en plus importantes. Du même coup, les interdépendances entre activités et entre secteurs géographiques diminuent et l'on peut envisager que l'irrigation du riz ne soit plus la principale variable de commande du fonctionnement hydraulique, à l'échelle de l'Île Camargue dans son ensemble. Par ailleurs, la dynamique du Rhône et celle de la mer peuvent conduire à des ruptures dans le fonctionnement d'ensemble de la zone.

En second lieu, si la dynamique spatiale du Delta du Rhône est, dans le cadre du projet Camargue, essentiellement analysée sous l'angle de la gestion de l'eau (dans quelle mesure l'évolution de l'occupation des sols est elle susceptible de faire évoluer les flux d'eau ?), il ressort des entretiens que des enjeux particuliers importants ressortent de ce thème de l'usage des sols, indépendamment des aspects hydrologiques. Suivant les composantes de l'espace camarguais considérées – le Vaccarès ou les marais de chasse, par exemple – certaines problématiques de gestion environnementales ne se « lisent » pas immédiatement en termes de gestion de l'eau. L'évolution des *sansouires* (steppes salées à salicornes, cf. encadré 2), celle des paysages, la gestion des marais de chasse, ont certes une composante hydrologique, mais cette dernière n'en est qu'une parmi d'autres, et souvent pas la principale.

Enfin, découlant en partie des points précédents, l'appréhension même des « problèmes » d'environnement identifiés par chacun des chercheurs se pose dans des termes différents si l'on considère la dimension à long terme. Là encore, la gestion de l'eau n'est pas en elle-même une problématique environnementale pour tous de la même manière. Des thèmes et des problématiques comme la banalisation environnementale de l'espace camarguais (son évolution vers des habitats continentaux aux dépens d'habitats saumâtres), la régression des espaces intermédiaires (entre parcelles agricoles et étangs littoraux), l'artificialisation de la gestion sont des concepts environnementaux qui se déclinent différemment selon les regards que l'on porte sur la Camargue. De même, la place et le statut de l'avifaune, emblème de la Camargue, pourra être considérée selon les cas comme centrale (Boulot, 1991) ou comme, finalement, une question annexe portée par des acteurs externes à la zone. Ainsi une problématique déjà longuement débattue et relativement stabilisée est profondément ré-interrogée dès lors que l'on approfondit la question des enjeux futurs à long terme.

Au total, la construction de conjectures sur le futur conduit à envisager un cadre renouvelé de relations entre disciplines et entre chercheurs par rapport à la situation actuelle du projet sur la Camargue. Ce renouvellement porte tant sur les problématiques environnementales envisagées que sur la structure des relations fonctionnelles entre objets disciplinaires. Ainsi, la gestion de l'eau sur la zone, d'objet déterminant qui structure la gestion de l'environnement peut-être amenée à acquérir un statut d'objet déterminé et structuré par d'autres dynamiques qui viendraient se placer en position de contrôle du système.

Comment rendre opérationnelles et interprétables ces interprétations à long terme sur la gestion environnementale de la Camargue ? C'est ce à quoi nous nous sommes attachés lors de la construction de scénarios sur la zone dont nous présentons maintenant un exemple de manière approfondie.

4. Un scénario de rupture sur la Camargue

a. Un rappel des principes méthodologiques du scénario de rupture

Le choix de présenter ici une catégorie particulière de scénario de type « *backcasting* »[11] permet d'illustrer une série d'enjeux posés dans les pages qui précèdent. En posant d'entrée la question « quelle Camargue complètement inattendue pouvons nous concevoir ? », cette démarche possède une vertu heuristique visant à remettre en question la perception reçue des variables de fonctionnement à long terme de la zone et à révéler le « présent caché » et le « temps long » (pour reprendre un concept de F. Braudel).

À l'instar de tout scénario de rupture, celui développé sur la Camargue part d'une « *image* » future, pour reconstruire dans un second temps un *cheminement* plausible reliant la « *base* » – la situation actuelle – à l'image initialement construite. Cette image a pour caractéristique de sortir du « champ des possibles » spontanément conçus par les acteurs et experts de la Camargue. Elle intègre ainsi à la fois (i) un état et (ii) un fonctionnement du système projetés dans le futur et qui correspondent à des modifications profondes. À tous les égards, la construction d'un scénario de rupture peut être opposée à celle d'un « *scénario tendanciel, "au fil de l'eau"* » : alors que ce dernier est par principe économe en hypothèses d'évolution dont on envisage l'enchaînement des conséquences, le premier « force » les jeux d'hypothèses sur l'évolution du système.

La construction du scénario de rupture suppose d'éviter trois écueils :

– La caricature extrême non plausible, qui serait par exemple la transformation de la Camargue en une immense agglomération méditerranéenne d'un million d'habitants. Même si, après tout, cette éventualité ne peut en toute rigueur intellectuelle être écartée, elle paraît peu crédible à un horizon temporel de l'ordre de

---

30 à 50 ans[12]. Une telle image qui résulterait de la recherche de l'originalité « à tout prix », voire de la provocation, serait difficilement exploitable. Nous verrons que dans l'image proposée, nous avons cherché à éviter une caricature qui aurait rendu l'image finale moins intéressante à analyser.

– La construction d'images de ruptures plausibles, mais trop radicales pour être exploitées au regard des enjeux d'une prospective donnée. La Camargue comme immense zone désertique contaminée par une explosion nucléaire à l'échelle méditerranéenne serait sans doute une image plausible à 30 ans, mais, là aussi, quels enseignements territoriaux en tirer pour la zone ?

– Le risque de se rabattre sur des hypothèses qui, même poussées à l'extrême, sont en fait tendancielles. La conception d'une vraie image de rupture est un exercice qui se révèle finalement difficile et requiert un travail de rigueur et d'imagination. Par exemple, une Camargue entièrement maîtrisée par la riziculture est-elle une rupture, malgré le chemin à parcourir ? Ne correspond-t-elle pas à une simple continuation des tendances fondamentales dans le fonctionnement actuel du système ?

Au total, plutôt que de chercher à définir *ex ante* des critères qui objectiveraient ce qui est rupture ou non dans l'absolu, il s'agit plus pragmatiquement de concevoir une image tout à la fois radicalement différente de la situation actuelle, plausible, et susceptible d'apporter des enseignements au regard de la problématique de gestion de l'environnement en Camargue.

Sur un autre plan, nous le verrons dans son exposé même, le scénario de rupture – tout exercice d'imagination qu'il soit – respecte des règles de rigueur dans la construction des conjectures. Des tests de cohérence ont ainsi été mobilisés qui reposent notamment sur la mobilisation de cartes, la construction de chronogrammes (enchaînement logique de faits) comme colonne vertébrale du raisonnement, la quantification d'ordres de grandeur économiques ou la mobilisation de règles de fonctionnement général du système. Par ailleurs, le lecteur retrouvera dans le récit le recours à des approches disciplinaires variées, qu'il s'est agi d'intégrer dans un cadre cohérent. Trois fils conducteurs ont principalement été mobilisés dans la construction des conjectures : l'analyse politique et sociologique, l'agro-économie *via* la dynamique des systèmes

---

[12] Qui est celui retenu ici. On notera que la notion de rupture dépend bien entendu de l'horizon temporel considéré. Avec le temps, le champ des possibles s'ouvre et ce qui est rupture à 30 ans ne l'est plus à 300 ou 1000 ans.

de production agricoles et l'analyse spatiale et environnementale de la Camargue.

Précisons enfin, avant de rentrer plus avant dans le récit constitutif du scénario de rupture, les trois points suivants. (i) La présentation du scénario se fera en partant de la situation initiale pour déboucher sur l'image de rupture. Si cette « mise en scène » ne reflète pas le phasage du raisonnement effectivement mis en œuvre, elle facilite selon nous une compréhension linéaire des événements du récit conjectural. (ii) Ce scénario a été établi en deux temps distincts : la matière première est tirée d'un exercice impliquant des étudiants de l'ENGREF, des chercheurs de l'équipe Camargue et ceux du projet de recherche prospective (voir le rapport scientifique du PNRZH pour plus de détails (Poux *et al.*, 2001). Par la suite, au regard de travaux complémentaires sur la Camargue (cf. encadré 1), en particulier d'autres scénarios, nous avons procédé à une réécriture et à une remise en forme du scénario procédant d'une certaine maturation dans l'interprétation de la zone. (iii) Ces scénarios ayant été élaborés en 1998, ils « datent » déjà un peu au moins en ce qui concerne la première période au moment où ils sont publiés. Le lecteur corrigera de lui même cette rétro-prospective.

b. Un scénario de rupture

Le cheminement de 2000 à 2015 : une conjonction de facteurs qui remettent en cause le système

Dans un contexte de préoccupations sanitaires croissantes en matière d'alimentation, la sortie du rapport en 2003 sur la « Contamination des eaux du Rhône et du Vaccarès : conséquences sur le milieu naturel et la qualité des produits agricoles irrigués » fait l'effet d'une bombe. Ce rapport[13], relayé par les médias, a un fort impact auprès de la grande distribution qui veut éviter tout conflit auprès des associations de consommateurs et de ses clients. L'image de la riziculture camarguaise change rapidement : d'une production « environnementale » et « sauvage », elle devient une production contaminée par l'ensemble du bassin industriel du Rhône. Les marques distributrices d'un produit déjà largement concurrencé sur le plan international, revoient leurs contrats d'approvisionnement à la baisse. Ces faits viennent davantage affaiblir

---

[13] *Commandité par une association écologique européenne profitant du nouveau règlement CE 333/02 relatif à la « saisine d'organismes de certification environnementale et sanitaire indépendants ». Rappelons que l'élargissement de l'Europe se traduit par une priorité donnée à une Europe libérale, dans laquelle le Royaume-Uni devient prépondérant. Certaines visions anglo-saxonnes du fonctionnement social s'imposent.*

le secteur rizicole au moment où l'évaluation à mi-parcours de la Politique agricole commune (PAC) pointe du doigt le principe du soutien à l'agriculture intensive.

En 2006, dans un contexte de réduction des aides directes, les producteurs de riz ne parviendront pas à défendre leur dossier à Bruxelles et les aides à la Camargue, davantage zonées qu'auparavant et conditionnées à une série de critères complexes dans la nouvelle PAC, ne seront pas accordées pour la zone faute de pouvoir démontrer l'innocuité des eaux d'irrigation au moment même où l'interprofession rizicole envisageait une reconversion massive en agriculture biologique. La production en Italie du Nord subit le même revers. D'autres régions rizicoles, pas moins intensives que la Camargue, mais situées sur des bassins moins pollués profiteront d'aides, notamment en Languedoc-Roussillon et en Espagne. Dans ce schéma, les producteurs camarguais qui maintiennent le système en place sont ceux situés sur les terres hautes, associant riz et blé.

Un autre pilier de l'agriculture camarguaise est mis à mal suite à l'enchaînement des présidences anglaise puis suédoise de l'Union européenne. Une certaine continuité dans la défense du dossier relatif au bien-être animal débouche sur l'adoption d'un autre règlement abrogeant les « spectacles portant atteinte à la dignité animale », autrement dit : les corridas. Malgré une levée de boucliers de la France et de l'Espagne, une coalition inattendue entre l'Italie et la Grande-Bretagne débouche sur la possibilité d'instaurer des amendes pour chaque corrida. Les manades, fondées sur l'élevage de taureaux combatifs, sont désinvesties et l'élevage de taureaux moins belliqueux, destinés aux courses landaises commence à se développer ailleurs qu'en Camargue. Les manadiers connaissent une crise identitaire qui amène certains à céder leurs domaines à des éleveurs de viande qui, eux, négocient des aides à Bruxelles au titre de la mise en valeur de prairies saumâtres non irriguées. D'autres manadiers se convertissent progressivement à cette production en viande. Se développe ainsi un élevage bovin et ovin sur les terres saumâtres de la zone. Les domaines de chasse tirent également parti de cette recomposition, mais en jouant la carte d'une clientèle très aisée, ils limitent par là même leur extension.

En sus des agressions du Rhône, le Delta est également attaqué par les eaux marines, avec une série d'intrusions résultant de l'action combinée de l'élévation du niveau moyen de la mer et de tempêtes imputées au dérèglement climatique. L'industrie saline locale, elle aussi mise à mal par l'image dégradée de la Camargue alors que les concurrents atlantiques sont particulièrement agressifs, périclite et ne peut entretenir les digues.

Plus globalement, l'action du syndicat intercommunal chargé de l'entretien des digues devient de plus en plus inefficace. Déjà mis en cause lors des crues de 1999, le syndicat ne peut se ressaisir dans un contexte triplement défavorable :

– *le système social et économique de gestion hydraulique fondé sur la riziculture est en train de s'effondrer ;*

– *les crues du Rhône augmentent en dangerosité ;*

– *la politique de décentralisation débouche sur le rôle central donné aux Districts dans la Loi d'Aménagement du territoire de 2008. Sans que le niveau communal disparaisse formellement, la DATAR conclut au succès de son action dans la formule « la France des 36000 Communes est devenue celle des 1000 Districts pour enfin rentrer dans le XXIe siècle ».*

Le District du grand Arles, constatant la difficulté à maintenir les digues pour une activité rizicole en déclin, change d'approche. Il fonde son action sur la mise en place d'un système de contrôle des crues dont le principe est une alerte renforcée et, à plus long terme, la protection par des digues de certaines zones prioritaires seulement. Le principe d'une Camargue davantage ouverte aux flux marins et fluviaux devient ainsi prédominant, d'autant plus qu'il reçoit l'aval d'associations écologistes qui voient là l'opportunité de revenir à une situation plus « naturelle ». Les opposants à cette vision ne peuvent défendre leur point de vue. En particulier, les promoteurs touristiques voient leur pouvoir affaibli suite à la mort de huit touristes néerlandais, emportés avec leurs camping-cars lors de la crue du 18 octobre 2008. Après la riziculture et l'élevage, c'est le secteur touristique qui est touché. La fréquentation de la zone diminue nettement en ce qui concerne le tourisme résidentiel et/ou encadré. Par contre, se maintient un tourisme naturaliste, finalement satisfait de la situation et visitant la Réserve nationale qui n'est pas remise en cause, elle, par les dynamiques en cours. Les lieux de résidence – hôtels, gîtes, campings – se développent en périphérie de l'Île, de l'autre côté des rives du Rhône.

Le Président du District, dans une visée plus large que la seule Camargue, reprend en outre l'idée, abandonnée à la fin du XXe siècle, d'un pont entre Fos/Mer et Port St Louis du Rhône qui désenclaverait "l'Île", et surtout, faciliterait le transport du fret entre Marseille, Montpellier et Barcelone. Il doit néanmoins faire machine arrière en 2010, face au repli identitaire sur la zone, porté par les éleveurs et les associations de protection de la nature et qui se ravive en réaction aux événements institutionnels décrits plus haut (Europe, Districts).

C'est dans ce contexte qu'un domaine rizicole et manadier situé au nord du Vaccarès – le Mas de la Grande Camargue – et possédé de longue date par un propriétaire influent, ayant constitué un Groupement d'intérêt foncier (GIF) à vocation économique (et fiscale), connaît une évolution sensible sur l'ensemble de la période considérée. Dans un premier temps, les propriétaires des autres domaines rizicoles et/ou manadiers ont été heureux de vendre leurs terres au GIF qui a vu sa surface quadrupler pour atteindre 4000 ha, en marge du Vaccarès. Dans un second temps, avec la retraite du propriétaire historique du GIF, les héritiers délaissent le domaine, considérant que la mauvaise image de la zone ne justifie plus les investissements.

L'image en 2015 : une Camargue à prendre

C'est au total à une crise profonde du système Camarguais qui s'était mis en place sur la seconde moitié du XXe siècle que l'on assiste. La cohérence même du système – établie auparavant sur la complémentarité entre la gestion hydraulique (digues et irrigation), la riziculture et une image environnementale positive – s'avère être un facteur d'accélération du processus de délitement dans la mesure où chacune de ces composantes est attaquée.

Paradoxalement, alors que l'image environnementale de la Camargue est mauvaise au niveau national et européen, beaucoup d'éléments conduisent à un meilleur état naturaliste. Si la salinité moyenne de la zone a augmenté, avec le recul de l'irrigation, la réouverture des digues au fleuve permet d'éviter l'évolution vers un désert salé. Le front saumâtre se déplace vers le Nord. Les principaux perdants de la situation sont les hérons et autres laridés (espèces somme toute banales à l'échelle européenne) alors que la population d'oiseaux marins, dont les habitats sont menacés ailleurs dans le bassin méditerranéen, augmente significativement. Cette tendance résulte d'une augmentation de la population piscicole et des habitats favorables que sont les sansouires pâturées par les bovins et ovins extensifs, principaux bénéficiaires des évolutions agricoles sur la période.

La Camargue apparaît alors comme une zone en repli, occupée « par défaut » par des activités qui ont pu s'adapter à la grande instabilité du milieu et, ne les oublions pas, par les moustiques. D'un point de vue économique, c'est une zone « à prendre », à l'instar de ce qu'elle pouvait être aux yeux des ingénieurs du XIXe quand ils ont conçu leur projet de digues. C'est cette « conquête » que le récit sur la période 2015-2030 va relater.

La carte 2 indique la nouvelle localisation des activités humaines et la structuration du territoire en 2015

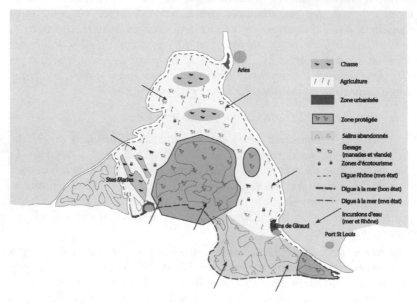

Le cheminement de 2015 à 2030 : un projet structurant l'ensemble du territoire

L'élément déclencheur de la dynamique qui s'instaure sur la période est le réinvestissement d'un des héritiers du Mas de la Grande Camargue. Celui-ci croit au potentiel de la zone du fait d'une réelle sensibilité environnementale, en partie due à ses liens avec la Tour du Valat. Cette sensibilité se conjugue à de réels talents d'entrepreneur qui l'amènent à racheter les parts du domaine aux autres ayant-droit. Son idée est de pérenniser et de valoriser l'image environnementale de la zone via un projet éco-touristique de grande ampleur qui sera dénommé Marecagia.

« Une condition à la réussite de ce projet est donc la reconquête de la sécurité sur la zone, et en premier lieu au regard des crues. Le promoteur du projet va ainsi passer une alliance avec le président du District : le premier apporte une perspective de développement économique à une zone en difficulté, le second contribue aux arbitrages nécessaires à ce développement. Est ainsi créé un syndicat mixte visant au développement territorial de la Camargue, le SYGEC (Syndicat de gestion de la Camargue), comprenant le District, les deux régions PACA et Languedoc-Roussillon et l'État. Y participent également à titre consultatif des associations de protection de la nature, la Tour du Valat, les propriétai-

res fonciers et les éleveurs ainsi que le Président de la SARL du Mas de la Grande Camargue (MGC).

La stratégie d'ensemble de l'action du SYGEC est de définir un zonage rendant compatibles les différentes modalités de développement économique et de gestion de l'environnement sur la zone. La gestion des crues et la construction des digues y tient un rôle prépondérant. Seule la partie haute de la Camargue sera endiguée (cf. carte 2), ainsi que les Saintes Maries de la Mer, dont l'attraction touristique ne se dément pas.

Dans ce zonage, le cœur « naturel » de la Camargue reste constitué du Vaccarès et des étangs saumâtres, classés en Réserve naturelle et gérés par l'État. De ce point de vue, la situation antérieure se renforce. Cette zone est inondable et ouverte aux flux d'eau salée et douce. De manière à garantir des apports d'eau douce suffisants les années où les crues du Rhône sont faibles et les étés trop secs, un canal prenant directement l'eau du Rhône et la distribuant dans le Vaccarès après une phase de sédimentation pour épurer l'eau et réduire les pollutions du Rhône, est repris du système hydraulique antérieur.

Les zones basses limitrophes de la Réserve, situées au sud de la Camargue sont classées en zones inondables. Les activités économiques, ainsi que la fréquentation humaine, sont fortement réglementées. Trois activités se développent sur ces zones inondables :

– L'élevage bovin et ovin sur les sansouires, avec un complément d'alimentation par le foin de Crau, occupe majoritairement la fraction sud-ouest de la Camargue. Des aménagements ponctuels (surélévation des aires de stationnement des animaux) et un système d'indemnisation des pertes d'animaux en cas de crue est mis en place pour maintenir une activité jugée nécessaire à l'équilibre de la Camargue et au bon fonctionnement du SYGEC.

– Une hôtellerie comparable aux lodges des parcs naturels africains s'instaure également en zone inondable. Destinée à une clientèle de luxe, elle respecte des normes de sécurité importantes (hôtels sur pilotis, accompagnement des visites dans la zone par des guides patentés et en liaison permanente avec le centre d'information des crues, etc.). Très prisés, ces hôtels jouent le rôle de prestige des chasses privées de la fin du XXe siècle (les entreprises y invitent leurs clients de marque), en remplaçant les fusils par des téléobjectifs. De nombreux éleveurs développent cette activité.

– Enfin, dans la fraction sud-est, une industrie d'algoculture et d'algothérapie se met en place.

C'est dans cet environnement préservé, ayant reconquis une excellente image grâce à une gestion stricte de la fréquentation que se développe le projet Marecagia. Le principe de ce projet est une conversion du Mas de la Grande Camargue en un parc éco-touristique de haute qualité. Déclinant le thème des zones humides dans le monde sur près des 4000 ha que comprennent la fondation, Marecagia est un concept unique en Europe. Faisant appel aux meilleurs éco-architectes et aux éco-ingénieurs, le président de la société MGC (Mas de la Grande Camargue) aménage la zone en conservant les caractéristiques fonda-mentales de l'écosystème camarguais, avec des échappées visuelles sur la Réserve limitrophe. Son apport est de rendre intelligible et accessible à un public de plus en plus sensibilisé à l'environnement cet écosystème remarquable. Ce n'est pas d'une évocation reconstruite de la nature camarguaise qu'il s'agit, mais bien de la nature camarguaise elle-même (ou de son reliquat, aux yeux des détracteurs), avec des conditions d'accès profondément remaniées.

À ce « fond », s'ajoutent çà et là des écosystèmes contrôlés de zones humides tropicales (serres) ou tempérées (en plein air). Des apports d'eau douce strictement gérés sont nécessaires. Le succès du parc repose sur la diversité des paysages ainsi créés, sur la réintroduction d'animaux spectaculaires (les hippopotames et les crocodiles ont un succès comparable à celui des flamants roses), sur la complémentarité entre attractions ponctuelles et promenades sur des pontons donnant accès à de grandes surfaces, avec des aires de pique-nique bien inté-grées dans le site et des parcours à poney et à cheval. La répartition des visiteurs dans l'espace et le temps, sur une journée, a fait l'objet d'études approfondies. La qualité de l'animation pédagogique (ciné-zones-humides, ateliers pour les jeunes) distingue ce projet d'autres complexes touristiques jugés plus vulgaires. Les attaques contre le « Disney de l'environnement » s'épuisent devant la qualité paysagère, architecturale, récréative et pédagogique du projet.

Le développement d'un tel projet se fera sur près de dix ans, selon une certaine progressivité (les aménagements tropicaux les plus spectacu-laires et coûteux seront les derniers réalisés). Pour sa faisabilité, le président de la SARL MGC négocie auprès du SYGEC la démoustica-tion de la zone – nécessaire à une fréquentation à large échelle – et l'endiguement des aménagements de Marecagia (seule la partie occi-dentale du domaine, sur 1000 ha, reste inondable et accessible par pontons ; cette fraction moins fréquentée sert de « tampon » avec la Réserve). La fréquentation passe de 1 million de touristes en 2020 à 4 millions en 2030.

En périphérie de Marecagia une zone hôtelière et urbaine se développe, qui nécessite une protection contre les crues. C'est sans doute là que la similitude avec EuroDisney est la plus nette, bien qu'un cahier des charges urbain et architectural ait été défini qui confère à l'aire qui s'étend maintenant au nord des Salins de Giraud une certaine originalité (présence de canaux notamment). Le pont à la pointe sud-est de la Camargue est construit en 2018 : il ne s'agit plus de faire passer du fret, mais des touristes ayant redonné vie à la Camargue et ce, tout en préservant une identité forte. L'ensemble des partenaires du SYGEC ont dès lors participé au projet.

Pour la partie nord de la Camargue, partie endiguée, le développement se fait en fonction du pôle structurant que constituent Marecagia et, dans une certaine mesure, la Réserve. La complémentarité élevage-tourisme de la zone inondable s'y retrouve sur les rives Est et Ouest du Vaccarès. Plus proche de la « pointe » nord de la Camargue, la riziculture et les marais de chasse se maintiennent difficilement dans le contexte d'une urbanisation rendue possible par la démoustication et nécessaire par le développement économique. Ces activités se retrouvent dans une situation comparable à l'agriculture dans le bassin parisien dans les années 2000 : économiquement rentables, mais en partie dissociées du développement territorial.

L'image en 2030 : le tourisme roi, un nouvel équilibre environnemental et social

La Camargue de 2030 est assurément un espace complexe, hautement ambigu, à l'image de la situation en 2000. À plusieurs égards, la qualité environnementale de la zone, au sud et en son centre, a évolué dans le sens d'une plus grande richesse et originalité biologique. La complémentarité entre la Réserve et les espaces inondables périphériques fonctionne bien, tant sur le plan écologique que sur le plan politique (l'État est perçu comme le garant de la sauvegarde de l'intégrité du cœur de la zone). D'un autre côté, la partie « naturelle » apparaît davantage enchâssée dans une trame artificialisée et davantage maîtrisée qu'à la fin du XXᵉ siècle. L'existence d'une zone tampon entre le nord et le sud de la zone disparaît ainsi. Toute la question à l'avenir est la durabilité de cet équilibre. Les risques de dérive vers une nouvelle phase d'expansion de zones artificialisées qui dissoudraient la spécificité de la Camargue sont accrus par rapport à la situation présente (2000). À terme, cet état soulève des questions importantes sur la durabilité du fonctionnement d'ensemble de l'écosystème Camargue : les aires de nourrissage et de repos des oiseaux en dehors du Vaccarès risquent de disparaître. Sous le coup de l'urbanisme, la pollution qui était le point de départ de ce scénario en 2000 risque de se retrouver à un niveau accru...

Le système social repose sur un équilibre subtil entre l'État, Marecagia – qui bénéficie de la Réserve et du soutien financier de l'État dans le SYGEC –, les élus et les propriétaires fonciers. En 2030, la notion d'identité Camarguaise a considérablement évolué depuis 30 ans, mais en cela, on conserve finalement une certaine tradition dans la capacité de la zone à se construire de nouvelles identités à la fois en rupture et en continuité avec le passé. Dans un territoire constitué de grandes unités foncières, une inconnue repose sur les valeurs et la personnalité des propriétaires et en premier lieu le président de SARL MGC dans cette image. Il joue un rôle essentiel dans l'évolution de la Camargue de par ses caractéristiques propres (surface financière, goûts personnels, capacité de persuasion, etc.). Qu'en serait-il avec d'autres visées ?

Le système économique de la zone repose sur le couplage entre tourisme et environnement, dont beaucoup d'analyses prospectives générales s'accordaient dès la fin du XXe siècle à montrer le rôle croissant à l'échelle de l'Europe. Contrairement à ce que d'aucuns auraient pu craindre, Marecagia n'est pas la simple répétition d'un grand aménagement touristique de la fin des années 1990. L'évolution de la demande sociale en matière d'éco-tourisme, le savoir-faire des concepteurs de tels parcs et les valeurs de son promoteur ont permis d'éviter une caricature comme il continue néanmoins d'en exister en 2030, dans d'autres zones similaires.

En 2030 un verrou important dans le fonctionnement du système a sauté : les moustiques. Alors que le système Camargue a pu s'adapter à différentes hypothèses hydrologiques sans perdre, au fond, sa spécificité, la démoustication apparaît comme pouvant déterminer la colonisation urbaine de la zone et, à terme, sa banalisation. Cette mise en perspective permet de proposer une interprétation complémentaire de celle qui, dans les années 2000, considérait que la « clé » du système étaient la riziculture et les flux d'eau douce et salée : la présence de moustiques commande aussi l'occupation du sol et les activités humaines qui s'en accommodent. Leur disparition a entraîné une série de ruptures dans le fonctionnement du système avec des conséquences sur l'occupation des sols et, en retour, sur le fonctionnement hydrologique de la Camargue dans son ensemble. »

La carte 3 renvoie à l'état de la zone en 2030

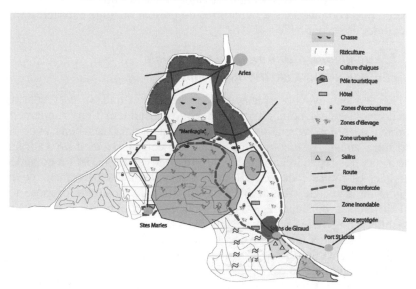

5. Analyse et enseignements du scénario de rupture : quels principes théoriques et méthodologiques pour une prospective à la fois environnementale et territoriale ?

Les pages qui précèdent illustrent la capacité d'une méthode de scénario à explorer un champ de conjectures futures, portant sur des registres variés en interaction à l'échelle d'un territoire. Le scénario de rupture sur la Camargue présenté ici permet de combiner des faits d'ordre social, technique, environnemental, économique, politique dans ce qui, finalement, a une fonction de « modèle territorial » synthétique. La complexité d'un territoire rend son analyse prospective particulièrement compatible avec une méthode intégrative de type scénario.

Mais pour revenir à la problématique générale de ce texte – l'inscription d'une prospective dans une démarche de recherche – il convient de questionner le scénario de rupture donné en exemple sous l'angle de sa portée scientifique. C'est en nous référant aux principes méthodologiques et théoriques sur lesquels nous nous sommes appuyés pour donner au scénario des bases de rigueur et de cohérence que nous traiterons ici ce point.

L'accent sera mis sur l'articulation entre territoire et environnement dans la construction des conjectures, sachant que nous nous sommes par ailleurs appuyés sur les principes généraux de la méthode des scénarios, dont certains ont été évoqués dans le présent texte et dont on trouvera un aperçu plus complet dans les chapitres du présent ouvrage consacrés aux méthodes de scénarios[14].

a. L'articulation d'une analyse territoriale et d'une analyse environnementale

Nous avons évoqué à plusieurs reprises le fait que, si les scénarios territoriaux étaient nombreux[15], ceux qui considèrent l'environnement comme un objet en soi, un objet à expliquer dans ses liens avec le territoire étaient beaucoup plus rares. Ce constat vient d'un cadrage théorique très répandu en matière de prospective, qui revient à considérer que les forces motrices du futur relèveraient exclusivement de la sphère de la société (Russo et Pigagnol, 1998). Le cadrage proposé ici est différent à plusieurs égards. Si l'on retrouve clairement une place essentielle du jeu des acteurs locaux dans la dynamique de la Camargue telle qu'elle est explorée dans le scénario de rupture, ce jeu est mis en relation systématique avec le fonctionnement bio-physique (autrement dit, écologique) de la zone, conformément à une interprétation de la zone comme un éco-socio-système. Dès lors, dans le scénario, l'environnement est à la fois une variable à expliquer et une force motrice, rétroagissant sur le fonctionnement social et le jeu des acteurs. Envisager ce rôle de l'environnement comme en partie autonome – régi par ses lois propres, que les sciences de la nature appréhendent – et en partie déterminé, dans la dynamique du territoire, est à nos yeux un cadrage théorique fondamental de la PENTE.

Dans cette articulation territoire/environnement, un second point théorique porte sur l'inscription des thèmes environnementaux dans le fonctionnement territorial. Si nous avons pu utiliser parfois le terme « environnement » d'une manière générique, par commodité, il nous semble également que le scénario fait ressortir les diverses entrées environnementales possibles à l'échelle d'un territoire comme la Camargue : habitats naturels, hydraulique, ornithologie, etc. Dans le scénario, chaque réseau d'acteurs en jeu dans un territoire contribue d'une certaine manière à faire évoluer chacune des dimensions de l'environnement. La complexité territoriale est aussi celle des variables qui dé-

---

[14] Voir chapitre IV et V.

[15] Dans ce cas, le territoire est appréhendé dans sa dimension humaine locale, en fonction des réseaux d'acteurs qui interviennent à ce niveau. Ce que de tels scénarios appréhendent typiquement sont les résultantes d'acteurs jouant des stratégies de développement local contrastées. Les « variables à expliquer » sont alors essentiellement d'ordre organisationnel, politique et économique.

crivent ce qu'on regroupe dans le terme environnement. Poser la question de la manière dont ces différentes variables environnementales interagissent, évoluent et contribuent à faire évoluer le système territorial ressort comme un axe structurant de la PENTE, qui la distingue ici d'une entrée monothématique sur tel problème d'environnement. À la vision fréquente selon laquelle les problématiques territoriales déterminent l'environnement, on peut combiner celle considérant que les problématiques environnementales, dans leur diversité, contribuent à construire des problématiques territoriales spécifiques.

b. La référence à une approche disciplinaire prenant en compte la dynamique territoriale

Le deuxième principe que l'on peut mettre en avant porte sur *l'approche disciplinaire autour du territoire* au sein du scénario présenté ici. Dans sa construction, le scénario de rupture intègre des données, des faits issus de diverses disciplines de sciences de la nature ou de sciences sociales. Nous avons évoqué comment les entretiens auprès des différents participants du projet Camargue et nos lectures avaient contribué à fournir les « germes », les idées porteuses du scénario. À l'issue de cette phase de recensement des visions et des thèmes qui se croisent sur la zone, la possibilité de relier des éléments variés dans un cadre synthétique repose sur une analyse des structures du territoire de la zone, visant à établir le principe et l'existence de relations entre ces éléments[16].

Cette analyse fait référence, sinon à un champ disciplinaire complètement unifié, du moins au concept central de territoire tel qu'appréhendé par différentes disciplines. Plus précisément, notre propos est de « faire tenir » les scénarios par une analyse construite de la dynamique territoriale qui emprunte à des disciplines carrefour telles que l'histoire ou la géographie (Jollivet, 1992). La prospective est alors une mise en perspective particulière – dans le futur – des concepts qui permettent de proposer une vision théorique sur le territoire. La prospective ne se présente plus alors comme « transversale » et « à côté » des questionnements disciplinaires, mais acquiert un statut davantage intégré aux disciplines qui appréhendent le territoire.

Ce positionnement a une conséquence directe dans la réalisation de scénarios construits dans le cadre de la PENTE : leur élaboration mobilise de manière centrale des scientifiques possédant une certaine maîtrise des disciplines carrefour évoquées plus haut. Dans le cas présenté ici, ce

---

[16] On parlera également fréquemment d'*analyse morphologique* pour cette phase de découpage systémique de l'objet, voir par exemple Jouvenel (1993).

travail a été facilité par l'ancrage disciplinaire du projet Camargue dans l'histoire et la géographie. Notre propre parcours disciplinaire, fondé sur l'analyse des systèmes agraires (Poux, 1990) – objets appréhendés dans leurs dimensions géographique, historique, technique et sociale (Mazoyer et Roudart, 1997) – se retrouve également dans la manière de construire le scénario[17] autour de la dynamique territoriale. Mais il faut souligner ici que dans d'autres types de projets de recherche, de telles approches synthétiques sur un territoire n'existent pas, ou de façon insuffisante. Dès lors que l'on entreprend une PENTE dans le cadre d'un tel projet, il apparaîtra nécessaire d'y introduire au préalable – ou concomitamment – de telles perspectives[18].

c. Le croisement d'analyses territoriales dynamiques entreprises à différents niveaux

Le troisième principe que nous voudrions souligner ici est davantage d'ordre méthodologique. Il porte sur l'*intégration des données qui permettent de construire un tel scénario sur des bases les plus rigoureuses possible*. Autrement dit, comment construire une image territoriale fondée sur des données et des hypothèses clairement interprétables ? Nous avons déjà évoqué la mobilisation des différents travaux synthétiques sur la Camargue au sein desquels l'ouvrage de B. Picon occupe bien entendu une place centrale. Mais nous nous sommes également efforcés de collecter et d'intégrer des connaissances plus thématiques – par exemple sur le fonctionnement hydraulique de la zone (travaux de P. Heurteaux), sur l'occupation du territoire et les enjeux écologiques (travaux de P. Tamisier et de la Société nationale de protection de la nature), sur la démoustication, sur le tourisme, sur l'agriculture, travaux auxquels nous ne pouvons pas entièrement rendre justice dans l'espace restreint de ce chapitre.

En complément de ces approches, il nous a été possible dans le cadre du PNRZH d'entreprendre des investigations complémentaires qui contribuent à enrichir l'analyse du système territorial. Faute de place, nous ne ferons que les évoquer brièvement ici.

Le premier champ d'investigation se réfère à ce que nous avons appelé une *démarche prospective territoriale descendante*, consistant à

---

[17] C'est aussi la raison pour laquelle la plupart des analyses prospectives territoriales inscrites dans le cadre d'une recherche sont le fait, comme on l'a indiqué plus haut, de chercheurs impliqués dans des disciplines carrefour (voir par exemple Thenail *et al.*, 1997 ; Deffontaines et Lardon, 1994).

[18] C'est l'une des conclusions à laquelle nous sommes arrivés à l'issue de l'analyse du positionnement des disciplines impliquées dans le PIREN Seine vis-à-vis de la prospective (Poux et Narcy, 2001).

mobiliser des conjectures élaborées existantes portant sur des dynamiques territoriales à l'échelle des régions administratives (cf. les travaux de l'INSEE ou de la DATAR dans ce domaine) englobant le territoire considéré. Dans le cas de la Camargue, nous avons ainsi pu mobiliser des travaux de prospective démographique et d'aménagement du territoire (transports notamment) à l'échelle des régions PACA et Languedoc-Roussillon, ainsi qu'à l'échelle de l'arc méditerranéen européen (Niel, 1999). Ces travaux ont permis d'enrichir et de conforter des points importants du scénario de rupture, par exemple l'existence d'une dynamique très forte d'urbanisation dans l'environnement immédiat de la Camargue, susceptible de modifier l'équilibre sociologique et politique de la zone, en la considérant au-delà de son insularité. Ces analyses sur des territoires « englobants » ont en outre été complétées par l'analyse de prospectives thématiques conduites à l'échelle nationale qui portaient notamment sur la riziculture et la Politique agricole commune (PAC), le tourisme et la chasse.

Le second champ d'investigation complémentaire porte sur une prospective à l'échelle des unités de gestion que sont les domaines fonciers camarguais. Celle-ci a été conduite sur le principe d'entretiens interactifs entre un membre du projet PNRZH sur la prospective (Isabelle Dubien) et des gérants de domaines. Il s'agissait d'amener ces derniers à envisager les adaptations dans leur domaine qui découleraient d'événements sur le foncier, la PAC, les crues, etc. Ces exercices ont permis de conforter l'hypothèse selon laquelle la variable foncière était déterminante dans l'évolution des domaines et, plus précisément, que les stratégies de cession des terres à des opérateurs « environnementaux » tels que le Conservatoire du Littoral et des Espaces Littoraux étaient très présentes dans les visées des propriétaires de domaines en cas de crues.

Le chantier qui reste sans doute le plus à investir est celui de l'intégration des travaux sur les dynamiques bio-physico-chimiques dans la construction des images. Il est clair qu'à cet égard, le scénario proposé soulève beaucoup de questions qu'il ne résout pas : dans le premier temps, l'ouverture de la Camargue aux flux d'eau, douce et salée, conduirait-elle à un enrichissement de la richesse biologique ? Comment la salinisation jouerait-t-elle ? Existe-t-il des régulations sur la dynamique des populations de poisson, d'oiseaux, susceptibles de remettre en cause les images construites ? De même, les dynamiques à l'échelle du Rhône dans son ensemble – qu'il s'agisse des crues ou de l'évolution des polluants – vont-elles dans le sens du scénario ? Sur un autre plan, l'analyse du fonctionnement spatial de la zone, dans ses composantes hydrauliques et paysagères, reste très sommaire. Il serait sans doute possible d'affiner considérablement le scénario en incorporant les hypothèses dans le SIG élaboré sur la zone. Ces questions débouchent sur des axes de travail qui contribueraient incontestablement à intégrer davantage l'analyse prospective dans les recherches thématiques sur l'environnement camarguais.

Conclusion : quelles perspectives pour la prospective environnementale de territoires ?

Les pages qui précèdent ont pour vocation de présenter une première approche des enjeux théoriques et méthodologiques qui se posent quand on aborde la prospective environnementale à une échelle territoriale. Si nous avons proposé des approches, dont le scénario de rupture ici présenté n'est qu'une partie, il est clair que le chantier est encore vaste pour ancrer davantage la PENTE dans le champ des recherches en environnement. C'est avec le développement de travaux approfondis et leur mise en commun et en discussion dans un forum prospectif approprié que le champ esquissé ici prendra toute sa forme et sa consistance.

De notre expérience en Camargue et sur d'autres sites – Bretagne, Seine (cf. encadré 1) – nous tirons comme enseignement l'importance de traiter la prospective environnementale comme une question de recherche en elle-même. Ce point est d'autant plus important – et d'autant moins directement évident – que les équipes de recherche sont soumises par ailleurs à une demande de prospective institutionnelle et politique qui touche potentiellement toute la gamme des thèmes environnementaux territorialisés. Pour s'en convaincre, il suffit de considérer les échéances temporelles de la directive cadre sur l'eau (2015) ou des Schémas de services collectifs des espaces naturels et ruraux qui organisent à un horizon de vingt ans les politiques publiques pour le développement des territoires. Si ce développement d'un questionnement de type prospectif très appliqué est une évolution positive de l'action publique, il risque de brouiller la lisibilité du travail de recherche en prospective. Il nous semble dès lors d'autant plus fondamental que la communauté scientifique se saisisse activement de ces questions au sein de ses activités de recherche et qu'elle ne les considère pas seulement comme une valorisation en aval de la production scientifique[19].

Le deuxième enseignement est que la grande variété des contextes territoriaux et la structuration des programmes de recherche d'un site à l'autre appelle des solutions méthodologiques spécifiques, à concevoir pour chaque prospective environnementale. Entre la Camargue et les zones humides bretonnes, même si l'on a pu transposer un cadre d'analyse général (construction d'une problématique avec des entretiens approfondis, construction de scénarios territoriaux et discussion des

---

[19]   Voir chapitre I.

résultats), des adaptations méthodologiques importantes ont dû être effectuées.

Dans cette perspective de souplesse méthodologique, à laquelle le champ des scénarios se prête particulièrement bien, on peut identifier deux pistes pour le développement de prospectives environnementales de territoires.

La première est relative aux méthodes mobilisées pour la production des conjectures. La modélisation spatiale et paysagère laisse indéniablement entrevoir des perspectives prometteuses (Joliveau et Michelin, 1998). Dans le cas de la Camargue comme ailleurs, le couplage des scénarios avec l'analyse spatiale, l'analyse économique des systèmes de production et des activités touristiques pouvaient constituer des pistes d'approfondissement *a priori* fécondes parmi d'autres envisageables. Dans le cas du bassin de la Seine, nous avons pu par exemple coupler des approches à base de scénarios avec une analyse statistique d'évolution des systèmes de production et des assolements agricoles réalisés par l'INRA (Poux et Dubien, 2002). Le développement d'approches et de méthodes adaptées à des problématiques et des territoires divers devrait déboucher à terme sur un vocabulaire et une grammaire de la PENTE, dont la variété et la diversité ne peuvent qu'enrichir la qualité des travaux à venir.

La seconde piste est relative au développement de forums mettant en discussion les résultats et les méthodes relatifs à la PENTE. Différents angles d'attaque sont envisageables, en se posant la double question « dans quelle mesure la méthode mobilisée contribue-t-elle à la qualité formelle des résultats ? », « en quoi ces résultats sont-ils interprétables et renouvellent-ils les travaux scientifique sur un territoire ? ». Le premier terme renvoie à l'analyse intrinsèque des méthodes mises en œuvre (par exemple : quel est le domaine temporel de validité de telle méthode de modélisation spatiale ?). Le deuxième terme de questionnement met davantage l'accent sur la dimension interprétative de la prospective et débouche sur deux fonctions que l'on peut associer à une PENTE dans le cadre d'un projet de recherche : (i) contribuer à construire un cadre de connaissances cohérent et global sur un territoire et (ii) déboucher sur un dialogue interdisciplinaire permettant notamment d'organiser les recherches au sein d'un projet et ainsi déboucher sur des problématiques nouvelles au sein de chaque discipline. On peut illustrer ces deux points sur l'exemple de la Camargue en reprenant rapidement chacun d'entre eux : (i) Le scénario construit propose une alternative à l'interprétation des enjeux environnementaux et territoriaux de la zone portée par l'équipe du projet Camargue[20], tant en ce qui concerne les

---

[20]   Dont on aura un bon aperçu dans Alard *et al.* (2001). Cf. également l'encadré 1.

niveaux d'interaction (la Camargue n'est pas une île), les variables motrices sur la zone (place de la riziculture et de l'hydraulique) que l'interprétation de la question environnementale même (la question de la nature artificialisée). (ii) Cette interprétation peut rentrer de plein droit dans la discussion des problématiques et dans la structuration disciplinaire des recherches sur la Camargue, par exemple en ce qui concerne l'analyse des relations entre occupation des sols et gestion hydraulique ou la prise en compte de la sédimentologie dans la dynamique à long terme de la zone.

Il ne s'agit pas ici de considérer qui a raison ou tort dans les visions portées sur la Camargue. Notre propos est de faire valoir, qu'en complément d'approches historiques telles que celles déjà très bien mobilisées par le projet Camargue, la construction explicite de scénarios dans le cadre de projets de recherche contribue à renouveler la compréhension de territoires, de systèmes sociaux et écologiques en devenir. Il y a là un forum prospectif qui s'ouvre et dont la portée dépasse largement le seul cas présenté dans ces pages.

Bibliographie

Allard, P., *Arles et ses terroirs, 1820-1910*, Paris, Éditions du CNRS, 1990.

Allard, P., Bardin, O., Barthélémy, C., Pailhès, S., Picon, B., « Eaux, poissons et pouvoirs, un siècle de gestion des échanges mer-lagune en Camargue », *Natures, sciences, sociétés*, 2001, vol. 9, n° 1, pp. 5-18.

Baud, G., Guéringer, A., « Perspectives d'évolution, enjeux agricoles et ruraux dans une petite région fragile : le canton de la Chaise-Dieu », in *Des régions paysannes aux espaces fragiles*, Clermont-Ferrand, CERAMAC, 1991.

Boulot, S., *Essai sur la Camargue : environnement, état des lieux et prospective*, Arles, Actes Sud, 1991.

CES de la Région Midi-Pyrénées, *Les desseins de 2030, une prospective pour les habitants de Midi-Pyrénées*, série Travaux et Recherche Prospective, Futuribles-DATAR, 2000, 224 p.

Costanza, R., Sklar, F.H., White, M.L., « Modelling Coastal Landscape Dynamics », *BioScience*, 1990, 40 : 2, pp. 91-107.

DATAR, *La méthode des scénarios, une réflexion sur la démarche et la théorie de la prospective*, Paris, Documentation Française, 1975.

De Jouvenel, H., « Sur la démarche prospective, un bref guide méthodologique », *Futuribles*, septembre 1993, pp 51-71.

Deffontaines, J.P., Lardon, S. (dir.), *Itinéraires cartographiques et développement*, Paris, INRA Éditions, 1994, 136 p.

Gallopin, G., Hammond, A., Raskin, P., Swart, R., *Branch Points : Global Scenarios and Human Choice*, Boston, Stockholm Environment Institute, Pole-Star Series Report n° 7, 1997.

Godet, M., « Prospective et dynamique des territoires », *Futuribles* n° 296, nov. 2001, pp. 25-34.

Joliveau, T., Michelin, Y., « Approche méthodologique de la gestion paysagère concertée d'un espace avec un système d'information géographique : l'exemple de la commune de Viscomtat (63) », in *Actes du Colloque : Gestion des territoires ruraux : connaissances et méthodes pour la gestion publique*, 27 & 28 avril 1998, Clermont-Ferrand. Cachan, Cemagref, 1 : 85-102.

Jollivet, M., *Sciences de la nature, sciences de la société. Les passeurs de frontières*, Paris, CNRS, 1992.

Jollivet, M., « Le traitement du long terme et de la prospective dans les zones ateliers », *Natures, sciences, sociétés*, 2001, vol. 9, n° 3, 71-72.

Kieken H., *Prospective des déterminants socio-économiques du fonctionnement du bassin versant de la Seine*, mémoire de DEA Économie de l'Environnement et des Ressources naturelles, ENGREF, 1999.

Lévêque, C., Pavé, A., Abbadie, L, Weill, A., Vivien, F.D., « Les zones ateliers, des dispositifs pour la recherche sur l'environnement et les anthroposystèmes. Une action du programme "Environnement, vie et sociétés" du CNRS », *Natures, Sciences, Sociétés*, vol. 8, n° 4, 2000.

Mazoyer, M., Roudart, L., *Histoire des agricultures du monde : du néolithique à la crise contemporaine*, Paris, Seuil, 1997, 505 p.

Mermet, L., Piveteau, V., « Pratiques et méthodes prospectives : quelle place dans les recherches sur l'environnement », in *Les temps de l'environnement, journées du PIREVS*, 1997, Toulouse.

Mermet, L., Poux, X., « Pour une recherche prospective en environnement : repères théoriques et méthodologiques », *Natures, Sciences, Sociétés*, 2002, vol. 10, n° 3, 6-14.

Michelin, Y. « Articulation entre différentes échelles d'espaces et de temps dans la gestion patrimoniale du paysage : l'exemple de l'Artense », *Ingénieries EAT*, 1997, n° spécial prospective et environnement, pp. 83-96.

Neboit-Guilhot, R., Davy, L. (dir.), *Les Français dans leur environnement*, Paris, Nathan, 1996.

Niel, C., « La prospective territoriale descendante : application au système Camargue », Rapport AScA-ENGREF dans le cadre du PNRZH, 1999.

Picon, B., *L'espace et le temps en Camargue*, Arles, Actes Sud, 1988.

Piveteau, V., *Prospective et territoire, apports d'une réflexion sur le jeu*, Antony, Cemagref, collection Études, Gestion des territoires, 1995, n° 15 ; 298 p.

Poux, X., « Le diagnostic d'un système agraire régional : l'exemple du plateau de Langres Châtillonnais », Thèse de l'INA-PG, Paris, 1990.

Poux, X., Mermet, L., Piveteau, V., « Méthodologie de prospective des zones humides à l'échelle micro-régionale – problématique de mise en œuvre et d'agrégation des résultats », Projet de recherche au PNRZH, 1996.

Poux, X., Dubien, I., « Quelle prospective pour l'agriculture de la Seine amont ? L'enseignement de trois scénarios sur le bassin de la Marne », Rapport scientifique au PIREN Seine, AScA-RGTE, 2002, 49 p.

Poux, X. Narcy, J.B., *Quels cadrages sur les recherches prospectives dans le PIREN Seine ?*, Rapport scientifique au PIREN Seine. ENGREF-RGTE, 2001, 44 p.

Poux, X., Mermet, L., Bouni, C., Dubien, I., Narcy, J.B., *Méthodologie de prospective des zones humides à l'échelle micro-régionale – problématique de mise en œuvre et d'agrégation des résultats*, AScA/PNRZH, 2001, 111 p.

Russo, F., Pigagnol, P., « Prospective et futurologie », *Encyclopedia Universalis*, Paris, 1998.

Schwartz, P., *The Art of the Long View*, Chichester, UK, John Wiley and Sons, 1998, 258 p.

SNPN, *Fiches Camargue* (26 fiches thématiques sur l'environnement en Camargue), Paris, Société nationale de protection de la nature, 1990.

Thenail, C., Morvan, N., Moonen, C., Le Cœur, D., Burel, F., Baudry, J., « Le rôle des exploitations agricoles dans l'évolution des paysages : un facteur essentiel des dynamiques écologiques », *Ecologia Mediterranea*, 23 (1/2) 1997, pp 71-90.

Conclusion de la troisième partie

Laurent MERMET

Les quelques exemples de cette troisième partie ne font qu'esquisser un champ de recherche qui doit susciter aussi une grande diversité de travaux tout à fait différents de ceux-ci – par exemple, dans le domaine des recherches prospectives sur le fonctionnement et l'évolution des écosystèmes. Ils illustrent bien, cependant, les enjeux principaux du développement de l'ensemble du champ des recherches prospectives sur l'environnement. Récapitulons-les une dernière fois.

1. La nécessité d'un cadre « ouvert »

Il ressort d'abord des exemples développés ici que les recherches prospectives environnementales ne peuvent s'appuyer sur la mise en œuvre prévisibles de méthodes (de modélisation, de scénarios, d'exercices participatifs) codifiées et tirées d'un répertoire limité. Chaque réalisation significative a dû « adapter », « amplifier » et « hybrider » des ressources diverses pour construire des conjectures et organiser des forums de discussion adaptés à la nature et au contexte de la question traitée. Elle n'applique pas une méthode stéréotypée, mais s'inscrit dans un cadre (d'analyse, de conception, d'évaluation) ouvert et mobilise des répertoires ouverts de ressources (théoriques, méthodologiques).

2. Centrer l'attention sur la dialectique conjecture/forum prospectif

Pour s'orienter dans ce domaine complexe et mouvant, le fil conducteur proposé par le présent ouvrage (chapitre II) consiste à recentrer la réflexion sur ce qui nous semble être le fondement de tout travail prospectif : l'ouverture d'un forum prospectif alimenté par la construction méthodique d'une conjecture, l'élaboration d'une conjecture soutenue par le fonctionnement d'un forum de débat. S'agissant des modèles, cela revient, comme le font les contributions de cette troisième partie, à organiser la discussion et le travail autour de la relation réciproque entre les contenus et les usages prospectifs des modélisations sur l'environnement. Le cas d'école sur le rapport Meadows le montre bien. Centrer la discussion sur le seul modèle *World 3* est relativement stérile. En elle-même, la polémique des années 1970 sur les limites de la croissance a surtout une valeur historique. En revanche, la réflexion prend une toute autre dimension lorsque l'on embrasse dans une même discussion la modélisation et le débat sur la croissance, aussi bien dans les grandes lignes (les grandes positions en présence, la conception générale du modèle et les paradigmes sous-jacents) que dans les détails (de réalisation du modèle, de traitement des données, d'organisation des enceintes et des processus de discussion).

3. Le portage des travaux par des communautés spécialisées qui se constituent à cet effet

L'un des impacts de ce jalon historique qu'a constitué le rapport Meadows a été de susciter (plus par réaction que par adhésion, au demeurant) l'émergence dans les années 1970 d'une communauté internationale de « modélisateurs globaux ». C'est une autre communauté de cette sorte, à la fois scientifique et politique spécialisée, qui s'est développée à l'échelle mondiale au cours des trente dernières années autour du thème de la prospective sur la ressource en eau. La promotion du thème de la ressource en eau comme préoccupation politique et champ d'étude scientifique, devant à ce titre faire l'objet d'efforts (notamment financiers) spécifiques, est d'ailleurs l'un des objectifs unificateurs de cette communauté, comme l'illustre bien la genèse de la *World Water Vision*. Le chapitre IX, en montrant comment la manière de poser le problème de l'avenir de la ressource en eau et les méthodes d'études prospectives ont évolué ensemble, fournit une nouvelle illustration de la possibilité et de l'intérêt de la création de forums prospectifs durables et de corpus de méthodes et de contenus conjecturaux.

4. Différencier les stratégies de recherche et la conduite des forums en fonction des thèmes, des échelles, des conditions concrètes de différents dossiers

Dès l'origine, cette communauté se situe dans une stratégie de mondialisation du problème de la ressource en eau, tout en reconnaissant le caractère fortement territorial de la ressource, de ses usages et d'une partie importante des moyens d'intervention pour favoriser un équilibrage entre ressources et usages. Le problème de l'articulation entre des prospectives à conduire à des échelles très différentes, déjà évoqué au sujet du changement climatique et des prospectives territoriales, est donc bien présent aussi dans le domaine de l'eau. En passant d'un débat mondial à une prospective régionale, les chapitres X et XI fournissent une bonne illustration des enjeux de cette articulation entre des échelles de travail très différentes.

Sur le plan théorique, les concepts doivent être rediscutés, adaptés, de nouveaux concepts doivent être introduits. Par exemple, l'irruption de la pénurie d'eau comme limite au développement d'une pays donné n'est pas problématisée de la même manière par les chercheurs et experts internationaux qui envisagent le problème sous un angle macro-écologique, macro-social, macro-économique et par les experts nationaux, pour qui il doit être (et est déjà) posé comme un ensemble de problèmes de gestion et de planification concrète des usages et de la mobilisation de la ressource.

Sur le plan des méthodes de construction des conjectures, à l'échelle nationale ou à celle des bassins versants ou des territoires, on retrouve l'enjeu, souligné dans la deuxième partie de l'ouvrage, de mobilisation des communautés scientifiques concernées. Il faut à la fois mobiliser les spécialistes de la ressource et de la gestion de l'eau (hydrologues, experts, ingénieurs planificateurs, etc.) dont la participation est indispensable pour fournir un contenu technique adéquat, et effectuer le travail de décalage et d'innovation qui permette de traiter les données sous des angles nouveaux, qui donnent prise à de nouvelles questions du forum prospectif. Dans l'espace ouvert par cette double visée se situent des enjeux très importants pour des recherches futures sur les méthodologies prospectives dans le domaine de la ressource en eau.

Enfin sur le plan du forum prospectif, des procédures de discussion, nous souhaitons insister sur le fait qu'il n'est souvent ni possible, ni légitime, de « plaquer » sur des systèmes sociaux, politiques et administratifs, très divers d'un pays et d'un territoire à l'autre, des conceptions d'exercices prospectifs et des méthodes d'animation qui ont été mises au point dans d'autres contextes. Pour éviter cette tentation, il nous semble important de procéder en deux temps :

1) d'abord reconnaître et analyser les forums prospectifs qui existent déjà, les lieux et les manières dont les conjectures sur le futur (ici, de la ressource en eau) sont élaborées et discutées ; dans un deuxième temps seulement, cerner des points clairement définis sur lesquels des améliorations de ces forums sont possibles et souhaitables,

2) sur cette base, proposer des méthodes d'intervention pour étendre, transformer, enrichir le forum prospectif.

Cette orientation du travail ne va pas sans tensions que les chercheurs intervenant en prospective doivent assumer : jusqu'où leur faut-il s'adapter ? Jusqu'où, sur quelles bases, peuvent-ils et doivent-ils se poser en agents d'innovation et de changement ?

5. Étendre l'espace de travail de la prospective

Étant donnée la diversité des dossiers environnementaux, des échelles géographiques et des contextes socio-politiques où ils se posent, un traitement approfondi des dynamiques futures qui y sont en jeu nécessite clairement un ambitieux travail d'extension de l'espace de travail des recherches prospectives. L'étude approfondie de dynamiques environnementales territoriales n'est que l'un des aspects de cette extension, mais dont les enjeux sont très importants (à la fois pour les chercheurs du domaine de l'environnement et pour la capacité des prospectives environnementales à alimenter l'action). C'est sur ce type d'extension que nous avons le plus insisté dans l'ouvrage, en particulier avec les chapitres X et XI.

Dans l'introduction de ce dernier, Xavier Poux qualifie d'« embryonnaire ou pour le moins peu lisible » l'offre théorique et méthodologique pour une prospective environnementale des territoires. Heureusement, c'est pour mieux nous convaincre que cet embryon est viable, ne demande qu'à mûrir et qu'il faut poursuivre l'effort pour l'amener à terme ! Comment, en effet, éclairer la gestion environnementale à long terme des territoires, si l'on ne peut s'appuyer sur des prospectives porteuses de sens ? Comment pourrait-on approfondir la prise en charge des problèmes environnementaux à long terme et grande échelle, comme l'impact du changement climatique ou l'interface entre politique agricole et environnement, si l'on ne peut se référer à des travaux soigneusement construits, portant en profondeur sur leur inscription dans des territoires concrets, à l'échelle des écosystèmes et des sociétés locales ? Nous voudrions ici souligner quelques-uns des problèmes spécifiques que soulève le développement de la prospective environnementale des territoires, tel que nous l'appelons de nos vœux.

S'il est exact que la prospective environnementale à l'échelle territoriale fait figure de « parent pauvre » vis-à-vis des travaux menés à l'échelle globale, il ne faut pas se tromper sur le signification de ce fait, et sur les conclusions à en tirer pour le développement de ce domaine. La faible visibilité/lisibilité des prospectives territoriales pour les spécialistes de l'environnement (en particulier global) ne provient pas de la rareté des travaux conduits à ces échelles. Si l'on excepte les travaux vraiment locaux, qui restent peu nombreux (Piveteau), il existe au contraire un vaste corpus, souvent très élaboré et une activité intense sur la prospective à l'échelle régionale. L'activité de l'Office international de prospective régionale (OIPR), qui rassemble des spécialistes (surtout francophones) de ce domaine suffit à en mesurer l'importance. Pour autant, ces travaux ne répondent pas, pour l'essentiel, aux attentes qui nous font souhaiter le développement de travaux de prospective environnementale des territoires. D'abord, ils sont rarement centrés sur l'environnement. Ensuite, sauf exception, les communautés scientifiques (en sciences de la nature et en sciences sociales) de la recherche environnementale y sont peu impliquées. Enfin, les prospectives territoriales actuelles sont le plus souvent très directement tournées vers l'action – en particulier vers la planification spatiale ou vers la programmation politique de l'action des collectivités territoriales.

Le projet de développer des recherches prospectives environnementales à l'échelle territoriale qui soient en prise sur les autres travaux scientifiques, qui aient vocation à être articulées aux prospectives environnementales à d'autres échelles est donc tout à fait pertinent. S'il se distingue de la plupart des travaux actuels de prospective territoriale, il ne peut pas – et ne doit pas – les ignorer. Pour que ces prospectives soient riches en contenu et crédibles, pour qu'elles disposent de moyens humains et matériels, chacune doit être en prise sur les scènes politiques et académiques de son territoires. Ces scènes, qui sont très hétérogènes d'une région à l'autre, n'ont aucune vocation à s'agglomérer spontanément en une communauté mondiale de spécialistes, comme c'est le cas pour les prospectives globales. Il faudra donc que les auteurs de ces prospectives organisent le développement de leur(s) communauté(s) sur d'autres bases que celles qui conviennent aux spécialistes des prospectives globales, des bases qui assurent à la fois viabilité et pertinence territoriale, et échanges inter-territoriaux.

6. Rechercher une mobilisation croisée des chercheurs de la sphère environnementale et de ceux de la prospective générale

Sur l'arrière-plan de ces perspectives d'ensemble, le texte de Xavier Poux met le doigt sur des enjeux et difficultés très concrets que soulève le développement de prospectives environnementales des territoires. Nous voudrions en souligner trois.

D'abord, la dynamique environnementale future des territoires combine des processus (naturels, sociaux, techniques) qui sont étudiés séparément par des communautés scientifiques distinctes. Leur collaboration pour la construction de conjectures élaborées suppose un travail de mobilisation et d'articulation dont on risque fort de sous-estimer l'importance. À la lumière des recherches exploratoires menées avec Xavier Poux, il ressort que l'on ferait fausse route en considérant ce travail comme un simple préalable. Il fait partie intégrante de la recherche prospective, car la négociation des termes de collaboration entre les équipes (et les disciplines) impliquées, l'articulation des contenus au sein des conjectures qu'il s'agit de construire et leur construction elle-même, les modalités de discussion critique des conjectures enfin, sont intimement liées. L'ingénierie de ces collaborations et de leurs contenus est pour nous un thème central de recherche en méthodologie de la prospective.

Ensuite on retrouve, au niveau des territoires, un constat déjà fait pour les prospectives à plus large échelle : celui de l'immense variété des problématiques possibles et surtout des méthodes qui peuvent être mobilisées. Certes, on retrouve des ressources transversales à tous types de prospectives, par exemple la construction de scénarios. Mais au-delà, c'est l'immense panoplie des démarches d'analyse spatiale, des méthodes d'étude de la dynamique des exploitations agricoles et des systèmes agraires, des outils de l'économie régionale, mais aussi de la sociologie et des sciences politiques – et encore ne sont-ce là que quelques exemples – qui peuvent être mobilisés au bénéfice de prospectives environnementales des territoires. Une bonne partie de ces outils sont spécifiques (dans leur conception ou leur mise en œuvre) à telle ou telle échelle de travail. On touche du doigt les spécificités du développement de recherches prospectives environnementales sur les territoires ; on mesure l'ampleur du chantier.

Enfin, devant la diversité et le poids des travaux de toutes sortes existants et en cours sur l'environnement et les territoires, le projet de développer des travaux plus nettement prospectifs doit assumer une forte tension entre deux pôles. D'un côté, il ne peut pas prospérer s'il ne s'appuie pas fortement sur les communautés qui portent les travaux en cours. De l'autre côté, ces communautés et leurs travaux portent le poids de leurs représentations, de leurs habitudes de travail, des points de vue sous-jacents à leurs méthodes, à leurs problématisations. Or, construire de nouvelles conjectures suppose d'établir de nouveaux points de vue, donc l'introduction délibérée d'un décalage, voire d'une rupture, avec certaines perspectives bien ancrées. Mobiliser des communautés scientifiques dans un travail qui comporte une part de décalage ou de rupture : tel est bien le défi, que nos recherches exploratoires de ces dernières années ont permis de toucher du doigt et de préciser, que représente la recherche prospective environnementale.

Ce défi ne se pose pas seulement sur le plan de l'organisation et des enjeux propres au monde académique. La rupture prospective suppose que l'on accepte d'envisager des changements à la hauteur des puissantes forces de transformation à l'œuvre, donc un monde futur réellement différent de ce que nous connaissons aujourd'hui. On mesure déjà la difficulté de l'exercice à l'échelle globale. Mais à l'échelle de territoires, *a fortiori* à une échelle tout à fait locale, où les lieux sont visualisés, personnellement appropriés, où la société et l'économie ne sont pas des abstractions mais la vie quotidienne des participants à la réflexion eux-mêmes, le fait d'envisager un état du territoire, des lieux et des gens, devenu méconnaissables à leurs yeux, peut s'avérer pour eux d'une grande difficulté. La réflexion sur ce type de difficulté et la manière de la prendre en charge est précisément l'un des points forts de la prospective générale[1].

---

[1] Voir chapitre III.

Conclusion générale...
en forme d'épilogue prospectif

Laurent MERMET

Dans cette conclusion générale, nous ne récapitulerons pas en détail les acquis des onze textes de l'ouvrage : nous renvoyons pour cela le lecteur aux conclusions de chacune des trois parties. Notre propos est plutôt ici de réfléchir aux perspectives concrètes de développement des recherches prospectives environnementales, selon les orientations proposées dans l'ouvrage. Pour cela, nous invitons d'abord le lecteur à se projeter en imagination dans un futur prochain.

Revue **Ecopolis,** *vol. 4, n° 3 (juillet 2013)*

Compte-rendu des journées de l'association française de recherches prospectives environnementales, tenues en octobre 2011.

Une troisième édition qui permet déjà un bilan

La troisième édition des journées de l'AFRPE a permis, en trois journées bien remplies, de faire le point sur l'avancement des idées et des travaux de recherche dans le domaine – qui commence maintenant à être bien installé dans le paysage scientifique – des recherches prospectives environnementales.

Le choix du thème retenu pour ces journées – Bilan et perspectives des collaborations interdisciplinaires pour la prospective des socio-écosystèmes *– reflète l'un des constats qui frappe d'emblée*

l'observateur, par exemple lorsqu'il feuillette la revue Écologies Futuribles *(revue académique publiée depuis 2008 par l'AFRPE) : les disciplines impliquées dans des recherches concernant la prospective environnementale sont nombreuses et diverses. Pour mettre dans cet ensemble un ordre qui rende lisible des relations complexes entre des travaux très hétérogènes, les organisateurs des journées ont scindé le programme en trois volets :*

– *bilans et perspectives thématiques,*
– *bilans et perspectives centrés sur les disciplines,*
– *rencontre sur les dimensions interdisciplinaires des travaux et leurs perspectives.*

Bilans et perspectives thématiques

La première journée a consacré un atelier à chacun des grands domaines de l'environnement où les travaux prospectifs se sont développés suffisamment pour voir émerger des communautés de spécialistes menant des travaux approfondis.

Le plus en évidence a été celui de la prospective de l'eau et des bassins versants. Rien là d'étonnant puisque c'est l'expansion de ce domaine au début des années 2000, poussée à la fois par la directive cadre sur l'eau et par la montée en puissance des recherches intégrées sur les bassins versants, qui a été le déclencheur de la création de l'AFRPE et qui en a fourni les premiers bataillons. Par rapport aux éditions précédentes des journées (en 2007 et en 2009), nous voudrions relever ici trois tendances significatives. D'abord, le caractère international de plus en plus marqué de ce domaine de recherche ; les invitations ayant été très larges, on a pu constater l'existence, à l'échelle européenne, d'une véritable communauté de chercheurs spécialisés dans la prospective des bassins versants. Ensuite, l'atelier a traduit une recrudescence des controverses, qu'il s'agisse de celle opposant les approches très économiques à celles plus écologiques, de celles qui opposent des interprétations optimistes ou pessimistes des jeux de données

qui commencent à s'accumuler sur l'évolution de l'état des eaux à l'échelle européenne, ou (surtout) de celle que suscitent les travaux qui remettent en cause le principe même de la gestion planifiée des bassins versants – et donc, indirectement, les travaux prospectifs qui lui sont liés. Pour de nombreux participants, ces controverses pourraient être liées à l'approche de l'échéance de 2015 fixée par la directive cadre. Celle-ci suscite des manœuvres de différentes parts, soit pour imposer telle ou telle évaluation des résultats des politiques de l'eau, soit au contraire pour remettre en cause le principe même de telles évaluations. Quoi qu'il en soit, il ressort que c'est toute la relation entre d'un côté la politique de l'eau et de l'autre les recherches prospectives sur l'eau et les bassins versants qui n'a pas cessé d'évoluer depuis dix ans : l'atelier a montré que de nouveaux positionnements et de nouvelles relations sont, une fois encore, en germe.

Un second domaine a fait dans ces journées une démonstration de force : les prospectives de la biodiversité. Certes, leur développement a été jusqu'ici plus tardif que celui des prospectives de l'eau. Les discussions de l'atelier ont tenté d'en cerner les multiples raisons : moindres financements disponibles, absence relative d'une tradition planificatrice qui aurait préparé les esprits à des méthodes systématiques d'extrapolation dans le temps et l'espace, conditions plus difficiles, dans les années 1990 et 2000, de collaboration entre les milieux scientifiques et les acteurs des politiques publiques. Toujours est-il que depuis la fin des années 2000 on assiste à une véritable explosion du domaine, impulsée à la fois par le caractère chaque jour plus net et plus massif que prend la crise de la biodiversité, par les évolutions internes des problématiques des équipes qui travaillent sur la dynamique des systèmes écologiques ou des populations, par la légitimité académique que possèdent depuis peu les travaux qui procèdent à des extrapolations sophistiquées sur les dynamiques et les états possibles des systèmes écologiques.

Au-delà de ces deux domaines thématiques particulièrement en évidence dans ces journées, les différents ateliers ont permis de suivre les développements actuels dans d'autres secteurs importants des recherches prospectives environnementales. Énumérons-les plus rapidement.

La prospective des paysages poursuit son développement, commencé dès les années 1990 ; chaque édition des journées de l'AFRPE permet de constater l'intégration progressive de ces travaux dans la prise de décision publique sur l'aménagement, ainsi que la sophistication – parfois un peu excessive ? – des supports visuels que les spécialistes s'attachent à produire, notamment pour susciter une participation

aussi active que possible du public. La prospective des forêts fait une entrée progressive dans le paysage scientifique. Certes, la longue tradition de planification à long terme des forestiers offrait un terrain favorable à des conjectures élaborées sur l'évolution des massifs forestiers et l'on aurait pu attendre un développement plus dynamique de ce secteur. Mais un autre ingrédient des travaux prospectifs a longtemps manqué : la volonté d'un débat public et contra-dictoire (aussi bien académique que politique) sur les évolutions possi-bles et les évolutions souhaitables. Ces journées ont permis de constater l'évolution rapide que connaît ce domaine, sous l'effet combiné d'une poussée de la société civile demandant une participation plus forte, de la réorganisation des responsabilités institutionnelles sur la forêt et de la crise économique et financière durable qui marque le secteur forestier, aussi bien privé que public. Pour donner un exemple des travaux nouveaux présentés ici, retenons simplement une recherche remarquable couplant pour la première fois une cartographie prospective très fine de l'état des peuplements forestiers avec une cartographie prospective de l'évolution des pratiques de « loi-sirs verts » en forêt et des condi-tions spécifiques de qualité des peuplements pour leur satisfaction. La prospective des usages agricoles des territoires, dont les premiers développements systématiques avaient été au centre de la deuxième édition des journées de l'AFRPE en 2009, poursuivent leur développement selon les orientations qui avaient été soulignées à cette occasion.

Le programme de recherches prospectives sur les représentations et les usages de loisir des espaces naturels, agricoles et forestiers (lancé en 2007 et qui intéresse au premier chef les disciplines des sciences sociales) a donné lieu a une première présentation de ses résultats. Les débats ont été très vifs, d'une part à cause des polémiques que provoquent les conflits de ces deux dernières années autour de la marchandisation de la chasse et de la pêche, d'autre part en lien avec la crise que suscitent depuis des années les réactions de certains groupes socioprofessionnels « ruraux » à l'évolution des attentes du public en matière de gestion des espaces.

Enfin, le domaine des impacts du changement climatique fait l'objet de développements qui deviennent aujourd'hui massifs, et font suite aux programmes de recherche lancés – avec quelque difficulté – dès le début des années 2000. Il devient chaque jour plus évident que le progrès de ces travaux dépend intimement de ceux sur les dynamiques à long terme des différents systèmes – écologiques et/ou sociaux – concernés et qui ont fait l'objet des autres ateliers : eaux, forêts, agriculture, biodiversité, paysages, usages sociaux des espaces et des ressources.

D'une certaine façon, l'étude des impacts des changements climatiques se trouve avec l'ensemble du domaine de la prospective de l'environnement et des territoires dans une relation de dépendance réciproque : les impacts du changement climatique n'ont de sens que replacés dans des conjectures sur l'évolution d'ensemble des systèmes impactés ; réciproquement, la prospective de ces systèmes « impactés » doit nécessairement intégrer des hypothèses sur les changements climatiques. Mais faut-il pour cela regrouper tous les travaux thématiques dans des opérations de recherches bien plus intégrées ? Ou faut-il au contraire poursuivre le développement spécifique de chaque domaine thématique de recherche – développement dont les ateliers ont permis de mesurer la fécondité – et traiter les interactions entre les différents domaines par des coopérations plus ouvertes et plus libres ? C'est bien l'un des sujets qui divisent la communauté des prospectivistes de l'environnement et qui ont été au cœur des discussions de ces journées...

Bilans et perspectives disciplinaires

Qu'il s'agisse de la prospective des bassins versants, de la biodiversité, ou des autres secteurs de la prospective environnementale, les travaux comportent presque toujours une importante dimension interdisciplinaire. Écologie des paysages, écologie des populations, biogéographie, géographie des

*usages du sol, hydrologie, etc.,
sont particulièrement en évidence,
ainsi que, du côté des sciences
sociales, les travaux émergents
sur l'évolution quantitative des
pratiques sociales et de leurs
impacts sur les systèmes écologiques et la gestion des ressources.
L'interdisciplinarité qui caractérise les recherches prospectives se
présente ainsi sous deux aspects
complémentaires. D'un côté, la
participation de chercheurs de
disciplines très différentes à
l'étude de la dynamique d'un
même système social et écologique. De l'autre, le fait que des
chercheurs d'une même discipline
se trouvent partie prenante de
travaux portant sur des domaines
thématiques (eau, paysages,
forêts, ...) très différents, avec la
nécessité d'un investissement si
approfondi sur les contenus et les
contextes de chaque domaine, que
les échanges internes à leurs
disciplines en viennent à poser
des problèmes particuliers. C'est
ce constat qui a poussé les organisateurs des journées à organiser
le deuxième volet du programme
sur un certain nombre de problématiques transversales qui ra-
mènent la discussion à des débats
plus centraux pour nombre de
disciplines, notamment de sciences
sociales. Nous présenterons ici un
peu en détail le plus important de
ces débats dont l'intensité, les
difficultés mais aussi la fécondité
ont marqué selon nous cette
troisième édition des journées
de l'AFRPE.*

Les sciences sociales : étude des processus sociaux, critique des pratiques de la science, ou participation à de nouvelles entreprises scientifiques ?

*Le débat porte sur les oppositions
profondes entre différents types de
participations des chercheurs en
sciences sociales aux recherches
prospectives et entre les conceptions qui les sous-tendent. Schématiquement, trois pôles se dégagent.
1) Pour les uns, la place légitime
des sciences de l'homme et de la
société consiste, dans ce contexte, à
étudier les transformations à long
terme des représentations et des
pratiques sociales pertinentes vis-à-
vis de l'environnement. Plusieurs
recherches présentées – par exemple une thèse récemment soutenue
sur l'image du corps, la relation à
l'autre et les évolutions quantitati-
ves et qualitatives possibles des
pratiques sportives de nature – ont
montré l'ouverture bien réelle vers
l'étude approfondie de dynamiques
et de transformations futures dans
la société. Cependant, le lien avec
l'environnement, la crainte toujours
réaffirmée d'une hégémonie de la
part des autres disciplines du
champ environnemental (notamment de sciences de la nature) pose
encore problème à de nombreux
sociologues, malgré les percées
conceptuelles réalisées sur ce sujet
depuis le milieu des années 2000.
C'est par exemple ce qu'ont reflété
les débats très vifs qui ont accompagné la présentation d'une recherche sur les concessions que deman-
derait aux acteurs agricoles et*

forestiers la réalisation d'un programme de restauration à long terme de certains écosystèmes. Pour nombre de chercheurs en sciences sociales, l'importance de ce débat est telle qu'elle justifie des recherches qui ne prennent plus pour objet central des objets « sociaux » classiques comme les représentations et les pratiques, mais centrent leur attention sur le travail de prospective environnementale lui-même. Les deux pôles suivants opposent alors deux grands types de positions et de pratiques de recherche.

2) La première consiste à adopter d'emblée une position d'observateur critique vis-à-vis du travail même des prospectives environnementales. Cette veine de recherche est adoptée et alimentée par des chercheurs issus de mouvements de pensée divers : (a) pourfendeurs du scientisme qui serait (selon eux) inhérent à la plupart des approches environnementales, (b) critiques du caractère mystificateur des « grands récits » environnementaux (dont ils n'ont pas de peine à retrouver les traces dans les travaux de prospective), (c) courants plus récemment importés des États-Unis et qui s'attaquent aux racines culturelles ou de genre des prospectivistes eux-mêmes, (d) réseaux de sociologie rurale et environnementale qui soupçonnent les travaux prospectifs d'être avant tout une tentative de plus pour attirer l'attention sur des préoccupations

de nantis et condamner au silence les détresses locales réelles qui accompagnent les transformations présentes de la société et de l'environnement et réduire du même coup à l'obscurité tant de travaux de terrain attentifs et subtils, au bénéfice de grossières spéculations. Ces différents types de travaux se sont multipliés en parallèle avec le développement des recherches prospectives environnementales. La nouveauté est ici que l'AFRPE a fait cette année une large place, dans ces journées, à l'expression et à la discussion de tels points de vue. Peut-on voir là le signe d'une certaine maturité du domaine ? En tout cas, les débats suscités par la présentation de ces travaux ont été particulièrement vivants !

3) Pour d'autres chercheurs, si les travaux de prospective environnementale sont en effet critiquables à bien des égards, ces critiques ne doivent pas conduire à les affaiblir, encore moins à en rejeter le principe : elles incitent plutôt à participer activement au développement des travaux prospectifs. Il est à noter que cette dialectique entre des critiques radicales de la prospective environnementale et les formes constructives de sa récupération par les prospectivistes eux-mêmes est l'un des moteurs fondamentaux du développement du domaine, depuis la controverse historique entre l'équipe de Meadows (« Limits to Growth ») et celui de Cole (« Models of Doom ») au début des années 1970. De cette tendance des « critiques accompagnateurs » (pour reprendre une formule utilisée par HK au cours des journées de l'AFRPE) on retiendra simplement ici (a) les travaux toujours plus approfondis des chercheurs qui accompagnent en les discutant les projets de modélisation sur les changements climatiques et leurs impacts[1], (b) les progrès décisifs qui sont en train de s'accomplir dans les méthodologies de prospective par scénarios grâce à l'investissement lourd réalisé sur ce sujet, depuis 2006 par les « disciplines du récit » et (c) les avancées dans la conduite et l'analyse des prospectives participatives, permises par l'entrée en force des sciences de l'information et de la communication dans le champ des prospectives environnementales avec l'action incitative commencée en 2007 et qui s'achève cette année. Si nous avons présenté longuement ici ces trois pôles autour desquels s'organisent les participations des sciences de l'homme et de la société, c'est que l'investissement de celles-ci dans le domaine a été depuis des années l'un des objectifs majeurs de la politique d'animation

scientifique de l'AFRPE. Le nombre et la qualité des travaux présentés, la diversité des positions représentées, donne enfin le sentiment – pour reprendre un propos de clôture du président sortant de l'association – « que cet objectif, vital pour l'appréhension des processus où se construiront à la fois les sociétés et les environnements de demain, est en bonne voie de réalisation »[2].

Loin d'être purement « académiques », les débats que l'on vient de relater ont une portée directe sur la conduite des affaires publiques et les contributions qu'y apportent les travaux de recherche. Comme l'ont bien montré les ateliers consacrés, au cours de ces journées, aux domaines thématiques de la prospective environnementale, les liens entre d'un côté ces travaux prospectifs et de l'autre la décision publique (planification, concertation, évaluation) sont complexes et profonds. Les recherches prospectives s'inscrivent donc dans une tension entre un besoin de pertinence et d'ouverture publique (sur lesquels les auteurs de la prospective insistent depuis les origines) et le risque de voir leurs contenus et

---

[1] *Le lecteur attentif se rappellera d'ailleurs que ces travaux avaient constitué le thème central de la deuxième éditions des journées de l'AFRPE en 2009 (Ecopolis, vol. 2, numéro 2, avril 2010), et que l'on avait pu à cette occasion constater le véritable tournant qu'était en train de prendre, au plan international, la conception et la conduite de ces projets de modélisation.*

[2] *L'un des facteurs qui a permis ainsi de « passer un cap » est sans doute le fait que d'autres domaines que l'environnement ont connu ces dernières années une dynamique similaire qui a vu une montée en puissance de recherches prospectives (on pense en particulier à la prospective du travail et aux travaux récents sur la prospective de la pauvreté, qui ont eu un grand impact auprès des sociologues).*

leurs procédures surdéterminées par les enjeux et les logiques politico-administratifs de l'action publique. Les chercheurs doivent-ils contribuer à une prévisibilité – donc à des formes de contrôle – des pratiques ? Doivent-ils au contraire s'en abstenir, au risque de préparer par leur silence un monde qui ignorera certaines attentes sociales, certains potentiels de développement humain ? S'ils choisissent de contribuer aux prospectives environnementales, quelles conditions (dans les thématiques, les méthodes, les bases théoriques, l'organisation des recherches) peuvent éviter des dérives ? S'ils optent au contraire pour une position critique radicale plus en retrait, convient-il d'analyser les enjeux de ce qui – pour distante, décalée ou intrusive qu'elle soit – constitue encore d'une certaine façon, une forme de participation ? Dans le contexte de la crise que traverse aujourd'hui le modèle d'action publique par planification concertée qui s'est généralisé dans les années 2000, les controverses auxquelles ont donné lieu les travaux de sciences politiques et de gestion présentés dans les journées ont bien montré que les recherches prospectives jouaient ici un rôle déterminant, divers et complexe, à la fois indispensable et éminemment discutable.

Enfin, nous ne pouvons clore cette section sur les débats transversaux des journées sans faire

brièvement écho à la participation des géographes et des historiens. Participation importante de la part des géographes, qui ont rappelé encore une fois leur implication lourde dans le champ de la prospective depuis les années 1970, liée à la fois à la grande utilité des méthodes cartographiques et des notions géographiques pour les travaux de prospective et aux liens qu'entretient la discipline avec le domaine politique de l'aménagement. Comme dans les deux éditions précédentes, on a assisté à de nombreuses présentations sur les réalisations de cartographie dynamique, où les méthodes multi-agents ont pris la suite des automates cellulaires des années 1980. Même si quelques voix critiques se font entendre pour demander un moratoire au bénéfice d'une réflexion approfondie sur l'interprétation de ces modèles, ils continuent à représenter, année après année, une production importante dans le domaine couvert par l'AFRPE.

Bien moins massive, mais très innovante – et attendue depuis longtemps – est la participation des historiens. Les deux éditions précédentes avaient permis de toucher du doigt les difficultés spécifiques à la discipline, lorsqu'il s'agit de conjectures prospectives et en particulier le rôle fondamental que les historiens donnent aux traces, aux archives, pour faire contrepoids à la poussée sans limites des spéculations et des interprétations et attester d'un travail de recherche professionnalisé. Une présentation très originale – fondée sur une conjecture qui porte sur les traces que laisseront, pour l'historien du XXIIe siècle, les processus de décision publics actuels en matière de développement durable – a permis de décrisper le débat et d'apercevoir des lignes de fuite pour échapper à la situation assez bloquée des dernières années. Si l'on tient compte par ailleurs des deux recherches présentées sur les possibilités et les difficultés de transposition de concepts historiques à des dynamiques futures, on peut espérer pour la décennie qui vient un développement (indispensable à nos yeux) de la participation des historiens aux recherches prospectives.

Constructions interdisciplinaires, avancées disciplinaires

Dans le bilan de ces journées, deux constats éveillent immédiatement la vigilance sur les enjeux de l'interdisciplinarité. D'une part, le développement de communautés interdisciplinaires de recherche, rassemblées par l'étude de socio-écosystèmes complexes : bassins versants, forêts, etc. On s'inscrit ici au fond dans la continuité des efforts des décennies précédentes, notamment autour des programmes zones ateliers conduits par le programme interdisciplinaire pour l'environnement du CNRS dans les décennies 1980, 1990 et

2000 : les recherches prospectives ont à la fois bénéficié des dynamiques engagées dans ce cadre et elles ont contribué à les conforter. L'autre fait notable est un certain équilibre enfin trouvé, dans les travaux de l'AFRPE, entre les sciences sociales et les sciences de la nature et de l'univers : comme le remarque l'un des participants, l'évolution est frappante depuis les premières tentatives, à la fin des années 1990, de dialogue entre modélisateurs et chercheurs en sciences sociales, autour de la prospective des hydrosystèmes ! Certes, la collaboration n'est pas souvent facile, les débats (et les malentendus) nombreux, mais ils alimentent la dynamique scientifique des recherches prospectives, alors que l'ignorance des périodes antérieures la paralysait

En point d'orgue de ces journées, une table-ronde a célébré le dixième anniversaire de l'école-chercheurs de La Londe les Maures (octobre 2001) « Recherches prospectives sur l'environnement, l'eau et les territoires – enjeux théoriques et méthodologiques ». Elle a permis aux participants d'affirmer que l'appel à développer des travaux prospectifs dans le champ des recherches environnementales – appel lancé à l'époque par les organisateurs de cet événement, et repris dans l'ouvrage Étudier des écologies futures *– est de mieux en mieux entendu.*

Une image du futur et ses conditions de réalisation

Le lecteur qui aborde cette conclusion après avoir lu l'ensemble du livre (et en particulier le chapitre IV) situera avec aisance l'exercice auquel il vient de se prêter : la lecture d'un scénario prospectif, présenté sous forme d'une image, c'est-à-dire d'un état des choses possible à une date future – en l'occurrence, un scénario normatif, puisque son auteur considère cet état de choses comme hautement souhaitable du point de vue de l'intérêt collectif !

Le premier usage d'une telle image est d'ailleurs de stimuler une discussion contradictoire sur les perspectives proposées ici : lesquelles sont souhaitables ? De quels risques sont-elles porteuses ? À quelles autres perspectives encore peuvent-elles faire penser ? Quels sont les malentendus auxquels elles peuvent donner lieu ? En développant une situation virtuelle possible, cette image veut aider à appréhender la vision du présent et de l'avenir qui constitue la raison d'être et le fil conducteur du présent ouvrage.

Le second usage de l'image proposée – si le lecteur adhère au moins en partie aux perspectives qu'elle propose – est d'émettre un appel à passer plus activement, plus efficacement qu'aujourd'hui d'une situation où la prospective environnementale est presque entièrement confinée au domaine des études appliquées de planification, de la vulgarisation participative ou du management de la recherche, à une situation où soient développées des recherches prospectives portant sur l'environnement – autrement dit, des travaux approfondis, élaborés, discutés et évalués dans des contextes académiques, sur les états et les dynamiques futurs possibles des systèmes écologiques et sociaux constitutifs des problématiques environnementales. Une telle évolution est indispensable si l'on considère la manière dont vont se poser – et se posent déjà – les défis de la gestion à long terme des problèmes d'environnement (et de développement, d'ailleurs). Elle est rendue souhaitable et possible par la dynamique interne de nombreuses disciplines scientifiques, qui appréhendent de façon de plus en plus vive la profondeur des évolutions à long terme de leurs objets, qui prennent conscience du fait qu'elles sont elles-mêmes traversées par les interrogations et les champs de forces d'une société en devenir permanent, et qui de ce fait, ne peuvent (et ne veulent) plus s'enfermer dans l'inventaire clos du passé et d'un présent révolu au fur et à mesure des tentatives de l'enfermer dans un ordre clos de « connaissances ».

Quelles sont les conditions du développement de recherches prospectives environnementales comme celles que nous appelons de nos vœux ? Si nous faisions un peu de *backcasting* à partir de l'image que nous venons de proposer ? Cinq conditions principales ressortent ; c'est aux trois premières que s'est attaché l'ouvrage.

– La première condition est de réfuter les conceptions de la prospective qui sont trop étroites pour accueillir des travaux de recherche (voir chapitre I) et de proposer un cadre théorique capable d'expliciter et de discuter une extension du domaine de la prospective adaptée aux nouveaux défis posés par les recherches environnementales (voir chapitre II). Ici, l'innovation principale de notre approche repose sur une rupture avec les tentatives habituelles qui visent toutes, d'une façon ou d'une autre, à instituer et à défendre les travaux prospectifs comme une entreprise à part, dérogatoire, au fond, par rapport aux règles et aux pratiques du champ scientifique. Nous pensons avoir démontré ici au contraire que les arguments et les idées reçues sur lesquels repose cette marginalisation de la prospective ou la revendication par elle d'un statut dérogatoire ne résistent pas à l'examen. Tout montre au contraire que dès lors que l'on ne s'enferme pas dans une conception de la prospective (ou des sciences) trop étriquée dès le départ, rien n'empêche de conduire des travaux de recherche prospectifs pleinement intégrés dans la production académique normale des disciplines impliquées dans les recherches sur l'environnement. C'est donc bien vers un tel objectif qu'il faut tendre ; pour cela, il faut adapter ceux des cadres de pensée ou des outils de la prospective qui sont devenus obsolètes dans cette perspective.

– Une fois cette première condition de recadrage remplie, une seconde condition est d'étendre le répertoire des outils théoriques et méthodologiques mobilisables pour des travaux de recherche prospective environnementale. Pour cela, il faut d'abord diffuser une certaine culture du champ spécialisé de la prospective telle qu'elle existe aujourd'hui (voir chapitre III), notamment en ce qui concerne les méthodes de scénarios (voir chapitre IV), ou de prospective participative (voir chapitre VII). Il faut aussi s'engager dans un travail pour étendre le répertoire de ces outils dans un sens qui puisse répondre aux enjeux spécifiques de travaux de recherche, notamment dans le domaine environnemental, aussi bien s'agissant de méthodes fondées sur les scénarios (voir chapitre V) que sur des modélisations (voir chapitre VI). Insistons cependant sur le fait qu'il n'est pas question cependant de restreindre l'enjeu à la constitution d'une boîte à outils plus ou moins standardisée : dans un contexte de recherche, on ne peut envisager qu'un répertoire de théories et de méthodes mobilisables ouvert, en extension permanente et dans lequel, pour chaque chercheur, les enjeux et

les ressources de sa propre discipline – voire de son champ spécialisé – jouent nécessairement un rôle central.

- Une troisième condition du développement des recherches prospectives est la réalisation de travaux pilotes, aussi bien sur l'analyse des conjectures et des débats prospectifs (voir chapitres VIII
et IX) que pour la réalisation de nouvelles formes de travaux
conjecturaux (voir chapitres X et XI).

Cependant si nous avons présenté dans la troisième partie de
l'ouvrage quelques travaux issus de notre groupe de recherche, il va de
soi qu'ils sont là surtout à titre d'exemples (non de modèles) pour
montrer une faisabilité et pour inciter d'autres groupes à tenter à leur
tour l'aventure, à aller plus loin, à cheminer selon leurs propres orientations. Pour obtenir ce résultat, deux conditions supplémentaires doivent
être ajoutées aux trois précédentes.

- Une quatrième est la prise de connaissance des travaux
prospectifs réalisés au plan international, travaux qui prouvent
par l'action l'intérêt de tels projets de recherche. Pour reprendre
l'exclamation d'un chercheur après la présentation du modèle
IMAGE lors de l'école chercheurs de La Londe les Maures :
« quelles que soient les critiques sur ses limites, l'aboutissement
de ce projet montre qu'il fallait le réaliser ! ». L'analyse de ces
exemples permet d'envisager d'aller plus loin… mais en ne repartant pas de zéro ! Pour des raisons de place, nous n'avons pas
pu reprendre dans le présent ouvrage les textes qui peuvent apporter à notre démonstration cet éclairage complémentaire et nécessaire – leur publication dans un autre cadre est en préparation.

- La dernière condition est de créer par une animation scientifique
adaptée des conditions qui favorisent le développement des recherches prospectives. Si l'on sort la prospective du statut dérogatoire où l'on a cru bon de la confiner, il faut envisager pour elle
un sort « normal » : des travaux très différents les uns les autres,
qui ne sont pas articulés entre eux *a priori*, mais qui par des renvois indirects des uns aux autres créent un milieu plus large qui
favorise (de façon largement indirecte) leur développement ; c'est
là un thème central de l'image qui a été proposée plus haut. C'est
à ce besoin d'animation scientifique qu'a voulu répondre l'école
chercheurs de La Londe les Maures et que devront, pour les
années qui viennent, répondre de nouvelles initiatives.

Après ce dernier passage en revue des conditions du développement
des recherches prospectives en matière d'environnement, soulignons
simplement qu'elles sont étroitement interdépendantes : sans conception
élargie, difficile de justifier des travaux pilotes ; sans innovations théo-

riques et méthodologiques, difficile d'élargir la conception et de réaliser des travaux innovants ; mais sans travaux innovants déjà bien avancés, difficile de convaincre sur des questions de principe ou de cadrage... Inutile de poursuivre l'énumération : il est clair que le développement des travaux prospectifs demande que des recherches innovant sur des plans très différents puissent s'appuyer les unes sur les autres, alors même qu'elles n'en sont souvent, les unes et les autres, qu'à leurs balbutiements. Par le présent ouvrage, nous espérons avoir éclairé le carrefour de ces synergies nécessaires, balisé et parcouru suffisamment de chemins dans les directions les plus déterminantes, pour que d'autres aient envie de s'y engager pour pousser plus loin.

Prospective de l'environnement, le double tournant

Jacques THEYS[1]

> Quant aux choses certaines et indubitables, on parle de savoir et de comprendre ; quant aux autres choses, de conjecturer, autant dire d'opiner.
>
> Jacques Bernouilli, *Ars Conjectandi*, 1713, cité par B. de Jouvenel.

Tenter de renouer les fils multiples et fragiles qui relient « science » et « prospective » – comme le fait avec beaucoup d'efficacité et de conviction cet ouvrage – est une entreprise dont la portée dépasse très largement la question, somme toute mineure, du statut scientifique de la prospective (que celle-ci, d'ailleurs, ne revendique pas).

Il y va en effet peut-être de la crédibilité de l'une et de l'autre – et ceci pas seulement dans le domaine de l'environnement. On ne peut en effet sous-estimer deux risques tout aussi redoutables. Que la recherche scientifique, enfermée dans une trop grande prudence épistémologique, ne se condamne – comme le craignait René Thom il y a vingt ans – à « l'insignifiance ». Ou que la prospective ne se transforme en simple miroir des opinions à la mode, en une technique sophistiquée de manipulation et de communication.

Salutaire, cette entreprise de réconciliation est aussi incontestablement courageuse. Entre la prospective et la recherche scientifique, les relations ont, en effet, toujours été difficiles. On se souvient des mots très durs que Pierre Bourdieu adressa en 1982, dans sa leçon inaugurale au Collège de France, à tous ceux que pourrait tenter l'exercice hasardeux de la prédiction :

---

[1] Chargé de cours à l'École des hautes études en sciences sociales ; Responsable du centre de prospective et de veille scientifique du ministère de l'Équipement, des Transports, de l'Aménagement du territoire, du Tourisme et de la Mer ; Responsable de la prospective au ministère de l'Environnement de 1978 à 1994.

Il n'est pas si facile de renoncer aux gratifications immédiates du prophé-
tisme quotidien – d'autant que le silence laisse le champ libre à l'inanité so-
nore de la fausse science.

De leur côté, les « prospectivistes » n'ont eu de cesse de critiquer le
réductionnisme scientifique, de marquer la différence structurelle entre
« prospective » et « prévision », tout en rejetant la connaissance dans
l'analyse du passé. Comme l'écrivait Bertrand de Jouvenel, dans *L'art
de la conjecture* :

> Le passé est le lieu des faits sur lesquels je ne puis rien, il est aussi du même
> coup le lieu des faits connaissables ; alors qu'au contraire l'avenir est pour
> l'homme, en tant que sujet connaissant, domaine d'incertitude, et que sujet
> agissant, domaine de liberté et de puissance.

Qui ne voit que ces querelles sont très largement stériles ? On sait
très bien en effet – et ceci dans le domaine de l'environnement plus
qu'ailleurs – que la prospective serait impuissante sans apport permanent de connaissances scientifiques ; connaissances qui dictent d'ailleurs
très largement la « mise en agenda » de nouveaux enjeux ou problèmes[2].
Inversement il est clair qu'on attend aujourd'hui de plus en plus de la
recherche, dans un contexte marqué par le « principe de précaution » et
le « développement durable », qu'elle contribue efficacement à anticiper
les risques futurs et à éclairer l'action à long terme. Le « mariage de
raison » entre recherche et prospective s'impose comme une nécessité
objective, un intérêt mutuel bien compris, une simple évolution de bon
sens.

Malheureusement rien n'indique que l'on aille actuellement en
France vers un tel rapprochement – ce qui place la prospective de
l'environnement face à un double risque d'impasse, et finalement face à
un *double tournant*. Le premier, remarquablement mis en évidence dans
cet ouvrage est celui de l'implication scientifique : sans un investissement supplémentaire des chercheurs dans l'analyse des dynamiques de
long terme, les modèles de prévision, l'évaluation des risques, la mise
en débat des incertitudes, etc., la prospective de l'environnement ne
sortira pas de la « *période de glaciation* » où elle est entrée depuis
quelques années. Le second, tout aussi grave, mais que ce livre aborde
moins explicitement, est celui de la crédibilité des méthodes de prospective : celles-ci risquent rapidement de perdre ce qu'il leur reste de
validité si elles ne surmontent pas la dérive qui tend à les réduire de plus
en plus à des techniques de communication et d'animation de processus

---

[2]   Voir sur ce rôle de la recherche dans l'évolution de la prospective de l'environne-
      ment : Jacques Theys, « Prospective de l'environnement, la nature est-elle gouver-
      nementale ? », *Espaces et société*, n° 74-75, 1994.

participatifs. Comment surmonter simultanément ces deux impasses sans nier ce qui fait la spécificité et la richesse respectives de ces deux formes différentes de rationalité : c'est l'enjeu central pour la prospective de l'environnement – et pour la prospective tout court – des dix années à venir.

1. Premier tournant : l'implication des scientifiques

Pour resituer le débat ouvert par cet ouvrage sur la place de la recherche dans la prospective de l'environnement il n'est pas inutile de rappeler, en préalable une évidence : il y a toujours eu historiquement une relation très forte entre le souci envers l'environnement et l'attention portée au futur, à la prévention, à l'anticipation... et finalement à la prospective.

Cette relation – qui a eu en France une traduction institutionnelle très concrète[3] – est tellement constitutive de la problématique de l'environnement que des sociologues éminents comme Anthony Giddens ou Ulrich Beck sont allés jusqu'à dire que la crise écologique avait joué un rôle central dans l'émergence de ce qu'ils appellent la *modernité réflexive*[4] – une modernité inquiète d'elle-même, qui cherche constamment à anticiper les conséquences des actions humaines pour éventuellement en remettre en cause la rationalité ou en atténuer les effets[5].

La demande de prédiction, d'anticipation, d'évaluation des risques, était déjà très présente dans les années 1960. Elle s'est à l'évidence très fortement accrue au cours de la décennie 1990 – avec l'affirmation du principe de précaution et la mise en œuvre des conventions internationales. Les scientifiques sont donc de plus en plus sollicités non seulement pour dire ce qu'ils savent des problèmes présents, mais pour nous alerter sur les risques futurs. Ceci suppose le plus souvent d'aller au-delà de la simple extrapolation des tendances pour explorer tout l'éventail des possibles – en y incluant le très peu probable ou le plus incertain.

Tout l'ouvrage précédent porte témoignage des obstacles objectifs et concrets auxquels se heurte cette « exhortation » faite aux scientifiques de passer du « cognitif » au « prédictif » : le manque de données rétrospectives permettant de faire des extrapolations statistiquement fondées,

---

[3] Il faut rappeler que la prospective a joué un rôle non négligeable dans la création du ministère français de l'Environnement avec des personnalités comme Louis Armand, Bertrand de Jouvenel ou Serge Antoine.

[4] Ulrich Beck, Anthony Giddens, Scott Lash, *Reflexive Modernisation*, Stanford University Press, 1994.

[5] Ulrich Beck, dans une conférence faite à Paris a fortement insisté sur les relations entre « Société du risque », « études d'impact » et prospective (*Risk Society Revisited – Theory, Politics, Critiques and Research Programs*, novembre 1996).

la difficulté de faire des prédictions dans des domaines dominés par la complexité et la non linéarité, les barrières institutionnelles et disciplinaires qui s'opposent au travail collaboratif (sans lesquelles il ne peut y avoir de modélisation sérieuse), et finalement la réticence des scientifiques à aller au-delà des faits observés pour « s'aventurer » dans l'interprétation des « signaux faibles » ou la construction de conjectures – dans ce que Jérôme Ravetz a appelé la *science post-normale* – la supputation, l'évaluation des risques, la production de scénarios[6]...

À la lecture des différents exemples présentés dans ce livre il est clair cependant que ces obstacles, ces réticences ne pèsent pas du même poids selon les pays – et qu'ils semblent sensiblement plus importants en France – si l'on en juge à la production actuelle de travaux de modélisation d'évolution des risques ou de prospective dans le champ de la nature et de l'environnement. Si l'on souhaite répondre à la question : « quelle nature, quel environnement, quels risques aurons-nous demain à l'échelle mondiale, en Europe ou même en France ? », on aura donc plutôt tendance à s'adresser à l'IIASA (Autriche), au Swedish Environmental Institute, au RIVM (Pays-Bas) ou au WRI à Washington plutôt qu'aux instituts ou laboratoires équivalents dans notre pays. Malgré la constitution des « zones ateliers » mises en place par le CNRS, l'écart entre la demande de prévisions, d'évaluations, de prospective... et l'expertise existante est encore plus sensible à l'échelle régionale ou locale.

Le plus préoccupant est que les choses ne vont pas en s'améliorant – bien au contraire. Malgré quelques exceptions notables dans le domaine du climat ou des ressources en eau, la période récente risque malheureusement d'apparaître plutôt comme *une période de « mise en panne » de la prospective environnementale* que d'expansion. C'est le cas sans doute pour la France où l'on constate que les budgets de recherche qui y sont aujourd'hui consacrés sont sensiblement plus faibles qu'au début des années 1990 et surtout des années 1970 ! Mais ce diagnostic pourrait semble-t-il, être étendu à des pays majeurs comme les États-Unis et le Japon – ou aux grands organismes internationaux. Pour trouver en France des modèles intégrés de prévision et de prospective équivalents à ceux réalisés par l'IIASA – dont cet ouvrage se fait largement l'écho – il faudrait faire un saut en arrière d'un quart de siècle[7]. Et il n'est pas sûr

---

[6]   J. Ravetz et S. Funtowicz, « Connaissance utile, ignorance utile. Réflexion sur deux types de science», in Theys, J. (dir.), *Actes du colloque Les experts sont formels*, Paris, Germes, Cahier n° 13, 1991.

[7]   Référence au modèle « *SPIRE* » construit à la fin des années 1970 sur la prospective des pollutions ; approfondi quelques années plus tard pour s'appliquer à la question de l'eau dans le bassin « Seine-Normandie ».

que l'on trouverait aujourd'hui les moyens et la volonté nécessaires pour lancer des grands projets comme le modèle RAINS du RIVM ou celui de Forrester-Meadows popularisé par le Club de Rome.

C'est ce constat réaliste qu'il faut avoir à l'esprit pour comprendre ce qui est en jeu dans une meilleure articulation entre recherche scientifique et prospective : soit la situation actuelle perdure et la prospective de l'environnement se réduira progressivement à la répétition d'informations inéluctablement dépassées par l'évolution historique, et totalement inadaptées à la demande ; soit un tournant majeur est opéré pour réimpliquer la communauté scientifique dans le long terme, la modélisation, les grands projets multidisciplinaires – et les capacités d'anticipation et de prospective seront enfin durablement mises à l'échelle des besoins.

Sans sous-estimer l'importance des changements budgétaires, institutionnels, culturels qu'un tel tournant supposerait, on mesure les bénéfices que pourrait en tirer l'action publique – mais aussi probablement la recherche.

2. Second tournant : redonner à la prospective la crédibilité qu'elle est en train de perdre

Une autre bifurcation majeure semble devoir s'annoncer à un horizon relativement proche. Elle concerne, cette fois-ci, la validité de l'approche prospective elle-même. On constate en effet que les évolutions actuelles sont, là encore, préoccupantes. À terme, c'est également la question des relations à la science qui va nécessairement se reposer, mais cette fois-ci non plus en terme d'implication des chercheurs mais de crédibilité « scientifique » des méthodes prospectives.

La prospective n'a jamais prétendu être une science – mais se définit plutôt comme un « *art pratique* », tourné vers l'action. Comme l'écrivait en 1964 Bertrand de Jouvenel « la construction intellectuelle de futurs vraisemblables, la construction de "conjectures", est, dans la pleine force du terme, un ouvrage d'art ». Comme l'ingénierie ou la médecine, c'est un art de composition :

> On part de toutes les relations causales jugées pertinentes, mais leur assemblage, leur mise en connexion repose sur un modèle hypothétique qui ne peut être validé scientifiquement [...]. Ce qui importe, c'est que cette conjecture soit raisonnée ; c'est que les assertions sur l'avenir soient accompagnées du dispositif intellectuel dont elle procède ; c'est que le « bâti » soit énoncé, transparent, livré à la critique (B. de Jouvenel).

On ne s'attardera pas sur le fait que cette transparence est aujourd'hui rarement assurée : les « boîtes noires » de la prospective sont finalement assez comparables à celles des méthodes plus classiques de modélisation scientifique. Une question plus préoccupante, pour poursuivre sur la métaphore de la construction, porte sur la nature de l'ouvrage que l'on demande aujourd'hui aux « prospectivistes » d'assembler et de bâtir.

On peut s'interroger tout d'abord sur le caractère réaliste – raisonnable ou démesuré – du « *cahier des charges* » qui est assigné aux travaux de prospective. Tel qu'il a été défini dans les années 1960 par Gaston Berger et Bertrand de Jouvenel, les « pères fondateurs » de la prospective française, ce cahier des charges apparaît à l'évidence comme extrêmement ambitieux puisqu'il s'agit à la fois, pour reprendre leur formulation, « de voir loin », « de voir large », « d'analyser en profondeur », « de remettre en cause les certitudes », « de penser avec les autres », « de s'engager sur les valeurs » (et donc des futurs souhaitables) et finalement « de prendre des risques » – c'est-à-dire de faire des choix stratégiques. Dans l'idéal on souhaiterait ainsi avoir une prospective qui « repose sur des connaissances scientifiques valides » – tout en les remettant en cause – ; qui « explicite clairement la pluralité des visions du monde » – tout en dégageant des tendances consensuelles ; qui « débouche réellement sur l'action » – tout en gardant une distance critique ; qui « ne reflète pas les opinions du moment » – tout en étant participative. Même si depuis une vingtaine d'années le métier de « prospectiviste » s'est considérablement professionnalisé, avec tout un corpus de méthodes spécifiques qui s'est progressivement élaboré, il est clair que l'on ne peut demander à celui-ci d'être autre chose qu'un assembleur de compétences, de savoirs, de « projets », de « visions du monde » qui sont détenus, élaborés ou exprimés par d'autres. Avec comme défi majeur de trouver un équilibre entre toutes ces exigences – très largement contradictoires.

À cette complexité « baroque » du cahier des charges s'est ajoutée en effet depuis une dizaine d'années l'évidence d'une contradiction de plus en plus grande des différentes fonctions assignées à la prospective – comme si l'édifice à « construire » devait désormais obéir à des logiques visiblement opposées.

Progressivement la fonction de médiation – de mise en débat et de co-construction des futurs possibles ou souhaitables – s'est imposée comme un objectif majeur à côté des fonctions plus traditionnelles de production de connaissance (ou de « conjectures ») ou d'aide à la définition de stratégies.

On oppose ainsi de plus en plus à une prospective « froide », élaborée en chambre par des experts et destinée le plus souvent à orienter l'action à long terme d'un commanditaire, une prospective « chaude », visant à construire « une intelligence collective du présent » et à servir de support au débat public et à la mobilisation collective[8].

Cette ouverture de la prospective au public et au débat serait en elle-même une évolution très positive si elle ne conduisait pas, dans le même temps, à la réduire progressivement à une *technique d'animation* et de communication de plus en plus découplée à la fois de la création de connaissances réelles et de la prise de décision. On assigne en effet de plus en plus aux groupes de travail, censés remplir la fonction de média-tion, un rôle de création de connaissances ou de définition d'actions collectives sans leur donner vraiment les moyens de les assumer. Tout cela débouche malheureusement souvent sur des catalogues d'idées reçues et de vœux pieux très décalés des décisions réelles.

On peut craindre qu'à un horizon relativement proche cette tendance ne conduise finalement à une dévalorisation irréversible de ce qui reste de crédibilité méthodologique à la prospective. D'où l'importance pour celle-ci de reconsidérer de manière radicale ses relations aux savoirs scientifiques, aux données d'observation, à la modélisation, à l'histoire longue. C'est aussi à ce second tournant qu'appelle le livre dirigé par Laurent Mermet. Il faut espérer qu'il sera entendu, bien au-delà du cercle des spécialistes de l'environnement.

---

[8] Ces deux expressions de prospective « chaude » et « froide » sont empruntées à Vincent Piveteau.

Présentation des auteurs

Hubert Kieken est un ancien élève de l'école polytechnique et de l'École nationale du génie rural, des eaux et des forêts (ENGREF). Il est l'auteur d'une thèse sur les démarches de modélisation dans le domaine de la gestion de l'environnement et des prospectives environnementales.

Laurent Mermet est professeur à l'ENGREF. Il travaille sur la gestion de l'environnement et s'intéresse en particulier à l'analyse stratégique des situations de gestion environnementale, à la négociation en matière d'environnement et à la prospective.

Xavier Poux, ingénieur agronome et docteur en économie rurale, est chef de projet au sein de la société d'études et de recherche AScA. Il travaille sur les relations entre agriculture, environnement et territoires. Il publie notamment sur la prospective environnementale des territoires et l'avenir de l'agriculture.

Sébastien Treyer est un ancien élève de l'école polytechnique et ingénieur du génie rural, des eaux et des forêts. Il est l'auteur d'une thèse sur la prospective de l'équilibre entre les ressources en eau et leurs usages. Il est chargé de mission « prospective » au ministère de l'Écologie et du Développement durable.

Ruud Van der Helm est ingénieur diplômé de l'université polytechnique de Delft, aux Pays-Bas (spécialité *Systems Engineering, Policy Analysis and Management*). Il est l'auteur d'une thèse sur les usages du concept et des méthodes de « vision » dans la prospective et la gestion de l'environnement.

EcoPolis

La collection EcoPolis est dédiée à l'analyse des changements qui se produisent simultanément dans la société et dans l'environnement quand celui-ci devient une préoccupation centrale.

L'environnement a longtemps été défini comme l'extérieur de la société, comme ce monde de la nature et des écosystèmes qui sert de soubassement matériel à la vie sociale. Les politiques d'environnement avaient alors pour but de « préserver », « protéger », voire « gérer » ce qui était pensé comme une sorte d'infrastructure de nos sociétés. Après quelques décennies de politique d'environnement, la nature et l'environnement sont devenus des objets de l'action publique et il apparaît que c'est dans un même mouvement que chaque société modèle son environnement et se construit elle-même. Cette dialectique sera au centre de la collection.

Directeur de collection : Marc MORMONT,
Professeur à la Fondation Universitaire Luxembourgeoise (Belgique)